大学数学课程思政案例

冀 娟◎主编

郑州大学出版社

图书在版编目(CIP)数据

大学数学课程思政案例 / 冀娟主编. -- 郑州 : 郑州大学出版社, 2024. 12. -- ISBN 978-7-5773-0642-1

Ⅰ. O13

中国国家版本馆 CIP 数据核字第 2024CE4361 号

大学数学课程思政案例

DAXUE SHUXUE KECHENG SIZHENG ANLI

策划编辑	许久峰	封面设计	王 微
责任编辑	许久峰	版式设计	王 微
责任校对	王莲霞	责任监制	朱亚君

出版发行	郑州大学出版社	地 址	郑州市大学路 40 号(450052)
出 版 人	卢纪富	网 址	http://www.zzup.cn
经 销	全国新华书店	发行电话	0371-66966070
印 刷	广东虎彩云印刷有限公司		
开 本	787 mm×1 092 mm 1 / 16		
印 张	23.25	字 数	505 千字
版 次	2024 年 12 月第 1 版	印 次	2024 年 12 月第 1 次印刷

书 号	ISBN 978-7-5773-0642-1	定 价	99.00 元

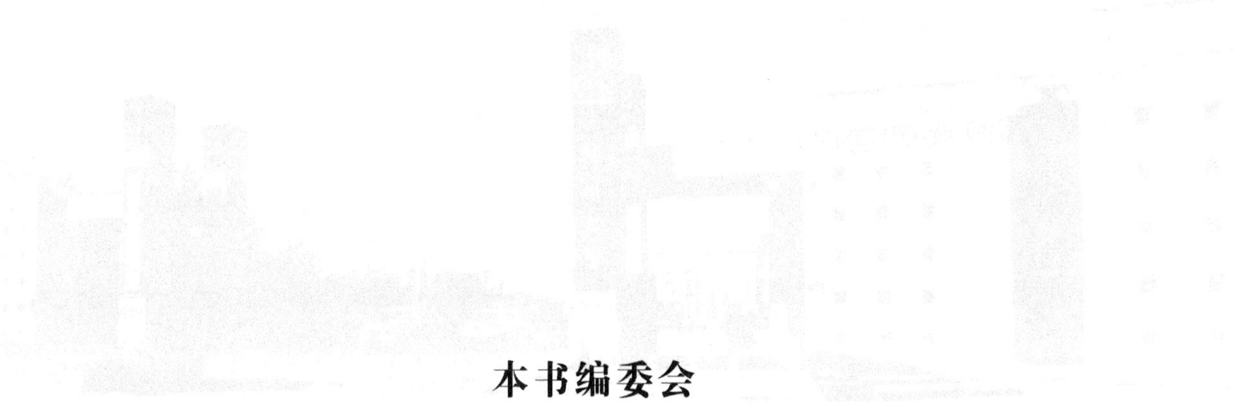

本书编委会

主　编　冀　娟

副主编　常祖领

编　委　（按姓氏笔画排序）

丁立家　丁岩峭　卜春霞　马珊珊　王　楠
王　慧　王长群　王珂栋　牛亚慧　牛春艳
艾春瑞　付士慧　白希贤　达　芳　朱　华
朱训林　朱俊逸　任国彪　刘　欢　刘　燕
刘宏超　刘金凤　刘晓斌　刘瑞芳　齐祥来
闫东风　许晓雪　孙　悦　李　华　李　珂
李　奎　李　猛　李少帅　李焕元　李静月
杨　哲　杨　潇　杨永琴　宋士仓　张　旭
张　健　张李盈　张淑钦　陈如冰　陈明明
陈晓峥　陈铁生　尚　越　周世国　范兆慧
赵可琴　赵纪坤　赵晓龙　胡玉萍　胡增辉
袁昊姝　耿志超　贾敏欣　高晓芬　郭红霞
郭瑞晗　姚　毅　黄　飞　曹　朦　康军军
董　伟　程桂芳　靳晓敏　裴利军　翟云云
薛　杰　魏　姣　魏菊梅

序

数学，作为人类智慧的结晶，历来是探求真理、揭示自然规律的有效工具。这门古老而深邃的学科，自诞生之日起，便承载着人类对未知世界的探索与追求。它不仅仅是一系列公式、定理和计算方法的集合，也是科学领域的基础，更是一种思维方式，一种逻辑力量，一种推动人类文明进步的重要动力。在当今这个知识爆炸、智能化信息化的时代，数学的重要性愈发凸显，它不仅仅是解决具体问题的方法，更是一种独特的思维方式、一种深邃的哲学思考。因此，数学教育的目的绝不应仅仅停留在知识的传授和技能的训练上。数学教育，更应是一种全面的教育，它不仅要培养学生的逻辑思维能力和解决问题的能力，更要培养学生的创新精神、人文素养和家国情怀。

课程思政指以构建全员、全程、全课程育人格局的形式将各类课程与思想政治理论课同向同行，形成协同效应，把“立德树人”作为教育的根本任务的一种综合教育理念。大学数学是覆盖面很广的课程体系。数学重推理的过程，重对知识的理解。广大数学教师在三尺讲台耕耘育人，在教学时是全情投入和专注的。在解释数学道理时辅以生动的案例更容易增强学生对知识点的理解，增强对数学及其应用的共鸣。因此，将思政教育与数学课程相结合，是一种创新的教育尝试，也是一种必要的教育探索，具有重要的现实意义和深远的历史意义。

在《大学数学课程思政案例》一书中，编者注重突出数学课程的特点和优势，通过精选一系列数学课程中的思政案例，让学生不仅能够更好地理解数学知识的内涵和外延，更能够体会到数学在人类文明进步中的重要作用，感受到数学精神的力量和价值。这些案例，有的来源于历史长河中的数学经典故事，有的则来源于现实生活中的数学问题。它们或揭示了数学原理的深刻内涵，或展现了数学应用的广泛领域，或探讨了数学与人文、科技等领域的交叉融合。每一个案例，都蕴含着丰富的思政教育资源，都能够引发学生的深入思考和情感共鸣，使学生在学习数学的过程中，不仅能够掌握数学知识，更能够领悟数学精神，进而培养科学态度，提升道德品质。

以“假设检验——用联系、发展的眼光看问题”为例，这一案例通过引导学生理解假设检验的基本原理和方法，运用科学的态度和方法去分析问题、解决问题，培养学生的统计思维，让学生在面对错综复杂的问题时换位思考、反向思考，遇到困难时不轻言放弃。同时，通过对案例的分析和讨论，学生还能够领悟到事物之间的联系和发展规律，学会从全局和长远的角度去分析和解决问题，这对于培养辩证思维能力和创新精神具有重要意义。

线性规划是运筹学中的一个重要分支，主要研究在有限资源下如何达到最优目标。在“线性规划图解法——不以规矩，不能成方圆，发扬协作精神”案例中，通过融入《孟子》名言，让学生领悟到在解决具体问题时，一定要遵循客观的研究规律，透过现象看本质，从量变到质变，从而获得所要解决问题的最优方案。

此外，书中还涉及了牛顿-莱布尼茨公式、牛顿迭代法、伽马函数等多个数学领域的思政案例。这些案例不仅展示了数学课程思政教育的可行性和有效性，更为我们提供了一个具体可操作的实践范例。通过学习这些案例，学生会在思考中领悟到，数学不仅仅是解决问题的工具，更是一种追求真理、探索未知的精神追求；还会在实践中体会到，数学的应用不仅仅局限于科学领域，更能够服务于社会，造福于人类。

同时，这些案例也展示了数学教育工作者的智慧和努力。他们通过深入挖掘数学课程中的思政元素，将数学知识与思政教育有机结合，使得数学不再是枯燥乏味的公式和定理的堆砌，而是一门充满思想内涵和人文精神的课程。

《大学数学课程思政案例》的出版，无疑为数学课程思政教育的深入发展注入了新的活力。它不仅是对数学与思政教育融合的一次有益尝试，更是对未来教育发展的一种积极展望。它开启了一个全新的学习视角，使学生在掌握数学知识的同时，也能自然接受思政教育的熏陶，实现知识与思想的双重提升。在此感谢所有编者为本书出版所做的努力和探索，感谢主编冀娟和副主编常祖领为全书审稿。

郑州大学数学与统计学院有着丰厚的历史沉淀和传承，一代又一代数学人团结奋进，在建设教育强国的关键时期，教师们坚守立德树人初心，担当教书育人使命。展望未来，我们坚信，在广大教育工作者的共同努力下，我们将不断探索出更多富有成效的教育方法和途径，让思政教育在数学课堂上生根发芽，绽放出绚丽的花朵。我们期待培养出更多具备创新精神和实践能力的新时代人才，他们将成为实现中华民族伟大复兴中国梦的中坚力量，用智慧和力量书写新时代的辉煌篇章。

编委会

2024 年 10 月

目 录

第一篇　高等数学

第二篇　概率论与数理统计

第三篇　线性代数

第四篇　数学专业课程

第五篇 其 他

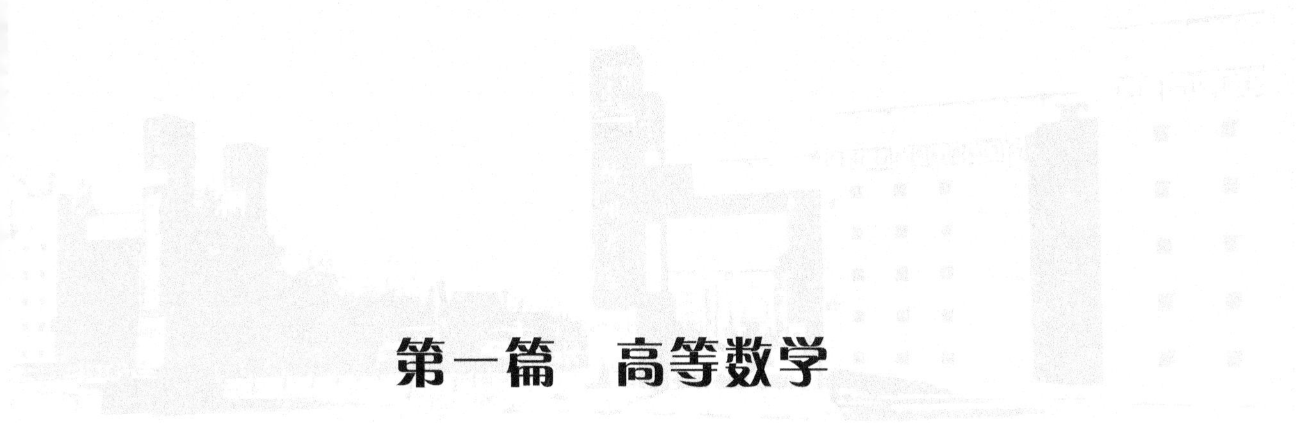

第一篇 高等数学

数列极限的定义

——一尺之棰，日取其半，万世不竭

李 奎

一、课程内容

(1)本课程的内容是极限的概念.

(2)教学难点是理解极限的定义.

二、思政内容

(1)“一尺之棰，日取其半，万世不竭”是《庄子・天下篇》里的一句名言，其意思是说，一尺长的竹竿，每天截去前一天余下的一半长，花费一万年也截取不完.“一尺之棰”有限，“日取其半”则无限，这蕴含着有限与无限辩证统一的道理.

(2)融入思政元素：通过引入《庄子・天下篇》里的名言，让学生更容易体会极限背后蕴含的数学思想，同时告诉学生极限思想在我国古代很早就已经诞生. 以此培养学生的文化自信和对古文化的热爱.

三、案例设计与教学过程

极限是现代数学中最基本的概念之一，是很多数学分支，比如分析学、几何与拓扑学以及偏微分方程等的基本语言和工具，在当代科学的许多领域都有很多非常重要的应用. 极限主要包含数列的极限和函数的极限这两部分内容. 本文将研究数列的极限，我们先给出它的一个直观定义，之后给出它的精确定义. 我们也用高等数学语言逐步由直观定义等价地推出精确定义.

1. 数列极限的引入

极限思想是一种经由社会实践慢慢发展而来的产物，极限理论的出现帮助解决了很多难题，在数学领域和物理领域都有广泛的应用. 而这一过程的演变，却不是一帆风顺的，耗时千年才随着数学的发展慢慢形成. 极限思想可以追溯到我国春秋战国时期.

（1）数列的定义

定义 1（数列的定义）

一串“有头无尾”的有顺序的数

$$a_1, a_1, \cdots, a_n, \cdots$$

称为数列，记为$\{a_n\}_{n=1}^{\infty}$，其中 a_n 称为这个数列的第 n 项或者通项.

需要指出的是上述记号中右下角的“$n=1$”表示数列的指标 n 从 1 开始取值，右上角的“∞”表示数列的指标 n 可以无限制地增大.

此外，还需要强调的是数列没必要从无穷多个数中取值，可能只从有限个数中取值，比如常数数列只取一个值.

（2）中国古代的极限思想

《庄子・天下篇》“一尺之棰，日取其半，万世不竭”的意思是一尺长的竹竿，每天截去前一天余下的一半长，花费一万年也取不完. 虽然竹竿的长度越来越短，长度越来越接近零，但却永远不等于零，这种过程从几何直观上体现了极限思想. 有趣的是，最后得到的长度介于“零”和“非零”之间，这与以后要学习的“无穷小量”这一概念不谋而合.

在《九章算术注》里记载了刘徽计算圆的面积时，所使用的割圆法：圆内接正多边形的边数越多，二者的周长也越接近，圆的面积也越接近正多边形的面积. 不停地增加圆内接正多边形的边数，用正多边形的面积来逼近圆的面积，如果能无限重复下去这个过程，最后肯定能得出圆的面积. 通过这个方法刘徽计算出了最早的圆周率. 之后祖冲之计算圆周率的使用的方法也是“割圆法”，帮助他将圆周率推到了小数点后七位，领先于世界水平.

虽然，极限思想在我国出现的十分早，发展程度十分高，只可惜数学在当时没有发展出完善的理论体系，不过古人的创造力和丰富的想象力依旧值得我们学习.

（3）数列极限的直观定义

对于数列，我们主要关心指标 n 足够大时通项 a_n 的分布. 比如数列$\left\{\frac{1}{10^n}\right\}_{n=1}^{\infty}$，简单的计算告诉我们当 n 无限制地增大时，a_n 无限制地接近常数 0. 利用前面介绍的古人关于极限的数学思想，把数列的这个性质一般化，我们便得到如下关于数列极限的直观定义：

定义 2（数列极限的直观定义）

设$\{a_n\}_{n=1}^{\infty}$是一个数列，a 是一个常数. 如果 n 无限制地增大时，a_n 能够无限制地接近于常数 a，那么称 a 是数列$\{a_n\}_{n=1}^{\infty}$的极限，记为$\lim\limits_{n\to\infty} a_n = a$. 此时称数列是收敛的，否则称它是发散的.

这个定义理解起来很容易，在数学中有一定的应用，但是它不能应用在和数学理论相关的很多研究中，比如证明收敛数列极限的唯一性，即假设$\lim\limits_{n\to\infty} a_n = a$ 和$\lim\limits_{n\to\infty} a_n = b$，我们很难直接用上述直观定义证明“$a=b$”这个简单结论. 为此，我们需要引入一个新的极限定义.

2. 数列极限的精确定义

虽然极限理论得以发展,但直到十九世纪魏尔斯特拉斯提出了完整的极限概念之前,极限的定义却始终摆脱不了对几何直观的依赖.魏尔斯特拉斯利用"$\varepsilon-N$"语言,给出了数列极限的精确定义.

定义 3(数列极限的精确定义,"$\varepsilon-N$"语言)

设$\{a_n\}_{n=1}^{\infty}$是一个数列,a 是一个常数.如果对任意的 $\varepsilon>0$,总存在正整数 N,使得当 $n>N$时,恒有

$$|a_n-a|<\varepsilon$$

成立,那么称 a 是数列$\{a_n\}_{n=1}^{\infty}$的极限,记为$\lim\limits_{n\to\infty}a_n=a$.

这一定义让极限彻底摆脱了几何直观,将极限理论用具体的数学语言来描述,让极限理论有了严格的逻辑表达式.这样在极限的运算中不必再依靠几何直观和想象,可以用一系列的不等式运算来推导.至此极限理论在数学理论中有了自己的地位,往后极限发展有了新的道路.

思考题 利用数列极限的精确定义,证明收敛数列极限的唯一性,即假设$\lim\limits_{n\to\infty} a_n=a$ 和$\lim\limits_{n\to\infty} a_n=b$,证明 $a=b$.

从极限的发展历程来看,极限思想的出现是不可避免的,是经过社会实践检验后被人们所认可的事物.在极限的发展过程中,离不开一代代数学家的推动,虽然过程不是一帆风顺,但他们终究求得真理,证明了自己在数学中的地位.

注释:我们可以通过如下方法来理解极限直观定义和精确定义之间的关系.

由极限的直观定义知,$\lim\limits_{n\to\infty} a_n=a$ 等价于"P_1:n 无限制地增大时,a_n 与 a 之间的距离可以任意地小".把"距离可以任意地小"换为"可以小于任意给定的正数",可知 P_1 等价于"P_2:只要 n 足够的大,a_n 与 a 之间的距离可以小于任意给定的正数".再把"a_n 与 a 之间的距离可以小于任意给定的正数"换为可以"对任意的 $\varepsilon>0$,$|a_n-a|<\varepsilon$",可知 P_2 等价于"P_3:对任意的 $\varepsilon>0$,只要 n 足够的大,恒有$|a_n-a|<\varepsilon$".之后把"n 足够的大"换为"总存在正整数 N,使得当 $n>N$ 时",我们便等价地得到极限的精确定义.

3. 应用举例

根据极限的精确定义,我们可以对数列的极限给出的证明.

例 1 利用极限的精确定义证明:

$$\lim_{n\to\infty}\frac{2n^2+1}{4n^2-1}=\frac{1}{2}.$$

证明 记 $a_n=\dfrac{2n^2+1}{4n^2-1}$,由于

$$\left|\frac{2n^2+1}{4n^2-1}-\frac{1}{2}\right|=\left|\frac{4n^2+2-4n^2+2}{2(4n^2-1)}\right|=\frac{2}{4n^2-1}<\frac{1}{n^2},$$

故对任意的 $\varepsilon>0$,为了满足极限精确定义中的不等式条件我们只需

$$\frac{1}{n^2}<\varepsilon.$$

因而,取正整数 $N=\max\left\{1,\sqrt{\frac{1}{\varepsilon}}\right\}$,那么当 $n>N$ 时,恒有

$$|a_n-a|<\varepsilon,$$

故由精确定义知

$$\lim_{n\to\infty}\frac{2n^2+1}{4n^2-1}=\frac{1}{2}.$$

关键点:在利用极限的精确定义证明 $\lim\limits_{n\to\infty}a_n=a$ 时,关键是要对 $|a_n-a|$ 进行适当放缩,得到

$$|a_n-a|\leqslant\alpha_n,$$

并且很容易从 $\alpha_n<\varepsilon$ 解出 n 的范围 $n>N$.

4. 极限的四则运算性质

如果两个数列 $\{a_n\}_{n=1}^{\infty}$ 和 $\{b_n\}_{n=1}^{\infty}$ 都是收敛数列,则它们的加、减、乘得到的新数列也都是收敛数列,并且

(1) $\lim\limits_{n\to\infty}(a_n+b_n)=\lim\limits_{n\to\infty}a_n+\lim\limits_{n\to\infty}b_n$;

(2) $\lim\limits_{n\to\infty}(a_n-b_n)=\lim\limits_{n\to\infty}a_n-\lim\limits_{n\to\infty}b_n$;

(3) $\lim\limits_{n\to\infty}(a_nb_n)=\lim\limits_{n\to\infty}a_n\lim\limits_{n\to\infty}b_n$.

如果 $\lim\limits_{n\to\infty}b_n\neq0$,那么 $\{a_n\}_{n=1}^{\infty}$ 和 $\{b_n\}_{n=1}^{\infty}$ 的商得到的新数列也是收敛数列,且有

(4) $\lim\limits_{n\to\infty}\dfrac{a_n}{b_n}=\dfrac{\lim\limits_{n\to\infty}a_n}{\lim\limits_{n\to\infty}b_n}$;

特别地,

(5) $\lim\limits_{n\to\infty}\dfrac{1}{b_n}=\dfrac{1}{\lim\limits_{n\to\infty}b_n}$.

四则运算性质是数列最基本的性质,也是最重要的性质. 利用这些四则运算性质,我们可以把一些复杂的数列分解成一些收敛数列的和、差、积或者商,进而判断这些数列的收敛性,并尝试求出极限值.

5. 思政元素的融合渗透

今天,我们学习了数列极限的定义. 数列的极限有直观的几何定义,也有精确的"ε-N"语言定义,而精确的"ε-N"语言定义可由直观定义等价推出. 极限直观定义的思想,在我国古代很早就出现了,这些思想要远早于西方国家. 这一方面说明,我们的祖先在很长一段时间都拥有世界领先的数学知识,另一方面也说明我们有优秀的数学基因,能够学好今后的数学,并有能力做出一流的数学研究.

6. 课堂小结

回顾学习内容:

(1)数列极限的精确定义.

(2)数列极限的四则运算性质.

❖思考与展望❖

目前,我们只学了数列极限的定义和四则运算性质,以及利用定义和四则运算性质判断数列的敛散性. 数列除了四则运算性质外,是否还有其他重要性质? 此外,是否还有其他判断数列敛散性的方法?

数列极限的概念

——弘扬科学精神,增强民族自豪感

曹　朦

一、课程内容

(1)本课程的内容是数列极限的概念及利用其定义确定某些简单的数列极限.

(2)教学难点是数列极限“$\varepsilon-N$”定义的理解.

二、思政内容

(1)由极限的重要性,引出极限发展历程中众多数学家们的勤奋严谨、孜孜以求、勇于创新的科学态度,鼓励学生继承与发扬.

(2)融入思政元素:通过融入《庄子·天下篇》与《九章算术注》中割圆术等中国朴素的、直观的极限思想,对学生进行爱国主义教育,增强其民族自信心,了解传统智慧,传承传统文化和古代科学家的科学精神,进而激励学生为祖国的繁荣富强和中国梦的实现而努力学习、奋斗.

三、案例设计与教学过程

1.引言

我们知道微积分是高等数学的重要内容,那么微积分的中心思想是什么呢?实际上,微积分的中心思想就是极限.那么什么叫极限呢?在日常生活里,我们也经常用到“极限”这个词,比如说,我的工作压力已经到了极限,我们的父母面对孩子顽皮的行为会愤怒地说,我的忍耐力已经到了极限.那么日常生活中间所说的极限和我们数学中间讲的极限是同一回事儿吗?今天我们从数列极限的概念开始进行探讨,先看几个小例子.

引例1　公元前4世纪墨子在其著作《墨经》中提到“穷,或有前,不容尺也”,“穷:或不容尺,有穷;莫不容尺,无穷也”.所谓“穷”,就是相当于用尺子去度量区域时,遇到前面容不下尺子的情况.这时连一尺也容不下了,就叫“有穷”;无论怎么度量总是遇不到这种情况,就叫“无穷”.以上内容包含了无穷的思想,也是最朴素的、最典型的极限思想.

引例2　战国时代哲学家庄周所著的《庄子·天下篇》引用过一句话:“一尺之棰,日取其半,万世不竭.”也就是说一根长为一尺的木棒,每天截去一半,这样的过程可以无限制地进行下去.

引例3　早在魏晋时期,极限的思想就已经在我国数学家刘徽提出的“割圆术”中体现了.所谓“割圆术”,是用圆内接正多边形的面积去无限逼近圆面积并以此求取圆周率的方法,“割之弥细,所失弥少,割之又割,以至于不可割,则与圆合体,而无所失矣.”刘徽所著《割圆术》篇幅不长,却包含了深刻的科学原理.其中记载了他首次使用极限的方法证明圆周率存在的史实，超越欧几里得和阿基米德，展现出卓绝精湛的数学能力. 我国南朝宋、齐时期杰出的数学家祖冲之首先将圆周率精算到小数第七位，领先国外将近 1000 年，建立了被全世界认可的丰功伟绩. 在那个物质和技术都极度欠缺的时代，数学家们竟能达成如此成就，背后的艰辛可想而知.

具体来说，设有一圆，首先作内接正四边形，它的面积记为A_1；再作内接正八边形，它的面积记为A_2；再作内接正十六边形，它的面积记为A_3；如此下去，每次边数加倍，一般把内接正 2^{n+1} 边形的面积记为A_n. 这样就得到一系列内接正多边形的面积：

$$A_1, A_2, A_3, \cdots, A_n, \cdots$$

设想 n 无限增大(记为 $n\to\infty$，读作 n 趋于无穷大)，即内接正多边形的边数无限增加，在这个过程中，内接正多边形无限接近于圆，同时A_n也无限接近于某一确定的数值，这个确定的数值就理解为圆的面积. 这个确定的数值在数学上称为上面有次序的数A_1，$A_2, A_3, \cdots, A_n, \cdots$当 $n\to\infty$ 时的极限.

2. 数列的相关概念

(1)数列的定义

如果按照某一法则，使得对任意一个正整数 n 有一个确定的数x_n，则得到一列有次序的数：

$$x_1, x_2, \cdots, x_n, \cdots,$$

这样一列有次序的数就叫做数列，记为$\{x_n\}$，其中第 n 项x_n称为数列的通项或一般项.

(2)数列的表示方法

数列$\{x_n\}$可以看作数轴上的一个动点，它依次取数轴上的点$x_1, x_2, \cdots, x_n, \cdots$.

数列$\{x_n\}$可以看作自变量为正整数 n 的函数$x_n=f(n)$，它的定义域是全体正整数.

下面，通过数列$\left\{1+\dfrac{1}{n}\right\}$，我们给出数列的两种表示方法：

- 列表法

n	1	2	3	4	5	6
$1+\dfrac{1}{n}$	2	$\dfrac{3}{2}$	$\dfrac{4}{3}$	$\dfrac{5}{4}$	$\dfrac{6}{5}$	$\dfrac{7}{6}$

- 几何法

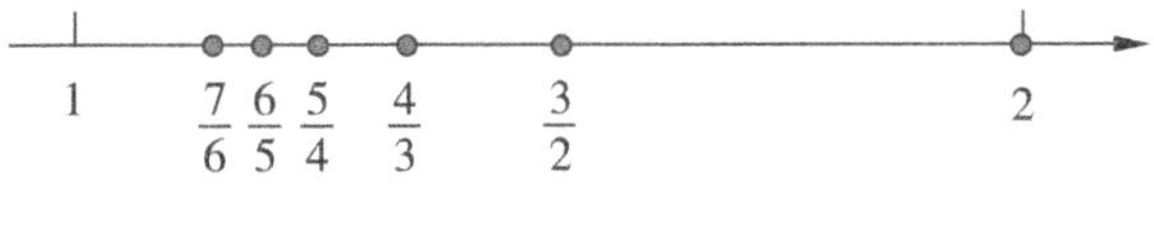

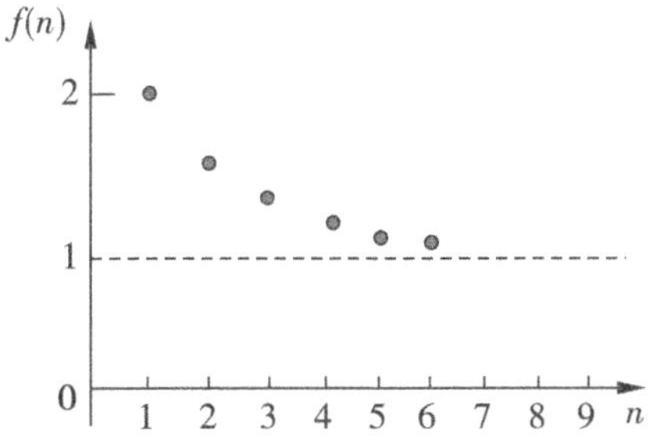

3. 数列极限的直观描述

对于数列$\{x_n\}$,如果当n无限增大时,数列的一般项x_n无限地接近于某一确定的数值a,则称常数a是数列$\{x_n\}$的极限,或称数列$\{x_n\}$收敛于a. 记为$\lim\limits_{n\to\infty}x_n=a$. 如果数列没有极限,就说数列是发散的.

例如,$\lim\limits_{n\to\infty}\dfrac{n}{n+1}=1$,$\lim\limits_{n\to\infty}\dfrac{1}{2^n}=0$,$\lim\limits_{n\to\infty}\dfrac{n+(-1)^{n-1}}{n}=1$;而$\{2^n\}$,$\{(-1)^n\}$是发散的.

4. 数列极限的严格定义

定义:如果数列$\{x_n\}$与常数a有下列关系:对于任意给定的正数ε(不论它多么小),总存在正整数N,使得对于$n>N$时的一切x_n,不等式$|x_n-a|<\varepsilon$都成立,则称常数a是数列$\{x_n\}$的极限,或者称数列$\{x_n\}$收敛于a,记为

$$\lim_{n\to\infty}x_n=a \quad 或 \quad x_n\to a(n\to\infty).$$

如果数列没有极限,就说数列是发散的.

$$\lim_{n\to\infty}x_n=a\Leftrightarrow\forall\varepsilon>0,\exists N\in\mathbf{N}^+,当 n>N 时,有|x_n-a|<\varepsilon.$$

数列极限的几何解释是:

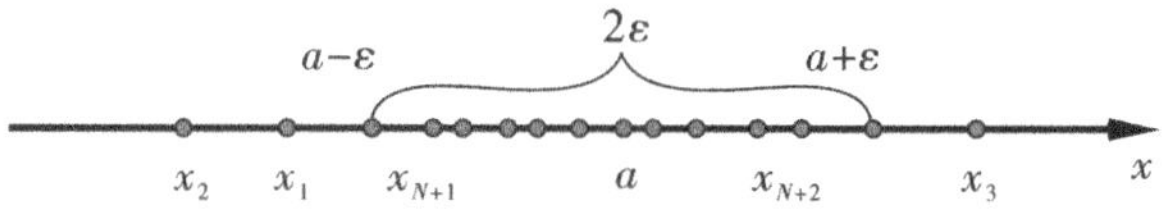

5. 例题讲解

例 1 证明$\lim\limits_{n\to\infty}\dfrac{n+(-1)^{n-1}}{n}=1$.

分析 $|x_n-1|=\left|\dfrac{n+(-1)^{n-1}}{n}-1\right|=\dfrac{1}{n}$. 对于$\varepsilon>0$,要使得$|x_n-1|<\varepsilon$,只要$\dfrac{1}{n}<\varepsilon$,即$n>\dfrac{1}{\varepsilon}$.

证明 因为$\varepsilon>0$,$\exists N=\left[\dfrac{1}{\varepsilon}\right]\in\mathbf{N}^+$,当$n>N$时,有

$$|x_n-1|=\left|\frac{n+(-1)^{n-1}}{n}-1\right|=\frac{1}{n}<\varepsilon,$$

所以

$$\lim_{n\to\infty}\frac{n+(-1)^{n-1}}{n}=1.$$

例 2 证明$\lim\limits_{n\to\infty}\dfrac{(-1)^n}{(n+1)^2}=0$.

分析 $|x_n-0|=\left|\dfrac{(-1)^n}{(n+1)^2}-0\right|=\dfrac{1}{(n+1)^2}<\dfrac{1}{n+1}$. 对于$\varepsilon>0$,要使得$|x_n-0|<\varepsilon$,只要$\dfrac{1}{n+1}<\varepsilon$,即$n>\dfrac{1}{\varepsilon}-1$.

证明 因为 $\varepsilon>0$，$\exists N=\left[\frac{1}{\varepsilon}-1\right]\in\mathbf{N}^{+}$，当 $n>N$ 时，有

$$\left|x_n-0\right|=\left|\frac{(-1)^n}{(n+1)^2}-0\right|=\frac{1}{(n+1)^2}<\frac{1}{n+1}<\varepsilon,$$

所以

$$\lim_{n\to\infty}\frac{(-1)^n}{(n+1)^2}=0.$$

例 3 设 $|q|<1$，证明等比数列 $1,q,q^2,\cdots,q^{n-1},\cdots$ 的极限是 0.

分析 对于 $\varepsilon>0$，要使得 $|x_n-0|=|q^{n-1}-0|=|q|^{n-1}<\varepsilon$，只要 $n>\log_{|q|}\varepsilon+1$ 即可，故可取 $N=[\log_{|q|}\varepsilon+1]$.

证明 因为 $\varepsilon>0$，$\exists N=[\log_{|q|}\varepsilon+1]\in\mathbf{N}^{+}$，当 $n>N$ 时，有

$$|q^{n-1}-0|=|q|^{n-1}<\varepsilon,$$

所以

$$\lim_{n\to\infty}q^{n-1}=0.$$

6. 思政元素的融合渗透

同学们，今天我们学习了数列极限的概念，它是我们数学中非常重要的一个概念. 在这个过程中，我们可以从一些古代文献中找到一些启示. 在《墨经》中有这样的描述："穷，或有前，不容尺也."意思是说穷无法用尺度来衡量. 这里的穷可以理解为极限，它超越了我们的想象力和观察范围. 类似地，《庄子・天下篇》中提到"一尺之棰，日取其半，万世不竭."这告诉我们即使我们不断地取半，不断地逼近，但极限仍然是无穷的，它是永远无法达到的. 在《九章算术注》中，刘徽创造了"割圆术"，他说："割之弥细，所失弥少，割之又割，以至于不可割，则与圆合体，而无所失矣."这句话告诉我们，通过不断地割圆，即使我们无法无限割下去，但我们可以无限接近圆的形状，使误差趋近于零. 而且刘徽对圆面积公式的证明，被公认为世界数学史上首次将极限思想和无穷小分割方法引入到数学证明中.

这些都是中国的朴素的、直观的极限思想，这些古代文献中的观点与我们今天所学习的数列极限有着紧密的联系. 数列极限也是通过逼近的方式，不断地接近某个值或者趋于无穷大. 在求解数列极限的过程中，我们要学会思辨，善于发现问题的本质和内在联系，不仅仅满足于掌握数学的表面知识，更要追求对数学原理的深入理解.

同学们，在古代这样一个信息闭塞、计算条件简陋的条件下，先辈们都能锲而不舍地潜心研究，终有所得. 在今日，站在无数先辈的肩膀上，汲取着古代数学家们的智慧和经验，我们要不断追求卓越，勇于思考，敢于探索，立足当下，着眼未来，积极实现自我价值，为实现中国梦而奋斗.

7. 课堂小结

回顾学习内容：

(1)数列极限的定义；

(2)利用其定义确定某些简单的数列极限.

❖思考与展望❖

目前我们学习了数列极限的概念,并利用其定义可以计算一些简单数列的极限.数列的极限具有哪些性质呢?数列极限的运算法则又有哪些呢?

数列极限

——攻坚克难,精益求精

高晓芬

一、课程内容

(1)本课程的内容是数列极限的直观定义、精确定义、利用数列的精确定义求数列极限.

(2)教学难点是理解数列极限的精确定义(ε-N 语言)及利用其证明数列极限.

二、思政内容

(1)攻坚克难,精益求精.

(2)融入思政元素:从数列极限萌芽时期到最后的精确定义,这一时间历经近两千年.通过本节课,不仅让学生学习到相关知识,并且能深刻体会数学家们攻坚克难、精益求精的精神,同时会用辩证唯物主义思想的观点看待事情发展进程.

三、案例设计与教学过程

1.数列极限的直观定义

引例 1 战国时代哲学家庄周在《庄子·天下篇》中引用了惠施的话:"一尺之棰,日取其半,万世不竭."

就是说给一个一尺长的棰,每天截取前一天剩下的一半,随着时间的流逝,棰会越来越短,长度越来越趋近于零,但永远不会等于零,这从直观上体现了极限的思想.

引例 2 魏晋时期的数学家刘徽在《九章算术注》方田章"圆田术"注文中提出"割圆术"的方法:"……割之弥细,所失弥少,割之又割,以至于不可割,则与圆周合体,而无所失矣."

就是说给定一个圆,让它内接正 n 边形,则 n 越大,内接正 n 边形的面积就越接近于圆的面积,当 n 非常大时,正 n 边形的面积就是圆的面积.这正是对极限思想和方法精彩而又深刻的论述,但由于历史条件限制,当时也没有抽象出极限的概念.

首先回顾数列的相关知识.由中学知识知道,按照某一法则排列的一列有序数

$$x_1, x_2, x_3, \cdots, x_n, \cdots$$

叫做数列,简记为$\{x_n\}$.数列中的每一个数叫做这个数列的项,各项依次叫做这个数列的第 1 项(或首项),第 2 项,……,第 n 项,……

如果数列$\{x_n\}$的第 n 项 x_n 与 n 之间的关系可以用一个公式来表示,那么这个公式就叫做这个数列的通项公式.

回到引例 2,如果把每天截剩的棰长写成数列,则得到一个新数列

$$\frac{1}{2},\frac{1}{4},\frac{1}{8},\cdots,\frac{1}{2^n},\cdots.$$

此数列的通项公式为$\frac{1}{2^n}$. 观察发现,上述数列的通项随着 n 的增大在不断地减小,虽然永远不会为 0,但是随着 n 的逐渐变大,通项 n 越来越接近于 0. 我们称 0 为上述数列的极限.

请同学们思考:对于一般数列$\{x_n\}$ 的极限,它应该有什么样的性质呢? 显然,n 逐渐变大,通项越来越接近于某个固定的常数. 因此,对于一般情形,给出如下定义:

定义 1 给定一个数列 $\{x_n\}$,如果当 n 无限增大时,x_n无限接近于某个确定的数 a,则称数列 $\{x_n\}$ 当 n 趋于无穷时以 a 为极限,记作

$$\lim_{n\to\infty}x_n=a \quad 或 \quad x_n\to a(n\to\infty).$$

如果当 $n\to\infty$ 时,$\{x_n\}$ 的极限存在,则称 $\{x_n\}$ 收敛,否则称 $\{x_n\}$ 发散.

例如,通过观察(即根据数列极限的直观定义)可以发现:

(1)数列$\left\{\frac{1}{2^n}\right\}$ 是收敛的,极限为 0;

(2)数列 $\left\{1+\frac{(-1)^n}{n}\right\}$ 是收敛的,极限为 0;

(3)数列$\{(-1)^{n-1}\}$ 是发散的;

(4)数列 $\{2^n\}$ 是发散的.

2. 数列极限的精确定义

根据数列极限概念的直观描述,我们可以处理一些简单数列的极限. 然而,此定义对于处理较为复杂的数列是很难运用的. 原因是它对"无限增大"和"无限接近"等术语仅给出一个含糊的描述,而未给出定量化的表达,很难说明一个给定的常数是不是一个数列的极限. 因此,从实际问题和理论研究出发,必须对上述极限的描述性定义加以严格的定量描述. 我们从一个简单的例子出发进行分析.

考察数列

$$x_n=1+\frac{(-1)^n}{n}\text{的项}:0,\frac{3}{2},\frac{2}{3},\frac{5}{4},\frac{4}{5},\cdots,$$

直观上看,发现当 n 无限增大时,x_n无限接近于 1. 对此有如下几种等价说法:

(1)当 n 无限增大时,x_n与 1 的距离可以任意的小.(任意的小,直观上来讲就是要多小就能有多小)

(2)$|x_n-1|$ 想要多小,只需要 n 增大到一定程度后,$|x_n-1|$ 就可以有多小.

(3)$|x_n-1|$ 可以小于任意预先给定的正数 ε,只要 n 足够大.(n 足够大,直观上来讲就是要多大就能有多大)

(4)对任意给定的 $\varepsilon>0$,要使 $|x_n-1|<\varepsilon$,只要 n 增大到 N 以后即可.

至此,用 ε 定量地刻画了"无限接近",用 N 定量地刻画了"无限增大".

因此,根据上述分析过程,将极限的精确定义叙述如下:

定义 2 如果对于任意给定的 $\varepsilon>0$,总存在正整数 N,使得对 $n>N$ 时的一切 x_n,不等式 $|x_n-a|<\varepsilon$ 恒成立,则称数列 $\{x_n\}$ 当 n 趋近于无穷时以 a 为极限,也称数列 $\{x_n\}$ 收敛于 a,记作

$$\lim_{n\to\infty}x_n=a \quad 或 \quad x_n\to a(n\to\infty).$$

以后,将这个定义简记为

$$\forall \varepsilon>0, \exists N, 当 n>N 时, |x_n-a|<\varepsilon.$$

注记 1　正数 ε 是任意给定的,所谓"任意"着重强调"任意小",因为只有这样,才能刻画出数列 x_n 与 a 无限接近的内涵,而正整数 N 则是由任意给定的 ε 所确定的,但是并不唯一,我们不要求大家找出满足不等式 $|x_n-a|<\varepsilon$ 最小的 N.

注记 2　数列 $\{x_n\}$ 极限的几何意义:如果把数列 $\{x_n\}$ 中每一项都用数轴上的点表示出来,那么数列 $\{x_n\}$ 以 a 为极限的几何意义可表述为:对任意给定的 $\varepsilon>0$,存在 N,当 $n>N$ 时,数列所对应的点 $x_{N+1}, x_{N+2}, \cdots$ 都落在区间 $(a-\varepsilon, a+\varepsilon)$ 内.

值得说明的是,此精确定义是由著名数学家维尔斯特拉斯于 19 世纪提出来的. 此定义虽然没有直观定义中的那么易于理解,却越能精确地反映原型的本质,并为以后极限思想的进一步发展以及微积分的发展开辟了新的道路. 也可以说,这一精确定义的提出在数学上具有里程碑的意义.

3. 证明数列极限

根据数列极限的精确定义,可以证明一些复杂数列的极限. 注意数列极限定义并未直接提供如何求数列极限的方法,后面将专门讲极限的求法.

例 1　**证明**　对任意正数 $\alpha>0$,有

$$\lim_{n\to\infty}\frac{1}{n^{\alpha}}=0.$$

分析　根据极限精确定义 2,要证上述极限成立,即证

$$\forall \varepsilon>0, \exists N, 当 n>N 时, \left|\frac{1}{n^{\alpha}}-0\right|<\varepsilon.$$

证明的关键是找到 N,而 N 可从不等式 $\left|\frac{1}{n^{\alpha}}-0\right|<\varepsilon$ 入手找到.

证明　由于

$$\left|\frac{1}{n^{\alpha}}-0\right|=\left|\frac{1}{n^{\alpha}}\right|,$$

对任意的 $\varepsilon>0$,取 $N=[\varepsilon^{-1/\alpha}]+1$,则当 $n>N$ 时,有

$$\left|\frac{1}{n^{\alpha}}-0\right|=\left|\frac{1}{n^{\alpha}}\right|<\varepsilon.$$

因此,由极限的定义可知 $\lim\limits_{n\to\infty}\frac{1}{n^{\alpha}}=0$.

例 2　证明

$$\lim_{n\to\infty}\sqrt[n]{n}=1.$$

分析　不能由不等式 $|\sqrt[n]{n}-1|<\varepsilon$ 直接求出 N,因为不要求找到最小的 N,所以可以通过对不等式 $|\sqrt[n]{n}-1|<\varepsilon$ 进行适当的放缩求出 N.

证明　由算术-几何均值不等式

$$\sqrt[n]{a_1a_2\cdots a_n}\leqslant\frac{a_1+a_2+\cdots+a_n}{n}(a_i>0)$$

可知，对 $n>2$ 有

$$1\leqslant\sqrt[n]{n}=(1\cdot\cdots\cdot1\cdot\sqrt{n}\cdot\sqrt{n})^{\frac{1}{n}}\leqslant\frac{(n-2)+2\sqrt{n}}{n}<1+\frac{2}{\sqrt{n}}.$$

因此

$$0\leqslant\sqrt[n]{n}-1<\frac{2}{\sqrt{n}}.$$

任给 $\varepsilon>0$，只要取 $N=\left[\frac{4}{\varepsilon^2}\right]+1$，则当 $n>N$ 时，有 $|\sqrt[n]{n}-1|<\varepsilon$. 故知 $\lim\limits_{n\to\infty}\sqrt[n]{n}=1$.

4. 思政元素的融合渗透

本节课，我们学习了数列极限的萌芽到直观定义再到精确定义，这一过程历经近两千年，是一个攻坚克难的过程，体现了数学家们精益求精的理想信念. 这一过程是从感性认识上升到理性认识然后再指导实践的过程. 希望大家在数列极限的学习过程中可以提高观察能力、论证能力、计算能力，能够学会从有限认识无限、从量变认识质变，进一步发展辩证唯物主义观点.

5. 课堂小结

回顾学习内容：

(1) 数列极限的描述性定义、精确定义.

(2) 利用 ε-N 语言证明数列极限的方法步骤.

❖思考与展望❖

目前我们学习了数列极限的直观定义及精确定义，若将数列中的下标 n 看作自变量，将数列中的每一项看作因变量，那么数列 x_n 可看作自变量为正整数 n 的函数 $x_n=f(n)$，它的定义域为全体正整数. 那么函数极限是如何定义的呢？如何证明函数的极限？如何求函数的极限？

数列的极限

——有限和无限的辩证统一

魏菊梅

一、课程内容

(1)本课程的内容是数列极限的概念与相关性质的理解运用.

(2)教学难点是数列极限的数学定义语言、单调有界原理和夹逼定理的应用.

二、思政内容

(1)结合数列极限的概念和应用,与学生进行思考和讨论,探讨数列极限对人生、社会和思政领域的意义.

(2)引导学生分析数列极限中的道德、伦理等问题,培养其批判性思维和辩证思维.

三、案例设计与教学过程

1. 引入与导入

通过创设情境的方式让学生了解我国悠久的数学文化历史和文化底蕴,激发学生对数列的学习兴趣,提出与思政相关的问题,例如数列极限与人生哲学的关系.

引例1 古代庄子的"截杖问题".在《庄子・天下篇》中,庄子提出一句话:"一尺之棰,日取其半,万世不竭."

利用道具:课前准备一根长绳或纸条,亲自探究一下"截杖问题".

培养学生动手操作、独立思考的能力,深刻体会"纸上得来终觉浅,绝知此事要躬行"的哲学道理——实践是检验真理的唯一标准;培养学生的数学极限思想,加深学生对数列极限的内涵的理解,从而发现数列极限的实质,深刻体会有限和无限的统一,领会有限之中有无限这一辩证唯物主义思想.

引例2 刘徽的"割圆术"."割之弥细,所失弥少,割之又割,以至于不可割,则与圆合体,而无所失矣."

PPT 动画演示"割圆术",对于任一个圆的内接正多边形来说,边数加倍后,得到的还是内接正多边形,是量变,不是质变.但是,边数无限增加下去,多边形就越来越接近于圆,产生质变.

情境设计提高了学生对问题的兴趣和积极思考,数列的极限是一种研究变量变化趋势的数学方法,极限思想生动诠释了马克思的辩证唯物主义科学原理:事物是处于不断地变化过程之中,是量变和质变的统一.当事物的量变积累到一定的程度,达到事物变化的度时就一定发生质变.

与此同时,得出极限的概念,并用语言描述,从特殊到一般的变化过程,感受数学知识是由实践进行抽象概括并加以证明而得的,充分感受数学语言的魅力.

2. 数列极限的定义和符号表示

描述性定义:设有数列$\{x_n\}$,如果当n无限地增大,数列$\{x_n\}$的值就会无限地接近于同一个常数a,则称数列$\{x_n\}$有极限a,或称数列$\{x_n\}$收敛于a,记为$\lim\limits_{n\to\infty}x_n=a$或简记为$x_n\to a(n\to\infty)$.如数列$\{x_n\}$无极限,则称数列$\{x_n\}$发散.

提问:两个"无限"如何量化?

精确化定义:设有数列$\{x_n\}$,如果$\forall\varepsilon>0$,$\exists N$,使当$n>N$时,都有$|x_n-a|<\varepsilon$,则称数列$\{x_n\}$有极限a,或称数列$\{x_n\}$收敛于a,记为$\lim\limits_{n\to\infty}x_n=a$.

$\lim\limits_{n\to\infty}x_n=a$的几何解释:对任意给定的正数$\varepsilon$,数列$\{x_n\}$从某项$x_N$开始,其以后各项$x_n(n>N)$都要落入邻域$U(a,\varepsilon)$,即$\{x_n\}$落在邻域$U(a,\varepsilon)$以外的项至多有有限多项.

注:如果数列的极限存在且有限,则称该数列收敛于某个数;如果数列的极限不存在或为无穷大,则称该数列发散.

数列极限的精确化定义体现了科学精神的严谨性和求真性:数列极限的定义和推导过程需要严格的逻辑,要求准确、清晰、严密.在研究数列极限过程中,科学精神要求我们从严密的数学逻辑出发,通过严格地分析、推理和实验证据,去揭示数列极限的真相.遵循规律:数列极限的研究是基于规律和模式的.科学精神要求我们寻找和发现数列中的规律和模式,并通过数学方法去解释和说明这些规律性现象.科学精神鼓励我们在不断地实践和研究中,不断完善和扩展对数列极限规律的认识.

3. 数列极限的四则运算法则

【定理】设$\{x_n\}$,$\{y_n\}$为两数列,且$\lim\limits_{n\to\infty}x_n=a$,$\lim\limits_{n\to\infty}y_n=b$均存在,则

(1)$\lim\limits_{n\to\infty}(x_n\pm y_n)=\lim\limits_{n\to\infty}x_n\pm\lim\limits_{n\to\infty}y_n=a\pm b$;

(2)$\lim\limits_{n\to\infty}(x_ny_n)=\lim\limits_{n\to\infty}x_n\cdot\lim\limits_{n\to\infty}y_n=a\cdot b$;

(3)$\lim\limits_{n\to\infty}\dfrac{x_n}{y_n}=\dfrac{\lim\limits_{n\to\infty}x_n}{\lim\limits_{n\to\infty}y_n}=\dfrac{a}{b}(b\neq0)$.

【推论】(1)$\lim\limits_{n\to\infty}(cx_n)=c\lim\limits_{n\to\infty}x_n=ca$;

(2)$\lim\limits_{n\to\infty}x_n^k=(\lim\limits_{n\to\infty}x_n)^k=a^k$;

(3)$\lim\limits_{n\to\infty}\dfrac{1}{x_n}=\dfrac{1}{\lim\limits_{n\to\infty}x_n}=\dfrac{1}{a}(a\neq0)$.

4. 收敛数列的性质

有界性:收敛数列$\{x_n\}$必有界.

极限的唯一性:若数列$\{x_n\}$收敛,则其极限是唯一的.

保序性:若$\lim\limits_{n\to\infty}x_n=a$,$\lim\limits_{n\to\infty}y_n=b$,且$a<b$,则$\exists N$,$n>N$时,有$x_n<y_n$.

【推论1】若$\lim\limits_{n\to\infty}x_n=a$,$\lim\limits_{n\to\infty}y_n=b$,且$\exists N$,$n>N$时,有$x_n\leqslant y_n$,则$a\leqslant b$.

【推论2】(保号性)若$\lim\limits_{n\to\infty}x_n=a$,且$a<0(a>0)$,则$\exists N$,$n>N$时,有$x_n<0(x_n>0)$.

5. 数列极限存在的两准则

夹逼准则：设有三数列$\{x_n\}$，$\{y_n\}$，$\{z_n\}$满足

(1) $\exists N\in \mathbf{N}^*$，$n>N$时，$y_n\leqslant x_n\leqslant z_n$，

(2) $\lim\limits_{n\to\infty} y_n=\lim\limits_{n\to\infty} z_n=a$，

则有$\lim\limits_{n\to\infty} x_n=a$.

例 1 求$\lim\limits_{n\to\infty}\dfrac{n!}{n^n}$.

解 因为$0\leqslant\dfrac{n!}{n^n}=\dfrac{1\cdot 2\cdot 3\cdot\cdots\cdot(n-1)\cdot n}{n\cdot n\cdot n\cdot\cdots\cdot n}\leqslant\dfrac{1\cdot n\cdot n\cdot\cdots\cdot n}{n\cdot n\cdot n\cdot\cdots\cdot n}=\dfrac{1}{n}$且$\lim\limits_{n\to\infty}\dfrac{1}{n}=0$，

所以$\lim\limits_{n\to\infty}\dfrac{n!}{n^n}=0$.

单调有界原理：若数列$\{x_n\}$满足

(1) $\{x_n\}$单调增加（或单调减少），

(2) $\{x_n\}$有上界（或有下界），

则$\{x_n\}$收敛.

例 2 证明数列$\{x_n\}$收敛，其中$x_n=\dfrac{1}{2}\left(x_{n-1}+\dfrac{2}{x_{n-1}}\right)(n\geqslant 2)$，$x_i>0$.

证明 ①$\forall n$，$x_n=\dfrac{1}{2}\left(x_{n-1}+\dfrac{2}{x_{n-1}}\right)\geqslant\dfrac{1}{2}\times 2\sqrt{x_{n-1}\times\dfrac{2}{x_{n-1}}}=\sqrt{2}$，即$\{x_n\}$有下界.

②由$x_n^2\geqslant 2$，$\forall n$，$x_n-x_{n+1}=\dfrac{x_n^2-2}{2x_n}\geqslant 0$，即$\{x_n\}$单减. 故由单调有界原理知，$\{x_n\}$收敛.

③设$\lim\limits_{n\to\infty} x_n=a$，则因为$x_n=\dfrac{1}{2}\left(x_{n-1}+\dfrac{2}{x_{n-1}}\right)(n\geqslant 2)$，$x_i>0$.

所以，两边取极限，有

$a=\dfrac{1}{2}\left(a+\dfrac{2}{a}\right)\Rightarrow a=\pm\sqrt{2}$. 又由收敛数列的保号性知$\lim\limits_{n\to\infty} x_n=\sqrt{2}$.

6. 引申拓广，巩固新知

例 3 有界数列是否一定收敛？无界数列是否一定发散？

辩证地设置习题，可以提高学生的读题能力，进一步深化他们的思维方式，加深学生对于数列极限概念及其收敛数列性质的理解，领会所学知识的本质和内涵，进而提高他们灵活解题的能力.

❖思考与展望❖

数列的极限是数列逐渐接近某个确定的值或趋向于无穷大或负无穷大的过程. 在思政课中，我们可以将数列的极限与思政教育联系起来，进行一些思考和讨论.

首先，数列的极限可以让我们思考人生的追求和目标. 就像数列逐渐接近某个值一样，我们在人生的道路上也需要不断追求并朝着自己的目标前进. 思政课可以帮助我们明确自己的人生目标，并提供一些思考和指导，使我们能够更加有计划地追求和实现自

己的理想.

其次,数列的极限也可以引发我们对社会变革和发展的思考.就像数列可能趋向于无穷大或负无穷大一样,社会也在不断变化和发展.思政课可以通过教授社会发展的基本原理和历史事实,帮助我们更好地理解社会,思考社会的问题和走向,并提供参考和借鉴,使我们能够更好地适应社会发展和变革.

此外,数列的极限还可以让我们思考科学思维和方法.数学是一门严谨的科学,数列的极限要求我们使用严谨的数学方法进行推导和证明.在思政课中,我们也需要培养科学思维和方法,运用科学的态度和方法来分析问题和提出解决方案.思政课可以通过培养我们的逻辑思维、分析能力和实证精神,提高我们运用科学思维和方法解决问题的能力.

综上所述,数列的极限思政课可以通过数列的极限概念,引发我们对人生目标、社会发展和科学思维的思考,帮助我们更好地认识自我、理解社会和发展科学思维和方法.

连续性的概念

——行之力则知愈进，知之深则行愈达

牛亚慧

一、课程内容

(1)本课程的内容是函数连续性的概念.

(2)教学目标:

①掌握函数在一点的连续性及其定义.

②掌握函数在一点的单边连续性及其定义.

(3)教学重点:函数在一点连续的定义.

(4)教学难点:

①函数在一点连续的定义.

②函数在一点是否连续的证明思路和方法.

二、思政内容

(1)“行之力则知愈进，知之深则行愈达”出自宋代理学家张栻的《论语解·序》，阐释了“知”与“行”的相互作用，“知”与“行”相互生发，相互促进，越是深入实践，认识越能精进，而反过来，有了越发深刻的认识，实践越能通达透彻.

(2)融入思政元素:对于函数$f(x)$在一点x_0连续的定义，把自变量看作“行”，x_0为深入的实践，函数值看作“知”，$f(x_0)$为深刻的认知. 若函数$f(x)$在x_0连续，随着自变量越接近x_0，函数值就越接近$f(x_0)$，反之，对于单调函数，函数值越接近$f(x_0)$，可推出自变量越接近x_0. 这可以理解为随着实践的深入，认知会越深刻，反之，深刻的认知，也会促进实践的通透.

通过融入国学名言“行之力则知愈进，知之深则行愈达”，让学生体会函数在一点连续的实质是需要自变量和函数值相互生发、相互促进.

三、案例设计与教学过程

1. 引言

在上一章中，我们学习了函数的极限及其相关性质. 本章我们将学习函数的连续性，它是函数极限的自然推广，是我们在实际问题中经常遇到的一种性质. 连续函数是数学分析中着重讨论的一类函数，我们将通过本章的学习，更加深入地理解函数的性质，为后面的学习打下坚实的基础.

从几何图像上看，连续函数在坐标平面上的图像是一条连绵不断的曲线. 当然我们不能满足于这种直观的认识，而应该给出函数连续的精确定义，并由此出发研究连续函

数的性质. 本节我们先定义函数在一点的连续性.

2. 函数在一点连续的定义

定义 1 设函数 f 在某 $U(x_0)$ 上有定义,若

$$\lim_{x\to x_0} f(x)=f(x_0), \tag{1}$$

则称 f 在点 x_0 连续.

定义 1 中的式(1)用 $\varepsilon-\delta$ 语言翻译后,此定义可以表述为

f 在点 x_0 连续 $\Leftrightarrow \forall \varepsilon>0, \exists \delta>0, \forall x$, 当 $|x-x_0|<\delta$ 时, 都有

$$|f(x)-f(x_0)|<\varepsilon. \tag{2}$$

从此定义可以看出 f 在点 x_0 连续,意味着,当自变量 x 非常接近 x_0 时,函数值 $f(x)$ 就越接近 $f(x_0)$.

例如,函数 $f(x)=2x+1$ 在点 $x=2$ 连续,因为

$$\lim_{x\to 2} f(x)=\lim_{x\to 2}(2x+1)=5=f(2).$$

又如,函数

$$f(x)=\begin{cases} x\sin\dfrac{1}{x}, x\neq 0, \\ 0, x=0, \end{cases}$$

在点 $x=0$ 连续,因为

$$\lim_{x\to 0} f(x)=\lim_{x\to 0} x\sin\frac{1}{x}=0=f(0).$$

下面我们引入函数 $y=f(x)$ 在点 x_0 连续的另一种表述,记 $\Delta x=x-x_0$,称为自变量 x(在点 x_0)的增量或改变量. 设 $y_0=f(x_0)$,相应的函数 y(在点 y_0)的增量记为

$$\Delta y=f(x)-f(x_0)=f(x_0+\Delta x)-f(x_0)=y-y_0.$$

注　自变量的增量 Δx 或函数的增量 Δy 可以是正数,也可以是 0 或负数,实质是指变化量.

引进了增量的概念之后,易见"函数 $y=f(x)$ 在点 x_0 连续"等价于

$$\lim_{\Delta x\to 0}\Delta y=0.$$

由上述函数 $y=f(x)$ 在点 x_0 连续的 $\varepsilon-\delta$ 定义,我们可看出函数 $f(x)$ 在点 x_0 有极限与 $f(x)$ 在点 x_0 连续这两个概念之间的联系:

(1) f 在点 x_0 有极限是 f 在 x_0 连续的必要条件. 进一步说,"$f(x)$ 在点 x_0 连续"不仅要求 $f(x)$ 在点 x_0 有极限,而且要求其极限值应等于 f 在 x_0 的函数值 $f(x_0)$.

(2) 在讨论极限时,我们假定 f 的某空心邻域 $U^{\circ}(x_0)$ 上有定义(f 在点 x_0 可以没有定义),而"f 在点 x_0 连续"则要求 f 在某 $U(x_0)$ 上(包括点 x_0)有定义,此时由于式(2)当 $x=x_0$ 时总是成立的,所以在极限定义中的"$0<|x-x_0|<\delta$"换成了在连续定义中的"$|x-x_0|<\delta$".

(3) 式(1)又可表示为

$$\lim_{x\to x_0} f(x)=f(\lim_{x\to x_0} x),$$

可见"f 在点 x_0 连续"意味着极限运算 lim 与对应法则 f 可交换.

下面看两个例题.

例 1 证明函数 $f(x)=xD(x)$ 在点 $x=0$ 连续,其中 $D(x)$ 为狄利克雷函数.

证明 由 $f(0)=0$ 及 $|D(x)|\leqslant 1$,对任给的 $\varepsilon>0$,为使

$$|f(x)-f(0)|=|xD(x)|\leqslant|x|<\varepsilon,$$

只要取 $\varepsilon=\delta$,即可按 $\varepsilon-\delta$ 定义推得 $f(x)$ 在点 $x=0$ 连续.

例 2 证明函数

$$g(x)=\begin{cases}\dfrac{1-\cos x}{x^2}, x\neq 0,\\ \dfrac{1}{2}, x=0,\end{cases}$$

在点 $x=0$ 连续.

证明 由

$$\lim_{x\to 0}g(x)=\lim_{x\to 0}\frac{1-\cos x}{x^2}=\frac{1}{2}=g(0)$$

知 $g(x)$ 在 $x=0$ 连续.

相应于 f 在点 x_0 的左、右极限的概念,我们给出左、右连续的定义如下:

定义 2 设函数 f 在某 $U_+(x_0)(U_-(x_0))$ 内有定义,若

$$\lim_{x\to x_0^+}f(x)=f(x_0)\left[\lim_{x\to x_0^-}f(x)=f(x_0)\right],$$

则称 f 在点 x_0 右(左)连续.

根据上述定义 1 与定义 2,不难推出如下定理.

定理 4.1 函数 $f(x)$ 在点 x_0 连续的充要条件是:$f(x)$ 在点 x_0 既是右连续,又是左连续,即

$$\lim_{x\to x_0^+}f(x)=\lim_{x\to x_0^-}f(x)=f(x_0).$$

我们用一个简单的例子来理解左右极限:

例 3 讨论函数

$$f(x)=\begin{cases}x+2, x\geqslant 0,\\ x-2, x<0,\end{cases}$$

在点 $x=0$ 的连续性.

解 因为

$$\lim_{x\to 0^+}f(x)=\lim_{x\to 0^+}(x+2)=2,$$

$$\lim_{x\to 0^-}f(x)=\lim_{x\to 0^-}(x-2)=-2,$$

而 $f(0)=2$,所以 f 在点 $x=0$ 右连续,但不左连续,从而它在 $x=0$ 不连续.

判断在一点是否连续的步骤:先分别计算出在这一点的左右极限,再与这一点的函数值比较.

3. 思政元素的融合渗透

今天,我们学习了函数在一点连续的定义、左右连续以及判断在一点是否连续的方法,对于函数 $f(x)$ 在一点 x_0 连续的定义,可理解为随着自变量越接近 x_0,函数值就越接

近 $f(x_0)$，且若函数单调，这一趋近反之也成立，即随着函数值越接近 $f(x_0)$，自变量就越接近 x_0. 这个过程与国学名言“行之力则知愈进，知之深则行愈达”有相同的内涵，越是深入实践，认识越能精进，反过来，有了越发深刻的认识，实践越能通达透彻，“行”与“知”相互生发、相互促进，由此我们也能意识到，在一点连续的单调函数，其自变量和函数值是相互促进的、相互生发的.

习近平主席在庆祝改革开放 40 周年大会上的讲话指出：“只有顺应历史潮流，积极应变，主动求变，才能与时代同行.”“行之力则知愈进，知之深则行愈达.”改革开放 40 年积累的宝贵经验是党和人民弥足珍贵的精神财富，对新时代坚持和发展中国特色社会主义有着极为重要的指导意义，必须倍加珍惜、长期坚持，在实践中不断丰富和发展.

在大会中，习近平总书记总结了九条改革开放 40 年得到的宝贵经验，这九条宝贵的经验，正是马克思主义原理与中国改革开放实践相结合的产物. 没有对马克思主义原理的认知和尊重，中国的发展就会偏离社会主义的方向；没有改革开放的伟大实践，马克思主义在当代中国的发展也就失去了源泉活水. 这之间的关系，正是对张栻“行之力则知愈进，知之深则行愈达”的完美印证；而传统文化所蕴含的智慧与活力，也借此得到了彰显.

同样，我们在学习生活中，也要学会实践和理论相结合，从不断的实践中提升自己的认知，高水平的认知又能促使我们的实践更高效，做到“知行合一”，这样我们生活事业才能越来越好.

4. 课堂小结

回顾学习内容：

(1) 函数在一点连续的定义.

(2) 函数在一点单边连续的定义.

(3) 函数在一点是否连续的证明方法.

❖思考与展望❖

本节课我们学习了函数在一点连续的定义及其证明方法，如果函数在一点不连续，会是怎样的情况？如果函数在一点连续，它会有什么好的性质呢？

链式法则

——不忘初心、牢记使命

卜春霞

一、课程内容

(1)教学内容:多元函数复合函数求偏导数的链式法则.

(2)教学难点:链式法则的理解及应用.

二、思政内容

(1)不忘初心、牢记使命. 链式法则求偏导是“使命”,在求解过程中时刻“不忘”函数的基本结构.

(2)融入思政元素:“不忘初心、牢记使命”主题教育是在全党范围内开展的主题教育,是推动全党更加自觉地为实现新时代党的历史使命不懈奋斗的重要内容. 理论联系实际,逐层剖析链式法则,分析其理论结构,让同学们感受“不忘初心、牢记使命”的重要意义,增强学生的责任感、使命感及成长感.

三、案例设计与教学过程

1. 教学引入

例1 求 $y=f(x)=\sin 2x$ 的一阶导数.

解 令 $u=2x, y=\sin u$,由一元函数复合函数求导运算法则得

$$y'=f'(x)=\frac{\mathrm{d}y}{\mathrm{d}u}\cdot\frac{\mathrm{d}u}{\mathrm{d}x}=\sin u\cdot 2=2\cos 2x.$$

问题1:复合函数求导运算法则为什么是乘法?

问题2:$\frac{\mathrm{d}y}{\mathrm{d}u}$的结构是什么?

通过对问题2的讨论,联系“不忘初心、牢记使命”的主题教育,要求同学们牢记使命,那么如何才可以做到牢记使命呢? 那就是不忘初心. 那么初心是什么? 初心就是无论你做什么和想什么,都要始终围绕着你的理想和目标,就是你当初在出发前,在心里制定的并下定决心要完成的任务. 不忘初心、牢记使命,就是不迷茫. 现实中的我们,面对困难要心存希望,要有远大的理想和崇高的信仰.

2. 探究活动(1)

例2 求 $f(t)=\ln t\cdot\sin 2t$ 的一阶导数.

解 由一元函数求导运算法则,得

$$f'(t)=\sin 2t\cdot\frac{1}{t}+\ln t\cdot 2\cos 2t.$$

讨论 1：记 $u=\ln t, v=\sin 2t$，如何用 u,v 描述 $f'(t)$？

$$f'(t)=v\cdot\frac{\mathrm{d}u}{\mathrm{d}t}+u\cdot\frac{\mathrm{d}v}{\mathrm{d}t}.$$

讨论 2：令 $f(t)=uv, u=\ln t, v=\sin 2t$，如何用 u,v 描述 $f'(t)$？

$$f'(t)=v\cdot\frac{\mathrm{d}u}{\mathrm{d}t}+u\cdot\frac{\mathrm{d}v}{\mathrm{d}t}=\frac{\partial f}{\partial u}\cdot\frac{\mathrm{d}u}{\mathrm{d}t}+\frac{\partial f}{\partial v}\cdot\frac{\mathrm{d}v}{\mathrm{d}t}$$

3. **归纳总结**

通过小组讨论，让同学们掌握从具体到抽象，特殊到一般的思维方式方法，归纳出一般结论.

定理 1 如果函数 $u=\varphi(t)$ 及 $v=\psi(t)$ 都在点 t 可导，函数 $z=f(u,v)$ 在对应点 (u,v) 具有连续偏导数，则复合函数 $z=f[\varphi(t),\psi(t)]$ 在对应点 t 可导，且其导数可用下列公式计算：$\frac{\mathrm{d}z}{\mathrm{d}t}=\frac{\partial z}{\partial u}\cdot\frac{\mathrm{d}u}{\mathrm{d}t}+\frac{\partial z}{\partial v}\cdot\frac{\mathrm{d}v}{\mathrm{d}t}$（如图 1）.

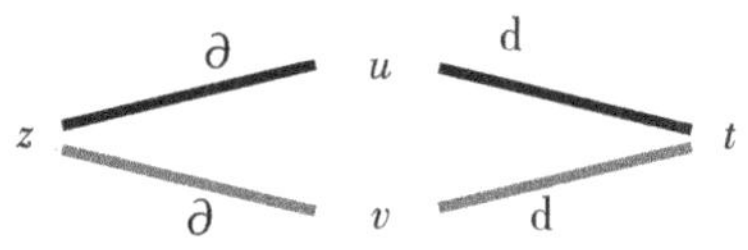

图 1

证明 由于函数 $z=f(u,v)$ 在对应点 (u,v) 具有连续偏导数，

$$\Delta z=\frac{\partial z}{\partial u}\Delta u+\frac{\partial z}{\partial v}\Delta v+o\left(\sqrt{(\Delta u)^2+(\Delta v)^2}\right),$$

设 t 获得增量 Δt，

$$\frac{\Delta z}{\Delta t}=\frac{\partial z}{\partial u}\cdot\frac{\Delta u}{\Delta t}+\frac{\partial z}{\partial v}\cdot\frac{\Delta v}{\Delta t}+\frac{o\left(\sqrt{(\Delta u)^2+(\Delta v)^2}\right)}{\Delta t}\cdot\frac{\sqrt{(\Delta u)^2+(\Delta v)^2}}{\Delta t},$$

于是，$\frac{\mathrm{d}z}{\mathrm{d}t}=\lim\limits_{\Delta t\to 0}\frac{\Delta z}{\Delta t}=\frac{\partial z}{\partial u}\cdot\frac{\mathrm{d}u}{\mathrm{d}t}+\frac{\partial z}{\partial v}\cdot\frac{\mathrm{d}v}{\mathrm{d}t}.$

例 3 已知 $z=f(u,v), u=\mathrm{e}^t, v=\cos t$，求 $\frac{\mathrm{d}z}{\mathrm{d}t}$.

解 由 $\frac{\mathrm{d}z}{\mathrm{d}t}=\frac{\partial z}{\partial u}\cdot\frac{\mathrm{d}u}{\mathrm{d}t}+\frac{\partial z}{\partial v}\cdot\frac{\mathrm{d}v}{\mathrm{d}t}$，得 $\frac{\mathrm{d}z}{\mathrm{d}t}=\frac{\partial z}{\partial u}\mathrm{e}^t+\frac{\partial z}{\partial v}(-\sin t)$.

4. **探究活动（2）**

问题 1：多元函数复合函数求导运算法则为什么有乘法有加法？

问题 2：$\frac{\partial z}{\partial u}$ 的结构是什么？

问题 3：$z=f(u,v,w), u=u(t), v=v(t), w=w(t)$，求 $\frac{\mathrm{d}z}{\mathrm{d}t}$.

通过观察与讨论，同学们在掌握知识的前提下，收获了数学思维与思想. 从特殊到一般，从具体到抽象，了解数学科学的基本思想方法，培养学生坚毅的品格，增强克服困难的勇气，完成自己所担当的使命.

定理 2 如果函数 $u=\varphi(t)$ 及 $v=\psi(t), w=r(t)$ 都在点 t 可导，函数 $z=f(u,v,w)$ 在对应点 (u,v,w) 具有连续偏导数，则复合函数 $z=f(\varphi(t),\psi(t),r(t))$ 在对应点 t 可导，且其

导数可用下列公式计算:

$$\frac{\mathrm{d}z}{\mathrm{d}t}=\frac{\partial z}{\partial u}\cdot\frac{\mathrm{d}u}{\mathrm{d}t}+\frac{\partial z}{\partial v}\cdot\frac{\mathrm{d}v}{\mathrm{d}t}+\frac{\partial z}{\partial w}\cdot\frac{\mathrm{d}w}{\mathrm{d}t}.$$

5. 小组讨论

$$z=f(u,v),u=\varphi(x,y),v=\psi(x,y),\text{如何求}\frac{\partial z}{\partial x},\frac{\partial z}{\partial y}.$$

定理3 如果 $u=\varphi(x,y)$ 及 $v=\psi(x,y)$ 都在点 (x,y) 具有对 x 和 y 的偏导数,且函数 $z=f(u,v)$ 在对应点 (u,v) 具有连续偏导数,则复合函数 $z=f(\varphi(x,y),\psi(x,y))$ 在对应点 (u,v) 的两个偏导数存在,且可用下列公式计算:

$$\frac{\partial z}{\partial x}=\frac{\partial f}{\partial u}\cdot\frac{\partial u}{\partial x}+\frac{\partial f}{\partial v}\cdot\frac{\partial v}{\partial x},$$

$$\frac{\partial z}{\partial y}=\frac{\partial f}{\partial u}\cdot\frac{\partial u}{\partial y}+\frac{\partial f}{\partial v}\cdot\frac{\partial v}{\partial y}.$$

例4 设 $z=f(x+y,xy)$ 有二阶连续偏导数,求 $\frac{\partial z}{\partial x}$.

解 令 $u=x+y,v=xy$,利用链式法则,

$$\frac{\partial z}{\partial x}=\frac{\partial f}{\partial u}\cdot\frac{\partial u}{\partial x}+\frac{\partial f}{\partial v}\cdot\frac{\partial v}{\partial x}=f_1'+yf_2'.$$

为简便起见,将函数对第 i 个分量的偏导数用 f_i' 表示,将函数先对第 i 个分量,再对第 j 个分量求二阶偏导数用 f_{ij}'' 表示.

6. 课堂练习

练习1 设 $z=f\left(x^2+y^2,\frac{y}{x}\right)$,其中 $f(u,v)$ 具有连续二阶偏导数,求 $\frac{\partial z}{\partial x},\frac{\partial z}{\partial y}$.

例4 设 $z=f(x+y,xy)$ 有二阶连续偏导数,求 $\frac{\partial^2 z}{\partial x\partial y}$.

解 令 $u=x+y,v=xz$,利用链式法则,

$$\frac{\partial z}{\partial x}=\frac{\partial f}{\partial u}\cdot\frac{\partial u}{\partial x}+\frac{\partial f}{\partial v}\cdot\frac{\partial v}{\partial x}=f_1'+yf'_2,$$

$$\frac{\partial^2 z}{\partial x\partial y}=\frac{\partial}{\partial y}(f_1'+yf_2')=f_{11}''+xf_{12}''+f_2'+y(f_{21}''+xf_{22}'').$$

7. 课堂总结

从上面的例子可以看到,求多元复合函数的偏导数的关键在于正确地使用链式法则. 在计算过程中时刻谨记“不忘初心(函数复合的结构)、牢记使命(求多元复合函数的偏导数)”. 首先弄清楚函数复合的结构:哪些变量是中间变量,哪些变量是自变量以及它们之间的关系;其次是要明确对哪个自变量求导,此时其他自变量都被视为常数. 而求高阶偏导数时要注意,偏导函数仍然是多元复合函数.

8. 教学反思

大学生是祖国的未来,民族的希望,更要以“不忘初心、牢记使命”为指引,树立崇高的理想信念并积极践行. 让大学生领会在学习上奋斗拼搏不光是为自己,而是为民族复兴奋斗,为人民幸福生活奋斗,这是共产党人的使命,也是当代大学生要肩负的责任. 通过链式法则的学习,激励大学生的爱国情怀,为中华民族伟大复兴而奋斗.

微分中值定理

——立德树人,润物无声

陈明明

一、课程内容

本文以微分中值定理的课程思政教学为案例,探讨如何将思政元素融入课堂教学,达到知识传授与价值引领的统一,最终达到"立德树人,润物无声"的目的.

二、思政内容

(1)从教师角度出发,以教师的言传身教为例,通过教师课堂的以身作则向学生传递积极向上、严于律己的正能量,达到正向引导学生树立正确的人生观、价值观的目的.

(2)在学生层面,以学生实际的心理生理发育情况出发,利用思政课程的育人理念帮助学生树立明确的、适度的学习目标,加深学生对高等数学学科的理解,培养学生学好高等数学的自信心.

(3)从课堂实践角度出发,把理论知识与实际生活结合,用实践检验真理的正确性与可行性.并通过课堂上的互动式创新学习,把思想教育与高数知识进行双向的融入.

三、案例设计与教学过程

1.引言

微分中值定理是罗尔定理、拉格朗日中值定理和柯西中值定理的统称.其中拉格朗日中值定理是微分中值定理的核心,它给出了导数值与函数值之间的某种定理关系,可以应用它来证明一些等式或不等式.罗尔定理可看成特殊情况下的拉格朗日中值定理,它可以证明等式,还有重要应用是可以解决某些方程根的存在性问题.柯西中值定理是拉格朗日中值定理的推广,它可以用来证明等式或不等式.微分中值定理是导数应用的理论基础,是微分学的核心内容和理论基础,是应用导数的局部性质研究函数全局性质的重要工具.它使得导数理论用于函数形态的研究成为可能,显示了导数理论、微分学的强大功能和广泛的应用性.因此,学好微分中值定理能为进一步学好微积分理论打下坚实的理论基础.

2.微分中值定理在生活中"立德树人,润物无声"的体现

微分中值定理是高等数学当中的标志性内容,本课采用数形结合的讲述方式,把抽象的数学语言、数量关系与直观的几何图形、位置关系结合,通过以形助数、以数解形的方法,使复杂问题简单化,抽象问题具体化,从而实现优化解题途径的目的.在课程中融入数学家的历史故事,一方面引起学生的学习兴趣,改变学生对数学的刻板印象,另一方

面体现科学家们对待学术的坚定态度，激发学生勇于战胜困难的决心.

冬天里我们总是听有寒潮来袭、局部地区有强降温，那到底是哪个地区？在文学中有“松下问童子，言师采药去. 只在此山中，云深不知处”. 师傅在山中，但不知道在哪里. 这与高等数学中微分中值定理有相通之处，定理中的中值是存在性，我们只知道它的存在，但并不知道它的具体位置. 还有交通上的区间测速系统，漫长的高速路上，不可能处处设置监控，所以人们通过测算距离和通行时间，就可以利用一段距离内的平均速度来衡量这辆车是否在这期间超速，上升到数学语言来描述就是拉格朗日微分中值定理，我们不知道具体哪个点超速了，但知道在这段时间内是否超速. 同时，可以将超速行驶问题与遵守交通法规相结合，在课程中融入社会主义核心价值观的诚信教育.

3. 微分中值定理的定义

首先引导学生回顾前一节所学罗尔定理的条件与结论.

如果函数 $f(x)$ 满足

(1) 在闭区间 $[a,b]$ 上连续，

(2) 在开区间 (a,b) 内可导，

(3) 区间端点处的函数值相等，即 $f(a)=f(b)$，

那么至少存在一点 $\xi(a<\xi<b)$，使得 $f'(\xi)=0$ 成立.

通过启发学生体会 $f(x)$ 在闭区间上连续、开区间内可导容易满足，但端点处的函数值相等，即 $f(a)=f(b)$，该条件很特殊. 从图像上看，定理的结论为 $f(x)$ 在 (a,b) 内至少存在一条水平切线，几何意义直观. 通过引导学生思考，如果旋转原图像，使得 $f(a)\neq f(b)$，会有什么新的发现？此时，弦 AB 的斜率就是 $\frac{f(b)-f(a)}{b-a}$，启发学生发现曲线 $f(x)$ 上存在与弦 AB 平行的直线. 因而，大家一起探究得到如下结果，即至少存在一点 $\xi\in(a,b)$，使得 $f'(\xi)=\frac{f(b)-f(a)}{b-a}$ 成立. 进而，引出拉格朗日中值定理：

如果函数 $f(x)$ 满足

(1) 在闭区间 $[a,b]$ 上连续，

(2) 在开区间 (a,b) 内可导，

那么至少存在一点 $\xi(a<\xi<b)$，使得 $f'(\xi)=\frac{f(b)-f(a)}{b-a}$ 成立.

进一步引导学生比较拉格朗日中值定理和罗尔定理的条件和结论，使其发现两个定理内在联系紧密，可尝试用罗尔定理证明拉格朗日中值定理. 证明的关键在于构造函数 $\varphi(x)$，使得 $\varphi(a)=\varphi(b)$. 结合函数图像，引导学生体会，构造函数的关键是函数 $f(x)$ 与弦 AB 在区间端点是重合的. 抓住此关键点，可以构造满足要求的辅助函数，利用罗尔定理可证明拉格朗日中值定理.

最后，将拉格朗日中值定理进行推广我们得到柯西中值定理：

如果函数 $f(x)$ 和 $g(x)$ 满足

(1) 在闭区间 $[a,b]$ 上连续，

(2) 在开区间 (a,b) 内可导，

$\forall x\in(a,b)$，$g'(x)\neq 0$，那么至少存在一点 $\xi(a<\xi<b)$，使得$\dfrac{f'(\xi)}{g'(\xi)}=\dfrac{f(b)-f(a)}{g(b)-g(a)}$成立.

4. **应用举例**

例 1 求证：当 $x>0$ 时，$\dfrac{x}{x+1}<\ln(1+x)<x$.

证明 令 $f(x)=\ln(1+x)$，则 $f(x)$ 在 $[0,x]$ 上满足拉格朗日中值定理成立所需的两个条件，

$\therefore \dfrac{f(x)-f(0)}{x-0}=f'(\xi)\ (0<\xi<x)$，

即$\dfrac{\ln(1+x)-\ln(1+0)}{x-0}=\dfrac{1}{1+\xi}$，

$\therefore \dfrac{\ln(1+x)}{x}=\dfrac{1}{1+\xi}$.

又$\because 1<1+\xi<1+x$，

$\therefore \dfrac{1}{1+x}<\dfrac{1}{1+\xi}<1$.

$\therefore \dfrac{x}{x+1}<\ln(1+x)<x$，结论成立.

例 2 设函数 $f(x)$ 在闭区间 $[a,b]$ 上连续，在开区间 (a,b) 内可导，求证：在 (a,b) 内至少存在一点 ξ，使得$\dfrac{bf(b)-af(a)}{b-a}=f(\xi)+\xi f'(\xi)$.

证明 令 $F(x)=xf(x)$，则 $F(x)$ 在闭区间 $[a,b]$ 上连续，在开区间 (a,b) 内可导，由拉格朗日中值定理可得

$$bf(b)-af(a)=F'(\xi)(b-a)\ (a<\xi<b),$$

即

$$bf(b)-af(a)=[f(\xi)+\xi f'(\xi)](b-a)\ (a<\xi<b),$$

故$\dfrac{bf(b)-af(a)}{b-a}=f(\xi)+\xi f'(\xi)$，所以结论成立.

5. **微分中值定理教学中体现的思政元素**

(1)思考质疑的精神

罗尔定理中，$f(x)$ 在闭区间上连续、开区间内可导容易满足，但让端点处的函数值相等，即 $f(a)=f(b)$，这个条件是相当特殊的. 通过引导学生思考如下问题：端点处的函数值相等，太特殊，它使罗尔定理的应用受到限制. 如果去掉这个条件，会产生怎样的结果？如果把 $f(a)=f(b)$ 这个条件去掉，但仍保留其余两个条件，并相应地改变罗尔定理的结论，也许会有一个新的发现，这个发现其实就是拉格朗日中值定理，它在微分学中具有十分重要的地位. 由此可见，通过思考和质疑，才能使学生更好地把握和理解这个定理的思想，增强自信，培养兴趣. 无论时代如何变化，思考质疑的精神、自学的能力都会让学生受益一生. 思考质疑是大学精神所在，自学能力也是学生成才之本. 在以后的工作和生活中，学生才更能想干事、能干事、干成事，没有等出来的精彩，只有干出来的辉煌. 刚好印

证了习近平总书记所讲的“社会主义是干出来的,幸福是奋斗出来的”.

(2)求真务实的作风

利用罗尔定理可证明拉格朗日中值定理.类似罗尔定理,大多数学生可试着给出拉格朗日中值定理的几何意义.通过拉格朗日中值定理的提出、证明、几何意义和具体应用的学习,提高了学生认识问题、分析问题和解决问题的能力.学生进一步感悟到只有掌握定理的实质,结合具体情形,具体问题具体分析,才能正确解题.解题如此,做事、做人何尝不是如此?因而,学生的思想认识从具体的数学问题上升到学思结合、知行合一和求真务实的做人做事态度,体会到应该踏踏实实学习,从点滴做起.点滴浸润,微力无边,引起思想、学习和生活发生大的变化,量变引起质变,力争完美,止于至善.这样的课程思政教学设计自然地润学生于无声处,课程教学和思政教育无缝衔接,协同育人.

(3)谦虚谨慎的态度

罗尔定理中,端点处函数值相等,这个条件很特殊,结论也很特殊.利用数形结合的思想方法,可将罗尔定理的条件变得更宽松,结论更一般,然后进行证明.可依据问题的几何意义或定理的结论来构造函数,看构造的函数是否满足罗尔定理的三个条件,然后利用罗尔定理证明拉格朗日中值定理.证明定理的思想和方法同时也体现了做学问的精神,即大胆假设,小心验证.通过后面内容的学习,我们发现形式更一般的拉格朗日中值定理就是将要学习的柯西中值定理.定理的条件、结论以及证明与罗尔定理和拉格朗日中值定理是类似的.因而,通过微分中值定理的学习,可在具体的情景中,培养学生谦虚谨慎的态度.这种优秀的品质可使学生更加理性,更能合情合理地处理生活、工作中的问题,让学习、生活更美好.

(4)坚持不懈的习惯

罗尔、拉格朗日和柯西都是著名的数学家,我们来简单了解他们的成就.

①罗尔(1652—1719),法国数学家,著名的有罗尔定理,出版著作《方程的解法》.

②拉格朗日(1736—1813),法国著名数学家、力学家和天文学家.在数学、力学和天文学三个学科领域中都有历史性的贡献,其中尤以数学方面的成就最为突出.

③柯西(1789—1857),法国数学家.在数学领域有很高的建树和造诣.很多数学定理和公式以他的名字命名,如柯西中值定理、柯西不等式、柯西积分公式等.

18 岁时,拉格朗日写了第一篇论文,寄给了数学家欧拉,但却获知这一成果早在半个世纪前就被莱布尼茨取得.这个并不幸运的开端并未使拉格朗日灰心,相反,更坚定了他投身数学分析领域的信心.这说明遇到挫折不要灰心气馁,困难与挫折是人生常态,要有越挫越勇的精神.

微积分的创始人之一牛顿说过,科学研究虽然是艰苦而又枯燥的,但要坚持,因为它给上帝的创造提供证据.我们认识到,科学家发现真理贵在坚持,是坚持成就了他们的人生.因而,只有坚持思考、努力上进,才能更好地理解定理的精髓,取得新的进步.只有通过长期坚持不懈的努力,才能成就未来,成就人生.

❖思考与展望❖

习近平总书记指出:“要提升思想政治教育亲和力和针对性,满足学生成长发展需求和期待,其他各门课都要守好一段渠、种好责任田,使各类课程与思想政治理论课同向同行,形成协同效应.”

以微积分课程中的微分中值定理教学设计为案例,充分挖掘其所蕴含的课程思政元素.通过课堂教学主渠道,培根铸魂,启智润心,在讲授知识的同时,立德树人,润物无声,培养学生思考质疑、求真务实的科学精神,锤炼他们谦虚谨慎、坚持不懈的精神品质.这些精神和品质适用于个人的发展,亦适用于强国建设的需要.

定积分的核心思想

——不破不立，破字当头，立在其中，发扬辩证思维

周世国

一、课程内容

（1）本课程的内容是定积分的概念和基本性质.

（2）教学难点是理解定积分的定义.

二、思政内容

（1）“不破不立，破字当头，立在其中”，定积分的概念是“先破后立”，其核心方法是“求极限”.

（2）融入思政元素：通过向同学们介绍数学史上鼎鼎大名的刘徽利用“割圆术”计算圆周率的精彩案例，让学生体会到在解决问题时，由具体到抽象，由局部到整体，由特殊到一般的哲学思想. 同时也让他们体悟到我国古代人民精妙绝伦的哲学思想和智慧结晶，进而培养油然而生出文化自信.

三、案例设计与教学过程

1. 引言：圆周率与割圆术

刘徽发明“割圆术”是为求“圆周率”. 那么圆周率究竟是指什么呢？它其实就是指“圆周长与该圆直径的比率”. 很幸运，这是个不变的“常数”！人类借助它可以进行关于圆和球体的各种计算. 如果没有它，那么我们对圆和球体等将束手无策. 同样，圆周率数值的“准确性”，也直接关乎我们有关计算的准确性和精确度. 这就是人类为什么要求圆周率，而且要求得准的原因. 圆周率是一个在数学及物理学中普遍存在的数学常数，国际上用希腊字母 π 表示，它其实是一个无理数，即无限不循环小数. π 是精确计算圆周长、圆面积、球体积等几何形状的关键值. 圆周率的由来是经过很多人进行尝试不同的方法进行计算而来，在秦汉以前，通常以“径一周三”作为圆周率，这就是“古率”. 后来发现古率误差太大，圆周率应是“圆径一而周三有余”. 我国作为一个有着悠久历史的文明古国，出现了许多睿智的优秀人物. 魏晋时期我国伟大的数学家刘徽就是这众多杰出大家之一，也是中国古典数学理论的奠基人之一. 他的代表作《九章算术注》和《海岛算经》，是中国最宝贵的数学遗产. 早在公元 200 余年，刘徽就创造出割圆术，为计算圆周率建立了严密的理论和完善的算法. 刘徽在割圆术中提出的“割之弥细，所失弥少，割之又割，以至于不可割，则与圆合体，而无所失矣”，这可视为中国古代极限观念的佳作.

刘徽发明割圆术的故事颇为神奇，据说有一次刘徽在观察石匠加工石头时，灵光乍现，突发感慨道：“哇！原本一块方石，经石匠师傅凿去四角，就变成了八角形的石头. 再

去八个角,又变成了十六边形."一斧一斧地凿下去,一块方形石料就被加工成了一根光滑的圆柱. 谁会想到,在一般人看来非常普通的事情,却触发了刘徽智慧的火花. 他想:"石匠加工石料的方法,可不可以用在圆周率的研究上呢?"

于是,刘徽采用这个方法,把圆逐渐分割下去,一试果然有效. 他发明了亘古未有的"割圆术". 他沿着割圆术的思路,从圆内接正六边形算起,边数依次加倍,相继算出正 12 边形,正 24 边形……直到正 192 边形的面积(见图 1),得到圆周率兀的近似值为 157/50 (3.14);后来,他又算出圆内接正 3072 边形的面积,从而得到更精确的圆周率近似值:$\pi\approx3927/1250(3.1416)$.

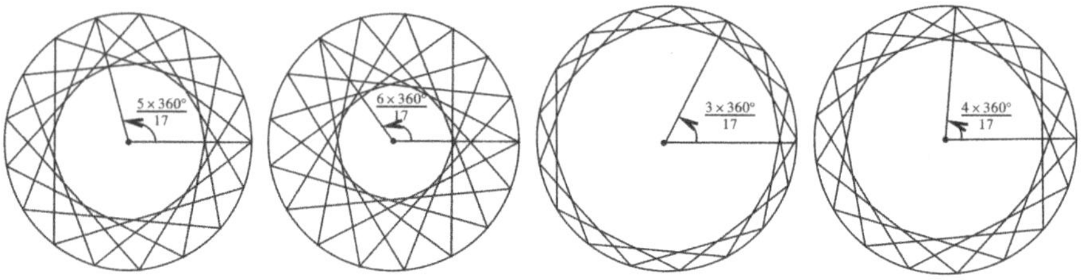

图 1 割圆术示意图

2. 引例

引例 1 求曲边梯形的面积.

在农业生产中,我们经常会遇到丈量土地面积的问题. 在工厂中,又会遇到计算生产材料的面积问题. 如果所遇到的需要计算面积的图形(见图 1)是不规则的,人们一般采用分割法.

图 2 某湖泊的形貌

(1) 曲边梯形的概念:设函数 $y=f(x)$ 在区间 $[a,b]$ 上非负、连续. 由直线 $x=a,x=b$, $y=0$ 及曲线 $y=f(x)$ 所围成的图形称为曲边梯形,并称区间 $[a,b]$ 称为该曲边梯形的底,曲线 $y=f(x)$ 为该曲边梯形的曲边.

(2)问题的解决:求曲边梯形的面积 A.

第一步(分割):在$[a,b]$内顺次任意插入 $n-1$ 个分点,

$$a=x_0<x_1<x_2<\cdots<x_{n-1}<x_n=b,$$

这些分点把$[a,b]$分成 n 个小区间. 第 i 个小区间记为:$\Delta x_i=[x_{i-1},x_i]$ $(i=1,2,\cdots,n)$,同时 $\Delta x_i=x_i-x_{i-1}$ 也代表第 i 个小区间的长度$(i=1,2,\cdots,n)$,则 $A=\sum\limits_{i=1}^{n}\Delta A_i$,其中 ΔA_i 为 i 个小曲边梯形的面积(见图 3、图 4).

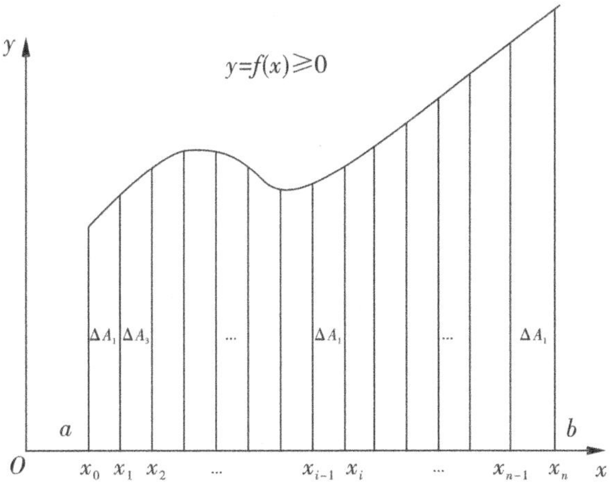

图 3

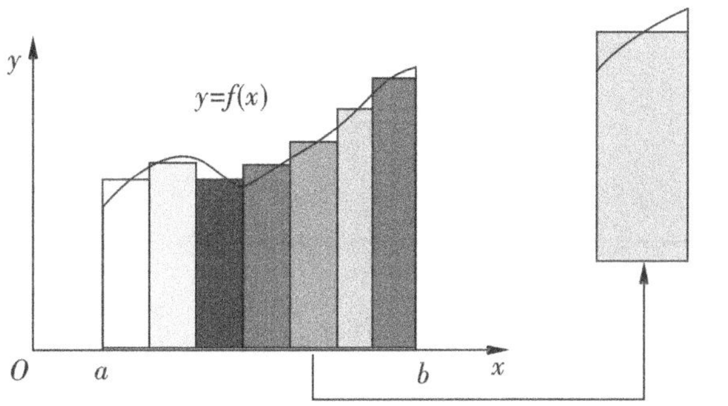

图 4

第二步(代替):注意到由于 $y=f(x)$ 是连续函数,只要划分足够细,每个小曲边梯形的高在对应的小区间上可近似看作不变,即可以任取一点 $\xi_i\in\Delta x_i$,以 $f(\xi_i)$ 的值作为 ΔA_i 的高(见图 5),则这时小曲边梯形可近似看作小矩形. 故 $\Delta A_i\approx f(\xi_i)\Delta x_i$, $x_{i-1}<\xi_i<x_i(i=1,2,\cdots,n)$.

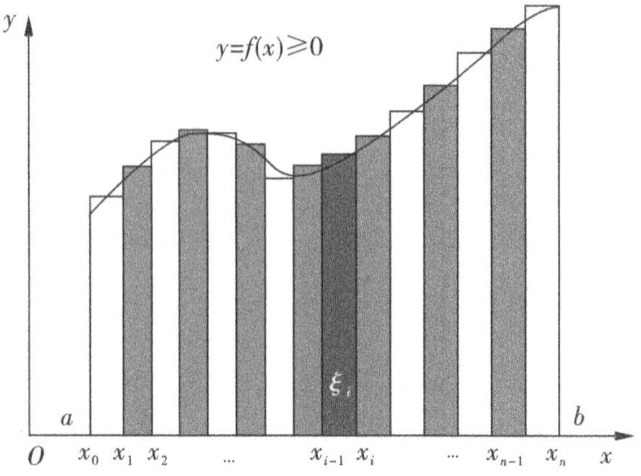

图5

第三步(求和): $A \approx \sum_{i=1}^{n} f(\xi_i)\Delta x_i$.

第四步(取极限):为求精确值,要求把$[a,b]$无限地细分下去,即要使每一个小区间的长度都趋于零.这时,所有窄矩形的面积之和的极限可定义为曲边梯形的面积.记 $\lambda = \max\{\Delta x_i\}$,定义:

$$A = \lim_{\lambda \to 0} \sum_{i=1}^{n} f(\xi_i)\Delta x_i . \tag{1}$$

引例2 求变速直线运动的路程.

设某物体做直线运动,已知速度(率)$v=v(t)$是时间间隔$[T_1,T_2]$上的连续函数.试计算在这段时间内物体所经过的路程(见图6)(解决思路完全类同于引例1,具体解决过程不再赘述).定义:

$$s = \lim_{\lambda \to 0} \sum_{i=1}^{n} v(\tau_i)\Delta t_i \tag{2}$$

其中 $\lambda = \max\{\Delta t_i\}$.

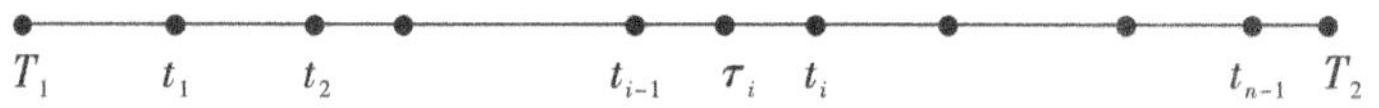

图6

上述两个引例的背景相差很大,但两问题的最终解决却都归结为求一个特殊和式的极限.这种极限的得到可归纳为九个字思想——分割、代替、求和、取极限,而最终是要求一个特殊形式的和式的极限.为此引入定积分的概念.

3. 定积分的概念

定义 设函数 $y=f(x)$在区间$[a,b]$上有界,在$[a,b]$中顺次任意插入 $n-1$ 个分点,$a=x_0<x_1<x_2<\cdots<x_{i-1}<x_i<\cdots<x_{n-1}<x_n=b$,把$[a,b]$分成 n 个小区间,记为 $\Delta x_i=[x_{i-1},x_i]$ $(i=1,2,\cdots,n)$(Δx_i 也表示该区间的长度).在每一个小区间 Δx_i 上任取一点 ξ_i,作乘积$f(\xi_i)\cdot\Delta x_i$,求和 $\sum_{i=1}^{n} f(\xi_i)\Delta x_i$;令 $\lambda=\max\limits_{1\leqslant i\leqslant n}\{\Delta x_i\}$.如果当 $\lambda\to 0$ 时,无论对$[a,b]$如何划分,也无论

$\xi_i \in \Delta x_i$ 如何选取，$I=\lim\limits_{\lambda\to 0}\sum\limits_{i=1}^{n} f(\xi_i)\Delta x_i$ 总存在而且相等，则称极限值 $I=\lim\limits_{\lambda\to 0}\sum\limits_{i=1}^{n} f(\xi_i)\Delta x_i$ 为函数 $f(x)$ 在 $[a,b]$ 上的定积分，又称为 $f(x)$ 在 $[a,b]$ 上的黎曼(Riemann)积分，简称定积分，记为 $\int_a^b f(x)\,\mathrm{d}x$.

【注意】(Ⅰ)"$\int_a^b$"称作定积分号，$f(x)$ 称作被积函数，x 称作积分变量，$f(x)\,\mathrm{d}x$ 称作被积表达式，a,b 分别称为积分的下限与上限，$[a,b]$ 称为积分区间.

(Ⅱ)存在性：若 $f(x)$ 在 $[a,b]$ 上连续，则 $f(x)$ 在 $[a,b]$ 上必可积. 事实上我们还有：

定理 1 若 $f(x)$ 在 $[a,b]$ 上连续，或仅存在有限多个第一类间断点，则 $f(x)$ 在 $[a,b]$ 上必可积.

(Ⅲ) $\left(\int_a^b f(x)\,\mathrm{d}x\right)'=0$. (√)

(Ⅳ) $\sum\limits_{i=1}^{n} f(\xi_i)\Delta x_i$ 称为积分和式，问：积分和式

(1)与被积函数有关；(√)

(2)与被积区间有关；(√)

(3)和被积区间的划分方式有关；(√)

(4)与点 $\xi_i \in \Delta x_i (i=1,2,\cdots,n)$ 的选取有关. (√)

(Ⅴ) $\int_a^b f(x)\,\mathrm{d}x$.

(1)与被积函数有关. (√)

(2)与被积区间有关. (√)

(3)和被积区间的划分方式有关. (×)

(4)与点 $\xi_i \in \Delta x_i$ 的选取有关. (×)

(Ⅵ)定积分与积分变量的记号无关：$\int_a^b f(x)\,\mathrm{d}x=\int_a^b f(t)\,\mathrm{d}t=\cdots=\int_a^b f(u)\,\mathrm{d}u$.

(Ⅶ)问：$\lambda\to 0$ 与 $n\to\infty$ 等价吗？

答：未必！一般不行，但在等分时等价！

(Ⅷ)定积分的几何意义：曲边梯形面积的代数和. 通俗地讲，就是"位于 x 轴上面图形的面积减去位于 x 轴下面图形的面积". 具体说来，分为以下几种情况.

(1)若 $f(x)\geqslant 0$(图 7)，$x\in[a,b]$，则 $S=\int_a^b f(x)\,\mathrm{d}x=\lim\limits_{\lambda\to 0}\sum\limits_{i=1}^{n} f(\xi_i)\Delta x_i$.

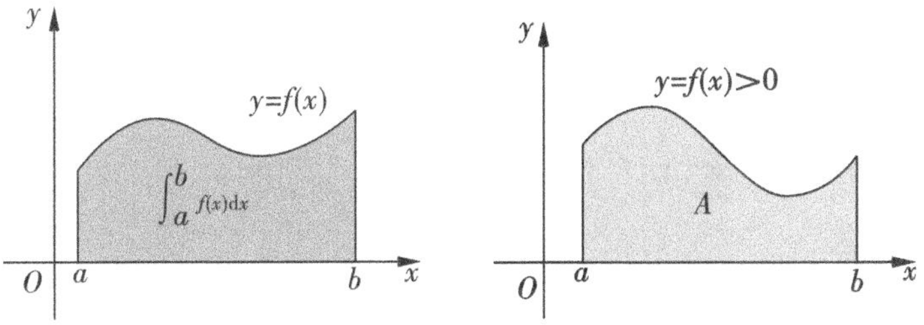

图 7

(2)若$f(x)\leqslant 0$(图8),$x\in[a,b]$,则

$$A=\sum_{i=1}^{n}\Delta A_i\approx\sum_{i=1}^{n}[-f(\xi_i)]\Delta x_i=-\sum_{i=1}^{n}f(\xi_i)\Delta x_i,$$

故

$$A=-\lim_{\lambda\to 0}\sum_{i=1}^{n}f(\xi_i)\Delta x_i=-\int_a^b f(x)\,\mathrm{d}x,\text{即 }A=-\int_a^b f(x)\,\mathrm{d}x.$$

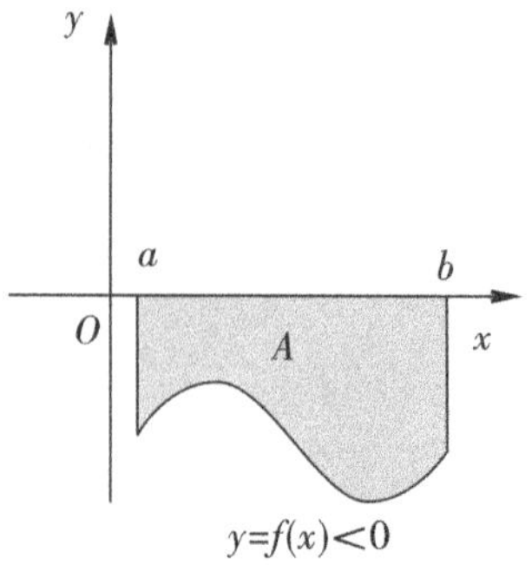

图8

$$\int_a^b f(x)\,\mathrm{d}x=\int_a^c f(x)\,\mathrm{d}x+\int_c^d f(x)\,\mathrm{d}x+\int_d^b f(x)\,\mathrm{d}x$$

$$=A_1+(-A_2)+A_3\text{(图9)}.$$

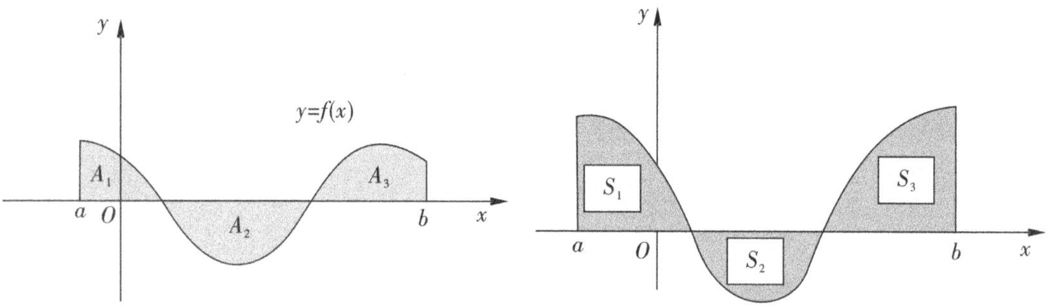

图9

(Ⅸ)定积分的物理意义:变速直线运动的质点的路程($s=\int_{T_1}^{T_2}v(t)\,\mathrm{d}t$).

(Ⅹ)定积分的对称性:从定积分的几何意义不难得到:

(1)如果$f(x)$在$[-l,l]$上为奇函数(图10),则$\int_{-l}^{l}f(x)\,\mathrm{d}x=0$;

(2)如果$f(x)$在$[-l,l]$上为偶函数(图11),则$\int_{-l}^{l}f(x)\,\mathrm{d}x=2\int_0^l f(x)\,\mathrm{d}x$.

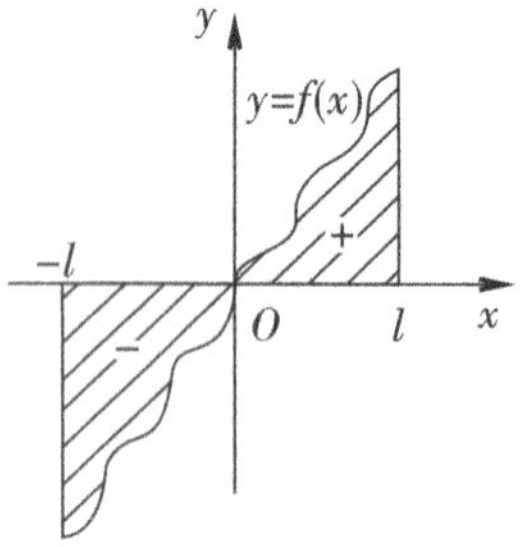

图10

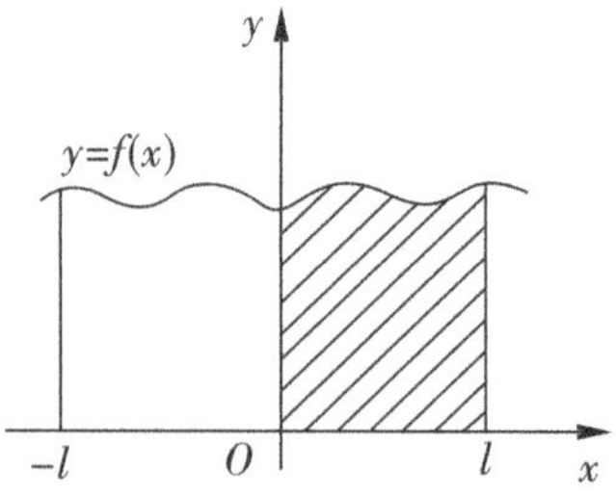

图11

(Ⅺ)两点规定：

(1) $\int_b^a f(x)\,\mathrm{d}x=-\int_a^b f(x)\,\mathrm{d}x$；

(2) $\int_a^a f(x)\,\mathrm{d}x=0$.

4. **举例**

例1 利用定积分的几何意义计算：

(1) $\int_0^1 x\,\mathrm{d}x=\dfrac{1}{2}$；(2) $\int_{-R}^{R}\sqrt{R^2-x^2}\,\mathrm{d}x=\dfrac{1}{2}\pi R^2\ (R>0)$.

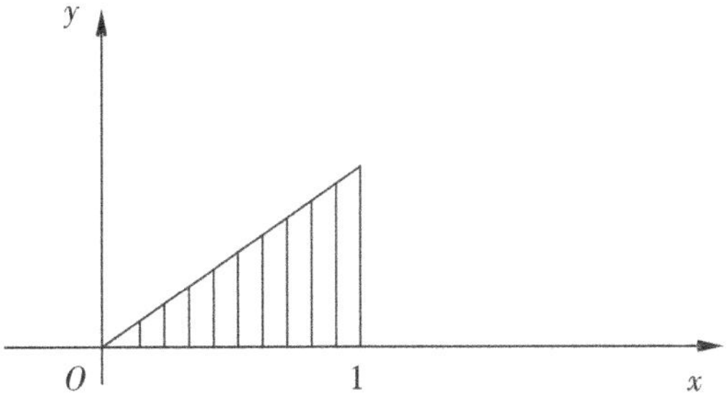

图12

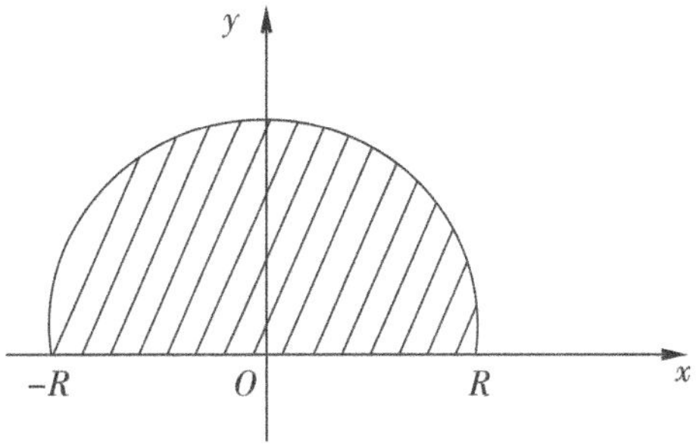

图13

例2 根据定积分的定义计算 $\int_0^1 x^2\,\mathrm{d}x$ 的值(见图14).

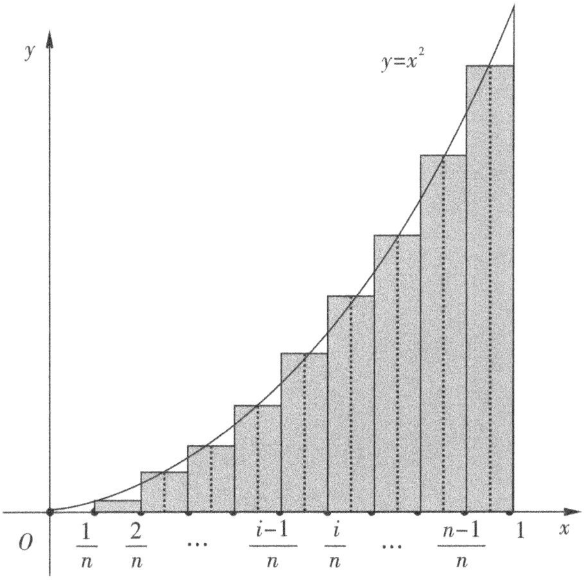

图14

解 因$f(x)=x^2\geqslant 0$在$[0,1]$上连续,故$\int_0^1 x^2\mathrm{d}x$存在,且其值等于如图14所示的曲边梯形(三角形)的面积A.

第一步(分割):将$[0,1]$等分为n个小闭区间,记为$\Delta x_i=\left[\frac{i-1}{n},\frac{i}{n}\right](i=1,2,\cdots,n)$.

第二步(代替):第i个小曲边梯形面积:$\Delta A_i\approx f\left(\frac{i}{n}\right)\Delta x_i=\left(\frac{i}{n}\right)^2\cdot\frac{1}{n}=\frac{1}{n^3}i^2(i=1,2,\cdots,n)$.

第三步(求和):
$$A=\sum_{i=1}^{n}\Delta A_i\approx\frac{1}{n^3}\sum_{i=1}^{n}i^2=\frac{1}{n^3}\cdot\frac{n(n+1)(2n+1)}{6}$$
$$=\frac{1}{6}\left(1+\frac{1}{n}\right)\left(2+\frac{1}{n}\right).$$

第四步(取极限):令$\lambda=\frac{1}{n}\to 0$,即$n\to\infty$,有
$$\int_0^1 x^2\mathrm{d}x=A=\frac{1}{6}\lim_{n\to\infty}\left(1+\frac{1}{n}\right)\left(2+\frac{1}{n}\right)=\frac{1}{6}\times 1\times 2=\frac{1}{3}.$$

例3 根据定积分的定义计算$\int_a^b x^m\mathrm{d}x\ (0<a<b)$($m$为正整数).

解 因x^m在$[a,b]$上连续,故$\int_a^b x^m\mathrm{d}x$存在.于是选择诸分点,使它们的横坐标构成一等比数列$a=aq^0<aq<aq^2<\cdots<aq^{i-1}<aq^i<\cdots<aq^{n-1}<aq^n=b$,其中$q=\sqrt[n]{\frac{b}{a}}\Rightarrow q^n=\frac{b}{a}$①,从而可用这些分点将$[a,b]$分为$n$个小闭区间,记为$\Delta x_i=[aq^{i-1},aq^i](i=1,2,\cdots,n)$.

在区间$\Delta x_i=[aq^{i-1},aq^i]$上取代表点$\xi_i=aq^i(i=1,2,\cdots,n)$②,则积分和式
$$S_n=\sum_{i=1}^{n}(\xi_i)^m\cdot\Delta x_i\overset{\text{由②}}{=\!=}\sum_{i=1}^{n}(aq^i)^m\cdot(aq^i-aq^{i-1})$$
$$=\sum_{i=1}^{n}a^{m+1}q^{(m+1)i}\left(1-\frac{1}{q}\right)=a^{m+1}\left(1-\frac{1}{q}\right)\sum_{i=1}^{n}q^{(m+1)i}$$
$$=a^{m+1}\left(1-\frac{1}{q}\right)\frac{q^{m+1}[q^{(m+1)n}-1]}{q^{m+1}-1}\overset{\text{由①}:q^n=\frac{b}{a}}{=\!=\!=\!=}a^{m+1}\left(1-\frac{1}{q}\right)\frac{q^{m+1}\left[\left(\frac{b}{a}\right)^{m+1}-1\right]}{q^{m+1}-1}$$
$$=a^{m+1}\cdot\frac{q-1}{q}\cdot\frac{q^{m+1}(b^{m+1}-a^{m+1})}{a^{m+1}(q^{m+1}-1)}$$
$$=(b^{m+1}-a^{m+1})\cdot(q-1)\cdot\frac{q^m}{(q^{m+1}-1)}$$
$$=(b^{m+1}-a^{m+1})(q-1)\cdot\frac{q^m}{(q-1)(\underbrace{q^m+q^{m-1}+\cdots+q+1}_{m+1\text{项}})}$$
$$=(b^{m+1}-a^{m+1})\frac{q^m}{(q^m+q^{m-1}+\cdots+q+1)}.\text{③}$$

注意到$\lim\limits_{n\to\infty}q=\lim\limits_{n\to\infty}\sqrt[n]{\frac{b}{a}}=1$,所以由定积分的定义知

$$\int_a^b x^m \mathrm{d}x = \lim_{n\to\infty} S_n \xlongequal{\text{由③}} (b^{m+1} - a^{m+1}) \lim_{n\to\infty} \frac{q^m}{(q^m + q^{m-1} + \cdots + q + 1)}$$

$$= \frac{1}{m+1}(b^{m+1} - a^{m+1}).$$

【注意】(Ⅻ)由例2、例3可见

$$\int x^2 \mathrm{d}x = \frac{1}{3}x^3 + C, 而 \int_0^1 x^2 \mathrm{d}x = \left(\frac{x^3}{3} + C\right)\Big|_0^1 = \left(\frac{1}{3} + C\right) - (0 + C) = \frac{1}{3};$$

$$\int x^m \mathrm{d}x = \frac{1}{m+1}x^{m+1} + C, 而 \int_a^b x^m \mathrm{d}x = \left(\frac{x^{m+1}}{m+1} + C\right)\Big|_a^b = \frac{1}{m+1}(b^{m+1} - a^{m+1}).$$

于是我们发现,就上述两例来说,可通过先求不定积分得到原函数,然后再对原函数代入上、下限作差的方法求出定积分的值.那么,是否对任何的定积分都可用此法来求解?我们这里暂且不讲,放在后面再讲.我们仅指出:这种方法是可行的,而且绝大多数定积分是用此法算出来的.即 $\int_a^b f(x)\mathrm{d}x = F(b) - F(a) \overset{def}{=} \int_a^b f(x)\mathrm{d}x$,此公式称作牛顿-莱布尼茨公式,又叫作微积分基本公式.我们将在以后给以证明,这里允许大家提前用.比如:

$$\int_0^1 \frac{1}{\sqrt{4-x^2}}\mathrm{d}x = \arcsin\frac{x}{2}\Big|_0^1 = \arcsin\frac{1}{2} - \arcsin 0 = \frac{\pi}{6}.$$

例4 (1)求 $I = \lim\limits_{n\to\infty}\left(\frac{1}{\sqrt{4n^2-1^2}} + \frac{1}{\sqrt{4n^2-2^2}} + \cdots + \frac{1}{\sqrt{4n^2-n^2}}\right)$.

解 $I = \lim\limits_{n\to\infty}\sum\limits_{i=1}^{n}\frac{1}{\sqrt{4n^2-i^2}} = \lim\limits_{n\to\infty}\sum\limits_{i=1}^{n}\frac{1}{\sqrt{4-\left(\frac{i}{n}\right)^2}}\cdot\frac{1}{n} = \int_0^1\frac{1}{\sqrt{4-x^2}}\mathrm{d}x = \frac{\pi}{6}$.

(2)求 $I = \lim\limits_{n\to\infty}\left(\frac{n+1}{n^2+1} + \frac{n+2}{n^2+4} + \cdots + \frac{n+n}{n^2+n^2}\right)$.

解 $I = \lim\limits_{n\to\infty}\sum\limits_{i=1}^{n}\frac{n+i}{n^2+i^2} = \lim\limits_{n\to\infty}\sum\limits_{i=1}^{n}\frac{n\left(1+\frac{i}{n}\right)}{n^2\left[1+\left(\frac{i}{n}\right)^2\right]}$

$$= \lim_{n\to\infty}\sum_{i=1}^{n}\frac{1+\frac{i}{n}}{1+\left(\frac{i}{n}\right)^2}\cdot\frac{1}{n} = \int_0^1\frac{1+x}{1+x^2}\mathrm{d}x$$

$$= \left[\arctan x + \frac{1}{2}\ln(1+x^2)\right]\Big|_{x=0}^{x=1} = \frac{\pi}{4} + \frac{1}{2}\ln 2,$$

其中 $\int\frac{1+x}{1+x^2}\mathrm{d}x = \int\frac{1}{1+x^2}\mathrm{d}x + \frac{1}{2}\int\frac{1}{1+x^2}\mathrm{d}(1+x^2) = \arctan x + \frac{1}{2}\ln(1+x^2) + C$.

(3)求 $I = \lim\limits_{n\to\infty}(b^{\frac{1}{n}} - 1)\sum\limits_{i=1}^{n} b^{\frac{i-1}{n}}\sin b^{\frac{2i-1}{2n}}\ (b > 1)$.

解 $I = \lim\limits_{n\to\infty}\sum\limits_{i=0}^{n-1}(b^{\frac{i+1}{n}} - b^{\frac{i}{n}})\sin b^{\frac{2i+1}{2n}} = \int_1^b \sin x\mathrm{d}x = \cos 1 - \cos b$.

这里的和式可看作函数 $\sin x$ 在对区间 $[1,b]$ 按 $1=b^{\frac{0}{n}}<b^{\frac{1}{n}}<b^{\frac{2}{n}}<\cdots<b^{\frac{i-1}{n}}<b^{\frac{i}{n}}<\cdots<b^{\frac{n}{n}}=b$ 的分割方式所对应的积分和式，其中第 i 个小区间为 $\Delta x_i=[b^{\frac{i-1}{n}},b^{\frac{i}{n}}]\ (i=1,\cdots,n)$，其长度为 $\Delta x_i=b^{\frac{i}{n}}-b^{\frac{i-1}{n}}=b^{\frac{i-1}{n}}(b^{\frac{1}{n}}-1)$；$\Delta x_i$ 上代表点取作 $\xi_i=b^{\frac{1}{2}\left(\frac{i-1}{n}+\frac{i}{n}\right)}=b^{\frac{2i-1}{2n}}$，为小区间 Δx_i 两端点的比例中项，$\lambda=\max\limits_{1\leqslant i\leqslant n}\{\Delta x_i\}\leqslant b(b^{\frac{1}{n}}-1)\to 0\ (n\to\infty)$.

例 5 求 $\int_{-2}^{2}(x+1)\sqrt{4|x|-x^2}\,\mathrm{d}x$.

解 $\int_{-2}^{2}(x+1)\sqrt{4|x|-x^2}\,\mathrm{d}x=0+2\int_{0}^{2}\sqrt{4x-x^2}\,\mathrm{d}x=2\times\frac{1}{4}\pi\times 2^2=2\pi$.

例 6 计算极限 $I=\lim\limits_{n\to\infty}\sum\limits_{k=1}^{n}\frac{n}{n^2+k^2+k}$.

解 注意到

$$\frac{n}{n^2+k^2+k}=\frac{1}{n}\cdot\frac{n^2}{n^2+k^2+k}=\frac{1}{n}\cdot\frac{1}{1+\frac{k^2+k}{n^2}}=\frac{1}{n}\cdot\frac{1}{1+\left(\frac{\sqrt{k}\sqrt{k+1}}{n}\right)^2},①$$

且 $k<\sqrt{k}\sqrt{k+1}<k+1$，故

$$\sum_{k=1}^{n}\frac{1}{n}\cdot\frac{1}{1+\left(\frac{k+1}{n}\right)^2}<\sum_{k=1}^{n}\frac{n}{n^2+k^2+k}<\sum_{k=1}^{n}\frac{1}{n}\cdot\frac{1}{1+\left(\frac{k}{n}\right)^2}.②$$

又 $\lim\limits_{n\to\infty}\sum\limits_{k=1}^{n}\frac{1}{n}\cdot\frac{1}{1+\left(\frac{k+1}{n}\right)^2}$

$$=\lim_{n\to\infty}\left[\sum_{k=0}^{n-1}\frac{1}{n}\cdot\frac{1}{1+\left(\frac{k+1}{n}\right)^2}-\frac{1}{n}\cdot\frac{1}{1+\left(\frac{1}{n}\right)^2}+\frac{1}{n}\cdot\frac{1}{1+\left(\frac{n+1}{n}\right)^2}\right]$$

$$=\lim_{n\to\infty}\left[\sum_{k=1}^{n}\frac{1}{n}\cdot\frac{1}{1+\left(\frac{k}{n}\right)^2}-\frac{1}{n}\frac{1}{1+\left(\frac{1}{n}\right)^2}+\frac{1}{n}\cdot\frac{1}{1+\left(\frac{n+1}{n}\right)^2}\right]$$

$$=\lim_{n\to\infty}\sum_{k=1}^{n}\frac{1}{n}\cdot\frac{1}{1+\left(\frac{k}{n}\right)^2}=\int_0^1\frac{1}{1+x^2}\mathrm{d}x-0+0=\frac{\pi}{4},$$

$\lim\limits_{n\to\infty}\sum\limits_{k=1}^{n}\frac{1}{n}\cdot\frac{1}{1+\left(\frac{k}{n}\right)^2}=\int_0^1\frac{1}{1+x^2}\mathrm{d}x=\frac{\pi}{4}$，所以由夹逼准则知 $I=\frac{\pi}{4}$.

5. 思政元素的融合渗透

今天与同学们一起讨论了微积分中至关重要的概念定积分. 为了便于大家理解和接受这个重要概念，我们首先回顾了刘徽利用割圆术求圆周率的故事，然后又共同分析和解决了两个引例，重点是求曲边梯形的面积的问题. 不难看出，在上述“一切一合”“一来一往”“一微一积”的操作之下，一个个棘手的问题竟然被轻松破解. 从形式上看，一个曲边梯形经过切割和粘合又恢复了原形，但是它的面积被巧妙地求出来了！所以问题不是

简单地回到原地，而是经过了难度降解和转移；思路不是一帆风顺，而是在挫折中开拓，最终得到了升华，得以螺旋式上升．正所谓："不破不立，破字当头，立在其中．"这些问题的解决思路充分显示了微积分的魅力和威力，是辩证法思想渗透微积分的生动范例！

《三国演义》的开卷就有一句话："话说天下大事，合久必分，分久必合．"这句话同样很辩证地以浅显的话语揭示出一个亘古不变的真理．用定积分的方法求曲边梯形的面积，在哲学思想上与先贤们的观点是一脉相承的．正因为一以贯之地、无处不在又恰到好处地借鉴和使用了辩证唯物主义的先进思想武器，微积分这门科学才能够如庖丁解牛般地解决此前历史遗留下来的一大批难题，大大地推动了工业革命的进程，从而在人类的文明史上大放异彩，书写了华丽的篇章！

6. 课堂小结

回顾学习内容：

(1) 定积分的概念和十二点注意．

(2) 掌握利用定积分求简单极限的方法步骤．

❖思考与展望❖

利用定积分的定义计算定积分的方法只适用于那些简单的问题，即使有了牛顿-莱布尼茨公式的加持，很多积分也不易解决．在不定积分中，我们讨论了计算不定积分的各种方法技巧，重要是换元积分法与分部积分法，定积分的计算是否也具有这些类似于不定积分的这些专门的计算方法和技巧呢？

定　积　分

——积少成多，由量变到质变

付士慧

一、课程内容

（1）本课程的内容是定积分的概念及其通过概念求解定积分的方法.

（2）教学难点是理解定积分的定义.

二、思政内容

（1）定积分定义的思想是“化零为整，积零成整”.

（2）融入思政元素：通过融入黑格尔的名言，让学生体会到只有经过日积月累的坚持，到一定数量后才会发生质的变化.

三、案例设计与教学过程

1. 引言

在之前的课程学习中，我们已经学习了函数的极限、连续和导数. 我们知道，极限是打开微积分学的大门，因为连续导数等都是通过极限进行定义的，在接下来的学习中，我们将要接触微积分学的另一个重要概念——函数的积分. 在这部分我们主要介绍定积分的定义，而在引入定义之前，我们首先看两个引例.

（1）曲边梯形的面积

曲边梯形：设函数 $y=f(x)$ 在区间 $[a,b]$ 上非负、连续. 由直线 $x=a$，$x=b$，$y=0$ 及曲线 $y=f(x)$ 所围成的图形称为曲边梯形，其中曲线弧称为曲边.接下来，我们求曲边梯形的面积的近似值.

将曲边梯形分割成一些小的曲边梯形，每个小曲边梯形都用一个等宽的小矩形代替，每个小曲边梯形的面积都近似地等于小矩形的面积，则所有小矩形面积的和就是曲边梯形面积的近似值. 具体方法是：在区间 $[a,b]$ 中任意插入若干个分点

$$a=x_0<x_1<x_2<\cdots<x_{n-1}<x_n=b,$$

把 $[a,b]$ 分成 n 个小区间

$$[x_0,x_1],[x_1,x_2],[x_2,x_3],\cdots,[x_{n-1},x_n],$$

它们的长度依次为 $\Delta x_1=x_1-x_0$，$\Delta x_2=x_2-x_1$，$\cdots$，$\Delta x_n=x_n-x_{n-1}$.经过每一个分点作平行于 y 轴的直线段，把曲边梯形分成 n 个窄曲边梯形. 在每个小区间 $[x_{i-1},x_i]$ 上任取一点 x_i，以 $[x_{i-1},x_i]$ 为底、$f(x_i)$ 为高的窄矩形近似替代第 i 个窄曲边梯形（$i=1,2,\cdots,n$），把这样得到的 n 个窄矩形面积之和作为所求曲边梯形面积 A 的近似值，即

$$A \approx f(x_1)\Delta x_1 + f(x_2)\Delta x_2 + \cdots + f(x_n)\Delta x_n = \sum_{i=1}^{n} f(\xi_i)\Delta x_i .$$

求曲边梯形的面积的精确值. 显然,分点越多、每个小曲边梯形越窄,所求得的曲边梯形面积 A 的近似值就越接近曲边梯形面积 A 的精确值. 因此,要求曲边梯形面积 A 的精确值,只需无限地增加分点,使每个小曲边梯形的宽度趋于零. 记 $\lambda = \max\{\Delta x_1, \Delta x_2, \cdots, \Delta x_n\}$,于是,上述增加分点,使每个小曲边梯形的宽度趋于零,相当于令 $\lambda \to 0$,所以曲边梯形的面积为

$$A = \lim_{\lambda \to 0} \sum_{i=1}^{n} f(\xi_i)\Delta x_i .$$

(2)变速直线运动的路程

设物体作直线运动,已知速度 $v = v(t)$ 是时间间隔$[T_1, T_2]$上 t 的连续函数,且 $v(t) \geqslant 0$, 计算在这段时间内物体所经过的路程 s.

求近似路程. 我们把时间间隔$[T_1, T_2]$分成 n 个小的时间间隔 Δt_i,在每个小的时间间隔 Δt_i内,物体运动看成是匀速的,其速度近似为物体在时间间隔 Δt_i内某点 x_i的速度 $v(x_i)$,物体在时间间隔 Δt_i内运动的距离近似为 $\Delta s_i = v(x_i)\Delta t_i$. 把物体在每一小的时间间隔 Δt_i内运动的距离加起来作为物体在时间间隔$[T_1, T_2]$内所经过的路程 s 的近似值. 具体做法如下.

在时间间隔$[T_1, T_2]$内任意插入若干个分点

$$T_1 = t_0 < t_1 < t_2 < \cdots < t_{n-1} < t_n = T_2 ,$$

把$[T_1, T_2]$分成 n 个小段

$$[t_0, t_1], [t_1, t_2], \cdots, [t_{n-1}, t_n],$$

各小段时间的长依次为

$$\Delta t_1 = t_1 - t_0, \Delta t_2 = t_2 - t_1, \cdots, \Delta t_n = t_n - t_{n-1}.$$

相应地,在各段时间内物体经过的路程依次为

$$\Delta s_1, \Delta s_2, \cdots, \Delta s_n.$$

在时间间隔$[t_{i-1}, t_i]$上任取一个时刻 $\tau_i (t_{i-1} < \tau_i < t_i)$,以 τ_i时刻的速度 $v(\tau_i)$来代替$[t_{i-1}, t_i]$上各个时刻的速度,得到部分路程 Δs_i的近似值,即

$$\Delta s_i = v(\tau_i)\Delta t_i (i = 1, 2, \cdots, n).$$

于是这 n 段部分路程的近似值之和就是所求变速直线运动路程 s 的近似值,即

$$s \approx \sum_{i=1}^{n} v(\tau_i)\Delta t_i .$$

求精确值:记 $\lambda = \max\{\Delta t_1, \Delta t_2, \cdots, \Delta t_n\}$,当 $\lambda \to 0$ 时,取上述和式的极限,即得变速直线运动的路程

$$s = \lim_{\lambda \to 0} \sum_{i=1}^{n} v(\tau_i)\Delta t_i .$$

现在抛开具体问题而上升到更一般的理论.

我们分析上边的例子寻找它们的共同点. 首先我们看一下两个问题,曲边梯形的高是变化的,而矩形的高是不变的,但是我们可以利用矩形的面积去近似计算曲边梯形的面积;同样地,变速直线运动的速度是变化的,而匀速直线运动的速度是不变的,我们同

样的可以借助匀速直线运动的位移来近似计算变速直线运动的位移. 因此,这两个问题属于变与不变的问题. 接下来再看计算过程,都经过了四步:第一步是分割,其目的是大化小;第二步是近似,此时我们会得到一个乘积;第三步是求和,该部分计算的结果是乘积的和;第四步是取极限,得到了一个特殊乘积和的极限. 那么接下来我们就抛开具体的例子,将其抽象化,根据这四步得到定积分的定义.

2. 定积分的定义

定义 设函数$f(x)$在$[a,b]$上有界,在$[a,b]$中任意插入若干个分点

$$a=x_0<x_1<x_2<\cdots<x_{n-1}<x_n=b,$$

把区间$[a,b]$分成n个小区间(分割)

$$[x_0,x_1],[x_1,x_2],\cdots,[x_{n-1},x_n],$$

各小段区间的长依次为

$$\Delta x_1=x_1-x_0,\Delta x_2=x_2-x_1,\cdots,\Delta x_n=x_n-x_{n-1}.$$

在每个小区间$[x_{n-1},x_n]$上任取一个点$x_n(x_{n-1}<x_i<x_n)$,作函数值$f(x_i)$与小区间长度Δx_i的乘积$f(x_i)\Delta x_i(i=1,2,\cdots,n)$(近似),并作出和(求和)

$$S=\sum_{i=1}^{n}f(\xi_i)\Delta x_i.$$

记$\lambda=\max\{\Delta x_1,\Delta x_2,\cdots,\Delta x_n\}$,如果不论对$[a,b]$怎样分法,也不论在小区间$[x_{n-1},x_n]$上点$x_i$怎样取法,只要当$\lambda\to0$时,和$s$总趋于确定的极限$I$,这时我们称这个极限$I$为函数$f(x)$在区间$[a,b]$上的定积分(取极限),记作$\int_a^b f(x)\mathrm{d}x$,即

$$\int_a^b f(x)\mathrm{d}x=\lim_{\lambda\to0}\sum_{i=1}^{n}f(\xi_i)\Delta x_i.$$

其中$f(x)$叫做被积函数,$f(x)\mathrm{d}x$叫做被积表达式,x叫做积分变量,a叫做积分下限,b叫做积分上限,$[a,b]$叫做积分区间.

注记 (1)定积分的值只与被积函数及积分区间有关,而与积分变量的记法无关,即

$$\int_a^b f(x)\mathrm{d}x=\int_a^b f(t)\mathrm{d}t=\int_a^b f(u)\mathrm{d}u.$$

(2)和$\sum\limits_{i=1}^{n}f(\xi_i)\Delta x_i$通常称为$f(x)$的积分和.

(3)如果函数$y=f(x)$在$[a,b]$上的定积分存在,我们就说$y=f(x)$在区间$[a,b]$上可积.

那么函数$f(x)$在$[a,b]$上满足什么条件时,$f(x)$在$[a,b]$上可积呢?

定理1 设$f(x)$在区间$[a,b]$上连续,则$f(x)$在$[a,b]$上可积.

定理2 设$f(x)$在区间$[a,b]$上有界,且只有有限个间断点,则$f(x)$在$[a,b]$上可积.

进一步根据定积分的定义,可知曲边梯形的面积为

$$A=\int_a^b f(x)\mathrm{d}x,$$

变速直线运动的路程为

$$s=\int_{T_1}^{T_2} v(t)\,\mathrm{d}t .$$

同时,根据上述引例,我们很容易发现定积分的几何意义.

在区间$[a,b]$上,当$f(x)\geqslant 0$时,积分在几何上表示由曲线$y=f(x)$、两条直线$x=a$,$x=b$与x轴所围成的曲边梯形的面积;当$f(x)\leqslant 0$时,由曲线$y=f(x)$、两条直线$x=a$,$x=b$与x轴所围成的曲边梯形位于x轴的下方,定积分在几何上表示上述曲边梯形面积的负值:

$$\int_a^b f(x)\,\mathrm{d}x=\lim_{\lambda\to 0}\sum_{i=1}^{n} f(\xi_i)\Delta x_i=-\lim_{\lambda\to 0}\sum_{i=1}^{n}[-f(\xi_i)]\Delta x_i=-\int_a^b[-f(x)]\,\mathrm{d}x .$$

当$f(x)$既取得正值又取得负值时,函数$f(x)$的图形某些部分在x轴的上方,而其他部分在x轴的下方.如果我们对面积赋以正负号,在x轴上方的图形面积赋以正号,在x轴下方的图形面积赋以负号,则在一般情形下,定积分$\int_a^b f(x)\,\mathrm{d}x$的几何意义为:它是介于$x$轴、函数$f(x)$的图形及两条直线$x=a$,$x=b$之间的各部分面积的代数和.

知道了定积分的定义,我们就可以用这四步计算出函数的定积分,将一个复杂的问题简单化.

3. 利用定义求解定积分的方法

对于函数在闭区间上积分的计算,首先将区间分成n个小区间(分割),其次在区间任选一个点其函数值与小区间长度做乘积(近似),然后将各个区间上的特殊乘积求和(求和),最后将区间长度最大值趋于零,这个特殊乘积的和取极限(取极限),就得出了该函数在闭区间上的积分.

例 4 利用定义计算定积分$\int_0^1 x^2\,\mathrm{d}x$.

解 把区间$[0,1]$分成n等份,分点为和小区间长度为$x_i=\frac{i}{n}(i=1,2,\cdots,n-1)$,$\Delta x_i=\frac{1}{n}(i=1,2,\cdots,n)$.取$\xi_i=\frac{i}{n}(i=1,2,\cdots,n)$,作积分和$\sum_{i=1}^{n} f(\xi_i)\Delta x_i=\sum_{i=1}^{n}\xi_i^2\Delta x_i=\sum_{i=1}^{n}\left(\frac{i}{n}\right)^2\cdot\frac{1}{n}=\frac{1}{n^3}\sum_{i=1}^{n} i^2=\frac{1}{n^3}\cdot\frac{1}{6}n(n+1)(2n+1)=\frac{1}{6}\left(1+\frac{1}{n}\right)\left(2+\frac{1}{n}\right)$.因为$\lambda=\frac{1}{n}$,当$\lambda\to 0$时,$n\to\infty$,所以

$$\int_0^1 x^2\,\mathrm{d}x=\lim_{\lambda\to 0}\sum_{i=1}^{n} f(\xi_i)\Delta x_i=\lim_{n\to\infty}\frac{1}{6}\left(1+\frac{1}{n}\right)\left(2+\frac{1}{n}\right)=\frac{1}{3}.$$

4. 思政元素的融合渗透

今天,我们主要围绕定积分的定义进行了学习.我们知道计算曲边梯形的面积、变速直线运动的位移本身是复杂的问题,但是我们通过分割的思想将其进行了简单化,从计算过程来讲当分割无限加细下去,使得小曲边梯形的个数越来越多,当到一定的程度就会发生质的变化,其实也就是一个求极限的过程,我们得出了所求的内容,正所谓量积累到一定程度,就会发生质的变化,这与“积少成多,由量变到质变”不谋而合.在老子《道德经》中有“合抱之木,生于毫末;九层之台,起于累土;千里之行,始于足下”,全句意思是

“合抱的粗木，是从细如针毫时长起来的；九层的高台，是一筐土一筐土筑起来的；千里的行程，是一步又一步迈出来的”.这说明一切事物的变化都是从量变开始的，量变累积到一定程度会引起质变.学习亦是如此，要慢慢积累，更应该持之以恒，不能间断，方能有所成就.荀子曾说：“不积跬步，无以至千里；不积小流，无以成江海.骐骥一跃，不能十步；驽马十驾，功在不舍.锲而舍之，朽木不折；锲而不舍，金石可镂.”这些道理是古代人的智慧结晶，它体现出我们前辈处理问题的态度和方法，同样在当今社会也是我们应该坚持和追求的.

2022 年，习近平总书记在中央经济工作会议上发表重要讲话，强调“要更好统筹经济质的有效提升和量的合理增长，坚持以质取胜，以量变的积累实现质变”.这是以习近平同志为核心的党中央为全面建设社会主义现代化国家开好局起好步的靶向施策.因此点滴的积累，既是一种实践行为也是一种意识.放眼人类的发展史，社会的存在决定着社会意识，社会的意识也反作用于社会存在.从“积少”到“成多”的转化，实际上就是量变和质变互相依存、互相转化的体现，想要实现自身的持续发展，就需要不断重复这种转化，严格要求自己，不懈怠、不放弃.

同学们，你们作为当代的大学生更应该领悟到这种精神，这种品质，在学习过程中也要持之以恒，为了自己的理想、自己的目标，勇往直前.

5. 课堂小结

回顾学习内容：

(1)定积分定义的引入和基本概念.

(2)利用定义求解定积分的过程.

❖思考与展望❖

目前我们学习了定积分的定义，根据定义我们确实可以计算某些特殊函数的定积分，但是我们也发现该方法存在着很大的困难，比如区间的划分，点的选取，还需要计算极限，而我们知道函数极限的计算是一个非常麻烦和复杂的问题，这些都给利用定义来计算定积分带来了困难.因此寻找计算定积分更加简单的方法是我们接下来将要遇到的问题.

定积分的引入

——化整为零,积零为整

魏 姣

一、课程内容

(1)定积分概念的引入举例.

(2)定积分的定义.

二、思政内容

(1)定积分的概念:“分割、近似代替、求和、取极限”蕴含着“化整为零,积零为整”的重要思想方法.

(2)春秋时期的思想家老子在《道德经》中讲到:“合抱之木,生于毫末;九层之台,起于累土;千里之行,始于足下.”做好简单的小事方能成就复杂的大事,我们需要脚踏实地走好每一步,才能达到最终的目的地.

三、案例设计与教学过程

定积分是积分学中的一个基本概念,下面先从几何学中的面积和物理学中的路程出发,来看定积分的概念怎样从现实原型中抽象出来的.

1. 曲边梯形的面积

所谓的曲边梯形,是指在直角坐标系下,由直线 $x=a$, $x=b$, x 轴及连续曲线 $y=f(x)$ ($f(x)\geqslant 0$)所围成的平面图形.

已知,矩形的面积=底×高,而现在要计算曲边梯形的面积,由于曲边梯形的高 $f(x)$ 在区间$[a,b]$上是变动的,所以它的面积不能直接按上述公式计算. 但是,由于曲边梯形的高 $f(x)$ 是连续变化的,在很小的一段区间上它的变化很小,近似于不变. 因此,如果把所求的曲边梯形分割成若干个小曲边梯形,每个小曲边梯形的底边很窄,高度变化小,用小矩形面积近似地替代小曲边梯形的面积,将这些小的曲边梯形面积的近似值相加,就得到大曲边梯形面积的近似值,分割得越细,就越接近实际面积. 为了求它的精确值,采取如下的步骤:

(1)分割:将曲边梯形分割为 n 个小曲边梯形.

把区间$[a,b]$用分点

$$a=x_0<x_1<x_2<\cdots<x_{i-1}<x_i<\cdots<x_{n-1}<x_n=b$$

分成 n 个小区间$[x_0,x_1]$,$[x_1,x_2]$,$\cdots$,$[x_{n-1},x_n]$,每个小区间的长度

$$\Delta x_i=x_i-x_{i-1}(i=1,2,\cdots,n).$$

经过各分点作平行于 y 轴的直线,把曲边梯形分为 n 个小曲边梯形,第 i 个小曲边梯形的

面积记作 $\Delta S_i(i=1,2,\cdots,n)$，则有

$$S=\sum_{i=1}^{n}\Delta S_i\ .$$

(2)近似代替：在小范围内用矩形的面积代替曲边梯形的面积.

在每个小区间上$[x_{i-1},x_i]$上任取一点 $\xi_i(x_{i-1}<\xi_i<x_i)$，用以$[x_{i-1},x_i]$为底，$f(\xi_i)$为高的小矩形的面积近似代替相应的第 i 个小曲边梯形的面积 ΔS_i，即

$$\Delta S_i\approx f(\xi_i)\Delta x_i(i=1,2,\cdots,n).$$

(3)求和：求原来曲边梯形面积的近似值.

把这 n 个小矩形的面积相加，就得到所求曲边梯形面积 S 的近似值，即

$$S=\sum_{i=1}^{n}\Delta S_i\approx\sum_{i=1}^{n}f(\xi_i)\Delta x_i\ .$$

(4)取极限：由近似值过渡到曲边梯形面积的精确值.

当分点个数无限增加且每个小区间长度越来越小时，上边所得的曲边梯形的面积 S 的近似值就越来越接近曲边梯形面积 S 的精确值. 令 $\lambda=\max\{\Delta x_i\}$，当 $\lambda\to0$ 时，上式和式的极限如果存在，则称该极限就是曲边梯形面积 S 的精确值，即

$$S=\lim_{\substack{n\to\infty\\ \lambda\to0}}\sum_{i=1}^{n}f(\xi_i)\Delta x_i\ .$$

2. 非匀速直线运动的路程

假设有一物体做直线运动，它的瞬时速度 v 和时间 t 的关系是

$$v=v(t),$$

现求这个物体在由 $t=a$ 和 $t=b$ 这一段时间内所经过的路程. 如果该物体在由 $t=a$ 到 $t=b$ 的整段时间内做匀速运动，则它所经过路程可由 v 与$(b-a)$的乘积得出，即

$$s=v(b-a).$$

但是，当速度 v 不是常量，而是随时间时间 t 的改变时，上边的计算无法进行. 为了计算非匀速直线运动的物体由 a 和 b 时间内所经过的路程，可按如下四个步骤进行：

(1)分割：将整个路程分割为 n 个小段路程.

把区间$[a,b]$用分点

$$a=t_0<t_1<t_2<\cdots<t_{n-1}<t_n=b$$

分成 n 个小区间$[t_0,t_1]$，$[t_1,t_2]$，$\cdots$，$[t_{n-1},t_n]$，每个小区间的长度

$$\Delta t_i=t_i-t_{i-1}(i=1,2,\cdots,n),$$

第 i 个时间间隔内所走的路程记作 Δs_i，则有

$$S=\sum_{i=1}^{n}\Delta s_i.$$

(2)近似代替：在小时间段内用匀速运动的路程代替变速直线运动的路程.

在每个小区间上上任取一点 $\xi_i(t_{i-1}\leqslant\xi_i\leqslant t_i)$，用 ξ_i 时刻的速度 $v(\xi_i)$ 近似代替$[t_{i-1},t_i]$各个时刻的速度，即以 $v(\xi_i)\Delta t_i$ 代替物体在第 i 个小时间间隔内经过的路程，即

$$S\approx\sum_{i=1}^{n}v(\xi_i)\Delta t_i.$$

(3)求和:求整个时间间隔内经过路程的近似值.

把这 n 个时间间隔内的匀速直线运动的路程之和 $\sum_{i=1}^{n} v(\xi_i)\Delta t_i$,可以作为变速运动在时间间隔$[a,b]$内所经过路程近似值,即

$$S \approx \sum_{i=1}^{n} v(\xi_i)\Delta t_i.$$

(4)取极限:由近似值过渡到整个时间间隔内路程的精确值.

当分点个数无限增加且每个小区间长度越来越小时,上式和式的极限如果存在,那么该极限应为物体在时间间隔$[a,b]$内所经过路程的精确值,即

$$S \approx \lim_{\substack{n\to\infty \\ \lambda\to 0}} \sum_{i=1}^{n} v(\xi_i)\Delta t_i.$$

尽管上述两个实际问题的实际意义不同,但是它们解决问题的方法和步骤却是完全一样,而且最终都归结为求一个完全相同的数学结构的和式的极限. 不仅如此,在众多领域中还有许多实际问题的解决,最终也要归结到具有这类数学结构的和式极限的计算. 因此,抛开各个问题的具体意义,仅保留其数学本质,可抽象出定积分的定义.

定义 1 设函数 $f(x)$ 在区间$[a,b]$上有定义且有界,用分点

$$a=x_0<x_1<x_2<\cdots<x_{i-1}<x_i<\cdots<x_n=b$$

把区间$[a,b]$分成 n 个小区间$[x_{i-1},x_i]$,其长度各为 $\Delta x_i=x_i-x_{i-1}(i=1,2,\cdots,n)$,在每个小区间$[x_{i-1},x_i]$上任取一点 $\xi_i(x_{i-1}\leqslant\xi_i\leqslant x_i)$,并作函数值 $f(\xi_i)$ 与小区间长度 Δx_i 的乘积 $f(\xi_i)\Delta x_i$ 的和

$$I_n = f(\xi_1)\Delta x_1 + f(\xi_2)\Delta x_2 + \cdots + f(\xi_n)\Delta x_n = \sum_{i=1}^{n} f(\xi_i)\Delta x_i.$$

如果不论对区间$[a,b]$进行怎样的划分以及点 ξ_i 怎样选取,当分点无限增多(记作 $n\to\infty$)而每一小区间无限缩小(记作 $\lambda=\max\{\Delta x_i\}\to 0$)时,这个和 I_n 的极限存在,则称 $f(x)$ 在$[a,b]$上可积分. 设

$$I = \lim_{\substack{n\to\infty \\ \lambda-0}} \sum_{i=1}^{n} f(\xi_i)\Delta x_i,$$

则这个极限值 I 叫做函数 $f(x)$ 从 a 到 b(或在区间$[a,b]$上)的定积分,记作

$$\lim_{\substack{n\to\infty \\ \lambda\to 0}} \sum_{i=1}^{n} f(\xi_i)\Delta x_i = \int_a^b f(x)\,\mathrm{d}x.$$

在定积分式 $\int_a^b f(x)\,\mathrm{d}x$ 中,x 称为积分变量,$f(x)$ 称为被积函数,$f(x)\,\mathrm{d}x$ 称为被积表达式,a 称为积分下限,b 称为积分上限,$[a,b]$表示积分变量的变化范围.

按照上述定积分的定义,我们前边所讨论的两个实例可分别表示为:

由直线 $x=a$,$x=b$,x 轴及连续曲线 $y=f(x)$ $(f(x)\geqslant 0)$ 所围成的曲边梯形的面积为

$$S = \int_a^b f(x)\,\mathrm{d}x;$$

物体以速度 $v=v(t)$ 做变速直线运动,从时刻 $t=a$ 到 $t=b$ 走过的路程为

$$s=\int_a^b v(t)\,\mathrm{d}t.$$

关于定积分的定义我们以下三点说明.

(1)定积分 $\int_a^b f(x)\,\mathrm{d}x$ 是一个确定的常数,定积分的值仅与被积函数 $f(x)$ 和积分区间 $[a,b]$ 有关,而与积分变量用什么字母表示无关,即

$$\int_a^b f(x)\,\mathrm{d}x=\int_a^b f(u)\,\mathrm{d}u=\int_a^b f(t)\,\mathrm{d}t.$$

(2)在定积分定义中,总是假设 $a<b$,但是为了计算和应用的方便,当 $a>b$ 时,对定积分作如下补充:

$$\int_a^b f(x)\,\mathrm{d}x=-\int_b^a f(x)\,\mathrm{d}x.$$

这说明定积分的积分上、下限互换时,定积分的值变号.

特别地,当 $a=b$ 时,规定 $\int_a^a f(x)\,\mathrm{d}x=0$.

这样,对定积分 $\int_a^b f(x)\,\mathrm{d}x$ 的积分上、下限的大小以后不再加以限制.

(3)由定积分的定义可知,在已知函数 $f(x)$ 在 $[a,b]$ 上可积的前提下,则 $\int_a^b f(x)\,\mathrm{d}x$ 的值与区间 $[a,b]$ 的分法及点 ξ_i 的取法无关,因此可以用方便的分割方式及特殊的取值点来表示定积分 $\int_a^b f(x)\,\mathrm{d}x$ 的值.

❖思考与展望❖

今天我们学习了定积分的概念,四个步骤——分割、近似代替、求和、取极限,每一步都蕴含了丰富的人生哲理,更体现了数学的独特价值. 分割这种"化整为零"的思想启发我们在学习中,也要善于化大为小,化难为易,逐一攻破. 近似代替告诉我们遇到新问题、新任务时,可以用已知的知识或者方法得到一个近似值,然后再寻求更精确的结果. 每个人的人生都不会一帆风顺,难免遇到一时半会过不去的坎儿,这时我们不妨采取迂回战术,降低一下对准确值的期望,说不定可以达到以退为进,柳暗花明又一村的效果. 求和的过程蕴含着"积零为整"的哲学思想. 千里之行,始于足下,做好简单的小事方能成就复杂的大事,我们需要脚踏实地地走好每一步,才能达到最终的目的. 取极限的过程是把近似值转化为精确值的过程,在这个美妙的过程中我们要学会用发展的眼光看待一切事情,只有经历量的积累,才能达到质的飞跃.

定积分的思想与应用

——割之弥细,所失弥少,割之又割,以至于不可割 ,则与圆合体,而无所失矣

赵晓龙

一、课程内容

(1)本课程的内容是定积分的概念.

(2)教学难点是理解并掌握定积分的基本思想.

二、思政内容

(1)"割之弥细,所失弥少,割之又割,以至于不可割,则与圆合体,而无所失矣"——刘徽.

(2)"不积跬步,无以至千里;不积小流,无以成江海."定积分中的无限分割是"跬步"和"小流",求和是积累,结果为"千里"和"江海".

三、案例设计与教学过程

1. 教学目标

1.1 价值目标

(1)通过回顾我国古代数学家刘徽的"割圆术",增强学生的民族自豪感和文化自信.

(2)通过创设"某水域面积"问题情境,增强学生爱护和保护生态环境的意识.

(3)通过探讨定积分在航天方面的应用及相关科技前沿发展动态问题,激发学生的爱国情怀,培养学生勇于探索的科学精神.

1.2 知识目标

(1)学生能够利用"大化小、常代变、近似和、取极限"四个步骤,归纳出定积分的概念.

(2)学生能够利用定积分的概念完成相关题目的计算.

1.3 能力目标

(1)通过探讨定积分概念的形成过程,培养学生的数学抽象能力和辨证思维能力.

(2)通过分析解决实际案例问题,培养学生的数学建模能力.

2. 教学内容分析

2.1 学情分析

知识基础:学生已经学习了不定积分及其计算方法.

能力基础:学生具备了初步利用数学知识分析解决问题的能力.

学生特征：学生渴望去探索积分理论在实际问题及物理专业等问题中的应用.

2.2　教学重点

利用“大化小、常代变、近似和、取极限”四个步骤，归纳出定积分的概念.

2.3　教学难点

定积分的概念，“无限逼近”思想的形成过程及理解.

2.4　对重点、难点的处理

通过创设问题情景引入新课，激发学生的学习兴趣，引导学生通过“割圆术”回顾从“多边形面积”无限逼近“圆面积”的方法，并结合 PPT 动画展示“小矩形面积和”无限接近“曲边梯形面积”的过程，化抽象理解为直观演示，使抽象概念形象化.

3. 课堂组织与实施

3.1　教学过程

课前：学生预习老师发布的线上教学资源，完成线上测试，反馈认知难点.

课中：教师精讲+学生参与式学习.

(1) 温故知新，完成前测.

请同学分享“割圆术”及其蕴含的数学思想和方法(图 1).

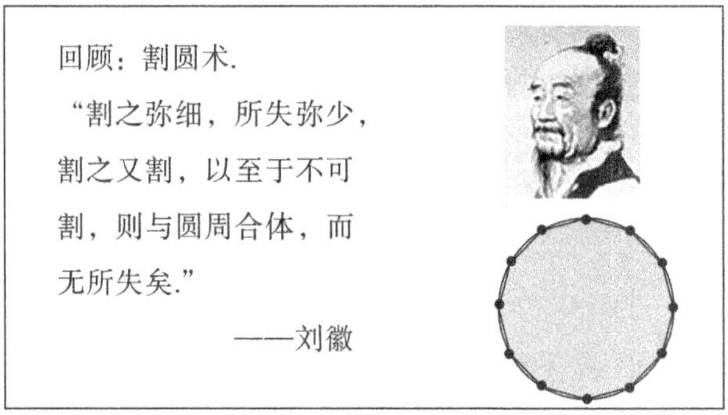

图 1

思政元素：通过回顾我国古代数学家刘徽的“割圆术”，增强学生的民族自豪感和文化自信.

(2) 创设情境，引入新课.

通过引入计算“某水域面积”的问题，创设问题情境，激发学生的学习兴趣.

思政元素：通过创设“某水域面积”问题情境，增强学生爱护和保护生态环境的意识.

(3) 定积分的概念.

引例 1　设 $y=f(x)$ 在 $[a,b]$ 上非负且连续，由直线 $x=a, x=b, y=0$ 和曲线 $y=f(x)$ 所围成的图形，称为曲边梯形. 如何求曲边梯形的面积？(图 2)

①大化小：任取分点 $a=x_0<x_1<x_2<\cdots<x_{n-1}<x_n=b$，将 $[a,b]$ 分成 n 个小区间 $[x_{i-1},x_i]$ $(i=1,2,\cdots,n)$，每个小区间长度依次记为 $\Delta x_i=x_i-x_{i-1}$.

②常代变：$\forall \xi_i \in [x_{i-1},x_i]$，则小曲边梯形面积 $S_i \approx f(\xi_i)\Delta x_i$.

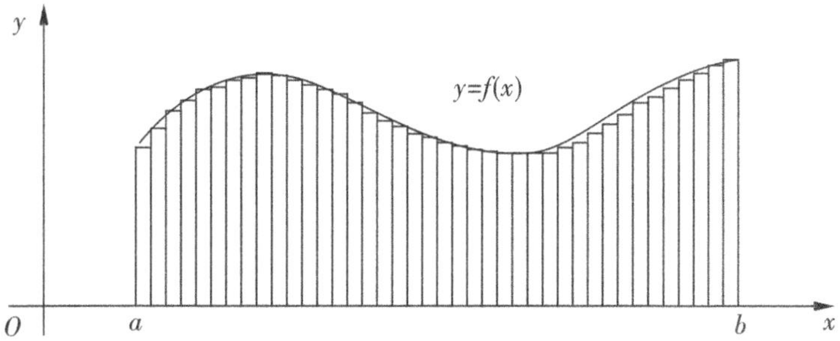

图2

③近似和：曲边梯形面积 $S=\sum\limits_{i-1}^{n}S_i \approx \sum\limits_{i-1}^{n}f(\xi_i)\Delta x_i$.

④ 取极限：记 $\lambda=\max\limits_{1<i<n}\{\Delta x_i\}$，曲边梯形面积 $S=\lim\limits_{\lambda\to 0}\sum\limits_{i=1}^{n}f(\xi_i)\Delta x_i$.

思政元素：“不积跬步，无以至千里；不积小流，无以成江海.”通过探讨定积分概念的形成过程，培养学生的数学抽象能力和辨证思维能力.

引例 2　设某物体作直线运动，已知速度 $v=v(t)$ 是时间间隔 $[T_1,T_2]$ 上 t 的连续函数，如何计算在这段时间内物体所经过的路程？

学生类比求曲边梯形面积的思路，得到求解变速直线运动路程的方法. 分组讨论两个引例的共同点，归纳总结定积分的概念.

定积分的定义：

设函数 $f(x)$ 在区间 $[a,b]$ 上连续，任一分法

$$a=x_0<x_1<\cdots<x_{i-1}<x_i<\cdots<x_{n-1}<x_n=b$$

将区间 $[a,b]$ 等分成 n 个小区间，记 $\Delta x_i=x_i-x_{i-1}(i=1,2,\cdots,n)$，$\lambda=\max\{\Delta x_1,\Delta x_2,\cdots,\Delta x_n\}$.

在每个小区间 $[x_{i-1},x_i]$ 上任取一点 $\xi_i(i=1,2,\cdots,n)$，作和式 $\sum\limits_{i=1}^{n}f(\xi_i)\Delta x_i$.

如果 $\lambda\to 0$ 时，上述和式无限趋近于常数 I，即 $I=\lim\limits_{\lambda\to 0}\sum\limits_{i=1}^{n}f(\xi_i)\Delta x_i$，那么称该常数 I 为函数 $f(x)$ 在区间 $[a,b]$ 上的定积分，称该函数 $f(x)$ 在区间 $[a,b]$ 上可积，记为

$$I=\int_a^b f(x)\,\mathrm{d}x .$$

最后，引出定积分的概念及其几何意义和物理意义.

(4)解决问题，培养能力.

问题 1：计算由曲线 $y=x^2$ 及直线 $y=0,x=0,x=1$ 围成的平面图形的面积(图 3).

分组讨论，探讨求解平面图形面积的不同方法.

问题 2：发射火箭需要计算克服地球引力所做的功，设火箭的质量为 m，将火箭垂直地向上发射到离地面高 H 时，需做多少功？并由此计算初速度至少为多少时，方可使火箭脱离地球的引力范围(图 4).

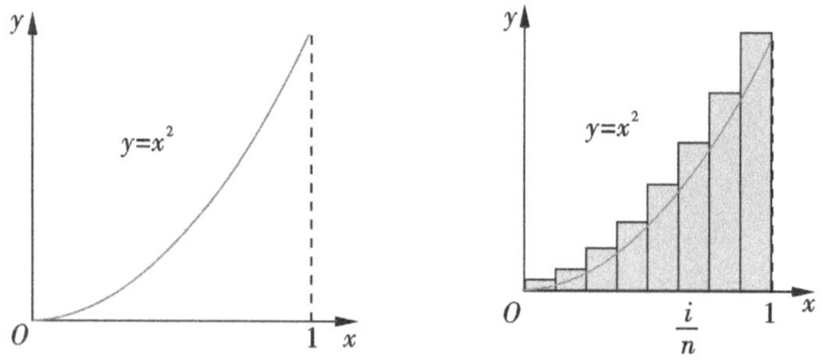

图 3

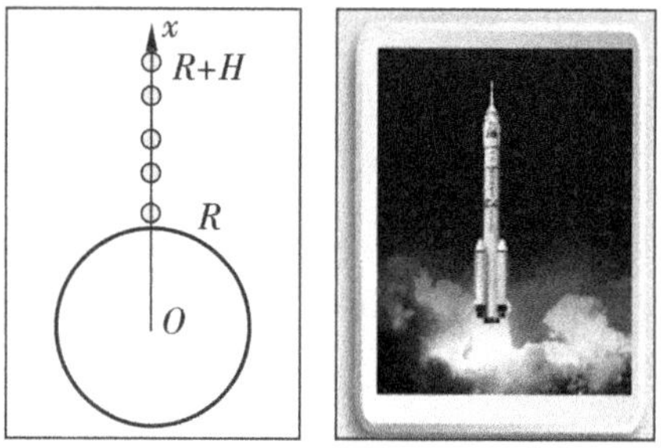

图 4

分析:将质量为 m 的火箭垂直地向上发射到离地面高 H 时,需要计算克服地球引力所作的功,本质上属于变力沿直线做功的问题.

分组讨论,探讨解决问题的方案,并派出小组代表对所设计的解决方案进行展示,培养学生分析解决问题的能力和团队协作能力.

思政元素:通过探讨定积分在航天方面的应用及相关科技前沿的发展动态问题,激发学生的爱国情怀,培养学生勇于探索的科学精神.

3.2　归纳小结

(1)定积分的实质:$\int_a^b f(x)\,\mathrm{d}x = \lim\limits_{\lambda\to 0}\sum\limits_{i=1}^{n} f(\xi_i)\Delta x_i$.

(2)定积分的思想和方法.

(3)定积分的实质:$\int_a^b f(x)\,\mathrm{d}x = \lim\limits_{\lambda\to 0}\sum\limits_{i=1}^{n} f(\xi_i)\Delta x_i$.

(4)定积分的思想和方法(图 5):

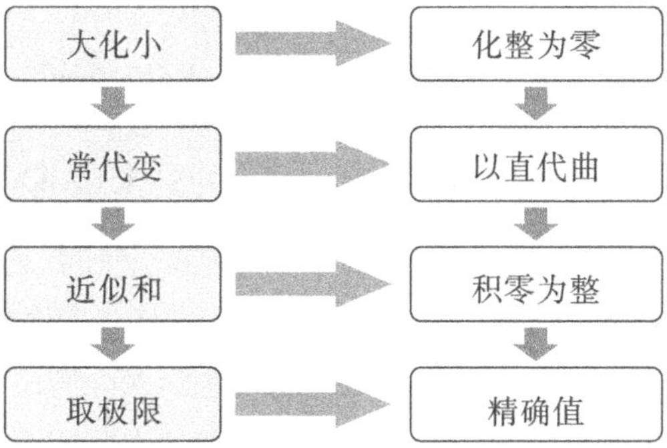

图5

4. 思政元素的融合渗透

(1)通过温故“割圆术”中蕴含的数学思想,引出定积分的概念.

(2)通过介绍定积分的概念,采用无限分割求和的办法求解曲边梯形面积,进而帮助学生理解课程的知识点.

(3)通过融入《荀子》等名言,让学生理解“不积跬步,无以至千里;不积小流,无以成江海”这类反映积少成多、聚沙成塔的道理,体会到在处理解决问题时,要重视和着重解决事物的每个细节部分,抓住问题的基础,积少成多.

(4)这些我国古代人民的哲学思想和智慧结晶,使学生们在利用浅显的道理领悟定积分概念的同时,增强了民族文化认同感和文化自信.

5. 课堂小结

回顾学习内容:

(1)定积分的概念和基本思想.

(2)定积分的几何意义和物理意义.

❖思考与展望❖

本节课学习了定积分的概念和相关的实际意义,类比不定积分,定积分中是否有一些相关的基本性质和公式,能够帮助我们更加方便地计算定积分?如何进一步地将定积分应用到实际问题的解决中?

定积分概念的引入方法

——不积跬步，无以至千里；不积小流，无以成江海

孙 悦

一、课程内容

（1）本课程的内容是学习定积分概念的引入、理解和应用.

（2）本课程的难点在于理解定积分的概念.

二、思政内容

通过对极限的回顾与定积分概念的理解，帮助学生意识到“不积跬步，无以至千里；不积小流，无以成江海”的优秀传统文化. 通过提炼高等数学课程中所蕴含的人文精神、社会责任、爱国情怀等价值范式，树立和践行社会主义核心价值观，逐步增强学生的社会责任感、使命感和爱国热情.

三、案例设计与教学过程

1. 引言

定积分的概念起源于求平面图形的面积和其他一些实际问题. 定积分的思想在古代数学家的工作中就已经有了萌芽.

公元263年，我国数学家刘徽首创“割圆术”，讲的是不断倍增圆内接正多边形的边数，从而使正多边形面积无限逼近圆的面积并以此求取圆周率的方法.《九章算术注》中曾写道“割之弥细，所失弥少，割之又割，以至于不可割，则与圆合体，而无所失也”. 刘徽提出用“割圆术”来求圆周率，既大胆创新，又严密论证，从而为圆周率的计算指出了一条科学的道路.

刘徽通过析数学之理，建立了中国传统数学的理论体系. 众所周知，古希腊数学取得了非常高的成就，建立了严密的演绎体系. 然而，刘徽的“割圆术”却在人类历史上首次将极限和无穷小分割引入数学证明，成为人类文明史中不朽的篇章.

要想理解定积分的基本思想，《劝学》中有一句名言：“不积跬步，无以至千里；不积小流，无以成江海.”

正是有了一代又一代数学家们的不断研究与积累，才形成了今天我们所学习的完善的数学知识. 在定积分的思想中，也是先将整个区域划分成许多小的区域，在每个小区域上取近似值，然后累加得到整个区域的近似值，最后通过极限的思想得到定积分的精确值. 其中，我们可以将划分后的每个小区域看作“跬步”或“小流”，整个积分区域看作“千里”或“江海”. 可见，我国古代的哲学思想和智慧在数学理论和方法中也有一定体现.

2. 定积分概念的引入举例

下面将从几何学中的面积及物理学中的路程问题出发，来看定积分的概念是怎样从现实原型中抽象出来的.

实例1 求曲边梯形的面积.

所谓曲边梯形，是指在直角坐标系下，由直线 $x=a$，$x=b(a<b)$，$y=0$ 及连续曲线 $y=f(x)(f(x)\geqslant 0)$ 所围成的平面图形，如图1.

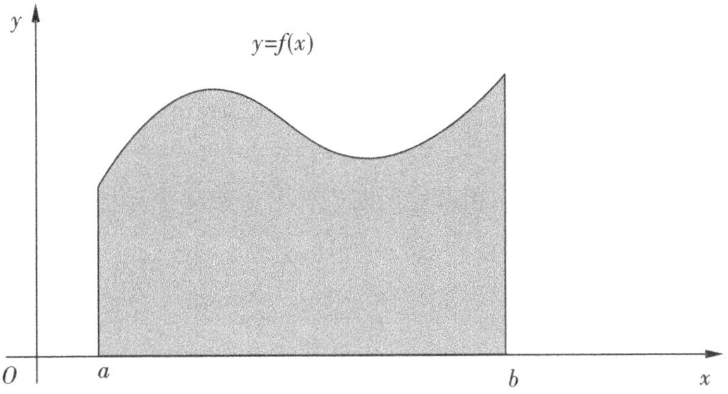

图1

中学时，我们都学习过如何求三角形、矩形、梯形等规则的平面图形面积. 例如，矩形面积=长×宽. 由于曲边梯形在底边上各点处的高在区间上是变动的，所以它的面积不能直接按照上式计算. 那如何求解这样一个曲边梯形的面积呢？首先，如图2，我们看一组图像展示：

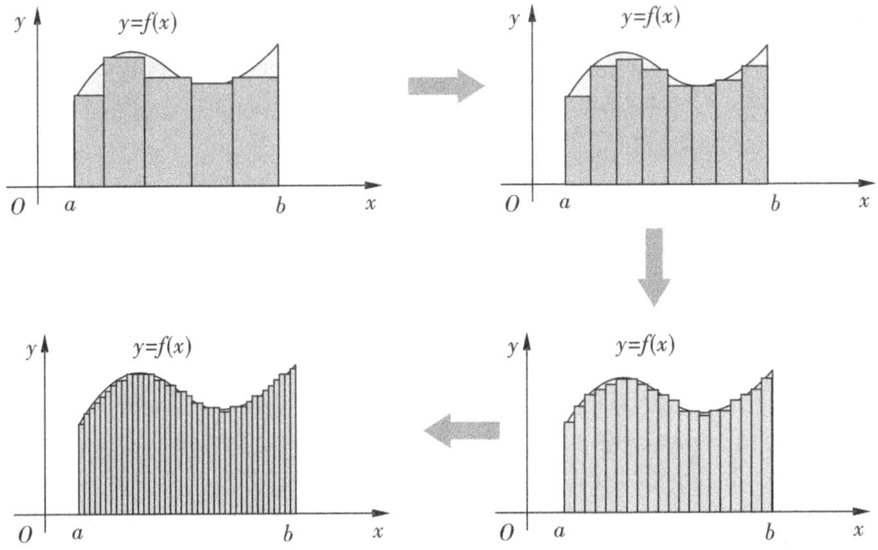

图2

在图 2 中,我们把曲边梯形底边区间$[a,b]$划分成许多小区间,在每个小区间上用某一点处的高来近似代替同一区间上小曲边梯形的高,那么可用小矩形面积近似得到小曲边梯形的面积,将所有小矩形的面积相加便得到整个曲边梯形的近似面积.在四组图像的变化中可以看出,当对区间$[a,b]$分割得越细,小矩形的面积和越趋近于曲边梯形的面积.若将区间$[a,b]$无限细分下去,这时所有小矩形面积之和的极限如果存在,那么此极限就规定为曲边梯形面积的精确值.根据上面的分析,可按照下面四步来计算曲边梯形的面积 S.

(1)分割:把分曲边梯形为 n 个小曲边梯形.在区间$[a,b]$内任意插入 $n-1$ 个分点

$$a=x_0<x_1<x_2<\cdots<x_{n-1}<x_n=b,$$

把区间$[a,b]$分成 n 个小区间$[x_{i-1},x_i]$$(i=1,2,\cdots,n)$,第 i 个小区间的长,记作

$$\Delta x_i=x_i-x_{i-1},i=1,2,\cdots,n.$$

过各分点作平行于 y 轴的直线段,相应地把曲边梯形分成 n 个小曲边梯形(图 3),第 i 个小曲边梯形的面积记作 $\Delta S_i(i=1,2,\cdots,n)$,则有

$$S=\sum_{i=1}^{n}\Delta S_i.$$

(2)近似代替:在小范围内用矩形的面积代替曲边梯形的面积.在每个小区间$[x_{i-1},x_i]$上任取一点$\xi_i(x_{i-1}\leqslant\xi_i\leqslant x_i)$,用以$[x_{i-1},x_i]$为底,$f(\xi_i)$为高的小矩形的面积近似代替相应的第 i 个小曲边梯形的面积

$$\Delta S_i\approx f(\xi_i)\Delta x_i(i=1,2,\cdots,n).$$

(3)求和:求曲边梯形的面积近似值.把这 n 个小矩形面积相加,就得到所求曲边梯形面积 S 的近似值,即

$$S=\sum_{i=1}^{n}\Delta S_i\approx\sum_{i=1}^{n}f(\xi_i)\Delta x_i.$$

(4)取极限:由近似值过渡到曲边梯形面积的精确值(图 3).当分点个数无限增加且每个小区间的长度越来越小时,上面所得的曲边梯形面积 S 的近似值就越接近曲边梯形面积 S 的精确值.令 $\lambda=\max\{\Delta x_0,\Delta x_1,\cdots,\Delta x_n\}$,因此,当 $\lambda\to0$ 时,上述和式的极限如果存在,则称该极限就是曲边梯形面积 S 的精确值,即

$$S=\lim_{\lambda\to0}\sum_{i=1}^{n}f(\xi_i)\Delta x_i.$$

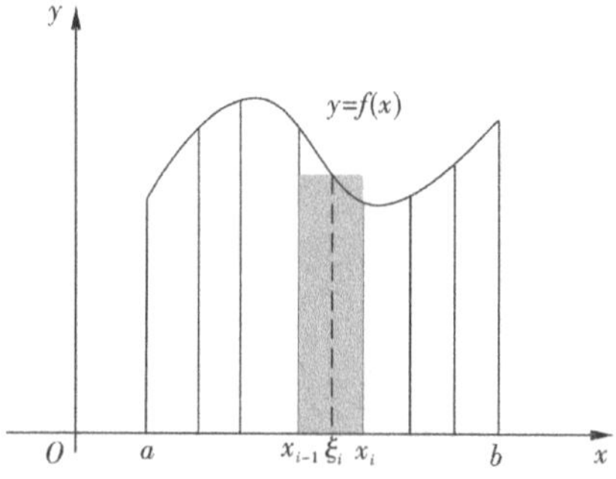

图 3

实例2 求变速直线运动的路程.

设物体做变速直线运动,已知其速度 $v=v(t)$ 为区间$[T_1,T_2]$上的非负连续函数,求物体在时间间隔$[T_1,T_2]$内所走过的路程 s.

对于匀速运动,我们有公式

$$路程=速度\times时间.$$

但是,当速度不是常量,而是随时间改变时,上面的公式就无法进行. 然而,由于速度 $v=v(t)$是连续变化的,所以在很短的时间间隔内,速度 $v(t)$ 的变化很小,可以近似地看作匀速运动. 因此,完全可以用类似于求曲边梯形的面积的方法来计算路程 s. 具体计算过程如下:

(1)分割:把整个路程分为 n 个小段路程. 在时间间隔$[T_1,T_2]$内任意插入 $n-1$ 个分点

$$T_1=t_0<t_1<t_2<\cdots<t_{n-1}<t_n=T_2,$$

把时间间隔$[T_1,T_2]$分成 n 个小区间$[t_{i-1},t_i]$$(i=1,2,\cdots,n)$,第 i 个小区间的长记作 $\Delta t_i=t_i-t_{i-1}(i=1,2,\cdots,n)$. 物体在第 i 个小时间间隔内所走的路程记作 $\Delta s_i(i=1,2,\cdots,n)$,则有

$$s=\sum_{i=1}^{n}\Delta s_i.$$

(2)近似代替:在小时段内用匀速运动的路程代替变速运动的路程. 在每个小时段$[t_{i-1},t_i]$$(i=1,2,\cdots,n)$上任取一点$\xi_i(t_{i-1}\leqslant\xi_i\leqslant t_i)$,以$\xi_i$时刻的速度 $v(\xi_i)$近似代替$[t_{i-1},t_i]$上各个时刻的速度,即以 $v(\xi_i)\Delta t_i$近似代替物体在第 i 个小时段内经过的路程,即

$$\Delta s_i\approx v(\xi_i)\Delta t_i(i=1,2,\cdots,n).$$

(3)求和:求整个时间间隔内经过路程的近似值. n 个时间间隔内的匀速运动所经过的路程之和 $\sum\limits_{i=1}^{n}v(\xi_i)\Delta t_i$,可以作为变速运动在时间间隔$[T_1,T_2]$内所经过的路程 s 的近似值,即

$$s\approx\sum_{i=1}^{n}v(\xi_i)\Delta t_i.$$

(4)取极限:由近似值过渡到整个时间间隔内经过的路程的精确值. 当分点的个数无限增加且最大的小时间间隔 $\lambda=\max\{\Delta t_0,\Delta t_1,\cdots,\Delta t_n\}\to 0$ 时,上述和式的极限如果存在,那么该极限应为物体在时间间隔$[T_1,T_2]$内所经过的路程的精确值,即

$$s=\lim_{\lambda\to 0}\sum_{i=1}^{n}v(\xi_i)\Delta t_i.$$

上面两个实际问题,尽管它们的实际意义完全不同,但是它们解决问题的方法和步骤却是完全一样的,而且最终都归结为求一个具有完全相同数学结构的和式的极限. 不仅如此,在众多领域中还有许多实际问题的解决,最后也是要归结到具有这类数学结构的和式极限的计算. 因此,抛开各个问题的具体意义,仅保留其数学本质就抽象出定积分的定义.

3. 定积分的概念

定积分的定义:设函数$f(x)$在区间$[a,b]$上有定义且有界,在区间$[a,b]$内任意插入

$n-1$ 个分点

$$a=x_0<x_1<x_2<\cdots<x_{n-1}<x_n=b,$$

把$[a,b]$分成 n 小区间$[x_{i-1},x_i](i=1,2,\cdots,n)$，每个小区间的长度记为 $\Delta x_i=x_i-x_{i-1}(i=1,2,\cdots,n)$；在每个小区间$[x_{i-1},x_i]$上任取一点$\xi_i(x_{i-1}\leqslant\xi_i\leqslant x_i)$，作乘积$f(\xi_i)\Delta x_i(i=1,2,\cdots,n)$，并作和式

$$I_n=\sum_{i=1}^{n}f(\xi_i)\Delta x_i,$$

记 $\lambda=\max\limits_{1\leqslant i\leqslant n}\{\Delta x_i\}$，如果无论区间$[a,b]$如何分法，点$\xi_i$如何取法，只要当 $\lambda\to0$(即分点 n 无限增多，而每个小区间无限缩小)，该和式I_n的极限存在，则称$f(x)$在区间$[a,b]$上可积，并称此极限值为$f(x)$在区间$[a,b]$上的定积分，记作$\int_a^b f(x)\mathrm{d}x$，即

$$\int_a^b f(x)\mathrm{d}x=I=\lim_{\lambda\to0}\sum_{i=1}^{n}f(\xi_i)\Delta x_i.$$

定积分中记号如图 4.

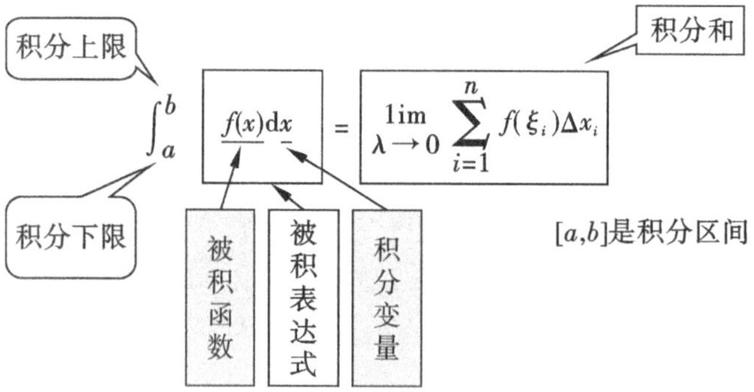

图 4

按照定积分的定义，我们前面所讨论的两个实例可分别表示为：

由连续曲线 $y=f(x)(f(x)\geqslant0)$，直线 $x=a,x=b(a<b)$ 及 $y=0$ 所围成的曲边梯形的面积为

$$S=\int_a^b f(x)\mathrm{d}x.$$

物体以速度 $v=v(t)$ 作直线变速运动，从时刻$t=T_1$到时刻$t=T_2$走过的路程为

$$s=\int_{T_1}^{T_2}v(t)\mathrm{d}t.$$

那么定义在区间上的函数满足什么条件时，就能保证在区间上可积呢？可积性涉及的知识比较多，下面不加证明地给出两个可积的充分条件.

定理 1　若函数$f(x)$在闭区间$[a,b]$上连续，则$f(x)$在$[a,b]$上可积.

定理 2　若函数$f(x)$在闭区间$[a,b]$上有界，且只有有限个第一类间断点，则$f(x)$在$[a,b]$上可积.

4. 应用举例

例 1 利用定义计算定积分 $\int_0^1 x^2 \mathrm{d}x$.

解 将积分区间[0,1]作 n 等分,分点为$x_i=\frac{i}{n}(i=1,2,\cdots,n)$,小区间$[x_{i-1},x_i]$ 的长度$\Delta x_i=\frac{1}{n}$. 在每个小区间上取$\xi_i=x_i$,则可得近似值 $\Delta S_i \approx f(\xi_i)\Delta x_i=\left(\frac{i}{n}\right)^2\cdot\frac{1}{n}$.

将整个区间上所有近似值相加,可得

$$\sum_{i=1}^{n} f(\xi_i)\Delta x_i = \sum_{i=1}^{n}\left(\frac{i}{n}\right)^2\cdot\frac{1}{n} = \frac{1}{n^3}\sum_{i=1}^{n} i^2 = \frac{1}{n^3}\cdot\frac{n(n+1)(2n+1)}{6} = \frac{1}{6}\left(1+\frac{1}{n}\right)\left(2+\frac{1}{n}\right).$$

令 $n\to\infty$,则利用定积分的定义,有

$$\int_0^1 x^2\mathrm{d}x = \lim_{\lambda\to 0}\sum_{i=1}^{n} f(\xi_i)\Delta x_i = \lim_{n\to\infty}\frac{1}{6}\left(1+\frac{1}{n}\right)\left(2+\frac{1}{n}\right)=\frac{1}{3}.$$

5. 思政元素的融合渗透

今天,我们学习了定积分的概念,现代生活中许多实际问题都需要定积分来解决,通过学习定积分的概念,可以引申到利用局部取近似、求和取极限的方法,来解决把总量归结为求一种特定和式的极限问题. 贯彻数学精神,感受定积分魅力,培养数学素养,使学生坚定文化自信,继承和发扬中华民族的优秀传统文化.

6. 课堂小结

回顾学习内容:本节主要学习了定积分的定义. 定积分的思想和方法如图 5.

分割(化整为零)

⇩

近似(以直(不变)代曲(变))

⇩

求和(积零为整)

⇩

取极限(定积分的精确值)

图 5

❖思考与展望❖

由算例 1 可以看出,虽然可以利用定积分的定义来计算定积分的值,但其过程是比较复杂的. 因此,研究定积分的性质及寻求简单可行的计算方法是很有必要的,这也是我们接下来要学习的重点.

定积分的思想

——积微成著,蕴千里之行

达 芳

一、课程内容

(1)本课程的内容是定积分的概念、可积性条件、几何意义和牛顿-莱布尼茨公式.

(2)教学难点是理解定积分的概念和几何意义,以及牛顿-莱布尼茨公式的证明.

二、思政内容

(1)透过现象,抓住本质,要培养从具体问题中抽象概括的逻辑思维能力.

(2)融入思政元素:"以直代曲,以不变代变."定积分的概念反映出复杂问题与简单问题之间的联系,复杂问题可以看作是由一系列简单问题组合而成的."积微成著,蕴千里之行",从而让学生形成积极的学习态度和具有科学精神的价值观.

三、案例设计与教学过程

1. 引言

我们学习了原函数与不定积分,包括原函数的概念、积分法则和有理函数的原函数等内容.为什么有不定积分这个名称?不定积分和定积分有什么关系?通过本章的学习,我们将找到答案.

本节课我们来学习定积分的概念.首先来看两个实例.

引例 1 曲边梯形的面积.

如图 1,曲边梯形是由连续曲线 $y=f(x)$ $(f(x)\geqslant 0)$,x 轴,以及两条直线 $x=a$,$x=b$ 所围成,求其面积 A.

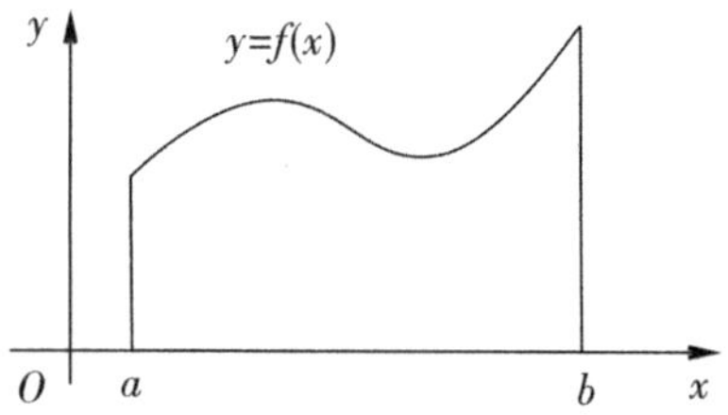

图 1

如果是直边梯形,那么可以直接利用梯形的面积公式进行计算.这里是曲边梯形,应该怎样来计算面积呢?

(1) 分割：在区间 $[a,b]$ 上任意插入 $n-1$ 个分点：

$$a=x_0<x_1<x_2<\cdots<x_{n-1}<x_n=b.$$

第 i 个子区间 $[x_{i-1},x_i]$ 的长度记为 $\Delta x_i=x_i-x_{i-1}$，$i=1,2,\cdots,n$. 这样就将区间 $[a,b]$ 分为 n 个子区间，再用直线 $x=x_i$ 将曲边梯形分成 n 个小的曲边梯形（图 2）. 这里体现了"化整为零"的思想.

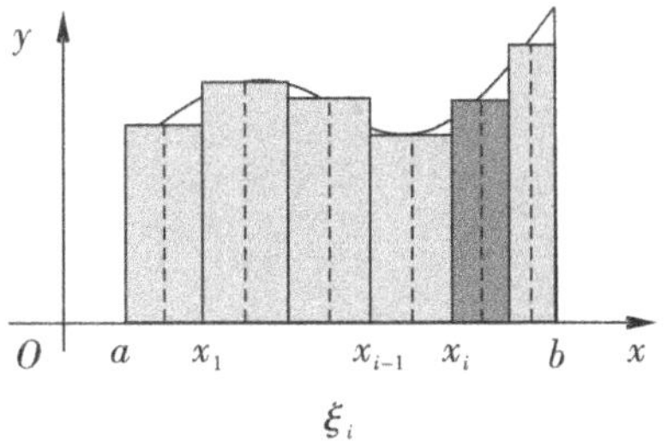

图2

(2) 近似：在第 i 个子区间上，任意取定一点 ξ_i，采用"以直代曲，以不变代变"的思想，用小矩形的面积 $f(\xi_i)\Delta x_i$ 来近似代替相应的小曲边梯形的面积，即 $\Delta A_i\approx f(\xi_i)\Delta x_i$.

(3) 求和："积零为整"，用和式 $\sum\limits_{i=1}^{n}f(\xi_i)\Delta x_i$ 来代替曲边梯形的面积，即

$$A=\sum_{i=1}^{n}\Delta A_i\approx\sum_{i=1}^{n}f(\xi_i)\Delta x_i.$$

(4) 取极限：通过分析可知，曲边梯形分割得越细，小矩形和小曲边梯形面积的近似程度就越高. 这就对应了极限的思想. 令 $\lambda=\max\limits_{1\leqslant i\leqslant n}\{\Delta x_i\}$，用 λ 刻画分割的程度，当 $\lambda\to0$ 时，就做到了分割足够细，从而曲边梯形的面积为

$$A=\sum_{i=1}^{n}\Delta A_i=\lim_{\lambda\to0}\sum_{i=1}^{n}f(\xi_i)\Delta x_i.$$

通过这个例子可以看出，我们采取分割、近似、求和、取极限的方法，将未知问题转化为已知问题，就能得到曲边梯形的面积的计算方法.

引例 2 变速直线运动的路程.

我们知道，作匀速直线运动的物体在时间段 t 中所经过的路程 s 是它的速度 v 与时间 t 的乘积：$s=vt$.

设某物体作直线运动，已知速度 $v=v(t)$ $(v(t)\geqslant0)$ 是时间间隔 $[T_1,T_2]$ 上关于 t 的一个连续函数，求物体在这段时间内所经过的路程 s.

此问题也可以使用与上例相同的方法进行计算.

(1) 分割：$T_1=t_0<t_1<t_2<\cdots<t_{n-1}<t_n=T_2$.

(2) 近似：$\Delta t_i=t_i-t_{i-1}$，$\Delta s_i\approx v(\xi_i)\Delta t_i$，$\xi_i\in[t_{i-1},t_i]$.

(3) 求和：$s=\sum\limits_{i=1}^{n}\Delta s_i\approx\sum\limits_{i=1}^{n}v(\xi_i)\Delta t_i$.

(4) 取极限：令 $\lambda=\max\limits_{1\leqslant i\leqslant n}\{\Delta t_i\}$，则路程的精确值为

$$s = \sum_{i=1}^{n} \Delta s_i = \lim_{\lambda \to 0} \sum_{i=1}^{n} v(\xi_i) \Delta t_i.$$

回顾这两个例子，虽然一个是几何问题，一个是物理问题，但是它们具有如下两个共同的特点：

(1)解决问题的方法步骤相同：分割，近似，求和，取极限.

(2)所求量的极限结构式相同：特殊乘积和式的极限.

在实际中还有很多类似的例子，如果我们略去实际意义，只从数学的结构加以抽象研究，就引出了定积分的定义. 同学们要体会数学定义的精炼和严谨，并注重培养自己从具体问题中抽象归纳的逻辑思维能力.

2. 定积分(黎曼积分)的概念

定义 1 设函数 $f(x)$ 在 $[a,b]$ 上有定义. 分割区间 $[a,b]$：

$$a = x_0 < x_1 < x_2 < \cdots < x_{n-1} < x_n = b.$$

记 $\Delta x_i = x_i - x_{i-1}$，$\lambda = \max\limits_{1 \leqslant i \leqslant n} \{\Delta x_i\}$. 选取 $\xi_i \in [x_{i-1}, x_i]$，如果极限 $\lim\limits_{\lambda \to 0} \sum\limits_{i=1}^{n} f(\xi_i) \Delta x_i$ 存在，且极限值与分割和 ξ_i 的选取无关，则称此极限值为 $f(x)$ 在区间 $[a,b]$ 上的定积分，记为 $\int_a^b f(x)\,\mathrm{d}x$，即

$$\int_a^b f(x)\,\mathrm{d}x = \lim_{\lambda \to 0} \sum_{i=1}^{n} f(\xi_i) \Delta x_i.$$

此时称 $f(x)$ 在区间 $[a,b]$ 上可积.

下面给出定积分概念的几点注记.

注记

(1)符号称谓如图 3.

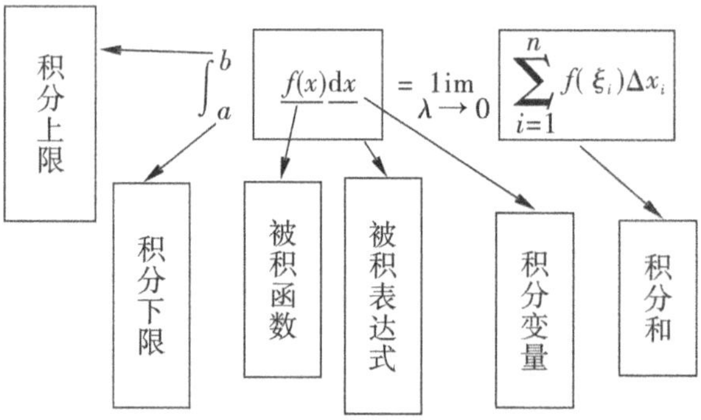

图 3

(2)由引例和定义可知，定积分是一个极限值，因此定积分的值仅与被积函数和积分区间有关，而与积分变量用什么字母表示无关，即

$$\int_a^b f(x)\,\mathrm{d}x = \int_a^b f(t)\,\mathrm{d}t = \int_a^b f(u)\,\mathrm{d}u.$$

(3)定义中区间的分法和ξ_i的取法是任意的. 反过来,若已知函数$f(x)$在区间$[a,b]$上可积,在求该积分值时,则可以采取特殊的方式分割区间,比如我们常将积分区间等分;此外也可以采取特殊的方式选取ξ_i,比如选取小区间的左端点或者右端点作为ξ_i进行计算.

(4)根据需要,给出定积分的两个补充约定:

$$\int_a^a f(x)\mathrm{d}x = 0, \int_b^a f(x)\mathrm{d}x = -\int_a^b f(x)\mathrm{d}x.$$

3. 可积性条件

由定义可知,有以下定积分存在的必要条件:

被积函数$f(x)$在区间$[a,b]$上有界.

我们不加证明地给出如下定理:

定理2 如果有界函数$f(x)$在区间$[a,b]$上至多有有限个间断点或单调,则定积分$\int_a^b f(x)\mathrm{d}x$存在.

下面举两个例子,同学们体会一下利用定义来计算定积分的过程,要特别注意区间的分法和ξ_i的选取.

例1 利用定义计算定积分:$\int_a^b x\mathrm{d}x(a<b)$.

解 由于$f(x)=x$在$[a,b]$上连续,将区间$[a,b]$作n等分,并且取ξ_i为每个子区间的右端点,即$\Delta x_i=\frac{b-a}{n}, \xi_i=a+\frac{i(b-a)}{n}$,则利用

$$\sum_{i=1}^{n} f(\xi_i)\Delta x_i = \sum_{i=1}^{n}\left[a+\frac{i(b-a)}{n}\right]\cdot\frac{b-a}{n} = a(b-a)+\frac{(b-a)^2}{n^2}\cdot\frac{n(n+1)}{2},$$

可得

$$\int_a^b x\mathrm{d}x = \lim_{n\to\infty}\left[a(b-a)+\frac{(b-a)^2}{n^2}\cdot\frac{n(n+1)}{2}\right] = a(b-a)+\frac{(b-a)^2}{2} = \frac{b^2-a^2}{2}.$$

例2 利用定义计算定积分:$\int_0^1 (x^2+x)\mathrm{d}x$.

解 因为$f(x)=x^2+x$在$[0,1]$上连续,将区间$[0,1]$作n等分,并且取ξ_i为每个子区间的右端点,即$\Delta x_i=\frac{1}{n}, \xi_i=\frac{i}{n}$,则利用

$$\sum_{i=1}^{n} f(\xi_i)\Delta x_i = \sum_{i=1}^{n}\left[\left(\frac{i}{n}\right)^2+\frac{i}{n}\right]\cdot\frac{1}{n} = \frac{1}{n^3}\sum_{i=1}^{n} i^2+\frac{1}{n^2}\sum_{i=1}^{n} i = \frac{n(n+1)(2n+1)}{6n^3}+\frac{n(n+1)}{2n^2},$$

可得

$$\int_0^1 (x^2+x)\mathrm{d}x = \lim_{n\to\infty}\left[\frac{n(n+1)(2n+1)}{6n^3}+\frac{n(n+1)}{2n^2}\right] = \frac{1}{3}+\frac{1}{2} = \frac{5}{6}.$$

4. 定积分的几何意义

当$f(x)\geqslant 0$时,定积分$\int_a^b f(x)\mathrm{d}x$表示曲边梯形的面积.

当$f(x)\leqslant 0$时，定积分$\int_a^b f(x)\mathrm{d}x$表示上述曲边梯形面积的负值.

当$f(x)$在$[a,b]$上有正有负时，如果约定在x轴上方的图形面积为正，在x轴下方的面积为负，则定积分表示的是由直线$x=a,x=b,x$轴和曲线$y=f(x)$所围图形面积的代数和(图4)：

$$\int_a^b f(x)\mathrm{d}x = A_1 - A_2 + A_3 - A_4 + A_5.$$

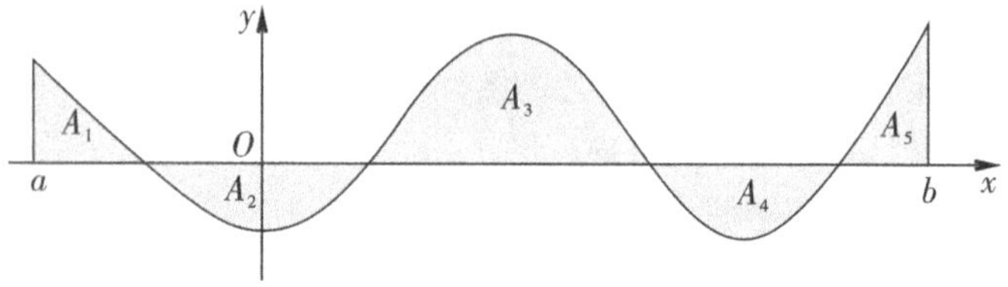

图4

例3 计算下列定积分：

(1)$\int_0^a \sqrt{a^2-x^2}\mathrm{d}x(a>0)$；(2)$\int_{-1}^1 x^3\mathrm{d}x$.

解 (1)由于定积分$\int_0^a \sqrt{a^2-x^2}\mathrm{d}x$表示上半圆周$y=\sqrt{a^2-x^2}$，$x$轴以及直线$x=0$，$x=a$围成的图形的面积，即四分之一圆周的面积，因此

$$\int_0^a \sqrt{a^2-x^2}\mathrm{d}x = \frac{\pi a^2}{4}.$$

(2)由于定积分$\int_{-1}^1 x^3\mathrm{d}x$表示曲线$y=x^3$，$x$轴以及直线$x=1$，$x=-1$围成面积的代数和，又因为曲线$y=x^3$关于坐标原点对称，所以在第一象限和在第三象限围成的面积相等，

$$\int_{-1}^1 x^3\mathrm{d}x = 0.$$

5. 牛顿-莱布尼茨公式

如果被积函数比较复杂，那么利用定义计算定积分就会十分麻烦. 下面介绍一个非常重要的公式——牛顿-莱布尼茨公式，它像一座桥梁，把微分和积分，以及定积分和不定积分联系了起来.

定理3(牛顿-莱布尼茨公式) 如果$\int_a^b f(x)\mathrm{d}x$存在，存在函数$F(x)$在$[a,b]$上连续，在(a,b)内可导，且$F'(x)=f(x)$，$x\in(a,b)$，则

$$\int_a^b f(x)\mathrm{d}x = F(b)-F(a) \triangleq F(x)\Big|_a^b.$$

证明 将区间$[a,b]$划分为n个小区间，分点为

$$a=x_0<x_1<x_2<\cdots<x_{n-1}<x_n=b,$$

则由拉格朗日中值定理可知，存在$\xi_i\in(x_{i-1},x_i)$，使得

$$F(x_i)-F(x_{i-1})=F'(\xi_i)(x_i-x_{i-1})=f(\xi_i)\Delta x_i,$$

上式对 i 从 1 到 n 求和,可得

$$F(b)-F(a)=\sum_{i=1}^{n}f(\xi_i)\Delta x_i,$$

其中 $\Delta x_i=x_i-x_{i-1}$. 记 $\lambda=\max\limits_{1\leqslant i\leqslant n}\{\Delta x_i\}$, 并令 $\lambda\to 0$, 则得

$$F(b)-F(a)=\int_a^b f(x)\,\mathrm{d}x.$$

注记 定理 3 给出了计算连续函数的积分的方法,将连续函数的积分问题转化为求被积函数的原函数问题. 这样学习的求原函数的各种方法都可以应用到这一章. 有些问题利用牛顿–莱布尼茨公式计算要比用定积分的定义直接计算简单得多,比如

$$\int_a^b x\,\mathrm{d}x=\frac{x^2}{2}\Big|_a^b=\frac{b^2-a^2}{2},\int_0^1(x^2+x)\,\mathrm{d}x=\left(\frac{x^3}{3}+\frac{x^2}{2}\right)\Big|_0^1=\frac{5}{6}.$$

与例 1 和例 2 相比,可以看出牛顿–莱布尼茨公式的优越性.

例 4 计算定积分: $\int_0^b\sqrt{a^2-x^2}\,\mathrm{d}x\ (a\geqslant b>0)$.

解 由于

$$\int\sqrt{a^2-x^2}\,\mathrm{d}x=\frac{a^2}{2}\arcsin\frac{x}{a}+\frac{1}{2}x\sqrt{a^2-x^2}+C,$$

所以

$$\int_0^b\sqrt{a^2-x^2}\,\mathrm{d}x=\frac{a^2}{2}\arcsin\frac{b}{a}+\frac{1}{2}b\sqrt{a^2-b^2}.$$

如图 5,上式左边是曲边梯形 $OAPB$ 的面积,右边第一项是扇形 OPB 的面积,第二项是三角形 OAP 的面积. 当 $b=a$ 时,积分恰好是中心在原点、半径为 a 的圆在第一象限那部分的面积.

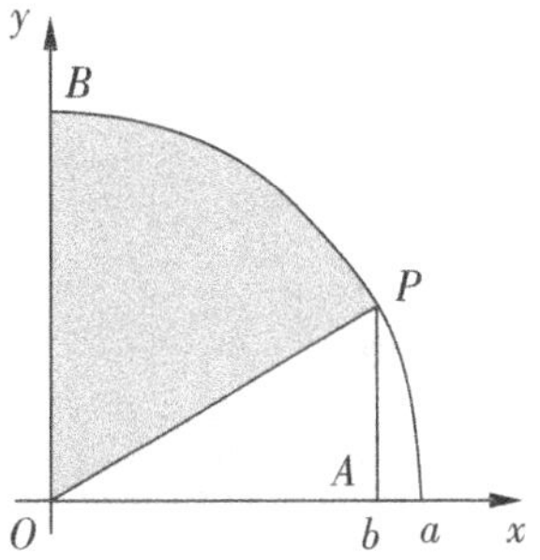

图 5

注记 当 $b=a$ 时,例 4 的结果和例 3(1)的结果一致.

例 5 计算定积分: $\int_0^3\sqrt{|x-1|}(x-1)\,\mathrm{d}x$.

解 由于

$$\left[|x-1|^{\frac{5}{2}}\right]'=\frac{5}{2}|x-1|^{\frac{1}{2}}(x-1),$$

所以

$$\int_0^3\sqrt{|x-1|}(x-1)\,\mathrm{d}x=\frac{2}{5}|x-1|^{\frac{5}{2}}\Big|_0^3=\frac{2}{5}(4\sqrt{2}-1).$$

6. 思政元素的融合渗透

今天,我们学习了定积分的概念,可以发现只要抓住“分割,近似,求和,取极限”的本质,即极限的原理,就能抽象出定积分的概念. 透过现象,抓住本质,才能解决问题,由此可以培养同学们从具体问题中抽象概括的逻辑思维能力. 对于定积分概念中所体现出来的思想总结如下:

分割⇨化整为零

近似⇨以直代曲(以不变代变)

求和⇨积零为整

取极限⇨求精确值

定积分的概念体现了从宏观到微观,再从微观到宏观的辩证关系.第一步,分割,即化整为零,在实际的生活和学习中,我们可以将一个长远目标分解为多个小目标,使目标变得更容易实现.第二步,近似,将未知问题转化为已知问题,从而解决问题.第三步,求和,即积零为整,《荀子·大略》中有“夫尽小者大,积微成著”,意思是微不足道的事物经过长期积累也会变得显著,揭示了事物由小到大、由弱到强的发展过程.不要小看每一件小事,只有一步一个脚印,持之以恒,锲而不舍,才有可能获得成功,实现人生的梦想和目标.第四步,取极限,从量变到质变,同学们要形成积极的学习态度,千里之行,始于足下,从一点一滴做起,积少成多,只要每天努力一点点,日积月累,将来必然会有所收获.

7.课堂小节

回顾学习内容:

(1)定积分的概念、可积性条件和几何意义.

(2)牛顿-莱布尼茨公式.

❖思考与展望❖

以上就是本节课的内容,我们通过两个实例引入定积分的概念,并介绍了可积性条件和定积分的几何意义,还证明了牛顿-莱布尼茨公式.从例题中可以看出,使用定积分的定义计算定积分是相当麻烦的,在后面的章节中,我们会学习定积分的性质和计算方法,使定积分的计算变得更加简单.

定积分的概念

——实事求是、严谨深入、辩证唯物主义、发展眼光看待问题

马珊珊

一、课程内容

定积分的概念.

二、思政内容

(1)实事求是、严谨深入的科学精神.

(2)辩证唯物主义、发展眼光看待问题.

三、案例设计与教学过程

1. 问题的提出

实例 曲边梯形的面积.

曲边梯形由连续曲线 $y=f(x)$ $(f(x)\geqslant 0)$，x 轴与两条直线 $x=a,x=b$ 所围成(图1).

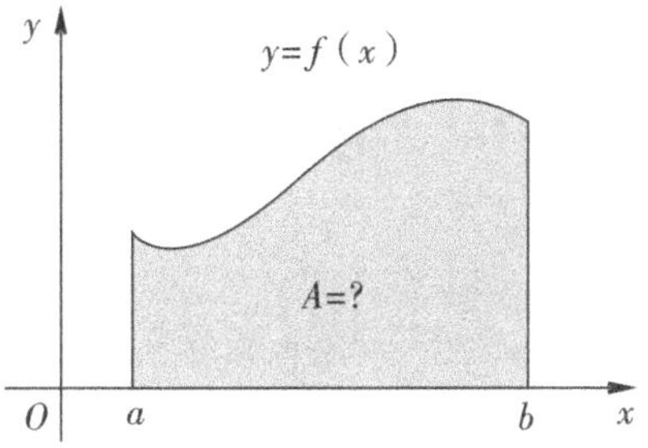

图1

用矩形面积近似代替曲边梯形的面积(图2).

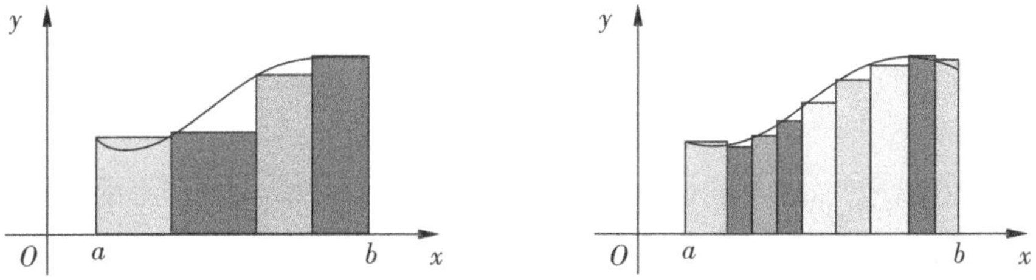

图2

显然,小矩形越多,矩形总面积越接近曲边梯形的面积.

区间$[a,b]$的一个分割,是指由有限个点$x_0,x_1,\cdots,x_n$组成的集合,且满足

$$a=x_0<x_1<\cdots<x_n=b,$$

子区间$[x_{i-1},x_i]$称为分割的第i个子区间,其长度为$\Delta x_i=x_i-x_{i-1},i=1,2,\cdots,n$.在第$i$个子区间上,任意取定一点$\xi_i$,用$f(\xi_i)\Delta x_i$近似第$i$个曲边梯形的面积(图3),再用和式$\sum\limits_{i=1}^{n}f(\xi_i)\Delta x_i$来替代曲边梯形的面积.令$\lambda=\max\limits_{1\leqslant i\leqslant n}\{\Delta x_i\}$,若$\sum\limits_{i=1}^{n}f(\xi_i)\Delta x_i$存在,且极限值$\lim\limits_{\lambda\to 0}\sum\limits_{i=1}^{n}f(\xi_i)\Delta x_i$与分割和$\xi_i$的选取无关,那么曲边梯形的面积为$A=\lim\limits_{\lambda\to 0}\sum\limits_{i=1}^{n}f(\xi_i)\Delta x_i$.

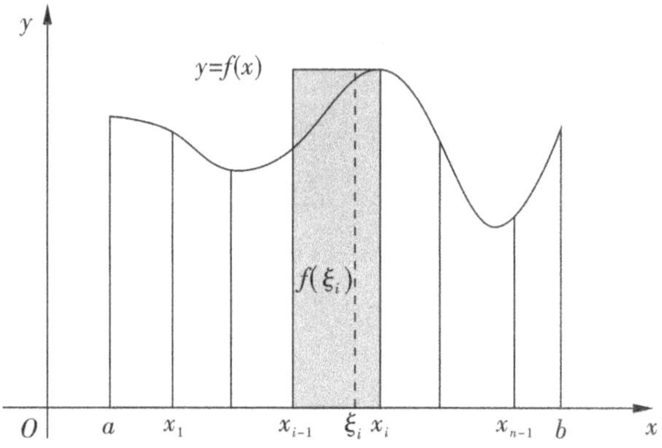

图3

通过求曲边梯形的面积,让学生了解定积分的背景,并借助几何手段直观理解定积分的概念和"分割、近似、求和、取极限"的基本思想,从而自然地给出定积分概念的严格数学表示.

2. 定积分的概念

定义 设函数$f(x)$在$[a,b]$上有定义.分割区间$[a,b]$:

$$a=x_0<x_1<\cdots<x_n=b,$$

记$\Delta x_i=x_i-x_{i-1}$,$\lambda=\max\limits_{1\leqslant i\leqslant n}\{\Delta x_i\}$,在第$i$个子区间上,任意取定一点$\xi_i$,如果极限值$\lim\limits_{\lambda\to 0}\sum\limits_{i=1}^{n}f(\xi_i)\Delta x_i$存在且与分割和$\xi_i$的选取无关,则称此极限值为$f(x)$在区间$[a,b]$上的定积分,记为$\int_a^b f(x)\mathrm{d}x$,即

$$\int_a^b f(x)\mathrm{d}x=\lim_{\lambda\to 0}\sum_{i=1}^{n}f(\xi_i)\Delta x_i.$$

此时,称$f(x)$在区间$[a,b]$上可积,其中a与b分别称为积分的下限和上限,f称为被积函数,$f(x)\mathrm{d}x$称为被积表达式,x称为积分变量,$\sum\limits_{i=1}^{n}f(\xi_i)\Delta x_i$称为黎曼积分和.

注 (1)当$f(x)$在区间$[a,b]$上的定积分存在时,它的值仅与被积函数$f(x)$和区间

$[a,b]$有关,而与积分变量无关,即

$$\int_a^b f(x)\,dx=\int_a^b f(t)\,dt=\int_a^b f(u)\,du.$$

(2)定义中区间的分法和ξ_i的取法是任意的.

在定积分概念的教学中,通过问题的探究,让学生体会逼近、以直代曲的数学思想方法,理解定积分概念中的"分割、近似、求和、求极限"四部曲的微积分思想,对这一思想的理解不仅可以增强学生对极限思想的理解和不规则量的求法的把握.还可以培养学生实事求是、严谨深入的科学精神.接下来,我们继续给出定积分的几何意义.

3.定积分的几何意义

在定积分的定义中,当$f(x)\geqslant 0$时,定积分$\int_a^b f(x)\,dx$表示曲边梯形的面积.

当$f(x)\leqslant 0$时,定积分$\int_a^b f(x)\,dx$则表示上述曲边梯形面积的负值,

$$\int_a^b f(x)\,dx=\lim_{\lambda\to 0}\sum_{i=1}^{n}f(\xi_i)\Delta x_i=-\lim_{\lambda\to 0}\sum_{i=1}^{n}[-f(\xi_i)]\Delta x_i=-\int_a^b[-f(x)]\,dx.$$

当$f(x)$在$[a,b]$上有正有负时(图4),如果约定在x轴上方的图形的面积为正,在x轴下方的面积为负,则定积分表示的是由直线$x=a$,$x=b$,x轴和曲线$y=f(x)$所围图形面积的代数和,即

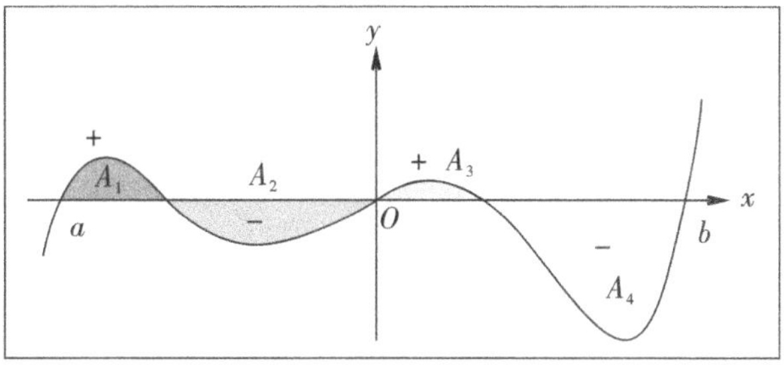

图4

$$\int_a^b f(x)\,dx=A_1-A_2+A_3-A_4.$$

数学来源于实际,又服务于实际.通过学习定积分的概念和几何意义,学生们还可以运用辩证关系去研究并解决其他实际问题.如:求平面图形面积、立方体体积、曲线段长度、物体中心等几何物理问题等.联系实际生活案例,培养学生用发展的观点看问题、用辩证的思想处理问题的思维方式.

4.定积分存在的必要条件和充分条件

我们已经学习了定积分的概念和几何意义,自然地要问是不是所有的函数都可以求定积分?如果不是,那么什么样的函数可以求?我们给出如下关于定积分存在的必要条件和充分条件.

(1)定积分$\int_a^b f(x)\,dx$存在的必要条件是被积函数$f(x)$在区间$[a,b]$上有界.

(2)充分条件:如果有界函数$f(x)$在区间$[a,b]$上至多有有限个间断点或单调,则定积分$\int_a^b f(x)\mathrm{d}x$存在.

注 ①改变区间$[a,b]$上有限个点处的函数值,不改变函数的可积性和积分值.

②无界函数不可积,有界函数也不一定可积.例如狄利克雷函数.

(3)约定$\int_a^a f(x)\mathrm{d}x=0,\int_b^a f(x)\mathrm{d}x=-\int_a^b f(x)\mathrm{d}x$.

5.例题

例1 利用定义计算$\int_0^1 x^2\mathrm{d}x$.

解 因为$f(x)=x^2$在$[0,1]$上连续,根据定积分存在的充分条件,该定积分存在,且积分值与区间的划分,各个子区间上点的选取无关.故将区间$[0,1]$作n等分,且取ξ_i为每个子区间的右端点,则利用

$$\sum_{i=1}^n f(\xi_i)\Delta x_i=\sum_{i=1}^n\left(\frac{i}{n}\right)^2\cdot\frac{1}{n}=\frac{1}{n^3}\sum_{i=1}^n i^2=\frac{1}{n^3}\frac{n(n+1)(2n+1)}{6},$$

可得

$$\int_0^1 x^2\mathrm{d}x=\lim_{n\to\infty}\frac{1}{6}\left(1+\frac{1}{n}\right)\left(2+\frac{1}{n}\right)=\frac{1}{3}.$$

例2 利用定义计算$\int_0^1 \mathrm{e}^x\mathrm{d}x$.

解 因为$f(x)=\mathrm{e}^x$在$[0,1]$上连续,根据定积分存在的充分条件,该定积分存在.且积分值与区间的划分,各个子区间上点的选取无关.故将区间$[0,1]$作n等分,且取ξ_i为每个子区间的左端点,则利用

$$\sum_{i=1}^n f(\xi_i)\Delta x_i=\sum_{i=1}^n \mathrm{e}^{\frac{i-1}{n}}\cdot\frac{1}{n}=\frac{1}{n}\frac{1-(\mathrm{e}^{\frac{1}{n}})^n}{1-\mathrm{e}^{\frac{1}{n}}}=\frac{1}{n}\frac{\mathrm{e}-1}{\mathrm{e}^{\frac{1}{n}}-1}$$

可得

$$\int_0^1 \mathrm{e}^x\mathrm{d}x=\lim_{n\to\infty}\frac{1}{n}\frac{\mathrm{e}-1}{\mathrm{e}^{\frac{1}{n}}-1}=\mathrm{e}-1.$$

例3 计算$\int_0^1\sqrt{1-x^2}\mathrm{d}x$.

解 根据定积分的几何意义,该积分即为半径为1的圆在第一象限那部分的面积,即

$$\int_0^1\sqrt{1-x^2}\mathrm{d}x=\frac{\pi}{4}.$$

6.牛顿-莱布尼茨公式

我们已经学习了定积分的概念、几何意义以及定积分存在的必要条件和充分条件,同时我们也通过一些例题练习了对定积分的求解.根据上述例题不难发现,若被积函数比较复杂,运用定积分的概念去求其定积分时,通常会比较烦琐.那么有没有更简便的方法求解定积分呢?这就是我们接下来要给出的重要公式——牛顿-莱布尼茨公式.

牛顿-莱布尼茨公式：如果 $\int_a^b f(x)\,\mathrm{d}x$ 存在，存在函数 $F(x)$ 在区间 $[a,b]$ 上连续，在 (a,b) 上可导，且 $F'(x)=f(x)$，$x\in(a,b)$，则

$$\int_a^b f(x)\,\mathrm{d}x = F(b) - F(a) \triangleq F(x)\Big|_a^b .$$

若知道了被积函数的原函数，运用牛顿-莱布尼茨公式求定积分将会容易很多，例如我们上面给出的例题，$\int_0^1 \mathrm{e}^x\mathrm{d}x = \mathrm{e}^x\Big|_0^1 = \mathrm{e}-1$，$\int_0^1 x^2\mathrm{d}x = \frac{x^3}{3}\Big|_0^1 = \frac{1}{3}$ 等. 不仅如此，我们还可以求一些数列的极限. 将数列看成特殊函数的黎曼和，把数列极限问题转化成对应函数的定积分，再运用牛顿-莱布尼茨公式简单计算就可以.

例 4 计算极限 $\lim\limits_{n\to\infty}\frac{1}{n}\left(\sin\frac{\pi}{n}+\sin\frac{2\pi}{n}+\cdots+\sin\frac{n\pi}{n}\right)$.

解 考虑 $[0,\pi]$ 上的函数 $\sin x$，将区间 $[0,\pi]$ 分成 n 个小区间，令 $\xi_i=\frac{i\pi}{n}$，$\Delta x_i=\frac{\pi}{n}$，

$$\begin{aligned}&\lim_{n\to\infty}\frac{1}{n}\left(\sin\frac{\pi}{n}+\sin\frac{2\pi}{n}+\cdots+\sin\frac{n\pi}{n}\right)\\ =&\lim_{n\to\infty}\frac{1}{n}\sum_{i=1}^{n}\sin\frac{i\pi}{n}=\frac{1}{\pi}\sum_{i=1}^{n}\sin\frac{i\pi}{n}\cdot\frac{\pi}{n}\\ =&\frac{1}{\pi}\int_0^{\pi}\sin x\,\mathrm{d}x=\frac{1}{\pi}(\cos x)\Big|_0^{\pi}=\frac{2}{\pi}.\end{aligned}$$

牛顿-莱布尼茨公式不只是计算定积分的工具，它也充分体现了定积分深刻的数学内涵，学习并熟练掌握运用牛顿-莱布尼茨公式计算定积分，不仅能帮助学生更深入理解定积分，还可促进学生对该部分知识的好奇心和求知欲. 它也有助于培养学生严谨深入的科学探索精神.

7. 思政元素的融入

在本节课的教学中，应用了由特殊到一般的数学思想，通过对实际问题的分析与解决，抽象出定积分的定义，同时也借助于几何直观让学生体会定积分的基本思想，这样的教学设计比较适合学生的学情，因此学生对定积分的理解很透彻，几何意义也顺其自然地得出. 通过例题的设计，学生练习运用“四步曲”来求定积分，也可以运用定积分的几何意义解决具体的积分求解，加深对定义的理解与深化，从而达到本节课的目标. 在本节的最后给出求解定积分重要且常用的公式——牛顿-莱布尼茨公式，大大减弱学生对被积函数复杂时用定义求定积分的担忧，同时也促进学生对定积分的学习和运用的信心. 不仅如此，牛顿-莱布尼茨公式也体现了定积分深刻的数学内涵，促进学生对该部分知识的好奇心和求知欲.

在整个教学过程中，不仅可以培养学生实事求是、严谨深入的科学精神，还可以培养学生用发展的观点看问题、用辩证的思想处理问题的思维方式.

❖思考与展望❖

我们已经学习了定积分的概念、几何意义以及定积分存在的必要条件和充分条件，同时我们也通过一些例题练习了对定积分的求解. 更进一步，我们学习了牛顿-莱布尼茨

公式，这极大地帮助我们计算大量的定积分. 但随着对定积分的深入了解，不难发现定积分还有很多重要性质和数学涵义，这些便是我们接下来要学习的内容，它们在实际问题的求解中也起到了至关重要的作用.

定积分的定义

——借鉴“割圆术”解实例，倡导树立文化自信

艾春瑞

一、课程内容

（1）本课程的内容是定积分的定义，掌握定积分概念形成的四个步骤.

（2）教学重点与难点是定积分概念的理解及定积分的基本思想——“以直代曲，无限逼近”的思想.

二、思政内容

（1）通过量变与质变哲学关系思考，确定定积分思想中量变与质变的关系，体现基本形式的相互关系与转化过程，培养人文素养和科学素养的同时，培养学生科学的价值观、实事求是的科学精神和钻研精神.

（2）“化整为零、近似代替、积零为整、无限逼近”的定积分思想蕴含着丰富的人生哲理，使学生树立从量变到质变、从近似到精确及对立和统一相互转化的唯物辩证观和脚踏实地、精益求精的学习态度.

三、案例设计与教学过程

利用我国魏晋时期首创的“割圆术”辅助说明定积分建立的过程，以此引出我国古代的璀璨文化，进而树立学生的文化自信（图 1）.

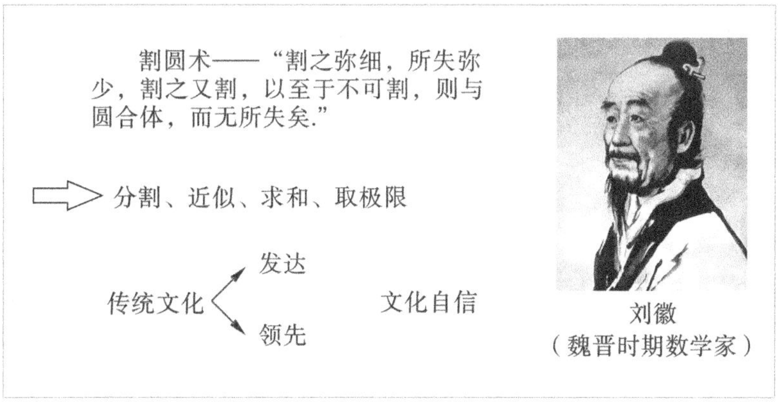

图 1

1. 问题的提出——如何求曲边梯形的面积

由于曲边梯形面积没有公式，引导学生思考用什么方法、什么思想来解决，进而引入魏晋时期数学家刘徽的“割圆术”——“割之弥细，所失弥少，割之又割，以至于不可割，则与圆合体，而无所失矣.”这种近似代替、无限逼近的思想给出了求曲边梯形的面积的步骤为：分割、近似、求和、取极限.“割圆术”是数学家刘徽首次提出的，说明我国在历史上科学文化领域领先于世界，我们要树立文化自信.

提到“割圆术”自然会想到南朝宋、齐国数学家祖冲之利用割圆术将圆周率的值精确计算到小数点后七位，在随后的1000年里西方数学家都无人破此记录，由此激发学生的民族自豪感，树立为国争光的远大志向. 另外给学生展示祖冲之在计算圆周率时是用正24576边形近似代替了圆，可见其计算量是多么的巨大，由此告诉学生，我们想要取得成绩必须踏踏实实地付出努力，成功没有捷径(图2).

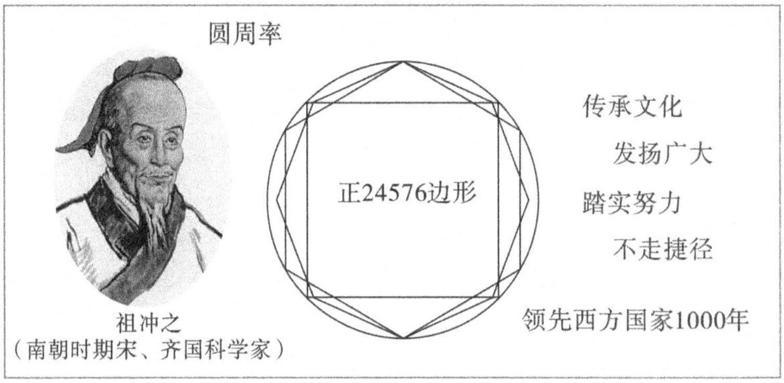

图2

讲完“割圆术”计算圆周率后，类比讲解求曲边梯形面积的具体步骤，即：

分割——将所求的曲边梯形分割成许多个小的曲边梯形；

近似——由于矩形面积容易求解，利用小矩形面积近似代替小曲边梯形面积；

求和——将所有小矩形面积相加得到一个求和的式子，简称“和式”；

取极限——曲边梯形被分割成的小曲边梯形越多，“和式”的值就越接近于曲边梯形的面积，当曲边梯形被分割成无数个小曲边梯形，亦即取小曲边梯形的底边长无限接近于0时“和式”的极限，该值即为曲边梯形面积.

总结：分割、近似、求和、取极限四个过程即为定积分建立的过程，这种方式叫做“微元法”，这种方法可以解决很多实际生活问题，比如变速直线运动的路程问题. 对上述问题归纳提炼，形成定积分概念.

2. 定积分定义

设函数$f(x)$在$[a,b]$有界，对$[a,b]$的任一种划分$a=x_0<\cdots<x_n=b$，令$\Delta x_i=x_i-x_{i-1}$，任取$\varepsilon_i\in[x_{i-1},x_i]$，作乘积$f(\varepsilon_i)\Delta x_i$，并求和$S=\sum\limits_{i=1}^{n}f(\varepsilon_i)\Delta x_i$. 记$\lambda=\max\{\Delta x_1,\cdots,\Delta x_n\}$，不论$[a,b]$是怎样的分法，$\varepsilon_i$在区间$[x_{i-1},x_i]$怎样的取法，只要当$\lambda\to 0$，和$S$总趋于确定的

极限 I，则称此极限 I 为函数 $f(x)$ 在区间 $[a,b]$ 上的定积分，记作 $I=\int_a^b f(x)\mathrm{d}x$，即

$$I=\int_a^b f(x)\mathrm{d}x=\lim_{\lambda\to 0}\sum_{i=1}^{n}f(\varepsilon_i)\Delta x_i .$$

此时称 $f(x)$ 在区间 $[a,b]$ 上可积，其中 a 与 b 分别称为积分的下限和上限，f 称为被积函数，$f(x)\mathrm{d}x$ 称为被积表达式，x 称为积分变量，$\sum_{i=1}^{n}f(\varepsilon_i)\Delta x_i$ 称为黎曼积分和.

根据定积分的定义，前面曲边梯形的面积和变速直线运动的路程可以表示如下：

(1)曲边梯形的面积

$$A=\lim_{\lambda\to 0}\sum_{i=1}^{n}f(\varepsilon_i)\Delta x_i=\int_a^b f(x)\mathrm{d}x .$$

(2)变速直线运动的路程

$$S=\lim_{\lambda\to 0}\sum_{i=1}^{n}v(t_i)\Delta t_i=\int_{T_1}^{T_2}V(t)\mathrm{d}t .$$

有了定积分的定义，那么函数 $f(x)$ 的可积条件是什么呢？

提出问题：函数 $f(x)$ 在区间 $[a,b]$ 满足什么条件时，定积分 $\int_a^b f(x)\mathrm{d}x$ 存在呢？

定理 1 如果 $f(x)$ 在 $[a,b]$ 上连续，则 $f(x)$ 在 $[a,b]$ 上可积.

定理 2 若 $f(x)$ 在 $[a,b]$ 上有界，且只有有限个间断点，则 $f(x)$ 在 $[a,b]$ 上可积.

注：如果函数 $f(x)$ 在 $[a,b]$ 可积，则积分值与区间的分法和 ε_i 的取法无关，因此可以将区间 $[a,b]$ n 等分，每个小区间的长度为 $\frac{b-a}{n}$，每个小区间的长度趋于 0 等价于 $n\to\infty$，并取小区间的端点为 ε_i，故有

$$\int_a^b f(x)\mathrm{d}x=\lim_{n\to\infty}\sum_{i=1}^{n}f\left(a+\frac{i(b-a)}{n}\right)\frac{b-a}{n}.$$

(3)应用举例.

例 1 利用定义计算定积分 $\int_0^1 \mathrm{e}^x\mathrm{d}x$.

解 因为 $f(x)=\mathrm{e}^x$ 在 $[0,1]$ 上连续，所以在 $[0,1]$ 上可积. 又因为将区间 $[0,1]$ 作 n 等分，每个小区间的长度 $\Delta x_i=\frac{1}{n}$，ε_i 取每个小区间的右端点，即 $\varepsilon_i=\frac{i}{n}(i=1,2,\cdots,n)$，所以

$$\begin{aligned}\int_0^1 \mathrm{e}^x\mathrm{d}x&=\lim_{\lambda\to 0}\sum_{i=1}^{n}\mathrm{e}^{\varepsilon_i}\Delta x_i\\&=\lim_{n\to\infty}\sum_{i=1}^{n}\mathrm{e}^{\frac{1}{n}}\frac{1}{n}\\&=\lim_{n\to\infty}\sum_{i=1}^{n}\frac{\mathrm{e}^{\frac{1}{n}}(1-\mathrm{e})}{1-\mathrm{e}^{\frac{1}{n}}}\frac{1}{n}=\mathrm{e}-1.\end{aligned}$$

(4)思政元素融合渗透.

今天主要学习了定积分的概念，难点在于定积分概念形成的四个步骤，即分割、近似、求和、取极限. 每个步骤都蕴含着丰富的数学思想与思政元素，具体见下表.

步骤	数学思想	思政元素
分割	化整为零	遇到困难时不要害怕,再复杂的问题都是由简单问题组合成的,可以把大问题分割成许多小问题逐个击破
近似	近似代替	矛盾双方对立统一,在一定条件下可以互相转化
求和	积零为整	学习知识的过程是不断积累的过程,不能急于求成,只有脚踏实地、努力进取,才能实现量变到质变,取得成功.不积跬步,无以至千里;不积小流,无以成江海
取极限	无限逼近	量变到质变;勿以恶小而为之,勿以善小而不为

(5)课堂小结.

本节课从求曲边梯形面积例子出发,引出了定积分的定义,及用定积分的定义来求定积分.

❖思考与展望❖

本节课通过“割圆术”回顾从“多边形面积”无限逼近“圆面积”的方法,并结合 PPT 动画展示“小矩形面积”无限接近“曲边梯形面积”的过程,化抽象理解为直观演示,使抽象概念形象化.从本节课的应用举例也可以看出用定义来计算具体的定积分也很麻烦,这也是后面我们会学到的定积分的性质及其计算方法.

变限积分函数

——大道至简，殊途同归——树立全局观

范兆慧

一、课程内容

(1)教学内容：变限积分的定义和变限积分的求导公式.

(2)教学重点：

①理解变上限积分函数的定义、特征.

②变上限积分函数的求导证明、计算.

③一般的变限积分函数的定义、特征及其求导证明思路和计算公式.

(3)教学难点：

①变限积分函数中的自变量和积分变量的区别.

②变限积分函数的求导计算与其他知识点的结合.

③原函数存在定理的理解为导出牛顿-莱布尼茨积分公式打下基础.

二、思政内容

变限积分函数的性质定理肯定了连续函数的原函数一定是存在的，并且直接给出了原函数的一种表达形式，完美地把原函数与定积分联系起来，暗示了不定积分与定积分之间可能存在某种联系，启发同学们用全局的观点看待很多知识点，树立全局观，做到从大处着眼，解决提高综合问题的思考能力；从小处着手，解决好每一步，使得每一步能准确地反映并服务于全局！

三、案例设计与教学过程

(一)新课导入

思考问题1：上节课我们学了定积分的基本概念和性质，但是我们发现要计算一个定积分目前还没有其他的方法，而利用定积分的定义去计算定积分的值显然太烦琐了！不但烦琐，当被积函数稍微烦琐一些时，定积分定义中的求和可能还无法计算！困局如何破解？

思考问题2：目前我们看到定积分的记法和不定积分的记法中都有相同的符号“$\int$”，但是我们清楚地知道定积分是和的极限，不定积分是原函数的全体，两者是不同的含义，那它们使用相同的符号，是凑巧还是某种暗喻？

是不是在哪些方面能反映它们有某种相通性(因为有相同的积分符号)和相异性(定

积分有积分上、下限)?

如果存在相通性,它们在计算上有什么联系呢?相异性又体现在什么地方呢?

这在哲学上是类比辩证法和对比辩证法,也是我们数学学习常用的方法.

接下来我们首先学习变上限积分函数及其导数,然后过渡到变限积分函数及其求导,有了这个变限积分,我们可以看到定积分与不定积分的关系,可以理解积分与微分的关系.

(二)讲解变上限积分函数

(1)首先给出最简单的变上限积分 $\int_a^x f(t)\,dt$.

设函数$f(x)$在区间$[a,b]$上连续,并且设x为$[a,b]$上的一点.我们把函数$f(x)$在区间$[a,b]$上的定积分 $\int_a^x f(x)\,dx$ 称为积分上限的函数.它是区间$[a,b]$上的函数,记为$\Phi(x)=\int_a^x f(t)\,dt$.

描述它的特征:下限a是参数,可认为是具体常数;上限x是变量;积分变量是t.

举例说明这种函数积分变量与自变量的区别:$\int_1^x t\,dt$(此处黑板上可画图,使用曲边梯形的右端线在变化故对应的曲边梯形的面积随之变化作为解释).

说明该函数的特殊性:它是积分的形式,本质却是一个函数.

提醒学生对此函数需要掌握!

(2)给出这个变上限积分函数求导定理.

定理 1 若$f(x)$在区间$[a,b]$上连续,则$\Phi(x)$在$[a,b]$上可导,且

$$\Phi'(x)=\frac{d}{dx}\int_a^x f(t)\,dt=f(x).$$

定理的证明(图 1 是证明思路重点部分的思维导图).

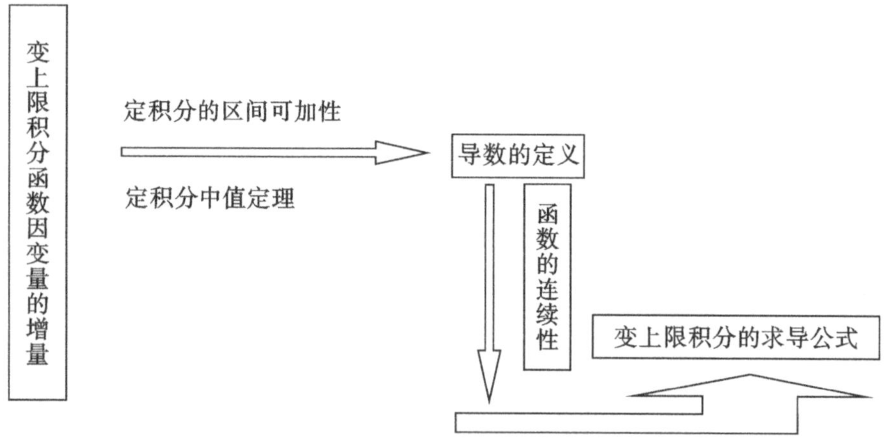

图 1

具体讲课中是从导数定义出发→函数因变量的增量→变限积分函数因变量的增量

$$\Delta\Phi=\Phi(x_0+\Delta x)-\Phi(x_0)=\int_a^{x_0+\Delta x}f(t)\,\mathrm{d}t-\int_a^{x_0}f(t)\,\mathrm{d}t=\int_{x_0}^{x_0+\Delta x}f(t)\,\mathrm{d}t.$$

对这个增量先使用定积分的区间可加性,再使用定积分中值定理得

$$\Delta\Phi=\int_{x_0}^{x_0+\Delta x}f(t)\,\mathrm{d}t=f(\xi)\Delta x,$$

最后回到导数的定义

$$\Phi'(x_0)=\lim_{\Delta x\to 0}\frac{\Delta\Phi}{\Delta x}=\lim_{\Delta x\to 0}f(\xi)=f(x_0)\quad(\Delta x\to 0\text{ 时},\xi\to x_0)$$

这样的流程来讲的.

注意:这个流程及思维导图是要重复强调的,为后面推广到一般的变限积分函数求导定理的证明做准备.

(三)分析这个变限积分函数的求导意义

首先根据上述结果,给出原函数存在定理.

回忆:定理1　若 $f(x)$ 在区间 $[a,b]$ 上连续,则 $\Phi(x)$ 在 $[a,b]$ 上可导,且

$$\Phi'(x)=\frac{\mathrm{d}}{\mathrm{d}x}\int_a^x f(t)\,\mathrm{d}t=f(x).$$

(1)肯定了连续函数的原函数是存在的:$\Phi(x)$ 是 $f(x)$ 的原函数. 因此,在区间 I 上的任何连续函数 $f(x)$ 都有原函数.

(2)初步揭示了积分学中的定积分与原函数之间的关系:可以看到求导与定积分在一个式子上的完美呈现,体现了微分与定积分的关系.

(四)推广到一般的变限积分函数中去

推广步骤如下:设 $a(x)$,$b(x)$ 可导,$f(t)$ 连续.

(1)给出一般的变上限积分函数 $\int_a^{b(x)}f(t)\,\mathrm{d}t$,阐明其与前面特殊的变上限积分函数 $\int_a^x f(t)\,\mathrm{d}t$ 的区别.

(2)给出一般的变下限积分函数 $\int_{a(x)}^{b}f(t)\,\mathrm{d}t$ 和变限积分函数 $\int_{a(x)}^{b(x)}f(t)\,\mathrm{d}t$ 形式,分析出:一般的上下限均变化的变限积分等于一个变上限积分+一个变下限积分,即

$$\int_{a(x)}^{b(x)}f(t)\,\mathrm{d}t=\int_{a(x)}^{c}f(t)\,\mathrm{d}t+\int_c^{b(x)}f(t)\,\mathrm{d}t,$$

其中 c 为任意实数.

(3)可以发现这个一般的变限积分求导公式的计算本质上只需要计算一个普通的变上限积分函数的求导就可以了,即 $\int_c^{b(x)}f(t)\,\mathrm{d}t$ 关于自变量 x 求导.

(4)变上限积分导数的证明过程按照前面求导过程:

先写出对应的因变量的增量

$$\int_c^{b(x+\Delta x)} f(t)\,\mathrm{d}t - \int_c^{b(x)} f(t)\,\mathrm{d}t .$$

类似地,使用定积分的区间可加性与定积分中值定理,可得

$$\int_{b(x)}^{b(x+\Delta x)} f(t)\,\mathrm{d}t = f(\xi)[b(x+\Delta x) - b(x)],$$

其中 ξ 在 $b(x+\Delta x)$ 与 $b(x)$ 之间.

最后使用导数的定义,求极限时除了使用函数的连续性还要多一项,使用极限的四则运算和对应的上限函数的导数定义就得到最终结论:

$$\frac{\mathrm{d}}{\mathrm{d}x}\left(\int_{a(x)}^{b(x)} f(t)\,\mathrm{d}t\right) = f(b(x))\frac{\mathrm{d}b(x)}{\mathrm{d}x} - f(a(x))\frac{\mathrm{d}a(x)}{\mathrm{d}x}.$$

(五)举例说明变限积分的求导应用

例 1 求 $\lim\limits_{x\to 0}\dfrac{\int_{\cos x}^{1} \mathrm{e}^{-t^2}\mathrm{d}t}{x^2}$.

解 这是一个零比零型未定式,由洛必达法则,得

$$\lim_{x\to 0}\frac{\int_{\cos x}^{1} \mathrm{e}^{-t^2}\mathrm{d}t}{x^2} = \lim_{x\to 0}\frac{-\int_{1}^{\cos x} \mathrm{e}^{-t^2}\mathrm{d}t}{x^2} = \lim_{x\to 0}\frac{\sin x\,\mathrm{e}^{-\cos^2 x}}{2x} = \frac{1}{2\mathrm{e}}.$$

上述例题是求极限,分析发现里面涉及洛必达法则和变限积分求导以及极限的四则运算等多个知识点,增强学生对综合题的把控,提高其分析问题、解决问题的能力.

例 2 求 $\dfrac{\mathrm{d}}{\mathrm{d}x}\int_{x^3}^{x^2} \sin t\,\mathrm{d}t$.

解法 1
$$\frac{\mathrm{d}}{\mathrm{d}x}\int_{x^3}^{x^2} \sin t\,\mathrm{d}t = \frac{\mathrm{d}}{\mathrm{d}x}\left(\int_{x^3}^{0} \sin t\,\mathrm{d}t + \int_{0}^{x^2} \sin t\,\mathrm{d}t\right)$$
$$= \frac{\mathrm{d}}{\mathrm{d}x}\int_{x^3}^{0} \sin t\,\mathrm{d}t + \frac{\mathrm{d}}{\mathrm{d}x}\int_{0}^{x^2} \sin t\,\mathrm{d}t = -3x^2\sin x^3 + 2x\sin x^2.$$

学习牛顿-莱布尼茨公式之后可以用如下解法验证:

解法 2 由牛顿-莱布尼茨公式可得原式 $=\dfrac{\mathrm{d}}{\mathrm{d}\alpha}\left(-\cos t\,\Big|_{x^3}^{x^2}\right) = 2x\sin x^2 - 3x^2\sin x^3$.

(此处所留解法是大多数同学有兴趣尝试验证的,好奇才有兴趣,也增强了对已学结论的理解.)

(六)课堂小结(思政渗透与强调重点内容)

今天从一个特殊的积分开始,这是一个变上限积分,我们发现这个特殊的积分本质上是一个函数,因此我们看问题要透过现象看本质;这个特殊的积分关于自变量的求导的结果和被积函数结构一样,并且如果在一个式子中体现一个变上限积分的求导结果,能反映出定积分与导数的某种互逆关系,这加深了对第二章导数的理解,当然这个定理结果肯定了区间上的连续函数肯定是存在原函数的,这增强了对第三章原函数概念及不定积分定义的认识层次!

另外例 1 把洛必达法则和变限积分求导以及极限的四则运算结合起来;例 2 的解法一加深了对定理推广结果的应用与理解,解法二更是为后面使用牛顿-莱布尼茨公式作出铺垫!

这些都反映出我们看问题要有全局观、大局观,一定不要孤立地思考问题,这些思想不仅仅体现在我们今天所学课程的理解上面,更体现在我们的世界观上,比如认识当今国际局势,不能冲动,不要盲目,理性思考,全面思考,还体现在我们的人生观上,要具有长期的、整体的计划,遇到困难一定不要拘泥于眼前,看过去,思未来,一步步克服困难,走向更好的未来!

❖思考与展望❖

这部分引入案例目前用的是设问法和类比思考法,我一直在思索是不是使用图片或动图直接演示效果更好,更容易达到启发思考、引起兴趣的效果?

当然合适的动态还没有构建清晰,后期如果有预案会进行先后的对比工作与分析试验,希望能早日有成果.

另外我认为需要构建更多例题呈现出对比性与关联程度,这样教学效果会更好,这也是我一直思考的问题.

牛顿-莱布尼茨公式

——万物之始,大道至简,衍化至繁

齐祥来

一、课程内容

(1)本课程的内容是微积分基本定理和微积分基本公式;

(2)教学难点是理解并应用微积分基本定理和微积分基本公式.

二、思政内容

(1)“万物之始,大道至简,衍化至繁”,牛顿-莱布尼茨公式的引入就是“大道至简”的典范.

(2)融入思政元素:通过本节的学习,要求我们在面对复杂问题时,保持清晰的思路和简单的行动方式.通过脚踏实地的努力和务实的态度,我们能够更好地实现自己的目标.这不仅是一种哲学理念,还是一种生活态度和工作方法.

三、案例设计与教学过程

上节我们讲了定积分的定义及性质,它是一个“特殊结构和式”的极限,但还没有讲怎样计算定积分.固然上节利用定义计算了一个定积分 $\int_0^1 x^2\mathrm{d}x$,但需要用到一定的技巧,不用说更复杂一些的积分,如 $\int_0^1 x^{100}\mathrm{d}x$, $\int_0^{\pi}\sin x\mathrm{d}x$ 等,因而这远不是计算定积分的一般方法.由于黎曼和很难用简单形式表示出来,所以直接按定义来计算定积分,可以说实际上是行不通的(硬碰硬不行,需要软着陆).本节将通过另一个捷径来给出计算连续函数定积分的一般方法.

我们今天给出计算连续函数在闭区间上的定积分计算的一条捷径——牛顿-莱布尼茨公式.牛顿和莱布尼茨独立做出的这一发现开创的数学进展刺激了此后200年的科学革命,并且仍被看作世界历史上的最重要的计算方面的发现.

为了找到这样神奇的公式,先从实际问题中寻找线索.为此,我们对上节的引例进行更深入的研究.

1.引例

引例1 曲边梯形的面积函数与其曲边(高)之间的关系.

在农业生产中,我们经常会遇到丈量土地面积的问题.在工厂中,又会遇到计算生产材料的面积问题.如果所遇到的需要计算面积的图形(图1)是不规则的,人们一般采用定积分来求其面积(图2),到底该如何求定积分呢?

图 1 某湖泊的形貌

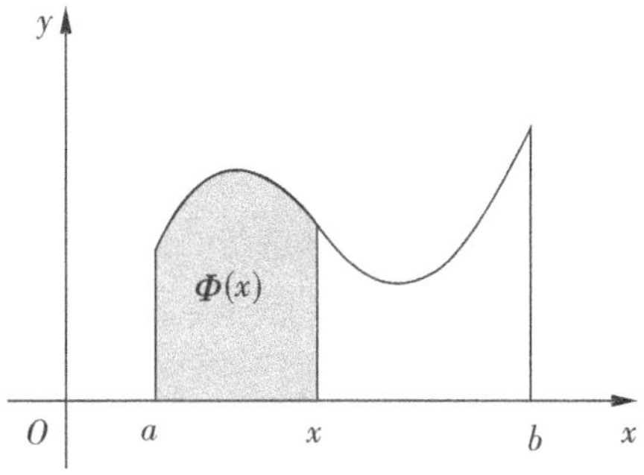

图 2 定积分求面积

设函数 $y=f(x)$ 在区间 $[a,b]$ 上非负、连续. 考虑由直线 $x=a,x=x,y=0$ 及曲边 $y=f(x)$ 所围成的(动)曲边梯形,记其面积为 $\Phi(x)$,显然 $\Phi(x)=\int_a^x f(x)\mathrm{d}x=\int_a^x f(t)\mathrm{d}t$,由导数定义可以很容易看出来面积 $\Phi(x)$ 与曲边(高) $f(x)$ 之间的关系,即 $\Phi'(x)=f(x)$.

引例 2 变速直线运动中位置函数与速度函数的联系.

在变速直线运动中,设时刻 t 时物体所在位置的函数为 $s(t)$,速度函数为 $v(t)$(为了方便,可设 $v(t)\geqslant 0$).

由上节可知:物体在时间间隔 $[T_1,T_2]$ 内经过的路程可以用速度函数 $v(t)$ 在 $[T_1,T_2]$ 的定积分 $\int_{T_1}^{T_2}v(t)\mathrm{d}t$ 来表达;另一方面,这段路程又可以通过位置函数 $s(t)$ 在 $[T_1,T_2]$ 上的增量 $s(T_2)-s(T_1)$ 来表达. 所以,位置函数和速度函数之间有如下关系:

$$\int_{T_1}^{T_2}v(t)\mathrm{d}t=s(T_2)-s(T_1).$$

因为 $s'(t)=v(t)$,即位置函数是速度函数的原函数,所以上式表明,速度函数 $v(t)$ 在 $[T_1,T_2]$ 的定积分 $\int_{T_1}^{T_2}v(t)\mathrm{d}t$ 等于 $v(t)$ 的原函数 $s(t)$ 在 $[T_1,T_2]$ 上的增量 $s(T_2)-s(T_1)$.

上述从曲边梯形的面积以及变速直线运动的路程这两个特殊问题中得出来的关系,在一定条件下具有普遍性. 我们今天就是要给出这样一个神奇的公式. 为了能把被积函数的定积分与被积函数大的原函数建立联系,从上式 $\int_{T_1}^{T_2}v(t)\mathrm{d}t=s(T_2)-s(T_1)$ 中令上限 T_2 的取值为变量 t,则 $\int_{T_1}^{t}v(t)\mathrm{d}t=s(t)-s(T_1)$,这样就通过对速度函数求积分给出了速度函数的原函数位置函数. 一般情形就是积分上限函数.

2. 积分上限函数

定义:设函数 $f(x)$ 在区间 $[a,b]$ 上连续,则 $\forall x\in[a,b]$,定积分 $\int_a^x f(t)\mathrm{d}t$ 存在,它是上限 x 的函数,记作 $\Phi(x)=\int_a^x f(t)\mathrm{d}t$,称作积分上限函数.

上述定义给出了一个重要的定义新函数的方式,利用定积分来定义新函数,就像可以利用导数定义新函数一样，在 $\Phi(x)=\int_a^x f(t)\,\mathrm{d}t$ 中，变量 x 和变量 t 的作用不同）x 是积分上限，它在区间 $[a,b]$ 上变化，而 t 是积分变量，它在 $[a,x]$ 上变化.

为了更直观地看到这个函数，举个小例子！

例 1 求积分上限函数 $\Phi(x)=\int_0^x 2\mathrm{d}t$.

注意：(1) 从几何意义上看，如果 $f(x)$ 是正的，则 $\Phi(x)=\int_a^x f(t)\,\mathrm{d}t$ 是从 a 到 x 的曲边梯形的面积.

(2) 从物理意义看，若被积函数 $f(t)$ 表示速度函数，则 $\Phi(x)=\int_a^x f(t)\,\mathrm{d}t$ 是从 a 到 x 的质点移动的位移.

（注意上例中 $\Phi'(x)=2$，即被积函数，这是偶然的吗？）

现在提到上述函数的目的是它建立起了积分与导数之间的联系.

关于积分上限函数，有微积分基本定理：

如果函数 $f(x)$ 在区间 $[a,b]$ 上连续，则积分上限函数 $\Phi(x)=\int_a^x f(t)\,\mathrm{d}t$ 在区间 $[a,b]$ 上具有导数，且 $\Phi'(x)=f(x)$，$x\in[a,b]$，即 $\Phi(x)$ 是 $f(x)$ 在区间 $[a,b]$ 上的一个原函数.

分析 在证明之前，先从直观意义上解释一下，如果 $f(x)$ 是正的，等式 $\Phi'(x)=f(x)$，$x\in(a,b)$ 有一个美妙的几何解释和物理解释（引例）！（同学们思考一下）

证明 $\Delta\Phi=\Phi(x+\Delta x)-\Phi(x)=\int_a^{x+\Delta x} f(t)\,\mathrm{d}t-\int_a^x f(t)\,\mathrm{d}t=$

$\left[\int_a^x f(t)\,\mathrm{d}t+\int_x^{x+\Delta x} f(t)\,\mathrm{d}t\right]-\int_a^x f(t)\,\mathrm{d}t=\int_x^{x+\Delta x} f(t)\,\mathrm{d}t=f(\xi)\Delta x$（$\xi$ 在 x 与 $x+\Delta x$ 之间）

所以，$\Phi'(x)=\lim\limits_{\Delta x\to 0}\dfrac{\Delta\Phi}{\Delta x}=\lim\limits_{\xi\to x}f(\xi)=f(x)$.（当 $\Delta x\to 0$ 时，端点 $x+\Delta x$ 趋向 x，推到中值 ξ 在它的前面像推动套在金属丝上的一粒珠子）

上述定理是优美的、有力的、深刻的和令人惊奇的，定理中的等式成了数学中最重要的等式之一. 它告诉我们，对每个连续函数 $f(x)$，微分方程 $\dfrac{\mathrm{d}F}{\mathrm{d}x}=f(x)$ 有一个解，它断言每个连续函数 $f(x)$ 是另一个函数的导数，这正是积分上限函数 $\int_a^x f(t)\,\mathrm{d}t$. 它申明每个连续函数必有一个原函数，最终它说明了微分和积分的过程是互逆的. 故通常称之为微积分基本定理.

由上述定理和原函数的结构可知：

推论：如果函数 $f(x)$ 在区间 $[a,b]$ 上连续，则 $f(x)$ 在区间 $[a,b]$ 上任意原函数都可以表示为 $F(x)=\int_a^x f(t)\,\mathrm{d}t+C$，即 $\int f(x)\,\mathrm{d}x=\int_a^x f(t)\,\mathrm{d}t+C$.

从这个公式更能欣赏到数学的美妙，细想一下，单从定义上看，定积分和不定积分似乎是风马牛不相及的事情，但是对连续函数而言，却有一个非常好的联系！为了确定出是哪一个原函数，还需附加条件. 事实上，令 $x=a$，则可得 $C=F(a)$，即 $F(x)=$

$\int_a^x f(t)\mathrm{d}t + F(a)$.

下面,利用上面的定理和推论,就可以很轻松地给出神奇公式了!

3. 牛顿-莱布尼茨公式

牛顿-莱布尼茨公式:如果 $F(x)$ 是连续函数 $f(x)$ 在区间 $[a,b]$ 上的一个原函数,则

$$\int_a^b f(x)\mathrm{d}x = F(b) - F(a) = F(x)\big|_a^b .$$

证明 由推论知 $F(x) = \int_a^x f(t)\mathrm{d}t + F(a)$,故 $\int_a^x f(t)\mathrm{d}t = F(x) - F(a)$.

再令 $x=b$,得 $\int_a^b f(x)\mathrm{d}x = F(b) - F(a)$.

注意:$F(b)-F(a)$ 通常记为 $F(x)\big|_a^b$ 或 $[F(x)]_a^b$,即 $\int_a^b f(x)\mathrm{d}x = F(b) - F(a) = F(x)\big|_a^b$,这个记号提供了一个求积分值的紧凑“处方”,这使得我们可以在中间的步骤显示反导数.

这个公式进一步揭示了定积分与被积函数的原函数或不定积分的关系,这也是为什么要把原函数称为不定积分的原因. 这表明:一个连续函数在区间上的积分等于它的任一个原函数在区间上的增量. 这就给定积分提供了有效而简便的计算方法,大大简化了定积分的计算手续. 我们不厌其烦地强调:无论怎样估计简单等式 $\int_a^b f(x)\mathrm{d}x = F(b) - F(a)$ 的威力都不过分,它表明,要求一个连续函数在区间上的积分,只要求出函数的一个反导数就可以,无须计算黎曼和的极限. 设想一下在这个公式(和计算机)出现之前的状况,那么就可以想象一下这个神奇的公式被想出来以后的功效了. 如果有一个等式值得称为微积分基本公式的话,那么现在这个必定就是. 通常把这个公式称为微积分基本公式. 另外,等到下学期我们还要讲授多元函数的积分学,到那时你会发现多元函数的积分都是直接或间接地转化为定积分的,这更能说明公式的重要性!

我们可以把微分中值定理,积分中值定理和牛顿-莱布尼茨这几个公式写在一起:

$$\int_a^b f(x)\mathrm{d}x = F(a) - F(b)$$

$$\Updownarrow \qquad\qquad\qquad \Updownarrow$$

$$f(\xi)(b-a) = F'(\xi)(b-a)$$

前面我们讲了不定积分,即原函数的求法,把不定积分的方法平移过来,再结合公式,就可以给出定积分的相应求法啦! 下节课我们就做这些事情! 今天的内容就是这些,两位天才给出了一个神奇公式,把定积分的求解转化为求原函数了!

4. 思政元素的融合渗透

今天与同学们一起讨论了微积分中至关重要的内容:微积分基本定理和微积分基本公式. 通过本节的学校,同学们明白了,复杂的问题如何简单解决.“万物之始,大道至简,衍化至繁”,意味着在复杂的现象背后,最根本的原理和规律是最简单、最直接的. 大道至简不仅是一种哲学理念,还具有深刻的现实意义. 它告诉我们, 在处理问题时,应该

遵循事物的规律,抓住事物的本质,避免复杂化.这种思想鼓励我们在生活中追求简洁明了,避免不必要的烦琐和复杂.大道至简强调的是“少而精”,通过简化复杂的问题,抓住问题的核心,从而达到高效解决问题的目的.

5.课程小结

回顾学习内容:

(1)微积分基本定理和微积分基本公式;

(2)熟练掌握并应用牛顿-莱布尼茨公式.

定积来自曲边梯,微分的无限累积.

定积计算莫着急,牛-莱公式显神奇.

定积化为不定积,所有方法都平移.

❖思考与展望❖

利用定积分的定义计算定积分的方法只适用于那些简单的问题,即使有了牛-莱公式的加持,很多积分也不易解决.在上一章,我们讨论了计算不定积分的各种方法技巧,重要的是换元积分法与分部积分法,定积分的计算是否也具有类似于不定积分的这些专门的计算方法和技巧呢?这些问题我们以后再接着讨论.

伽马函数

——创新是引领发展的第一动力

王珂栋

一、课程内容

(1)了解伽马函数的由来,掌握伽马函数的定义.

(2)证明伽马函数的三条重要性质,这也是本课程的教学难点.

二、思政内容

(1)本课程通过介绍历史上伽马函数是如何诞生的,带领学生领略近现代数学家们的大胆创新以及解决问题的智慧,激发同学们的创新精神.

(2)通过感受创新精神,本课程让学生体会创新的意义和价值,包括但不限于推动经济发展、促进产业升级、建设现代化产业体系等.特别是学生在已掌握基础知识的情况下,培养学生的创新思想,看到现代科学还在不断发展,明白创新是引领发展的第一动力.

三、案例设计与教学过程

1.引言

在上节课我们学习了无穷限反常积分及其收敛法,我们先回顾其定义:设$f(x)$在$[a,+\infty)$上有定义,对任意的$a<b$,函数$f(x)$在$[a,b]$上可积,称$\lim\limits_{b\to+\infty}\int_a^b f(x)\mathrm{d}x$为函数$f(x)$在$[a,+\infty)$上的反常积分,记作$\int_a^{+\infty}f(x)\mathrm{d}x$,即

$$\int_a^{+\infty}f(x)\mathrm{d}x=\lim_{b\to+\infty}\int_a^b f(x)\mathrm{d}x.$$

如果极限$\lim\limits_{b\to+\infty}\int_a^b f(x)\mathrm{d}x$存在,则反常积分$\int_a^{+\infty}f(x)\mathrm{d}x$收敛,否则称反常积分$\int_a^{+\infty}f(x)\mathrm{d}x$发散.

类似可以定义

$$\int_{-\infty}^{b}f(x)\mathrm{d}x=\lim_{a\to-\infty}\int_a^b f(x)\mathrm{d}x.$$

如果$f(x)$在$(-\infty,+\infty)$上有定义,对任意的$a<b$,函数$f(x)$在$[a,b]$上可积,定义

$$\int_{-\infty}^{+\infty}f(x)\mathrm{d}x=\lim_{a\to-\infty}\int_a^c f(x)\mathrm{d}x+\lim_{b\to+\infty}\int_c^b f(x)\mathrm{d}x,$$

其中c是与a,b无关的任一实数,而a,b各自独立地趋向于无穷.

在上述无穷限反常积分的基础上,我们可以定义某些"特殊函数".所谓的特殊函数,

就是具有特定性质的函数，一般有约定俗成的名字和记号. 而我们这节课给大家介绍的就是著名的伽马函数：$\Gamma(x)$. 它是一个含有参数的反常积分，在分析学、概率论与数理统计、偏微分方程和组合数学等领域中都有着重要的应用.

2. 伽马函数的由来和定义

在历史上，伽马函数的发现是很有趣的一个过程. 在 1722 年，数学家哥德巴赫（德国人，1690—1764）在考虑数列插值的问题时，无法解决阶乘往实数集上延拓的这个问题. 于是，他选择写信请教当时大名鼎鼎的尼古拉 · 伯努利（瑞士人，1695—1726）和他的弟弟丹尼尔 · 伯努利（瑞士人，1700—1782）.

尼古拉 · 伯努利和丹尼尔 · 伯努利的父亲是约翰 · 伯努利（瑞士人，1667—1748），他也是历史上著名的数学家. 约翰 · 伯努利有一个学生叫莱昂哈德 · 欧拉（瑞士人，1707—1783），当时欧拉恰好和丹尼尔 · 伯努利一起在圣彼得堡科学院工作，他也因此得知了阶乘的插值问题. 欧拉通过研究，得到

$$n! = \int_0^{+\infty} \lambda^n e^{-\lambda} d\lambda ,$$

将它延拓到实数 x 得到 Γ（伽马）函数. 1730 年欧拉把他推广得到的 $n!$ 的积分形式写信告知了哥德巴赫，由此完美地解决了困扰哥德巴赫多年的插值问题，同时正式宣告了伽马函数在数学史的诞生，而彼时的欧拉只有 23 岁！

欧拉是一位杰出的数学家，他也是数学史上最多产的数学家，平均每年写出八百多页的论文. 欧拉不囿于前人的工作，在很多的领域提出了众多新的见解，正是他对数学如此广泛的研究，在许多数学分支中经常可以看到以他的名字命名的常数、公式和定理. 而上面我们提到的故事中，欧拉在仅仅 23 岁时就发现了伽马函数，这说明了年轻人更应该具有大胆创新的精神. 同学们现在正值青春，相信大家对各个事物都充满了好奇心、探索欲，同时也要勇敢地打破常规，敢于提出自己新的见解并付诸实际行动！

那接下来我们就从欧拉发现的关于 $n!$ 的式子出发，把它推广到实数 x 上，即定义伽马函数为

$$\Gamma(x) = \int_0^{+\infty} t^{x-1} e^{-t} dt, \forall x > 0 .$$

首先我们讨论上式右端的收敛性. 这个积分的积分区间是无穷区间，并且当$x-1<0$时，$t=1$ 是被积函数的瑕点. 因此，分别讨论

$$I_1(x) = \int_0^1 t^{x-1} e^{-t} dt$$

和

$$I_2(x) = \int_1^{+\infty} t^{x-1} e^{-t} dt .$$

对于 I_1，当 $x=1$ 时，I_1 是定积分；当 $0<x<1$ 时，由于

$$t^{x-1} e^{-t} < t^{x-1} ,$$

因此由比较判别法可知 I_1 收敛. 对于 I_2，因为

$$\lim_{t \to +\infty} t^2 (t^{x-1} e^{-t}) = \lim_{t \to +\infty} t^{x+1} e^{-t} = 0 ,$$

由极限判别法可知 I_2 收敛. 因此对于任意的 $x>0$，我们要证的反常积分是收敛的.

3. 伽马函数的性质

由于伽马函数是从阶乘的插值问题中衍生出来的，所以伽马函数必然要具有类似于

$$(n+1)! = (n+1)n!$$

这样的性质，反映在实变量 x 的伽马函数上即为

$$\Gamma(x+1) = x\Gamma(x).$$

当然，伽马函数除此之外，还具有其他的一些性质，我们通过下面的定理对其作一个总结.

定理 1 伽马函数具有下面三条性质：

(1) 对任意的 $x>0$，$\Gamma(x)>0$ 并且

$$\Gamma(1) = 1.$$

(2) 对任意的 $x>0$，有

$$\Gamma(x+1) = x\Gamma(x).$$

(3) $\ln\Gamma(x)$ 是 $(0,+\infty)$ 上的凹函数.

证明

(1) 从伽马函数的定义显然 $\Gamma(x)>0$. 此外

$$\begin{aligned}\Gamma(1) &= \int_0^{+\infty} t^{1-1}\mathrm{e}^{-t}\mathrm{d}t \\ &= -\mathrm{e}^{-t}\Big|_0^{+\infty} \\ &= 1.\end{aligned}$$

(2) 利用分部积分可知

$$\begin{aligned}\Gamma(x+1) &= \int_0^{+\infty} t^x\mathrm{e}^{-t}\mathrm{d}t \\ &= -\int_0^{+\infty} t^x\mathrm{d}\mathrm{e}^{-t} \\ &= x\int_0^{+\infty} t^{x-1}\mathrm{e}^{-t}\mathrm{d}t \\ &= x\Gamma(x).\end{aligned}$$

(3) 对于 $p\in[1,+\infty)$，$\frac{1}{p}+\frac{1}{q}=1$，$x_1,x_2\in(0,+\infty)$，利用赫尔德不等式可知

$$\begin{aligned}\Gamma\left(\frac{1}{p}x_1+\frac{1}{q}x_2\right) &= \int_0^{+\infty} t^{\frac{1}{p}x_1+\frac{1}{q}x_2-1}\mathrm{e}^{-t}\mathrm{d}t \\ &= \int_0^{+\infty} (t^{x_1-1}\mathrm{e}^{-t}\mathrm{d}t)^{\frac{1}{p}}(t^{x_2-1}\mathrm{e}^{-t}\mathrm{d}t)^{\frac{1}{q}} \\ &= \Gamma^{\frac{1}{p}}(x_1)\Gamma^{\frac{1}{q}}(x_2).\end{aligned}$$

因此，$\ln\Gamma(x)$ 是 $(0,+\infty)$ 上的凹函数. 证毕.

事实上，我们也可以借助于级数的概念来推导伽马函数的表达式. 在收敛域 $(-1,1)$ 上，我们有

$$\frac{1}{1-x} = \sum_{k=0}^{\infty} x^k.$$

此外,我们再考虑其另一种展开

$$\begin{aligned}\frac{1}{1-x}&=\int_0^{+\infty}\mathrm{e}^{-(1-x)t}\mathrm{d}t\\&=\int_0^{+\infty}\mathrm{e}^{-t}\sum_{k=0}^{\infty}\frac{(xt)^k}{k!}\mathrm{d}t\\&=\sum_{k=0}^{\infty}\frac{\int_0^{+\infty}\mathrm{e}^{-t}t^k\mathrm{d}t}{k!}x^k.\end{aligned}$$

这时,我们对比两个展开式中 x^k 的系数,则有

$$1=\frac{\int_0^{+\infty}\mathrm{e}^{-t}t^k\mathrm{d}t}{k!}\Rightarrow k!=\int_0^{+\infty}\mathrm{e}^{-t}t^k\mathrm{d}t.$$

出乎意料的是,在 1922 年,哈那德·玻尔和约翰内斯·莫勒鲁普发现定理 1 中伽马函数的三条性质完全确定了伽马函数!他们在 *Laerebog i Matematisk Analyse* 中阐述了这一发现. 他们的这一发现也印证了创新精神就是要打破常规,不拘泥于常规的思维方式. 通常人们习惯于正向思维,而忽略了用逆向思维去思考问题. 虽然欧拉早早地提出了伽马函数的概念,确定了伽马函数的定义,但是学者们大都只去研究了伽马函数的三条重要性质. 只有玻尔和莫勒鲁普另辟蹊径,如果一个函数能够满足所谓的“伽马函数的三条性质”,那么能不能确定这个函数就是伽马函数呢? 正是这样的好奇心和勇于尝试,他们在这一方面获得了成功. 接下来我们来学习他们的这一重大发现.

定理 2 (玻尔-莫勒鲁普定理)如果$(0,+\infty)$上的函数 f 满足下面三个条件:

(1)对任意的 $x>0$,$f(x)>0$ 并且

$$f(1)=1.$$

(2)对任意的 $x>0$,有

$$f(x+1)=xf(x).$$

(3)$\ln f(x)$是$(0,+\infty)$上的凹函数.

则 $f(x)=\Gamma(x)$.

证明

因为 $\Gamma(x)$ 满足这三个条件,只要证明 $f(x)$ 由这三个条件所唯一确定即可.

由条件(2),只需对 $x\in(0,1)$ 中的 x 来讨论即可. 设 $x\in(0,1)$,由条件(3)和凹函数的性质可知,对任意的正整数 n,有

$$\frac{\ln f(n+1)-\ln f(n)}{(n+1)-n}\leqslant\frac{\ln f(n+1+x)-\ln f(n+1)}{(n+1+x)-(n+1)}\leqslant\frac{\ln f(n+2)-\ln f(n+1)}{(n+2)-(n+1)}.$$

注意到 $f(n)=(n-1)!$,故有

$$x\ln n=\ln f(n+1+x)-\ln n!\ =x\ln(n+1),$$

即

$$n^x n!\ =f(n+1+x)\Delta(n+1)^x n!.$$

由条件(2)得

$$f(n+1+x)=(n+x)\cdots(1+x)xf(x).$$

因此有

$$\frac{n^x n!}{x(x+1)\cdots(x+n)}\leqslant f(x)\leqslant\frac{(n+1)^x n!}{x(x+1)\cdots(x+n)},$$

由夹逼定理可知

$$f(x)=\lim_{n\to\infty}\frac{n^x n!}{x(x+1)\cdots(x+n)},$$

这就证明了 $f(x)$ 被右端的极限所唯一确定. 证毕.

从上面的定理的证明过程中,可以看到一个重要的公式,即如下定理.

定理 3 (高斯)对任意的 $x>0$,有

$$\Gamma(x)=\lim_{n\to\infty}\frac{n^x n!}{x(x+1)\cdots(x+n)}.$$

4. 伽马函数的例子以及应用

关于伽马函数,在数学中有一系列重要的结果,譬如以下两个公式.

定理 4 (欧拉余元公式)设 $0<x<1$,则

$$\Gamma(x)\Gamma(1-x)=\frac{\pi}{\sin x\pi}.$$

定理 5 (勒让德倍元公式)设 $s>0$,则

$$\sqrt{\pi}\Gamma(2s)=s^{2s-1}\Gamma(s)\Gamma\left(s+\frac{1}{2}\right).$$

以上的欧拉余元公式和勒让德倍元公式在许多广义积分的计算中有着重要应用,这表明伽马函数在分析学中有着重要的地位. 此外,伽马函数也在概率论与数理统计中也有着重要应用,我们以伽马分布为例.

我们对伽马函数稍作变形,可以得到

$$\int_0^{+\infty}\frac{t^{\alpha-1}e^{-t}}{\Gamma(\alpha)}dt=1.$$

既然该积分值为 1,我们取被积函数作为概率密度,同时我们引入变换 $t=\beta x$,就得到了所谓的伽马分布

$$\text{Gamma}(x,\beta,\alpha)=\frac{\beta^\alpha}{\Gamma(\alpha)}x^{\alpha-1}e^{-\beta x},x>0.$$

在概率中,这些未知量的含义分别是:α 是事件发生的次数,β 代表事件发生一次的概率.

接下来,我们考虑几个关于伽马函数常见的例题.

例 1 将下列各式改写成伽马函数的形式:

(1) $2\cdot4\cdot6\cdot\cdots\cdot(2n)$;

(2) $1\cdot3\cdot5\cdot\cdots\cdot(2n-1)$;

(3) $\int_0^{+\infty}x^{2n+1}e^{-x^2}dx$.

解 由伽马函数的性质,

$$\Gamma(x+1)=x\Gamma(x),$$

当 $x>0$ 且为整数时,显然有

$$\Gamma(x)=(x-1)!.$$

因此

$$\begin{aligned}2\cdot4\cdot6\cdot\cdots\cdot(2n)&=(1\cdot2)\cdot(2\cdot2)\cdot(3\cdot2)\cdot\cdots\cdot(n\cdot2)\\&=2^n\cdot1\cdot2\cdot3\cdot\cdots\cdot n\\&=2^n\Gamma(n+1).\end{aligned}$$

(2)同(1)中利用伽马函数的性质,我们有

$$\begin{aligned}1\cdot3\cdot5\cdot\cdots\cdot(2n-1)&=\frac{1\cdot2\cdot3\cdot4\cdot5\cdot\cdots\cdot(2n-1)}{2\cdot4\cdot6\cdot\cdots\cdot(2n-1)}\\&=\frac{(2n-1)!}{2^{n-1}\Gamma(n)}\\&=\frac{\Gamma(2n)}{2^{n-1}\Gamma(n)}.\end{aligned}$$

(3)这里利用伽马函数的定义,令

$$t=x^2,$$

则

$$\begin{aligned}\int_0^{+\infty}x^{2n+1}\mathrm{e}^{-x^2}\mathrm{d}x&=\int_0^{+\infty}t^{\frac{1}{2}(2n+1)}\mathrm{e}^{-t}\mathrm{d}t^{\frac{1}{2}}\\&=\frac{1}{2}\int_0^{+\infty}t^n\mathrm{e}^{-t}\mathrm{d}t\\&=\frac{1}{2}\int_0^{+\infty}t^{(n+1)-1}\mathrm{e}^{-t}\mathrm{d}t\\&=\frac{1}{2}\Gamma(n+1).\end{aligned}$$

5. 思政元素的融入

今天,我们主要学习了伽马函数,掌握了它的定义、性质以及它的应用.特别是伽马函数的发现过程和后人对伽马函数的进一步研究,给了我们很深刻的印象.从这些数学家的贡献中,我们可以看到创新力能够推动学科发展,推动学科交叉,推动科技发展.科技是国家强盛之基,创新是民族进步之魂,科技创新越来越成为发展生产力的基础和标志.换句话说,创新是引领发展的第一动力,是我们推陈出新的思想源泉.我们知道科学技术是第一生产力,而创新是这一重要思想的创造性发展,是我们在新时期新阶段必须坚持的重要发展理念,是时代进步的迫切需要.

抓创新就是抓发展,谋创新就是谋未来.在当今时代,新一轮的科技革命和产业革命蓄势待发,重大创新不断出现.二十大提出要建设现代化产业体系,坚持把发展经济的着力点放在实体经济上,推进新型工业化,加快建设制造强国、质量强国、航天强国、交通强国、网络强国、数字中国.无论是在新一代的信息技术、人工智能、生物技术方面,还是新能源、新材料、高端装备、绿色环保等领域,都需要我们新一代的年轻人加入.特别是需要我们发扬创新精神,能够在传统的格局上提出独特的见解,引入新的思想和技术,打破常规,以创新突破各个行业的技术壁垒.

当然,在同学们的生活和学习中,大家在学好专业知识的基础上,也要敢于提出自己的独到见解,不要墨守成规.创新往往就是在一次次的思想碰撞中生出萌芽,在对知识的热情中初见端倪.大家要有敢为人先、勇于冒尖的创新自信,使创新成为一种价值导向,成为一个新的时代标志.

6. 课堂小结

回顾学习内容:

(1)伽马函数的定义和三条性质;

(2)由以上三条性质确定伽马函数(玻尔-莫勒鲁普定理);

(3)伽马函数的应用及例子.

❖思考与展望❖

伽马函数还有一个别称叫作第二类欧拉积分,那么什么是第一类欧拉积分?第一类欧拉积分和第二类欧拉积分(伽马函数)之间有什么联系?这些问题将在我们学习了贝塔函数后得到解答.

平面曲线的弧长及曲率

——中国高铁，领跑世界

刘晓斌

一、课程内容

(1)本课程的内容是平面曲线的弧长、曲率及计算方法.

(2)教学难点是理解弧长公式的推导过程.

二、思政内容

(1)弧长及曲率在我国现代化建设中具有重要的应用.

(2)融入思政元素：通过介绍曲率半径在铁路铺设中的应用，让学生了解近些年来我国交通业取得的瞩目成就，这是我国劳动人民共同努力取得的成绩，进而激发学生的学习兴趣和热情，将来为社会主义现代化建设贡献力量.

三、案例设计与教学过程

1. 引言

2013 年 12 月 2 日，我国在西昌卫星发射中心成功将嫦娥三号探测器送入轨道，之后月球车“玉兔号”巡视器顺利驶抵月球表面并传回了很多月球上的照片. “玉兔号”从地球到月球需要经历若干阶段，一个直观的问题是，整个过程探测器需要走多少路程呢？这个问题关系到对火箭的燃料供给. 要回答这个问题，就需要用到曲线长度计算的相关知识，探月过程的轨迹是空间曲线. 今天我们学习平面曲线的长度计算公式，所运用的数学思想与求解平面图形面积的思想类似，即分割、近似、求和以及取极限四个步骤. 随后作为拓展，给出空间曲线长度的计算方法.

什么是极限思想呢？不妨简单回顾一下.

曲边梯形的面积. 设 $f(x)>0$ 对 $x\in[a,b]$ 成立，我们把由 x 轴、平行直线 $x=a$ 和 $x=b$ 以及曲线 $y=f(x)$ 所围成的图形称为曲边梯形. 利用极限思想求该曲边梯形的面积(图 1)，即把这块图形用平行于纵轴的直线分成若干小条，用矩形的面积作为每个小曲边梯形面积的近似值，将这若干个近似值求和作为曲边梯形面积的近似值，然后分割无限“加密”，最后的极限值就是曲边梯形的面积. 区间 $[a,b]$ 的一个分割满足

$$a=x_0<x_1<\cdots<x_{n-1}<x_n=b.$$

子区间 $[x_{i-1},x_i]$ 称为这分割的第 i 个子区间，其长度为 $\Delta x_i=x_i-x_{i-1}$，$i=1,2,\cdots,n$. 在第 i 个子区间上，任意取定一点 ξ_i，用 $f(\xi_i)\Delta x_i$ 来近似第 i 个曲边梯形的面积(图 1)，再用和式

$$\sum_{i=1}^{n} f(\xi_i)\Delta x_i$$

来替代曲边梯形的面积,这仅是一个近似值.下一步,将分割加密,令 $\lambda=\max\limits_{1\leqslant i\leqslant n}\{\Delta x_i\}$,对上式取极限可得曲边梯形的面积

$$S=\lim_{\lambda\to 0}\sum_{i=1}^{n} f(\xi_i)\Delta x_i .$$

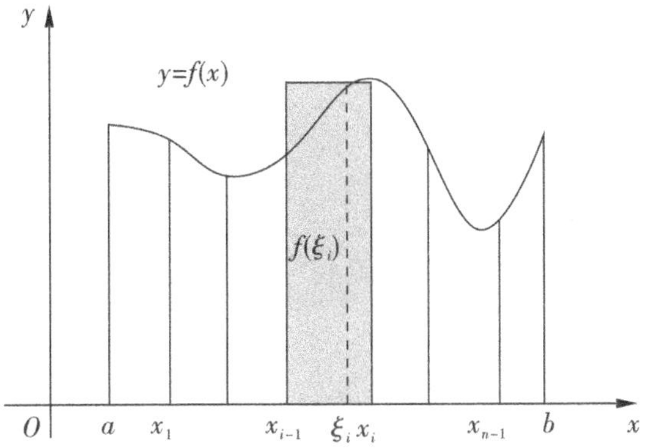

图 1

这种极限思想早在我国古代就有很生动的描述,古代数学家刘徽利用圆内接正多边形来推算圆的面积——割圆术,曾说过:"割之弥细,所失弥少,割之又割,以至于不可割,则与圆周合体,而无所失矣."

2. 平面图形的弧长

接下来我们利用极限思想来推导曲线长度公式.中学阶段已经学习平面两点 (x_1,y_1),(x_2,y_2) 之间的距离

$$d=\sqrt{(x_2-x_1)^2+(y_2-y_1)^2}.$$

设有平面曲线 l,其参数方程为

$$\begin{cases}x=x(t),\\ y=y(t),\end{cases}\alpha\leqslant t\leqslant\beta.$$

下面讨论两个问题:

(1)怎样定义 l 的长度?当 $x(t)$,$y(t)$ 满足什么条件时,l 有长度可言?

(2)有长度时,怎样计算它?

定理 1 设曲线 l 的参数方程是 $x=x(t)$,$y=y(t)$,$\alpha\leqslant t\leqslant\beta$,分割区间 $[\alpha,\beta]$,即

$$\alpha=t_0<t_1<\cdots<t_{n-1}<t_n=\beta,$$

记 $\Delta t_i=t_i-t_{i-1}$,$\lambda=\max\limits_{1\leqslant i\leqslant n}\{\Delta t_i\}$.如果极限

$$\lim_{\lambda\to 0}\sum_{i=1}^{n}\sqrt{[x(t_i)-x(t_{i-1})]^2+[y(t_i)-y(t_{i-1})]^2}$$

存在,且极限值与分割无关,则称曲线可求长,此极限值称为曲线 l 的弧长.

定理 2 设曲线 l 的方程为 $x=x(t)$,$y=y(t)$,$t\in[\alpha,\beta]$,如果 $x'(t)$ 和 $y'(t)$ 在 $[\alpha,\beta]$

上连续，$[x'(t)]^2+[y'(t)]^2\neq 0$，且 l 至多有有限个重点，则 l 可求长，且弧长

$$s=\int_{\alpha}^{\beta}\sqrt{[x'(t)]^2+[y'(t)]^2}\,\mathrm{d}t.$$

这个定理可以利用微分中值定理和积分的定义给出证明，这里从略.

定理3 (1)若曲线 l 的方程为 $y=f(x)(x\in[a,b])$，且 $f(x)$ 在 $[a,b]$ 上连续可导，则 l 可求长，且

$$s=\int_{a}^{b}\sqrt{1+[f'(x)]^2}\,\mathrm{d}x.$$

注：将曲线 $y=f(x)$ 改写为关于 x 的参数方程 $x=x,y=f(x)$ 代入定理2即得结论.

(2)若曲线 l 的极坐标方程为 $r=r(\theta)(\theta\in[\alpha,\beta])$，如果 $r'(\theta)$ 在 $[\alpha,\beta]$ 上连续，$[r(\theta)]^2+[r'(\theta)]^2\neq 0$，则 l 可求长，且

$$s=\int_{\alpha}^{\beta}\sqrt{[r(\theta)]^2+[r'(\theta)]^2}\,\mathrm{d}\theta.$$

注：曲线 l 关于 θ 的参数方程为 $x=r(\theta)\cos\theta,y=r(\theta)\sin\theta,\theta\in[\alpha,\beta]$，求导得

$$x'(\theta)=r'(\theta)\cos\theta-r(\theta)\sin\theta,y'(\theta)=r'(\theta)\sin\theta+r(\theta)\cos\theta,$$

代入定理2即得结论.

拓展 我们回到引言中的问题，对于三维空间曲线的长度，通常采用参数曲线的计算公式进行计算，不妨设 $x=x(t),y=y(t),z=z(t),t\in[\alpha,\beta]$ 是三维空间曲线，则其长度为

$$s=\int_{\alpha}^{\beta}\sqrt{[x'(t)]^2+[y'(t)]^2+[z'(t)]^2}\,\mathrm{d}t.$$

此公式只是提供一种计算方法，实际计算探测器轨迹长度要远比我们想象的复杂，但是面对各种困难，我国的科研人员不忘初心、牢记使命，克服重重困难，十年磨一剑，最终实现了中华民族千年来的登月梦，为我们的科研人员竖大拇指.

例1 求星形线 $x^{\frac{2}{3}}+y^{\frac{2}{3}}=a^{\frac{2}{3}}(a>0)$ 的全长 s.

解 由星形线的方程可以看到，此曲线既关于 x 轴对称(图2)，又关于 y 轴对称，因此我们可以只计算落在第一象限的部分长度.

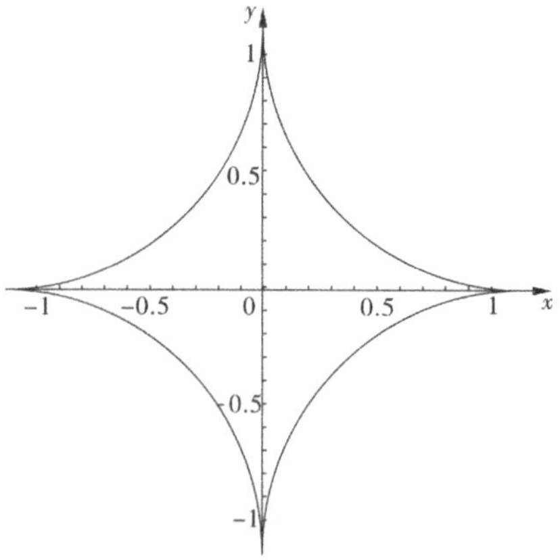

图2

令 $x=a\cos^3 t,y=a\sin^3 t$,这是星形线的参数表示,因此

$$\begin{aligned}\frac{1}{4}s &= \int_0^{\frac{x}{2}} \sqrt{[x'(t)]^2+[y'(t)]^2}\,\mathrm{d}t\\ &= 3a\int_0^{\frac{\pi}{2}} \cos t\sin t\,\mathrm{d}t\\ &= \frac{3}{2}a,\end{aligned}$$

故 $s=6a$.

例 2 计算曲线 $y=\ln(1-x^2)$ 上相应于 $0\leqslant x\leqslant\frac{1}{2}$ 的一段弧的长度.

解 由直角坐标下曲线长度计算公式可得

$$\begin{aligned}s &= \int_0^{\frac{1}{2}} \sqrt{1+[y'(x)]^2}\,\mathrm{d}x = \int_0^{\frac{1}{2}} \sqrt{1+\left(\frac{-2x}{1-x^2}\right)^2}\,\mathrm{d}x = \int_0^{\frac{1}{2}} \frac{1+x^2}{1-x^2}\mathrm{d}x\\ &= \int_0^{\frac{1}{2}} \left(\frac{1}{1+x}+\frac{1}{1-x}-1\right)\mathrm{d}x\\ &= \ln 3-\frac{1}{2}.\end{aligned}$$

3. 平面曲线的曲率

利用弧长的概念可讨论曲线的曲率,它刻画了曲线的弯曲程度,在一点处的曲率越大,表明在此点曲线局部弯曲越厉害.

设曲线 l 是可求长的,且每点处都有切线,如图 3,在 l 上取定点 P_0 与临近点 P,则 $\widehat{P_0P}$ 的弯曲程度取决于两个量:一个是切线 $\overline{P_0T_0}$ 到切线 $\overline{PT}$ 的转角 $\Delta\varphi$,一个是 $\widehat{P_0P}$ 的弧长 Δs. 一般来说,若 Δs 相同,则 $\Delta\varphi$ 越大,弯曲程度越大;若转角 $\Delta\varphi$ 相同,则 Δs 越大,弯曲程度越小. 因此用 $\frac{\Delta\varphi}{\Delta s}$ 表示曲线 l 上 $\widehat{P_0P}$ 的平均曲率,记作

$$\overline{K}=\frac{\Delta\varphi}{\Delta s}.$$

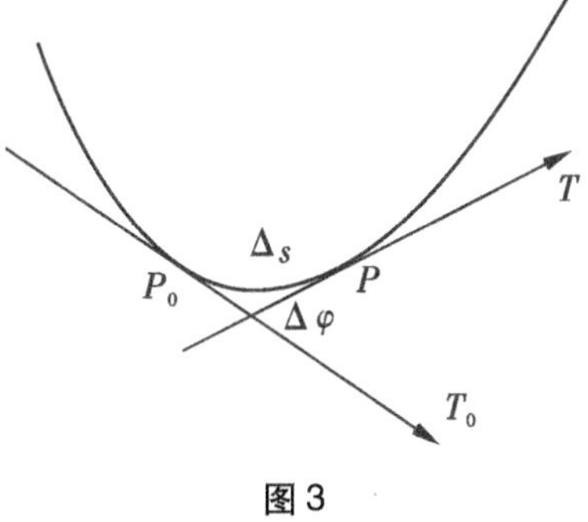

图 3

如果

$$\lim_{\Delta s\to 0}\frac{\Delta\varphi}{\Delta s}=\frac{\mathrm{d}\varphi}{\mathrm{d}s}$$

存在，则称$\left|\frac{\mathrm{d}\varphi}{\mathrm{d}s}\right|$为曲线 l 在点 P_0 的曲率，记为

$$K_{P_0}=\left|\frac{\mathrm{d}\varphi}{\mathrm{d}s}\big|_{P_0}\right|,$$

其中绝对值保证了曲率的非负性.

曲线曲率的定义再一次体现了极限概念的作用. 下面推导曲线曲率的计算公式.

设曲线 l 的参数方程为 $x=x(t),y=y(t)(t\in[\alpha,\beta])$，其中 $x(t),y(t)$ 在 $[\alpha,\beta]$ 上有连续的二阶导数，且 $[x'(t)]^2+[y'(t)]^2\neq 0$. 对点 $P(x(t),y(t))\in l$，不妨设 $x'(t)\neq 0$，则

$$\varphi(t)=\arctan\frac{y'(t)}{x'(t)},\mathrm{d}\varphi=\frac{x'(t)y''(t)-x''(t)y'(t)}{x'(t)^2+y'(t)^2}\mathrm{d}t.$$

又由于 $s(t)=\int_{\alpha}^{t}\sqrt{[x'(t)]^2+[y'(t)]^2}\,\mathrm{d}t$，知

$$\mathrm{d}s=\sqrt{[x'(t)]^2+[y'(t)]^2}\,\mathrm{d}t.$$

于是，曲率为

$$K=\frac{|x'(t)y''(t)-x''(t)y'(t)|}{\{[x'(t)]^2+[y'(t)]^2\}^{3/2}}.$$

特别地，设曲线 l 的方程为 $y=f(x)$，且 $f(x)$ 有连续的二阶导数，则曲率

$$K=\frac{|f''(x)|}{\{1+[f'(x)]^2\}^{3/2}}.$$

此外，曲率的倒数 $R=1/K$ 称为曲率半径.

例 3 列车在拐弯时将受到向心力的作用，如果向心力的变化不连续，则将产生摇晃震动. 由力学知识可知，轨道上一点处向心力的大小为$\frac{mv^2}{R}$，其中 m 是物体的质量，v 是运动速度，R 是轨道在该点处的曲率半径. 如果让列车由直道直接进入圆弧弯道，尽管铁轨是光滑连接的，但是由于直线的曲率半径为无穷大，因而在轨道的连接处，向心力的大小将发生跳跃，易发生事故.

为了行驶平稳，往往在直道和弯道之间接入一段缓冲段，使曲率连续地从零过渡到圆弧的曲率$\frac{1}{R}$. 通常用三次抛物线 $y=\frac{1}{6Rl}x^3(x\in[0,x_0])$ 作为缓冲段 OA，其中 l 为 OA 的长度，验证缓冲段 OA 在始端 O 的曲率为 0，且当很小时，在终端处的曲率近似为$\frac{1}{R}$（图 4）.

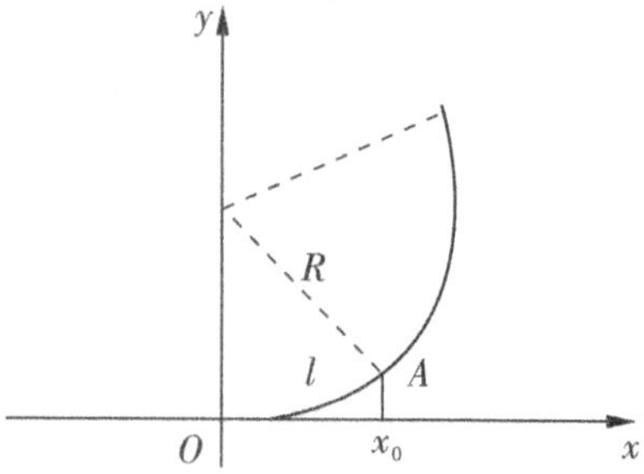

图 4

解 对 $x\in[0,x_0]$，有

$$y'=\frac{1}{2Rl}x^2,y''=\frac{1}{Rl}x,$$

由曲率公式可知对应于 x 点处的曲率为

$$K(x)=\frac{\frac{1}{Rl}x}{\left[1+\left(\frac{x^2}{2RL}\right)^2\right]^{\frac{3}{2}}}.$$

因此在缓冲段始端 $K(0)=0$. 由于$\frac{l}{R}$很小,实际要求 $x_0\approx l$,故知缓冲段终端 x_0 处,有

$$K(x_0)\approx\frac{\frac{1}{R}}{\left(1+\frac{l^2}{4R^2}\right)^{\frac{3}{2}}}\approx\frac{1}{R}.$$

生活经验告诉我们,汽车在转弯的时候速度不能太快,否则会引起侧翻. 火车也是一样的道理,列车转弯的速度需要与线路的曲线半径严格匹配,相同条件下,曲线半径越小,列车转弯时的速度就需要越小,反之亦然. 如下表格粗略列出高速铁路平面最小的曲线半径. 2005 年日本福知山线的脱轨事故和 2013 年西班牙列车脱轨事故都是由于列车通过弯道时超速而引发的悲剧. 有的同学已经拿到了驾照,我们在驾车通过转弯、拱桥的路段一定要按照限速标志行驶,这是经过工程师们科学论证过的,不要存在侥幸心理.

高速铁路平面最小曲线半径 （单位:m）

设计速度/(km/h)		250	300	350
有砟轨道	一般	3500	5000	7000
	困难	3000	4500	6000
无砟轨道	一般	3200	5000	7000
	困难	2800	4000	5500

其中有砟轨道就是传统的铺枕木和石子的轨道,无砟轨道就是轨道路面上干干净净没有石碴.

4. 思政元素的融合渗透

今天,我们学习了平面曲线的弧长与曲率,弧长半径在设计铁路转弯时是非常重要的参数,关系到列车的运行安全,这不由得让我们想起我国铁路方面取得的瞩目成就,我国铁路营业里程从 2019 年的 9.8 万千米增长到 2022 年的 15.5 万千米,其中高铁从 0.9 万千米增长到 4.2 万千米,稳居世界第一. 四通八达的交通网络大大提高了通行效率,使得“千里江陵一日还”成为数亿中国人的日常,同时也提供了更多的就业机会.

高铁已成为我国的一张名片,我国高铁发展虽然比发达国家晚 40 多年,但经过几代铁路人接续奋斗,我国高铁已由“追赶者”一跃成为世界铁路的“领跑者”. 在“一带一路”倡议下,我国铁路人走出国门,参与境外铁路项目建设,让世界共同体验技术带来的便利.

当我们坐在舒适的车厢里享受窗外的美景时,要感谢为我们营造便利出行条件的铁路工人们,他们头顶烈日挥洒汗水,默默无闻为祖国现代化建设奉献自己. 尤其是修建成

昆铁路、青藏铁路等地质状况复杂、气候环境恶劣的高难度铁路，他们用勤劳和智慧逢山开路，遇水搭桥，一次次地创造壮举，一次次地惊艳世界，这些可爱的人是我们学习的榜样.

5. 课堂小结

回顾学习内容：

(1)平面曲线的弧长计算公式.

(2)掌握曲率的定义及计算.

❖思考与展望❖

目前我们学习了平面图形的面积和平面曲线的弧长，其中蕴含的数学思想均是分割、求和及取极限. 还有其他几何与物理问题可以运用此种思想得以解决，比如求解旋转体体积和侧面积、变力做功、液体压力等.

平面曲线的曲率

——正视问题,守正创新

张 健

一、课程内容

(1)本课程的内容为曲率、曲率圆和曲率半径的概念以及曲率和曲率半径的计算公式.

(2)教学重点是理解曲率、曲率圆和曲率半径的概念,难点是曲率计算公式的推导.

二、思政内容

(1)“问题是创新的起点,也是创新的动力源”,量化曲线的弯曲程度问题促使曲率这个新概念的出现.

(2)创新是民族进步的灵魂,是一个国家兴旺发达的不竭动力,同样也可以帮助个人发掘自身潜力并得到更好的发展. 正如古人所言的“苟日新,日日新,又日新”,只有面对问题,解决问题才能真正实现国家和个人的创新发展.

三、案例设计与教学过程

1. 问题引入

曲率的概念不容易理解,如果直接给出定义,学生理解起来比较困难. 为激起学生的求知欲,通过实际生活中公路弯道设计问题,提出如何用一个数量刻画曲线弯曲程度的问题(图1).

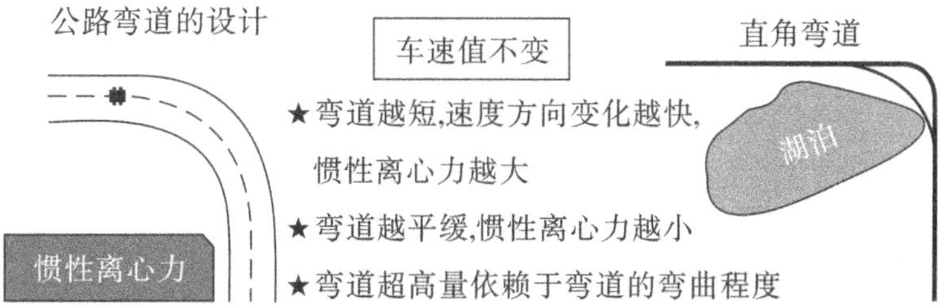

图1

结论:弯道设计和弯道曲线的弯曲程度有关,量化曲线的弯曲程度,从而相应地使惯性离心力和过弯车速在合理的范围内是一个有必要研究的问题.

那么如何定量地刻画曲线弯曲的程度呢? 这是一个新的问题,“问题是创新的起点,也是创新的动力源”,这也预示着解决该问题,将会得到一些新的概念、新的公式,同样也可以进一步解决其他类似的问题.那么,如何解决所提出的问题呢?这就需要对其进行深入研究,综合分析其中的关键因素,并基于已有理论知识,提出新的概念.

一般而言,曲线在不同地方的弯曲程度是不同的,例如开口朝下的抛物线,其在顶点处弯曲程度比其他地方要大一些.故而对曲线弯曲程度的刻画,必须细化到考察曲线上每一点处的弯曲程度.为此,可类比于已学的、导数应用中变速直线运动求瞬时速度的思想,借鉴从平均速度定义瞬时速度的方法,先量化弧段的平均弯曲程度,再利用极限的概念,将一点处的弯曲程度定义为弧段平均弯曲程度在一点处的极限.那么,如何来量化一段弧的弯曲程度呢?它与弧段的那些量有关系呢?

2. 曲率的定义

为让学生能有直观的认识,并和实际生活相联系,展示一些弯道照片,并对其弯曲程度进行对比.

首先,对比图2,可直观看出左图所示弯道的会更弯曲一些,原因在于,当我们经过该图弯道时,所转过的角度会更大一些.对应到数学上,弯道就是弧段,过弯时转过的角度就是弧段切线转过的角度.由此可见,在弧长相同的情况下,弧段弯曲程度与切线转角的大小成一种正比关系,弧段弯曲程度越大,切线转角也越大(图3).

图2

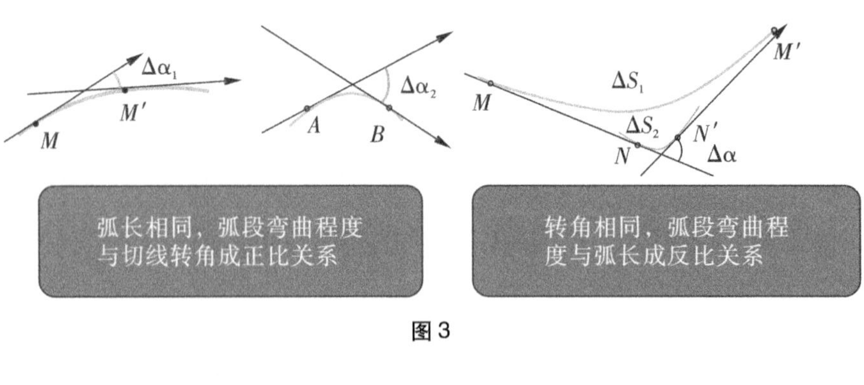

图3

其次,对比图4盘山路的三层弯道.同样可直观地看出来,越往上,对应弯道的弯曲程度越大.但每层弯道的转角显然是一样的,区别在于,越往上,弯道的长度越短.由此可见，相同的弯道转角下，弯道越短，弯曲程度越大. 对应到数学上，亦即当切线转角相同时，弧段越短，弯曲程度越大，即弧段弯曲程度与弧长大小成一种反比关系.

图 4

通过综合分析和对比，我们发现了与问题相关的两个关键因素(主要矛盾)，并找到了它们和曲线弯曲程度的关系. 新问题的解决，可类比已有知识点的相关解决方法. 如变速直线运动的速度，其与位移成正比，与时间成反比关系.

问题：如何量化弧段的平均弯曲程度？

解 由上分析可知，弧段的平均弯曲程度与弧段本身的切线转角和长度有关. 故可考虑用这两个量来量化弧段的平均弯曲程度.

如图 5 所示，设曲线弧$\widehat{MM'}$的长度为 Δs，记当动点 M'沿曲线移动到点 M 时，曲线在动点 M'处的切线随之转过的角度，即切线转角为 $\Delta\alpha$. 由如上分析可知，曲线弧的弯曲程度与$|\Delta\alpha|$成正比例关系，与$|\Delta s|$成反比例关系. 故而可用比值$\left|\dfrac{\Delta\alpha}{\Delta s}\right|$，即单位弧段上切线转角的大小来表达弧段$\widehat{MM'}$的平均弯曲程度.

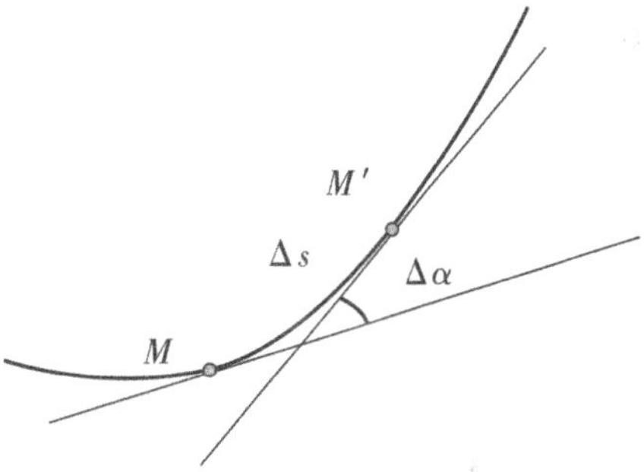

图 5

定义：称比值$\left|\dfrac{\Delta\alpha}{\Delta s}\right|$为弧段$\widehat{MM'}$的平均曲率；若当 $\Delta s\to 0(M'\to M)$时，比值$\left|\dfrac{\Delta\alpha}{\Delta s}\right|$的极限

$$K=\lim_{\Delta s\to 0}\left|\frac{\Delta\alpha}{\Delta s}\right|$$

存在，则称之为曲线在点 M 处的曲率.

注：(1)一点处的曲率值越大，曲线在该点处弯曲程度越大；

(2)一点处曲率是平均曲率在该点处的极限.

例 1 对于直线而言，其上每点处的切线都与自身重合，故对任意直线段 MM'，所对应 $\Delta\alpha=0$，则平均曲率 $\overline{K}=0$，进而可知直线任一点 M 处 $K=0$，即直线处处曲率为 0.

例 2 半径为 R 的圆，对其上任一段弧线$\widehat{MM'}$，由于 $\Delta s=R\Delta\alpha$，故$\overline{K}=\dfrac{1}{R}$，进而可知圆上任一点 M 处 $K=\dfrac{1}{R}$，即圆上处处弯曲程度相同，且半径越小、曲率越大，圆弯曲程度越大

(图6).

通过以上两个简单例子,让学生熟悉曲率的定义,并从直观上感受到用曲率量化弯曲程度的合理性,即直线不弯曲,故曲率为0.圆周半径越小,弯曲程度越大,故曲率也就越大.但用定义计算一般曲线的曲率比较烦琐,因此有必要考虑能否基于曲线的方程,给出曲率的计算公式.

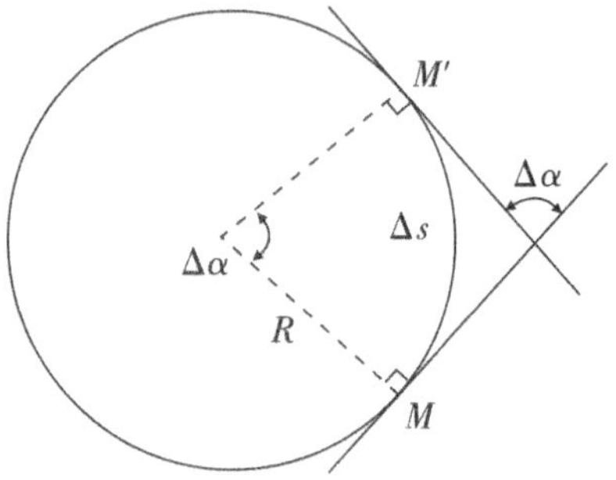

图6

实践是检验真理的唯一标准,我们要在实践中重新审视问题,探讨所给出解决方法的合理性,进而对问题有更深层次的认识.

3. **曲率的计算公式**

设曲线弧$\widehat{AB}$的直角坐标方程为 $y=f(x)$, $x\in(a,b)$,且 $y=f(x)$二阶可导(图7).

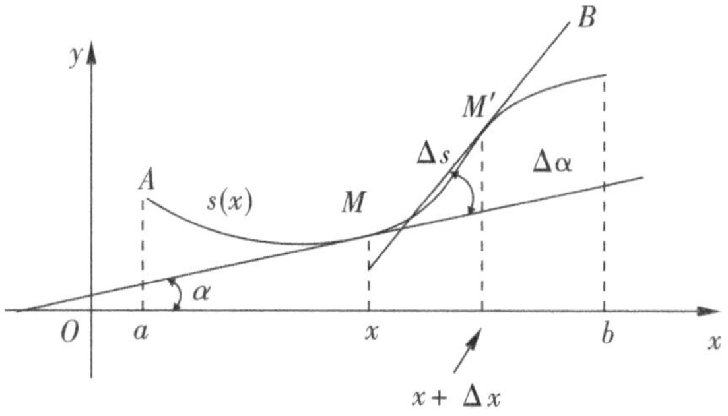

图7

设 M 为曲线弧上任一点,其横坐标记为 x,曲线在 M 点处的切线与 x 正半轴的夹角记为 α. 为便于刻画弧长改变量,定义弧长函数 $s(x)=\widehat{AM}$,即该弧段的长度.显见函数 $s(x)$是增函数.其次,取一动点 M'点,其横坐标为 $x+\Delta x$,弧段$\widehat{MM'}$对应切线转角为 $\Delta\alpha$,弧长为 $\Delta s=s(x+\Delta x)-s(x)$. 由曲率定义可知,点 M 处的曲率:$K=\lim\limits_{\Delta s\to 0}\left|\dfrac{\Delta\alpha}{\Delta s}\right|=\left|\dfrac{\mathrm{d}\alpha}{\mathrm{d}s}\right|$.

(1)求 ds (弧微分).

若函数 $s(x)$可导,则 $\mathrm{d}s=s'(x)\mathrm{d}x$,故只需求 $s'(x)$即可.注意到 $s(x)$为增函数,因此 $\dfrac{\Delta s}{\Delta x}>0$. 则有

$$\frac{\Delta s}{\Delta x}=\left|\frac{\Delta s}{\Delta x}\right|=\left|\frac{\widehat{MM'}}{\Delta x}\right|=\left|\frac{\widehat{MM'}}{MM'}\right|\cdot\frac{|MM'|}{|\Delta x|}=\left|\frac{\widehat{MM'}}{MM'}\right|\cdot\sqrt{\frac{(\Delta x)^2+(\Delta y)^2}{(\Delta x)^2}}=\left|\frac{\widehat{MM'}}{MM'}\right|\cdot\sqrt{1+\left(\frac{\Delta y}{\Delta x}\right)^2}.$$

又 $\because\ \lim\limits_{\Delta x\to 0}\left|\dfrac{\widehat{MM'}}{MM'}\right|=1$, $\lim\limits_{\Delta x\to 0}\dfrac{\Delta y}{\Delta x}=y'$.

$\therefore s'(x)=\lim\limits_{\Delta x\to 0}\dfrac{\Delta s}{\Delta x}=\sqrt{1+(y')^2}$，即函数 $s(x)$ 可导. 故而，$ds=\sqrt{1+(y')^2}\,dx$.

(2)求 $d\alpha$.

由导数的几何意义可知，$\tan\alpha=y'$. 两端同时取微分可得，$\sec^2\alpha d\alpha=y''dx$，整理后有

$$d\alpha=\frac{y''}{1+\tan^2\alpha}dx=\frac{y''}{1+(y')^2}dx.$$

基于(1)和(2)，可得如下定理，其给出了一般的曲率计算公式.

定理 设曲线弧 $\overset{\frown}{AB}$ 的直角坐标方程为 $y=f(x)$，$x\in(a,b)$，且 $y=f(x)$ 二阶可导，则弧上任一点 $M(x,f(x))$ 处的曲率为

$$K=\frac{|y''(x)|}{\{1+[y'(x)^2]\}^{\frac{3}{2}}}.$$

注：(1)一点处曲率反映了该点处切线夹角 α 对弧长 s 的变化率；

(2)当曲线方程为参数方程 $\begin{cases}x=\varphi(t),\\ y=\psi(t),\end{cases}$ 且函数 $\varphi(t)$ 和 $\psi(t)$ 二阶可导时，可由一元函数的参数方程求导法，确定 $y'(x)$，$y''(x)$，然后代入公式 $K=\dfrac{|y''|}{[1+(y')^2]^{\frac{3}{2}}}$ 可得

$$K=\frac{|\varphi'\psi''-\varphi''\psi'|}{(\varphi'^2+\psi'^2)^{\frac{3}{2}}}.$$

例 3 如图 8，长度为 L 的直梁，其左端固定，右端受载荷 P 作用，由材料力学的原理可知梁的挠曲线方程为 $y(x)=\dfrac{P}{6EI}(x^3-3Lx^2)$，其中 E，I 为正常数，求梁弯曲变形最大的点.

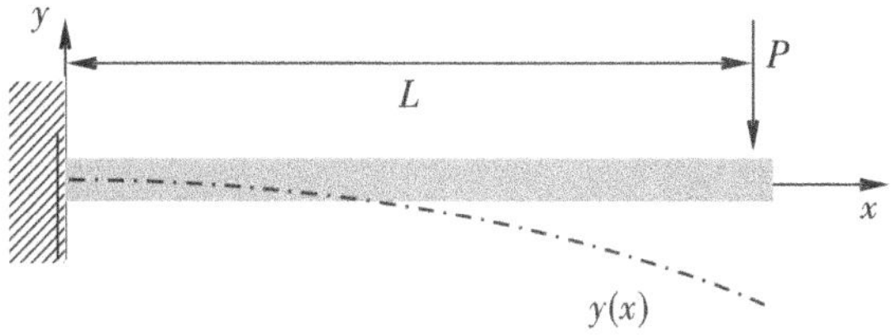

图 8

解 $\because y'=3A(x^2-2Lx)$，其中 $A=\dfrac{P}{6EI}$，

$y''=6A(x-L)$，且 $0\leqslant x\leqslant L$.

$$\therefore K=\frac{|y''|}{[1+(y')^2]^{\frac{3}{2}}}=\frac{6A(L-x)}{[1+9x^2\ (x-2L)^2]^{\frac{3}{2}}}.$$

显见，当 $x=0$ 时，分子取值最大，分母取值最小. 故而在(0,0)点(在梁的左端固定点)处，挠曲线的曲率 K 取得最大值，为 $\dfrac{PL}{EI}$，也就是说梁在该点处弯曲变形最大.

该例是曲线曲率的一个直接应用，既让学生熟悉掌握曲率的计算公式，又利用曲率解决一个实际问题，加强了学生对曲率是用来量化曲线弯曲程度的概念理解.

通过曲率可以刻画弯曲程度，也就是曲率值越大的地方，曲线弯曲程度也就越大. 但曲线是如何弯曲的呢？能否通过曲率近似地给出该点处曲线的弯曲形式呢？答案是肯定的，即如下给出的曲线曲率圆与曲率半径的定义.

4. 曲率圆与曲率半径

定义 如图 9,设曲线 C 在点 M 处的曲率为 $K_M(K_M\neq0)$,在曲线过点 M 处的法线上,在凹的一侧取一点 D,使 $|DM|=\dfrac{1}{K_M}$. 以 D 为圆心,$R=\dfrac{1}{K_M}$为半径作圆,所得圆周称为曲线在点 M 处的曲率圆. 曲率圆的圆心 D 称为曲线在点 M 处的曲率中心,曲率圆的半径称为曲线在点 M 处的曲率半径.

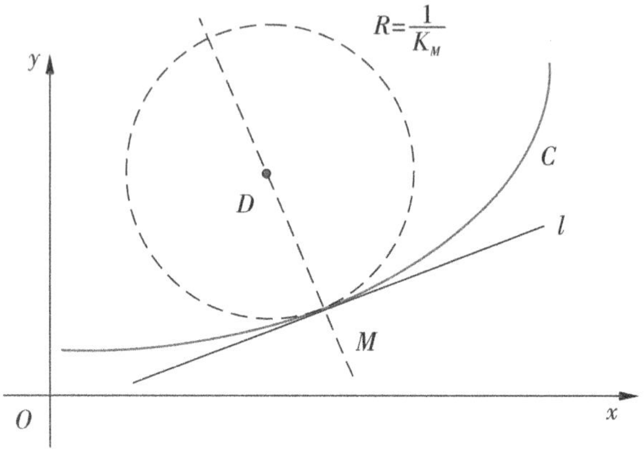

图 9

由上述定义可知:曲率圆与曲线 C 在点 M 处重合,且有相同的曲率、凹向和切线. 故而在实际问题中,常用曲率圆来"以曲代曲",也就是说用曲率圆在点 M 处邻近的一段圆弧来近似代替曲线弧,而使问题得到简化.

曲线在点 M 处的曲率 $K_M(K_M\neq0)$ 与曲线在点 M 处的曲率半径 R_M 有如下关系:

$$R_M=\frac{1}{K_M}.$$

故而曲率半径也可量化曲线的弯曲程度:曲率半径越大,曲线越平坦;曲率半径越小,曲线越弯曲.

动态演示:在课堂教学中,通过 PPT 动态演示椭圆上点 M 沿椭圆移动时,该点处曲率圆的变化情况,从而让学生直观地看出曲率半径和曲线弯曲程度的关系,加强学生对曲率半径的概念理解.

例 4 如图 10,一汽车沿着抛物线 $y=\dfrac{x^2}{1500}$行驶,在坐标原点 O 处的速度为 30 m/s. 已知乘客甲体重为 78 kg,求汽车驶经原点 O 时,该乘客所受惯性离心力.

解 借助于曲率圆"以曲代曲"的特性,可将质点在原点处沿抛物线运动等效地视为沿该点处的曲率圆运动,从而利用平面圆周运动的惯性离心力计算公式 $F=m\dfrac{v^2}{R}$,其中 m 表示质点质量,v 表示线速度,R 表示圆周半径.

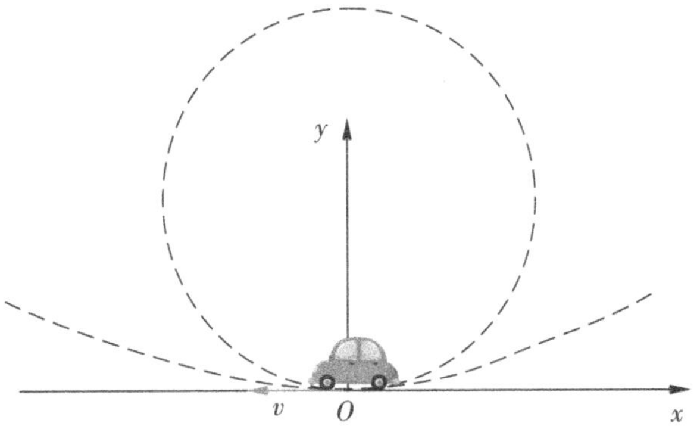

图 10

为此需计算抛物线在原点处的曲率圆半径，即抛物线在原点 O 处的曲率半径 R_O. 基于曲率半径的定义，先计算抛物线在原点处的曲率，根据曲率计算公式可得，$K_O=\dfrac{|y''(0)|}{\{1+[y'(0)]^2\}^{\frac{3}{2}}}$.

$\because y'(x)=\dfrac{x}{750},\quad y''(x)=\dfrac{1}{750}.\qquad \therefore K_O=\dfrac{1}{750}\Rightarrow R_O=750.$

故代入平面圆周运动的惯性离心力公式可得

$$F=m\frac{v^2}{R_O}=78\times\frac{30^2}{750}=78\times1.2=93.6.$$

综上，该乘客在原点处所受惯性离心力为 93.6 N.

例 4 也是应用曲率解决实际问题，其与本节课开始所提出的弯道设计问题有着直接关系，通过量化曲线的弯曲程度，可以计算弯道曲线上每点处的惯性离心力大小，从而为公路设计提供了理论依据. 从曲线的惯性离心力计算公式可以看出，其大小是与车速大小成正比关系，与曲率半径成反比关系，也就是说曲线越平缓，曲率半径越大，相应地惯性离心力就越小，这与我们直观上的认识也是一致的.

5. **思政元素的融合渗透**

本节课引入了刻画平面曲线弯曲程度的曲率概念，这个新概念的提出是基于对曲线弯曲情况的综合分析、对比并抓住其主要矛盾. 也就是说，以如何量化曲线弯曲程度这个问题为导向，通过对问题中各个因素的综合分析并基于已有的数学知识，给出了曲率这个新的概念，从而解决了所提出的问题.

2013 年 5 月，习近平总书记在同各界优秀青年代表座谈时的讲话中提到："创新是民族进步的灵魂，是一个国家兴旺发达的不竭源泉，也是中华民族最深沉的民族禀赋，正所谓'苟日新，日日新，又日新'."2016 年 5 月，总书记在哲学社会科学工作座谈会上的讲话中又指出："坚持问题导向是马克思主义的鲜明特点. 问题是创新的起点，也是创新的动力源."围绕开辟马克思主义中国化时代化新境界，党的二十大报告也明确提出了"六个坚持"，其中一个重要方面就是"必须坚持问题导向".

创新和问题相辅相成，在学习中我们不能害怕问题、躲避问题，只有在不断地解决问题才能真正创新发展、实现自我.在解决问题的过程中,要对问题深入思考、分析研究、反复论证,综合分析问题中各个因素,抓住其中的关键因素,在已有知识的基础上得到科学的、系统的、完备的解决方法.其中,对已有知识的掌握在创新中是不可或缺的,新的理论和现有知识的关系是不可割裂的.微积分的创始人牛顿也说过"如果说我比别人看得更远些,那是因为我站在了巨人的肩膀上".

同学们,在我们生活、学习和工作中,要以积极的心态去面对所遇到的挫折和失败,要学会在解决问题的过程中丰富自己,"苟日新,日日新,又日新".问题并不可怕,可怕的是失去面对问题的勇气.

6. 课堂小结

本节课程讲述了曲率、曲率圆和曲率半径的概念,并给出了曲率和曲率半径的计算公式.其中的重点在于,我们基于曲率的概念推导出了曲率的计算公式,这是同学们必须掌握的知识点.

此外,曲率在实际生活中有很多的应用,例如汽车和航天器的外形设计,可利用曲率设计一个风阻系数较小的造型,以提高能源利用率,减少发热损耗.此外,还有家具、手机的外观设计,地形分析等,建议学生可以通过网络或图书馆查找相关资料,更多地了解曲率在实际生活中应用,加深对曲率这个概念的理解和认识.

❖思考与展望❖

一个民族只有发展,才能自立于世界民族之林.习近平总书记明确提出了创新、协调、绿色、开放、共享的新发展理念,指出发展才是解决我国一切问题的基础和关键.其中,创新为发展提供了源源不断的驱动力,是提升新质生产力的关键因素.高等教育担负着为国家培养新时代优秀建设者的责任,培养他们的创新意识、提高他们的创新能力是教学过程中不容忽视的一环.微积分学的创立和发展正是一个不断创新的过程,在接下来的教学中要继续以知识点为抓手、以问题为导向,不断深化学生的创新观念.

平面曲线曲率的引入

——数学之用，无处不在

郭瑞晗

一、课程内容

(1)本课程的内容是平面曲线的曲率.

(2)教学重点是曲率计算公式的推导和曲率的应用.

二、思政内容

融入思政元素：通过曲率的应用联系到中国高铁从无到有、再到步入世界领先行列的壮举. 中国高铁虽然起步比一些发达国家晚，但是突飞猛进，现我国已成为世界上高铁系统技术最全、集成能力最强、在建规模最大的国家，这说明了中国的发展不容小觑，这里可以激发同学们的民族自豪感和爱国主义情怀.

三、案例设计与教学过程

1. 趣味引入，巧设疑问

首先请学生观看一个过山车的动画，并提出问题：过山车行驶至最高的倒立点时，人为什么不会从过山车上掉下来？可能很多同学认为是由于过山车的速度比较快，因此人在倒立点处不会掉下. 接着展示一个比较平直的过山车轨道，并引导学生思考，在这样一个轨道上，过山车的速度即使比较快，是否也很难保证人不掉下来？生活经验告诉我们，想要在倒立点处不掉下来，除了对速度有一定的要求，还对轨道的弯曲有一定的要求. 此时展示一个有一定弯曲的轨道，并请学生观察，第二个轨道要比第一个轨道的弯曲程度要大. 那么，如何在数学上定量刻画一个曲线的弯曲程度呢？

2. 提出问题，引出定义

直观认知告诉我们：直线是不弯曲的. 圆在每一点处的弯曲程度是相同的，且大圆比小圆的弯曲程度要小. 对于一个一般曲线，曲线上任一点处的弯曲程度是不同的. 那么如何一般性地刻画曲线在任一点处的弯曲程度呢？这个概念比较抽象. 借助于同学们比较熟悉的由平均速度得到瞬时速度的思想，首先考虑一个弧段的平均弯曲程度，再借助极限的思想来刻画曲线在任一点处的弯曲程度. 下面，请同学们思考，弧段的平均弯曲程度和哪些因素有关呢？

如图 1，弧段M_1M_2和弧段M_2M_3的长度相同，弧段M_1M_2比较平直，当动点沿这段弧从M_1移动到M_2时，切线转过的角度 $\Delta\alpha_1$不大，而弧段M_2M_3弯曲得比较厉害，转角$\Delta\alpha_2$比较大. 也就是说弧长相同时，转角越大，弧段的弯曲程度越大. 同学们可以想象生活中这样一个例子，想要在 1 m 的距离内转过 30°，和想要在 1 m 的距离内转过 160°，哪个路线的弯曲程度要小呢？当然，弧段的切线转角还不能完全反映出它的弯曲程度. 从图 2 可以看出，弧段$\overset{\frown}{MM'}$和弧段$\overset{\frown}{NN'}$切线的转角相同，长弧段比短弧段的弯曲程度要小，也就是说转角相同时，弧长越大，弧段的弯曲程度越小. 同学们可以同样想象生活中这样一个例子，想要在 1 m 的距离内转过 90°和 10 m 的距离内转过 90°，哪个路线的弯曲程度要大呢？通过图形的直观观察和生活中的实例，引导学生思考，弧段的弯曲程度和哪些量有关，由此可以引出曲率的概念. 这里采取的是探究式教学方法，引导学生归纳总结出曲率的定义. 同时，这里以日常生活知识为切入点，引导学生掌握微积分知识点，让学生树立"生活处处有数学，数学时时进生活"的观念，提高学生将微积分与现实生活结合的综合素质.

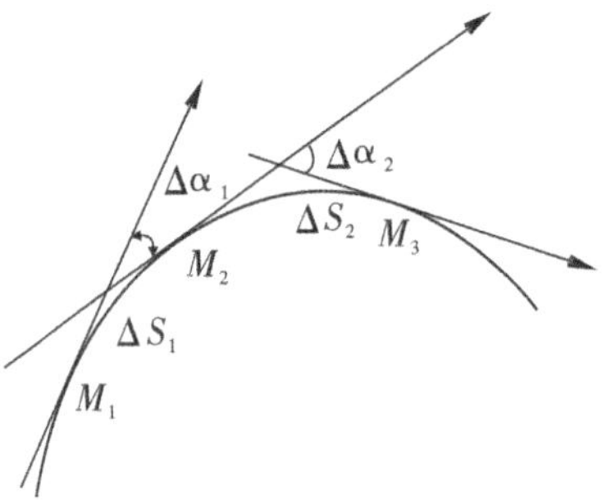

图 1

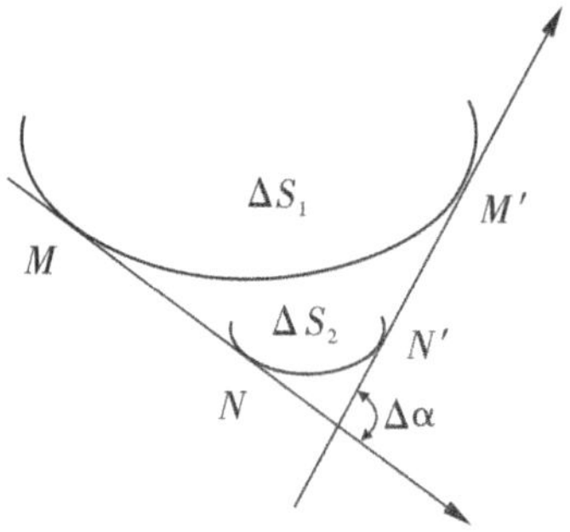

图 2

定义 在光滑曲线 C 上自点 M 开始取弧段$\overset{\frown}{MM'}$，其长为 Δs，对应切线的转角为 $\Delta\alpha$，定义弧段$\overset{\frown}{MM'}$ 上的平均曲率为 $\overline{K}=\left|\dfrac{\Delta\alpha}{\Delta s}\right|$.

类似于从平均速度定义瞬时速度的方法，当 $\Delta s\to 0\,(M'\to M)$ 时，我们把上述平均曲率的极限称之为曲线 C 在点 M 处的曲率，记作 K，即

$$K=\lim_{\Delta s\to 0}\left|\frac{\Delta\alpha}{\Delta s}\right|.$$

例 1 利用定义求直线和圆的曲率.

解 (1) 对于直线(图 3)，其切线为直线本身，当点沿直线移动时，切线转角的改变量为 0，即 $\Delta\alpha=0$，因此 $K=0$，这与我们直观认识到的直线不弯曲是吻合的.

(2) 对于圆(图 4)，设其半径为 R，当点 M 沿圆周移动到M' 时，切线的转角 $\Delta\alpha$ 恰好等于圆心角 $\angle MOM'$，由此可得弧段$\overset{\frown}{MM'}$ 的长度为 $\Delta s=R\Delta\alpha$. 因此

$$K=\lim_{\Delta s\to 0}\left|\frac{\Delta\alpha}{\Delta s}\right|=\lim_{\Delta s\to 0}\left|\frac{\Delta\alpha}{R\Delta\alpha}\right|=\frac{1}{R}.$$

这与我们直观认识到的圆的弯曲程度处处一样，且弯曲程度与半径成反比吻合.

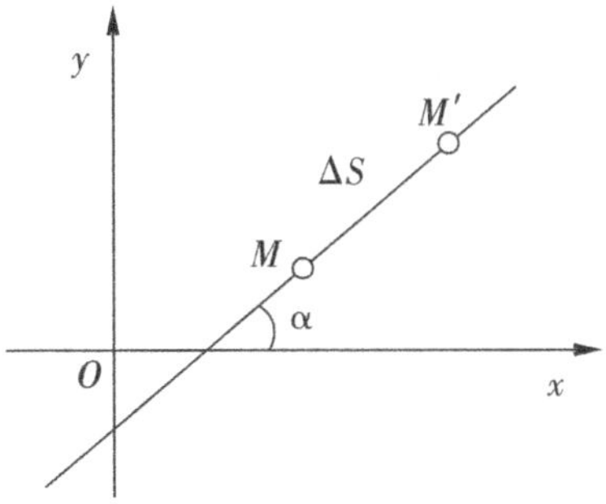

图3

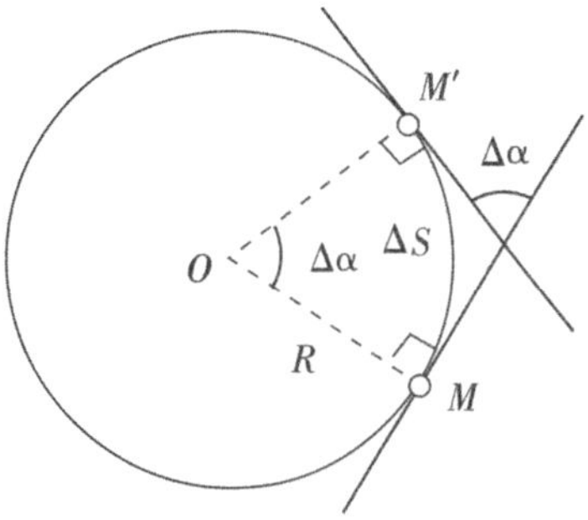

图4

以上两个例子比较特殊，可以由定义简单计算出曲率，但对于一般曲线，利用定义计算某一点的曲率还是比较困难的，因此，推导曲率的计算公式非常必要.

3. **引导推理，得出公式**

由曲率的定义、导数的定义及极限的性质，当 $\left|\frac{\Delta\alpha}{\Delta s}\right|$ 的极限存在时，曲率 K 也可表示为 $K=\left|\frac{\mathrm{d}\alpha}{\mathrm{d}s}\right|$. 下面我们采取"化整为零"的思想，分别求微分 $\mathrm{d}\alpha$ 和 $\mathrm{d}s$.

设函数 $y=f(x)$ 二阶可导，$\alpha=\alpha(x)$，$s=s(x)$. 下面先来求 $\mathrm{d}\alpha$. 由导数的几何意义 $\tan\alpha=y'$，对该式两端同时微分可得 $\sec^2\alpha\mathrm{d}\alpha=y''\mathrm{d}x$，则

$$\mathrm{d}\alpha=\frac{y''}{1+\tan^2\alpha}\mathrm{d}x=\frac{y''}{1+y'^2}\mathrm{d}x.$$

再求微分 $\mathrm{d}s$（图5）.

$$\frac{\mathrm{d}s}{\mathrm{d}x}=\lim_{\Delta x\to 0}\frac{\Delta s}{\Delta x}=\lim_{\Delta x\to 0}\frac{MM'}{\Delta x}=\lim_{\Delta x\to 0}\frac{\sqrt{(\Delta x)^2+(\Delta y)^2}}{\Delta x}=\lim_{\Delta x\to 0}\sqrt{1+\left(\frac{\Delta y}{\Delta x}\right)^2}=\sqrt{1+y'^2}.$$

由此可以解出弧微分：

$$\mathrm{d}s=\sqrt{1+y'^2}\,\mathrm{d}x.$$

因此得到曲率的计算公式为

$$K=\frac{|y''|}{(1+y'^2)^{\frac{3}{2}}}.$$

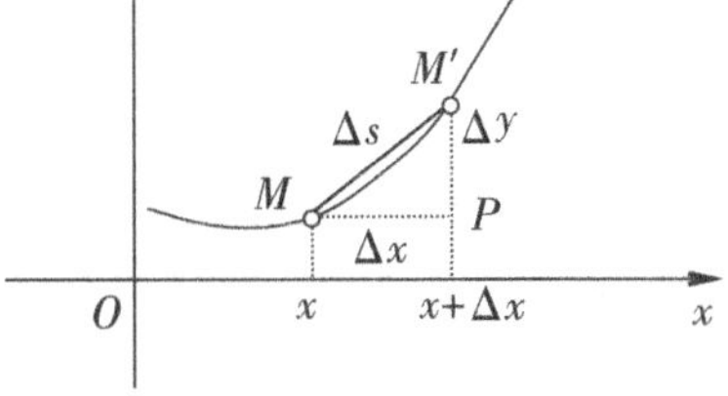

图5

4. 实例讲解,前呼后应

由于曲率在工程中的应用多是通过曲率圆和曲率半径的概念来实现的,下面我们来定义曲率圆和曲率半径.

定义 2 设曲线 C 在点 M 处的曲率为 K,在点 M 处作曲线的切线和法线,在曲线的凹向一侧法线上取点 D 使 $|DM|=R=\frac{1}{K}$. 把以 D 为中心,R 为半径的圆叫做曲线在点 M 处的曲率圆,R 叫做曲率半径,D 叫做曲率中心(图 6).

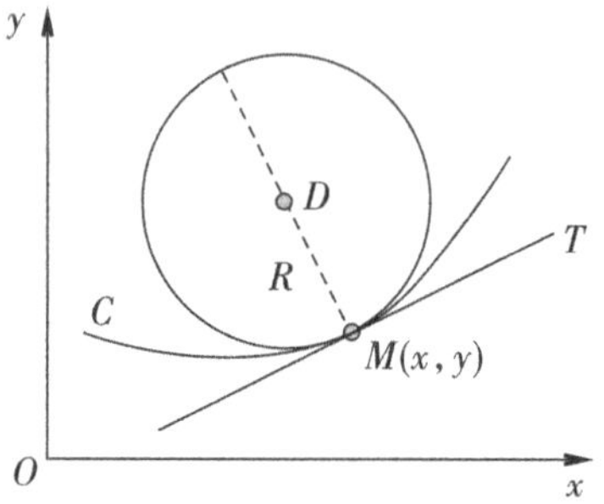

图 6

容易看出,在点 M 处曲线与曲率圆有公切线,凹向一致且曲率相同.

有了以上知识,我们即可讨论曲率在实际生活用的应用,比如砂轮打磨.

例 2 设一工件内表面的截痕为抛物线 $y=0.4x^2$,现要用砂轮磨削其内表面,问:选择直径多大的砂轮比较合适?

解 首先请同学们思考一下,若选择的砂轮直径过小或者过大,会出现什么样的弊端呢?此时,通过两个动画演示,让同学们观察到,如果砂轮直径过小,则工作效率低;如果砂轮直径过大,则会产生过磨削. 因此求砂轮直径的最优值即等价于求抛物线上各点处曲率半径的最小值. 由抛物线的图形很容易可以观察到,曲率半径最小值出现在顶点处. 逐步引导同学们得出结论:砂轮半径不应大于抛物线顶点处的曲率半径. 抛物线顶点处的曲率为

$$K_0=\frac{|y''|}{(1+y'^2)^{\frac{3}{2}}}\bigg|_{x=0}=0.8.$$

故抛物线顶点处的曲率半径为 $R=1.25$,因此选用砂轮的直径不能超过 2.5 个单位长.

以上我们用曲率知识解决了砂轮选取的案例. 曲率在生活中还有很多其他应用,比如离心力 $F=m\frac{v^2}{R}$,其中 m 表示质量,v 表示速度,R 表示曲率半径. 离心力可以解释我们生活中的很多问题和现象,比如开篇提出的过山车轨道设计的问题. 当时让大家思考的问题是,在倒立点处,人为什么不会掉下来呢?下面我们来具体分析.

例 3 设过山车行驶至最高点的速度为 60 km/h,问:在该点处的曲率半径为多大时,人才不会掉下来?

解 考虑最高点处的受力分析(图 7),人在最高点处受到向上的离心力和向下的重力,要使人不掉下来,只需 $\frac{mv^2}{R} \geqslant mg$.

由此得出 $R \leqslant \frac{v^2}{g} \approx 28.34$ m. 因此想要保证人不掉下来,在该点的曲率半径须小于 28.34 m.

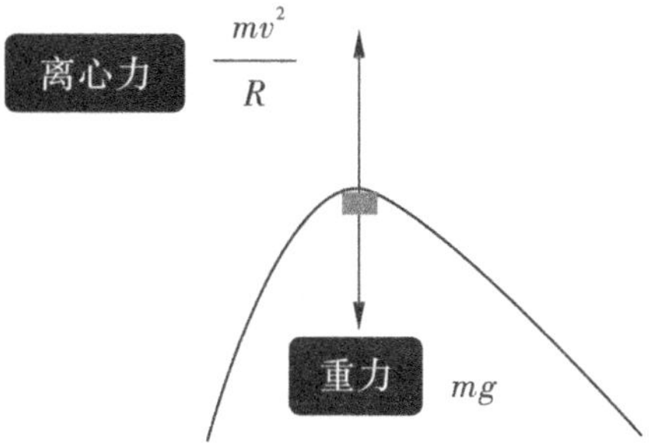

图 7

该例题的引入起到了前呼后应的作用,解释了同学们生活中比较熟悉的关于过山车的一些现象.

5. 课堂总结

回顾学习内容:

(1) 给出了曲率的定义,推导了曲率的计算公式.

(2) 定义了曲率圆和曲率半径,给出了曲率在砂轮打磨和过山车轨道设计中的应用.

❖思考与展望❖

今天我们给出了曲率在砂轮打磨和过山车轨道设计中的应用. 除此之外,曲率还有很多其他重大应用. 比如,让我们引认为豪的中国高铁,它目前的运行速度已经超过 350 km/h,实验速度甚至已经超过 600 km/h,引领全球. 受地形的影响,高铁轨道线路不可能完全是直的. 那么,请大家利用我们这次课所学的曲率知识分析一下,高铁如果要保持 300 km/h 的运行速度,弯曲处轨道的曲率率径不能低于多少?

可分离变量的微分方程

——从贾湖骨笛到杨泗港长江大桥，感受中华文明的魅力

闫东风

一、课程内容

（1）本课程的内容是变量可分离方程的概念和求解方法.

（2）教学难点是理解分离变量法求解微分方程.

二、思政内容

（1）从科学的角度研究中华文明，利用放射性碳 14 元素的衰变考证贾湖骨笛存在时长，借助悬链线问题理解杨泗港长江大桥的建设.

（2）融入思政元素：将我国古代人民的智慧结晶和当代建设成就融入课堂，让学生体会到从古至今，我国人民在面对困难和挑战时，不畏艰难险阻，总是能够创新地提出解决问题的办法. 借此让学生感受中华文明的魅力，增强学生的民族自豪感和使命感.

三、案例设计与教学过程

1. 问题引入

（1）河南博物院九大镇院之宝之一——贾湖骨笛.

贾湖骨笛（图 1），新石器时代李岗文化早期，舞阳县贾湖村出土. 它是我国目前出土的年代最早的乐器实物. 骨笛的出土，不仅改写了先秦音乐史乃至整部中国音乐史，更具有无可比拟的重要地位和价值，引起国内外学术界的广泛关注. 贾湖骨笛可以吹奏四声和五声音阶构成的音调，证明五声音阶在中原地区确实源远流长，有着深远的历史意义与重要的艺术价值. 问题：利用碳 14 元素的衰变去考证贾湖骨笛的存在时长，背后的数学依据是什么？

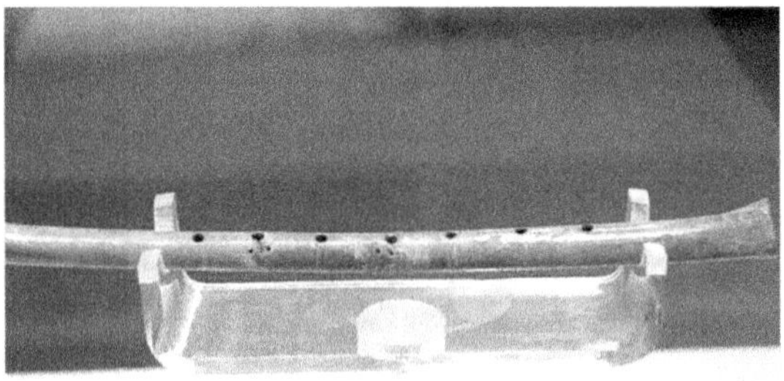

图 1

(2)杨泗港长江大桥.

截至目前,世界上已建成的大跨度悬索桥前10座中有6座在中国,其中2019年建成的杨泗港长江大桥(图2)跨度长达1700 m,为世界上跨度第二大的悬索桥.大跨度悬索桥的建成,是桥梁新结构、新材料、新装备和新技术在大跨度悬索桥上的成功应用,背后是建设者们艰苦卓绝的努力,也标志着中国在桥梁建设方面取得世界领先地位.问题:如何理解这些大跨度的桥梁形状都是悬链状呢?背后的数学逻辑是什么?

图2

2. 问题分析

(1)碳14元素测年法的本质:已知碳14元素在任意时刻 t 的物质总量 $M(t)$ 减少的速率,与此时刻存在的物质总量 $M(t)$ 成正比,即

$$\frac{\mathrm{d}M(t)}{\mathrm{d}t}=-kM(t), \tag{1}$$

这里 k 为正的比例系数.

(2)大跨度悬索桥的本质:是著名的悬链线问题.即两端固定的均匀、柔软的绳索在重力作用下自然下垂,在平衡状态下所形成的是什么曲线?通过受力分析,我们发现绳索曲线满足如下方程:

$$y''(x)=\frac{\rho g}{H}\sqrt{1+[y'(x)]^2}. \tag{2}$$

这里 H 表示绳索最低点受到的水平向左的张力,ρ 表示绳索的线密度,g 表示重力加速度.悬链线问题的受力分析如图3所示.

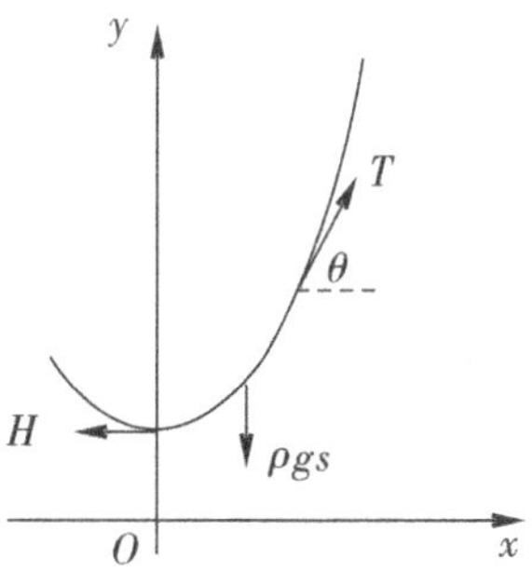

图3

3. 变量可分离微分方程的定义

定义:若一阶微分方程能写成

$$\frac{dy}{dx}=f(x)g(y),$$

则称其为变量可分离方程.

下面我们看两个例子,根据上述定义判断它们是否为变量可分离方程.

引例 1

$$\frac{dy}{dx}=xy,\frac{dy}{dx}=e^{x+y},$$

容易判断这两个方程均是变量可分离的.

引例 2

$$\frac{dy}{dx}=x+y,\frac{dy}{dx}=e^{x}+e^{y},$$

容易判断这两个方程均不是变量可分离的.

通过上面两个例子,我们对于变量可分离方程有了初步的认识.那么,该怎么求解变量可分离方程呢?利用上一节课讲的线性微分方程的解法可以求解这类微分方程吗?

从引例 1 与引例 2 来看,只有引例 2 中的第一个方程是线性微分方程,其他的均是非线性的微分方程.推广至一般微分方程,不难得到这样的结论,多数的变量可分离的方程根本不是线性微分方程,对于这些方程,上一节学习的求解线性方程的方法则不再适用.因此,我们必须探索新的求解方法——变量可分离方法.

4. 变量可分离方程的求解方法

步骤一:分离变量.

将$\frac{dy}{dx}=f(x)g(y)$转化为

$$f(x)dx=\frac{1}{g(y)}dy.$$

步骤二:两边积分.

$$\int f(x)dx=\int\frac{1}{g(y)}dy,$$

从而原方程的通解为

$$F(x)=G(y)+C.$$

这里 $F(x)$ 和 $G(y)$ 分别代表函数 $f(x)$ 及 $\frac{1}{g(y)}$ 的原函数,C 代表任意常数.下面我们来看两个具体的例子.

例 1 求$\frac{dy}{dx}=2xy$ 的通解.

解 $y\neq0$ 时,分离变量,得

$$\frac{dy}{y}=2xdx.$$

两边积分得

$$\int\frac{1}{y}dy=\int 2xdx\Rightarrow \ln y=x^{2}+C_{1}.$$

$\therefore\ y=e^{x^2+C_1}=e^{C_1}e^{x^2}=Ce^{x^2}$（其中 $C=e^{C_1}$）.

$\therefore$ 通解为 $y=Ce^{x^2}$.

注：显然 $y=0$ 也是方程的解，并且可以包含在上述通解内.

例 2 求解方程 $(e^{x+y}-e^x)dx+(e^{x+y}+e^y)dy=0$.

解 分离变量得

$$\frac{e^x}{e^x+1}dx=-\frac{e^y}{e^y-1}dy.$$

两边积分得

$$\ln(e^x+1)=-\ln(e^y-1)+\ln C,\text{即 }(e^x+1)(e^y-1)=C.$$

$\therefore$ 通解为 $(e^x+1)(e^y-1)=C$.

5. 应用分析

(1) 让我们回到碳 14 元素测年法问题，即求解方程(1). 注意到这也是一个变量可分离的方程，分离变量可得

$$\frac{dM(t)}{M(t)}=-kdt.$$

两边求不定积分得

$$\ln M(t)=-kt+C_1.$$

作等价变形可得

$$M(t)=Ce^{-kt}.$$

进一步地，假设初始时刻贾湖骨笛中碳 14 元素总量为 M_0，则上式可化简为

$$M(t)=M_0e^{-kt}.$$

考虑到碳 14 元素的半衰期为 5730 年，记为 T，则有

$$M(T)=\frac{1}{2}M_0=M_0e^{-kT}.$$

从而可以将衰变系数求出，即有

$$k=\frac{\ln 2}{T}.$$

因而贾湖骨笛中任意时刻的碳 14 元素含量随时间的演变关系为

$$M(t)=M_0e^{-\frac{\ln 2}{T}t}=M_0\left(\frac{1}{2}\right)^{\frac{t}{T}}.$$

由河南博物院的官网数据知，贾湖骨笛中碳 14 元素的含量为初始数据的 0.35，则代入上述关系式可求得 $t\approx 8678$ 年.

(2) 悬索桥的问题. 回到式(2)的求解分析. 可以看到，式(2)是一个二阶微分方程，通常来说，二阶微分方程的求解要比一阶微分方程更为复杂. 但由于此方程中只出现了未知函数的一阶导数和二阶导数，所以，我们只需要将未知函数的一阶导数看成一个整体，就会发现它本质上可以看成一阶微分方程. 为此，我们引入一个变量代换，即令 $p(x)=y'(x)$，则式(2)即可转化为变量可分离的方程：

$$\frac{dp}{dx}=\frac{\rho g}{H}\sqrt{1+p^2}.$$

通过分离变量,并积分可得

$$\ln(p+\sqrt{1+p^2})=\frac{\rho g x}{H}.$$

等价变形可得

$$y'=p=\frac{1}{2}(e^{\frac{\rho g x}{H}}-e^{-\frac{\rho g x}{H}}).$$

最后两边关于自变量积分得

$$y(x)=\frac{H}{2\rho g}(e^{\frac{\rho g x}{H}}+e^{-\frac{\rho g x}{H}}).$$

上述函数为双曲余弦函数,它对应的曲线也被称为悬链线.

6. **思政元素的融入**

今天我们学习了变量可分离微分方程及其求解方法,一方面,我们掌握了一种新的求解微分方程的办法;另一方面,通过展示碳 14 元素测贾湖骨笛的年代及大跨度悬索桥背后的数学原理,我们发现数学隐藏在现实生活中存在的很多事物的背后. 同时,通过贾湖骨笛,我们了解到远在约 9000 年前,中华文化中就已经有了四声和五声音阶构成的音乐,而且骨笛是用丹顶鹤的尺骨制作而成的,其制作难度可想而知. 此外,通过杨泗港长江大桥,我们了解到中国大跨度桥梁的发展历程. 众所周知,特大跨度桥梁设计要求高、施工难度大,是衡量一个国家桥梁技术水平的重要指标. 中国特大跨度桥梁设计起步较晚,直到 20 世纪 90 年代,随着中国经济发展的迫切需求,中国各类跨江、跨山与跨海特大桥梁才相继建设. 但是,近 20 年来我国的大跨度桥梁建设取得了巨大成就,截至 2023 年初,世界上已建成的大跨度斜拉桥前 10 座有 7 座在中国,世界上已建成的铁路/公铁两用斜拉桥跨径排名前 8 位均在中国,世界上已建成的大跨度悬索桥前 10 座有 6 座在中国. 这些体现了我国桥梁建设人才在党中央的领导下克服重重困难、不屈不挠迎难而上的精神.

同学们,生活中的许多事物和现象都与抽象的数学密切相关,请用心观察,积极思考和发掘隐藏在这些现象背后的数学逻辑. 经过这样的训练,我们就学会了从生活现象中提炼数学模型,分析问题,最终解决问题. 同时,我们在感受中华文明魅力的同时,也要学习前辈们在面对困难和挑战时,勇于探索、迎难而上的优良品质.

7. **课堂小结**

回顾学习内容:

(1)变量可分离方程的定义.

(2)求解变量可分离方程的步骤.

❖思考与展望❖

目前我们学习了四种求解一阶微分方程的方法:(1)一阶线性微分方程的解法;(2)齐次微分方程的解法;(3)伯努利(Bernoulli)方程的解法;(4)变量可分离方程的解法. 它们孰优孰劣呢? 是不是所有的一阶微分方程都是可解的呢?

方向导数与梯度的定义

——坚持正确方向的重要性

朱 华

一、课程内容

(1)本课程的内容是方向导数与梯度的定义.

(2)教学难点是理解方向导数与梯度的定义.

二、思政内容

(1)“方”的语义学含义就是方位、位置的意思,“向”则指出了两个位置之间的关系.方向可以定义为从初位置指向末位置的指向.

(2)融入思政元素:各行各业都需要有正确的发展方向作指导.成功的第一要素是方向感,指的也是正确的目标定位,即要根据自己的天赋或独特优势,为自己确立一个有价值的可以逐步实现的目标.引导学生树立正确的政治方向.

三、案例设计与教学过程

1.引言

今天我们先讲方向导数的概念,然后讲梯度的概念.所谓方向,指的是从初位置指向末位置的指向.无论我们做任何事,树立正确的方向是成功的前提条件.

前面我们学习了二元函数的偏导数概念,那么方向导数和偏导数之间又有什么样的联系呢?首先复习二元函数的偏导数,设二元函数 $z=f(x,y)$,当只考察自变量 x 的变化对函数值 z 的影响时,须把自变量 y 固定不变.类似地,当只考察自变量 y 的变化对函数值 z 的影响时,须把自变量 x 固定不变.

设二元函数 $z=f(x,y)$ 在点 $P_0(x_0,y_0)$ 的某 δ-领域内有定义,当 y 固定在 y_0 时,$z=f(x,y_0)$ 是一元函数.若

$$\lim_{\Delta x\to 0}\frac{f(x_0+\Delta x,y_0)-f(x_0,y_0)}{\Delta x}$$

存在,则称此极限值为 $z=f(x,y)$ 在点 $P_0(x_0,y_0)$ 对 x 的偏导数.记作 $\left.\frac{\mathrm{d}f(x,y_0)}{\mathrm{d}x}\right|_{x=x_0}$,$\left.\frac{\partial z}{\partial x}\right|_{(x_0,y_0)}$,$\left.\frac{\partial f}{\partial x}\right|_{(x_0,y_0)}$,$z_x(x_0,y_0)$,$f_x(x_0,y_0)$,即

$$z_x(x_0,y_0)=\lim_{\Delta x\to 0}\frac{f(x_0+\Delta x,y_0)-f(x_0,y_0)}{\Delta x}.$$

类似,二元函数 $z=f(x,y)$ 在点 $P_0(x_0,y_0)$ 对 y 的偏导数为

$$\lim_{\Delta y \to 0} \frac{f(x_0, y_0+\Delta y)-f(x_0, y_0)}{\Delta y},$$

记作$\left.\frac{\mathrm{d}f(x_0, y)}{\mathrm{d}y}\right|_{y=y_0}$，$\left.\frac{\partial z}{\partial y}\right|_{(x_0,y_0)}$，$\left.\frac{\partial f}{\partial y}\right|_{(x_0,y_0)}$，$z_y(x_0, y_0)$，$f_y(x_0, y_0)$.

今天我们来研究二元函数 $z=f(x,y)$ 的两个自变量 x 和 y 同时变化时，函数值的变化率是什么？

2. 方向导数的定义

设二元函数 $z=f(x,y)=f(P)$ 的定义域为 D，点 $P_0(x_0, y_0) \in D$，自点 P_0 引射线 $\boldsymbol{l}$，如图 1 所示.

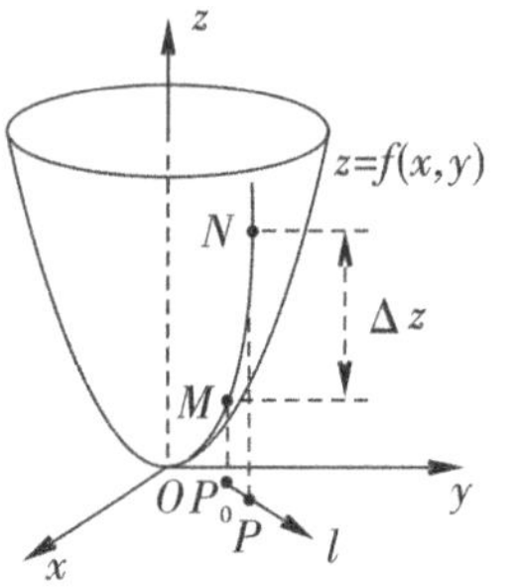

图 1

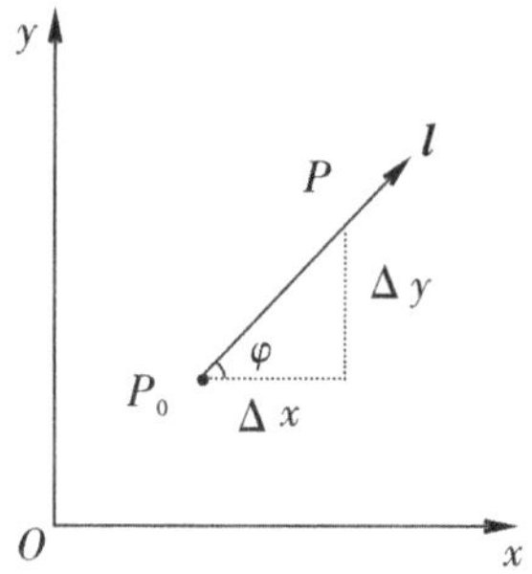

图 2

设 x 轴正向到射线 $\boldsymbol{l}$ 的转角为 φ，并设点 $P(x_0+\Delta x, y_0+\Delta y)$ 为 $\boldsymbol{l}$ 上另一点，且 $P \in U(P_0)$，如图 2 所示. 当点 P 沿着 $\boldsymbol{l}$ 趋于点 P_0 时，考虑极限

$$\lim_{\rho \to 0} \frac{f(P)-f(P_0)}{\rho} = \lim_{\rho \to 0} \frac{f(x_0+\Delta x, y_0+\Delta y)-f(x_0, y_0)}{\rho}$$

是否存在？其中 $\rho = \sqrt{(\Delta x)^2+(\Delta y)^2} = |P_0P|$.

若极限$\lim\limits_{\rho \to 0} \frac{f(P)-f(P_0)}{\rho}$存在，则称此极限为函数 $z=f(x,y)=f(P)$ 在点 P_0 沿方向 $\boldsymbol{l}$ 的方向导数，记作$\frac{\partial f}{\partial \boldsymbol{l}}\Big|_{(x_0,y_0)}$或 $D_{\boldsymbol{l}}f(x_0, y_0)$.

3. 方向导数的计算定理

定理　如果函数 $z=f(x,y)$ 在点 $P_0(x_0, y_0)$ 可微，则该函数在该点沿任意方向 $\boldsymbol{l}$ 的方向导数都存在，且有$\frac{\partial f}{\partial \boldsymbol{l}} = \frac{\partial f}{\partial x}\cos\varphi + \frac{\partial f}{\partial y}\sin\varphi$，其中 φ 为 x 轴正向到方向 $\boldsymbol{l}$ 的转角.

证明　因为函数 $z=f(x,y)$ 在点 $P_0(x_0, y_0)$ 可微，所以

$$\begin{aligned}\Delta z &= f(x_0+\Delta x, y_0+\Delta y)-f(x_0, y_0) \\ &= \left.\frac{\partial f}{\partial x}\right|_{(x_0,y_0)} \Delta x + \left.\frac{\partial f}{\partial y}\right|_{(x_0,y_0)} \Delta y + o(\rho).\end{aligned}$$

两边同时除以 ρ，得到

$$\frac{\Delta z}{\rho}=\frac{\partial f}{\partial x}\bigg|_{(x_0,y_0)}\frac{\Delta x}{\rho}+\frac{\partial f}{\partial y}\bigg|_{(x_0,y_0)}\frac{\Delta y}{\rho}+\frac{o(\rho)}{\rho}.$$

$\because \frac{\Delta x}{\rho}=\cos\varphi,\frac{\Delta y}{\rho}=\sin\varphi,$

$\therefore \frac{\partial f}{\partial \boldsymbol{l}}=\lim\limits_{\rho\to 0}\frac{\Delta z}{\rho}=\frac{\partial f}{\partial x}\cos\varphi+\frac{\partial f}{\partial y}\sin\varphi.$

注:若方向 $\boldsymbol{l}$ 与 x 轴正向夹角为 α,与 y 轴正向夹角为 β,则 $\boldsymbol{l}$ 的单位向量为 $(\cos\alpha,\cos\beta)$,故 $\frac{\partial f}{\partial \boldsymbol{l}}=\frac{\partial f}{\partial x}\cos\alpha+\frac{\partial f}{\partial y}\cos\beta.$

4. 方向导数与偏导数之间的关系

由方向导数定义知,函数 $f(x,y)$ 在点 P_0 沿 x 轴正向的方向导数为 $f_x(x_0,y_0)$,沿 y 轴正向的方向导数为 $f_y(x_0,y_0)$.

函数 $f(x,y)$ 在点 P_0 沿 x 轴负向的方向导数为 $-f_x(x_0,y_0)$,沿 y 轴负向的方向导数为 $-f_y(x_0,y_0)$.

二元函数在点 P 的方向导数和指定方向有关,那么函数沿哪一方向的方向导数最大,即函数沿哪一方向增加的速度最快?

要回答这个问题,需要给出梯度的概念. 下面给出梯度的定义.

5. 梯度的定义

设函数 $z=f(x,y)$ 在平面区域 D 内具有一阶连续偏导数,则对于每一点 $P(x,y)\in D$,都确定一个向量 $\frac{\partial f}{\partial x}\boldsymbol{i}+\frac{\partial f}{\partial y}\boldsymbol{j}$,这个向量称为函数 $z=f(x,y)$ 在点 $P(x,y)$ 的梯度. 记作 $\mathrm{grad}f(x,y)=\frac{\partial f}{\partial x}\boldsymbol{i}+\frac{\partial f}{\partial y}\boldsymbol{j}=\left(\frac{\partial f}{\partial x},\frac{\partial f}{\partial y}\right)$.

分析 $\because \frac{\partial f}{\partial l}=\frac{\partial f}{\partial x}\cos\alpha+\frac{\partial f}{\partial y}\cos\beta=\left(\frac{\partial f}{\partial x},\frac{\partial f}{\partial y}\right)\cdot(\cos\alpha,\cos\beta)=\mathrm{grad}f\cdot \boldsymbol{l}_0=|\mathrm{grad}f|\cos\varphi,$

其中 φ 表示梯度向量 $\mathrm{grad}f$ 与方向 $\boldsymbol{l}$ 的夹角.

当 $\varphi=0$ 时,即梯度向量 $\mathrm{grad}f$ 与方向 $\boldsymbol{l}$ 平行时,$\frac{\partial f}{\partial \boldsymbol{l}}$ 取到最大值 $|\mathrm{grad}f|$.

总结:函数在某点的梯度是这样一个向量:它的方向就是方向导数取得最大值的方向,它的模为方向导数的最大值.

6. 应用举例

例 1 求函数 $z=xe^{2y}$ 在点 $P(1,0)$ 处沿从点 $P(1,0)$ 到点 $Q(2,-1)$ 的方向的方向导数.

解 方法一 方向 $\boldsymbol{l}$ 为 $\overrightarrow{PQ}=(1,-1)$,则 x 轴到方向 $\boldsymbol{l}$ 的转角 $\varphi=-\frac{\pi}{4}$.

$\because \frac{\partial z}{\partial x}=e^{2y},\frac{\partial z}{\partial y}=2xe^{2y},\therefore \frac{\partial z}{\partial x}\bigg|_{(1,0)}=1,\frac{\partial z}{\partial y}\bigg|_{(1,0)}=2.$

$\therefore \frac{\partial z}{\partial \boldsymbol{l}}=1\times\cos\left(-\frac{\pi}{4}\right)+2\times\sin\left(-\frac{\pi}{4}\right)=-\frac{\sqrt{2}}{2}.$

方法二 $\because \boldsymbol{l}$ 的单位向量为$\left(\frac{\sqrt{2}}{2},-\frac{\sqrt{2}}{2}\right)$，$\therefore \frac{\partial z}{\partial \boldsymbol{l}}=1\times\frac{\sqrt{2}}{2}+2\times\left(-\frac{\sqrt{2}}{2}\right)=-\frac{\sqrt{2}}{2}$.

例 2 求函数 $f(x,y,z)=2x^3y-3y^2z$ 在点 $P(1,2,-1)$ 的梯度与函数 $f(x,y,z)$ 沿梯度方向的方向导数.

解 $\because f_x(1,2,-1)=12, f_y(1,2,-1)=14, f_z(1,2,-1)=-12$,

$\therefore \mathrm{grad}f(1,2,-1)=(12,14,-12)$.

方法一：因为梯度的方向余弦为 $\cos\alpha=\frac{12}{22},\cos\beta=\frac{14}{22},\cos\gamma=-\frac{12}{22}$,

所以 $f(x,y,z)$ 沿梯度方向的方向导数为

$$12\times\frac{12}{22}+14\times\frac{14}{22}+(-12)\times\left(-\frac{12}{22}\right)=22.$$

方法二：$f(x,y,z)$ 沿梯度方向的方向导数即为梯度的模

$\therefore |\mathrm{grad}f(1,2,-1)|=\sqrt{12^2+14^2+(-12)^2}=22.$

7. 思政元素的融合渗透

方向导数可以度量函数值沿某方向的变化率. 若使函数值增加最快，则沿梯度方向就是正确的方向. 若使函数值下降最快，则沿梯度的反方向可以达到目标.

当前，以大数据为核心的信息技术正在全球范围内推动着第四次产业革命的进程. 大数据背景下，高等数学教学须融合现代数学及大数据算法的教育理念. 作为一个相对简单的数学工具，梯度下降法现在已经成为大数据算法的基础，而且配合着神经网络点燃了深度学习的革命.

梯度下降法可以用来计算函数的最小值. 它的思路比较简单，就好像在山顶放了一个球，一松手球就会沿山坡最陡峭的地方滚落到谷底，如图 3 所示.

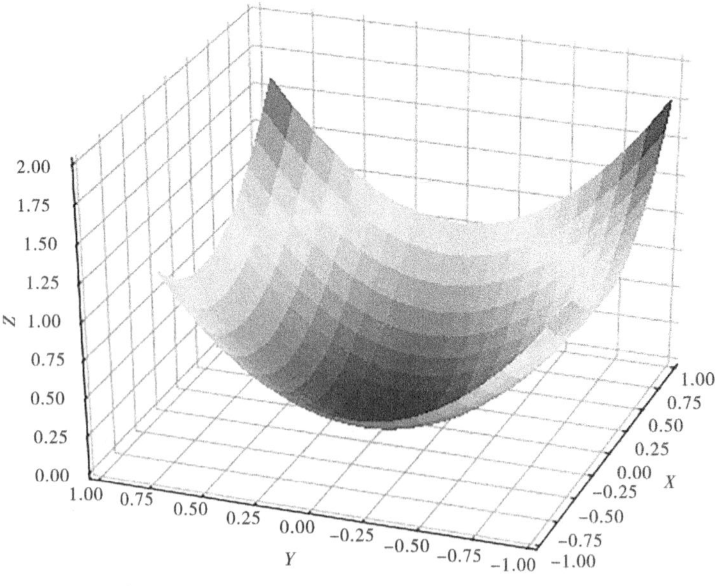

图 3

同学们，方向于我们的人生有着重要的指导作用，没有方向的努力就好比一只被困在玻璃瓶中的昆虫，任凭它怎样扇动翅膀，最后也只能是在玻璃瓶中打转而已．我们都知道“南辕北辙”的故事，有了正确的方向可以做到事半功倍，只有这样努力才更容易成功．人生重要的不是所站的位置，而是所朝的方向．

当今中国，只有坚持和加强党的全面领导，才能保证国家治理体系和治理能力现代化的正确方向．习近平总书记强调：当今世界正经历百年未有之大变局，实现中华民族伟大复兴正处于关键时期．越是接近目标，越是形势复杂，越是任务艰巨，越要发挥中国共产党领导的政治优势和中国特色社会主义的制度优势．在新的历史起点上，河南省的快速发展既是中原出彩的重要篇章，也是中华民族伟大复兴征程中不可或缺的一环，只有坚持和加强党的全面领导，以党的建设培养大德、锻造大能，才能成大业、久业．

8．课堂小结

回顾学习内容：

（1）方向导数与梯度的定义．

（2）求解方向导数与梯度的计算方法．

❖思考与展望❖

目前我们已经学习了方向导数与梯度的定义，这两个概念在实际生活中都有非常重要的作用．因此，建议大家在课后找出方向导数与梯度的实际应用案例．

二重积分的概念与性质

——积极向上的人生态度

李 猛

一、课程目标

(1)知晓二重积分的定义、性质及其相关概念,理解其实质以及蕴含的积分思想.

(2)掌握二重积分的几何意义与物理意义.

(3)理解面积元素在直角坐标系下的另一种表示方式.

(4)从不同背景的实际问题中归纳出统一的理论.

二、教学重点

(1)理解二重积分的概念、性质及其几何意义、物理意义.

(2)掌握用积分的思想求曲顶柱体的体积以及平面薄片的质量.理解“化整为零、以直代曲、无限细分”等经典数学思想.

(3)会应用“分割、近似、求和、取极限”这一系列步骤求解一些相近问题.

(4)培养学生自主探索、自主学习以及实践的能力.

三、教学难点

(1)二重积分定义及其几何意义的理解及应用.其涉及空间立体的切割及计算,要求学生具备较好的空间想象能力,且要对空间曲面及其方程非常熟悉.

(2)二重积分对称性的理解与使用.与定积分相比,二重积分利用积分区域对称性简化积分计算的情况要复杂得多,学生经常出现记忆混淆的情况.

(3)使用二重积分的思想解决其他实际问题.学生一般抽象能力较弱,且会疏于对概念进行深刻理解.因此面对新的问题,大都不能熟练使用积分的思想得到所需的结果.

四、方法分析

本课程大量融入课程思政元素.混合式教学主要以建构主义和掌握学习理论为指导,先自学再讲解讨论的模式更符合人类的认知规律,这对激发学生的情感体验、促进有效提问和主动学习,以及对学生知识的建构等方面有着非常重要的作用.在线上教学方面,建设较完备的网上资源,通过在线视频及测试完成相关内容的预习,采用网络教学平台或微信群进行相关讨论和答疑.根据布鲁姆的教育目标分类法,认知领域的教育目标可以分为六类:记忆、理解、应用、分析、综合以及评价.在传统课堂的讲授式教学中,学生虽然训练了记忆和理解,但未涉及综合与评价部分.而记忆与理解等比较初级的目标则大多可以在线上完成.在线下教学方面,针对线上测试错误较多的点侧重讲解,将教学重点放在实现更高阶的目标上，如通过分组讨论、自评与互评、布置开放性的大作业等，培养学生自主思考的能力，更多地去探究在解决实际问题中应如何使用所学知识.

五、案例设计与教学过程

1. 创设情景：冰山体积的计算

全球变暖导致冰山融化，致使海平面上升（图 1），对沿海城市产生了极大的威胁. 如何根据卫星观测得到的数据，测算出冰山减少的体积和融解速度？

图 1

引导：

（1）从几何上来看，冰山可以近似看成是一些曲顶柱体的体积之和.

（2）如何计算曲顶柱体的体积？

（3）是否可借鉴定积分中求曲边梯形面积的方法？（二维至三维）

2. 定积分回顾

定积分的定义：设 $f(x)$ 在 $[a,b]$ 有界.

（1）分割：在区间 $[a,b]$ 中任意插入若干个分点：$a=x_0<x_1<x_2<\cdots<x_{n-1}<x_n=b$，记 $\Delta x_i=x_i-x_{i-1}$，$1\leqslant i\leqslant n$.

（2）近似：任取 $\xi_i\in[x_{i-1},x_i]$，$1\leqslant i\leqslant n$，作乘积 $\Delta S_i=f(\xi_i)\Delta x_i$，为近似矩形的面积.

（3）求和：计算近似矩形面积的和 $S_n=\sum\limits_{i=1}^{n}f(\xi_i)\Delta x_i$.

（4）取极限：令 $\lambda=\max\limits_{1\leqslant i\leqslant n}\Delta x_i$，若极限

$$\lim_{\lambda\to 0}f(\xi_i)\Delta x_i$$

总存在，记为 I. 我们就称这个极限 I 为函数 $f(x)$ 在区间 $[a,b]$ 上的定积分，即

$$\int_a^b f(x)\,\mathrm{d}x=I=\lim_{\lambda\to 0}f(\xi_i)\Delta x_i.$$

定积分的几何意义：当 $f(x)>0$，$\int_a^b f(x)\,\mathrm{d}x$ 表示曲线 $y=f(x)$，$x=a$，$x=b$ 与 x 轴所围成

的曲边梯形的面积,如图 2 所示.

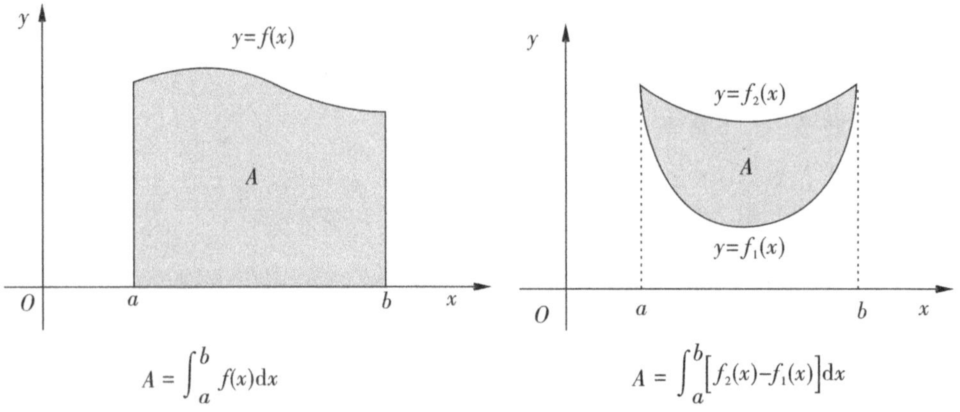

图 2

3. 引例:曲顶柱体的体积

如图 3,假设一空间立体 Ω 的底为 xOy 面上的有界区域 D,侧面是以 D 的边界曲线为准线、母线平行于 z 轴的柱面,顶为曲面 $z=f(x,y)$ $(f(x,y)\geqslant 0)$,我们称这种空间立体为曲顶柱体.

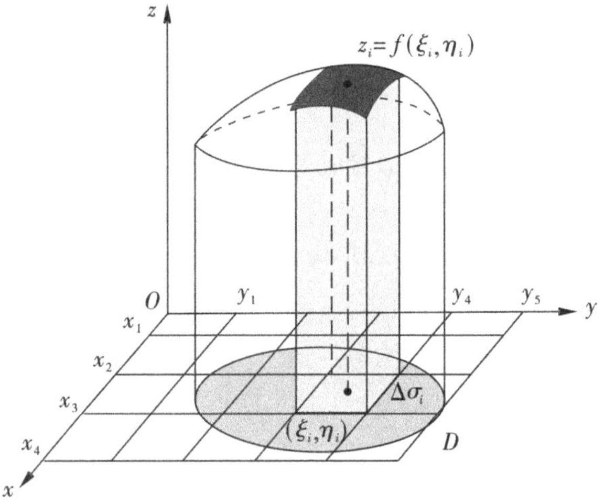

图 3

提出问题:对于平顶柱体(即地面任一点至顶部的距离是相等的),如长方体、圆柱体等的体积都可以用底面积乘以高求得,那像上述这类曲顶柱体的体积应如何求得?

分析　类比于平面上的情况,矩形相当于三维空间中的长方体,曲边梯形即相当于曲顶柱体,参照定积分中求曲边梯形面积的过程,设计如下步骤计算曲顶柱体的体积 V.

(1)分割(化整为零):采用任意一组曲线网将区域 D 剖分成 n 个小区域 $\Delta\sigma_1$, $\Delta\sigma_2,\cdots,\Delta\sigma_n$,以这些小区域的边界曲线为准线,作母线平行于 z 轴的柱面,这些柱面将

原来的曲顶柱体 Ω 分划为 n 个小曲顶柱体 $\Delta\Omega_1,\Delta\Omega_2,\cdots,\Delta\Omega_n$. 我们假设 $\Delta\Omega_i$ 为 $\Delta\sigma_i$ 所对应的曲顶柱体. 为方便起见,$\Delta\Omega_i$ 和 $\Delta\sigma_i$ 也分别表示第 i 个小曲顶柱体的体积值以及第 i 个小区域的面积值. 因此,

$$V=\sum_{i=1}^{n}\Delta\Omega_i.$$

(2)近似(以直代曲):由于 $f(x,y)$ 在区域 D 上是连续的,则对于每小区域来说,函数值的变化不大. 这样,我们可以将第 i 个小曲顶柱体近似地看作一平顶柱体. 因此,我们有以下近似:

$$\Delta\Omega_i\approx f(\xi_i,\eta_i)\Delta\sigma_i,(\xi_i,\eta_i)\in\Delta\sigma_i.$$

(3)求和(积零为整):整个曲顶柱体的体积近似值为

$$V\approx\sum_{i=1}^{n}f(\xi_i,\eta_i)\Delta\sigma.$$

(4)取极限(无限细分):为得到 V 的精确值,只需让这 n 个小区域越来越小,即让每个小区域向某点无限收缩. 引入区域直径的概念:闭区域的直径是指该区域上任意两点距离的最大者. 在这里我们假设 n 个小区域直径的最大值为 λ,进而定义

$$V=\lim_{\lambda\to0}\sum_{i=1}^{n}f(\xi_i,\eta_i)\Delta\sigma_i.$$

❖思政元素❖

1. "化整为零、以直代曲、积零为整、无限细分"等思想,实际上是我国古代的经典思想,是璀璨中华文明的一个侧面. 如"曹冲称象"的故事就是"化整为零""积零为整"思想的体现. 而在定积分几何意义中学过的,用矩形近似曲边梯形的面积就是"以直代曲"思想的体现,只是由平面图形换成了立体图形等.

2. "分割"和"求和",实质上是初等数学方法的体现,具体讲就是初等数学方法中形式逻辑思维的体现. 而第三步"取极限"则蕴含了变量数学中的丰富的辩证逻辑思维,这才使得初等数学无法解决的问题柳暗花明,别开洞天! 这反映了人类思维从形式逻辑向辩证逻辑的跨越,是人类的认识能力由低级向高级的发展. 积分中的极限方法使有关常量与变量、近似与精确、变与不变等矛盾的对立双方相互转化,从而化未知为已知,体现了对立统一法则.

3. 定积分是微积分中的一个重要概念,从思想政治教育的角度来理解,可以联想到一些富有启发意义的比喻和类比:

(1)集体共同奋斗的积累:定积分可以看作是一个区间内函数曲线下的面积,类比为集体成员在一段时间内的共同努力所累积的成果. 这种类比可以强调集体合作、共同奋斗的重要性,通过每个人的微小贡献,最终形成了积极的积累.

(2)全面发展、平衡发展:定积分涉及对一个区间内的各个部分进行考量,类似于社会中各个方面的全面发展. 通过区间内的积分,我们可以思考如何在不同领域实现平衡发展,避免局部过度集中而导致整体失衡.

(3)价值共享、社会公平:定积分可以看作是函数曲线下面积的总和,类似于社会中

资源和财富的分配.这可以引发对于财富公平分配、资源共享等问题的思考,提醒我们在社会建设中追求更大的公平和包容.

(4)积极向上的人生态度:在计算定积分时,需要将曲线下的面积看作是许多微小的部分的累积.这可以引发对于积极、主动、逐步积累的人生态度的思考.就像通过微小的努力逐步积累成就,我们可以在生活中追求更高目标.

三重积分的概念和性质

——以大化小,积零为整

刘 欢

一、课程内容

(1)三重积分概念的引入举例.

(2)三重积分的定义和性质.

二、思政内容

(1)与定积分、二重积分类似,三重积分的灵魂思想仍是“分割、近似、求和、取极限”——以大化小,化整为零,积零为整.这蕴含着直与曲、近似与准确、特殊与一般、整体与局部的辩证思想,体现了“不积跬步,无以至千里;不积小流,无以成江海”“勿以恶小而为之,勿以善小而不为”“积小德才能成大德”的人生哲理.

(2)通过回顾我国古代数学家刘徽提出的割圆术,展示经典成语故事曹冲称象视频,提出贴近学生的生活实例——如何求解不规则面包块体积,让学生了解到我国悠久的数学文化历史,增强学生的民族自信心和自豪感,培养学生的爱国情怀、温故知新的学习方法,使数学理论知识变得“看得见、摸得着”,打破“数学无用论”的消极思想,不断提高学生的思想水平、政治觉悟、道德品质、文化素养.

(3)培养学生自主学习的能力、分析和解决问题的能力、团队协作的能力、学以致用的能力等,在潜移默化间培养学生的问题意识、初步的科研意识、团队意识,为学生今后的学习和发展打下坚实的基础.

三、案例设计与教学过程

1. 知识回顾

首先对目前已经学习过的极限和积分知识进行知识回顾,包括极限、定积分和二重积分的概念、性质、应用和计算.

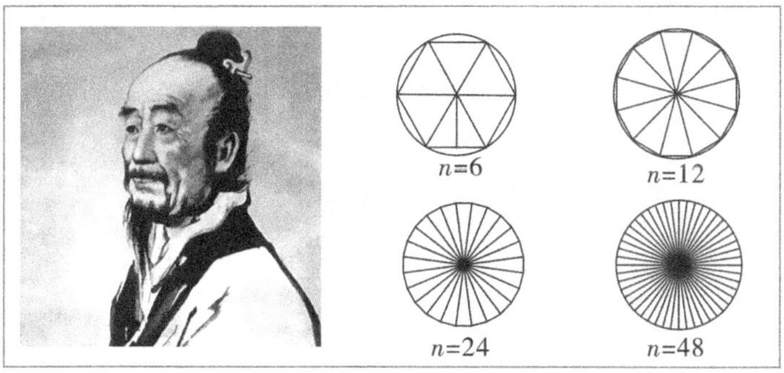

通过回顾我国古代数学家刘徽提出的割圆术,一方面,能够使学生更加深刻理解极限是一种研究变量变化趋势的数学方法,深刻感受到数学中蕴含的量变和质变统一的哲学思想,更能够让学生了解到我国悠久的数学文化历史,弘扬文化自信;另一方面,以学生熟知的极限概念入手,减少其对本节课的畏惧情绪,并引导对极限概念(图1)进一步挖掘,结合所学定积分、二重积分的知识,再次重申微分与积分是从局部与整体、近似与精确等不同视角研究事物变化的性质,通过极限思想将两者对立地统一起来,为我们提供了认识和改造世界的科学方法论,微分和积分两者转换的基本手段就是微元法.

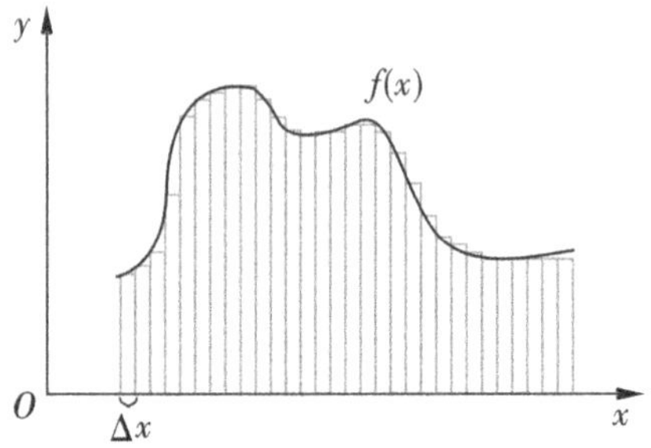

图1

2. 抛出问题

从定积分、二重积分可解决的实际问题入手,建立知识框架,抛出本节内容:不均匀细直木棒的质量可用定积分求解,不均匀平面薄片的质量可用二重积分求解,顺势提出不均匀空间几何体的质量如何求解呢?(图2)

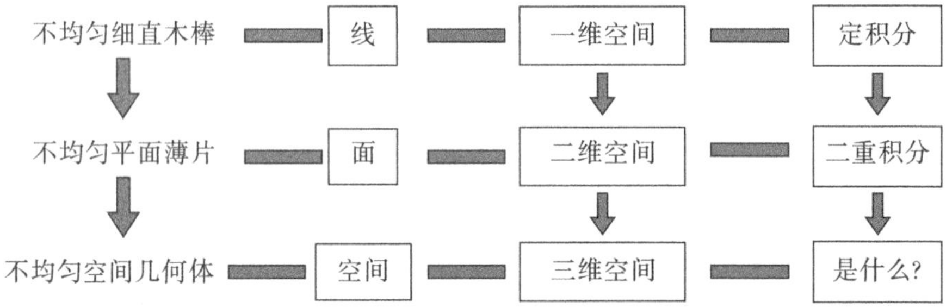

图2

3. 案例导入

不均匀空间几何体的质量是“变化”的问题,为了引导学生探索,引入“曹冲称象”(图3)的故事.

图3

(1)问题驱动.

选取学生耳熟能详的成语故事——曹冲称象,激发学生的学习兴趣,引导学生分组讨论:

"如何用数学的语言描述曹冲称象的过程"?

第一步:直接对大象称重很难实现.

第二步:利用物理知识阿基米德定律,用等量替换法将问题转化为称与大象等重的石块的质量.

第三步:直接称取石头的质量.

将思路总结如图4.

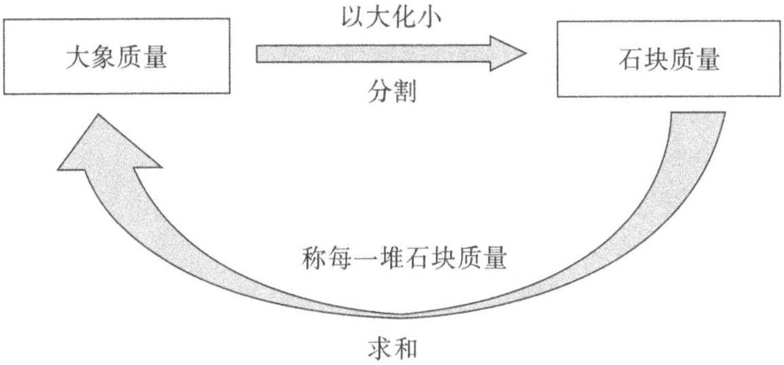

图4

通过让学生观看"曹冲称象"视频,激发学生的学习兴趣,可大大提升学生的课堂参与度,并且提高学生的民族自豪感和自信心,激发学生对数学研究的科学精神和爱国情怀;启发学生遇见事情要善于动脑筋、想办法,体会这种以大化小、以整化零、积零为整、分而治之的解决问题的思维方式.

(2)问题延伸.

问题提出:能否给出空间中任何不均匀物体质量的求解思路呢?比如如何求下面这样的一块面包的质量呢?根据"曹冲称象"以大化小的启示,结合定积分和重积分分别解决不均匀细直木棒和平面薄片的质量的思路,可以将整块面包进行切片,求每片面包的质量,再求和进行求解,具体如图5所示.

图5

4. 引入新课

知识点 1:三重积分的概念

回到最初问题:如何用数学的语言描述空间中不均匀物体质量的求解过程呢?

组织学生小组交流,随机选择一个组的组员代表汇报,并总结过程:分割、近似、求和、取极限,这与定积分、二重积分的过程类似,类比这两类积分的定义,引导学生得出三重积分的概念,如图 6. 这样分组讨论可提高同专业不同班级学生之间的交流度,增强学生交流能力;提高学生温故知新、知识迁移的能力.

定义

设$f(x,y,z)$是空间有界闭区域Ω上的有界函数.
将Ω任意分成n个小闭区域$\Delta v_1, \Delta v_2, \cdots, \Delta v_n$,
其中Δv_i表示第i个小闭区域,也表示它的体积.
在每个Δv_i上任取一点(ξ_i, η_i, ζ_i),作乘积$f(\xi_i, \eta_i, \zeta_i)\Delta v_i (i=1,2,\cdots,n)$,并作和

$$\sum_{i=1}^{n} f(\xi_i, \eta_i, \zeta_i)\Delta v_i .$$

若当各小闭区域直径中的最大值$\lambda \to 0$时,这和的极限总存在,且与闭区域Ω的分法及点(ξ_i, η_i, ζ_i)的取法无关,则称此极限为函数$f(x,y,z)$在区域Ω上的三重积分.

图 6

知识点 2:三重积分的性质

带领学生一同回顾定积分和二重积分的概念和性质,指出这两类积分的概念和性质完全类似,共有七个性质. 根据三重积分和这两种积分的概念完全一致,类比定积分、二重积分的性质,组织学生小组讨论推演三重积分的性质,旁听各小组的讨论情况并针对性指导. 根据学生小组讨论的情况梳理总结,如图 7 所示,提高学生自主学习能力,以及举一反三的能力.

三重积分的性质与二重积分相似. 例如

(1) $\iiint\limits_{\Omega} 1\,\mathrm{d}v = V$,其中$V$是$\Omega$的体积.

(2) 三重积分的中值定理

设$f(x,y,z)$在有界闭域Ω上连续,V为Ω的体积,

则存在$(\xi, \eta, \zeta) \in \Omega$,使得$\iiint\limits_{\Omega} f(x,y,z)\mathrm{d}v = f(\xi, \eta, \zeta)V$.

图 7

5. 促进迁移

引导学生以小组为单位，自主探究下面三重积分如何计算，提高学生学以致用的能力.

设 $\Omega: x^2+y^2+z^2\leqslant 1$，计算：

$$\iiint\limits_{\Omega}\frac{z\ln(x^2+y^2+z^2+1)}{x^2+y^2+z^2+1}\mathrm{d}v.$$

6. 课堂小结

同学们，今天我们学习了三重积分的概念和性质，从“割之弥细，失之弥少”的割圆术、“以大化小”的“曹冲称象”故事由浅入深出发，借助于定积分和二重积分的思想，通过分割、近似、求和、取极限四个步骤，探索出三重积分的概念，进一步得出三重积分的性质. 在这个过程中，我们初步培养了提出问题、分析问题、解决问题的科研意识和能力，更被我国悠久的数学文化历史深深触动，我们将更加热爱我们的祖国. 在学习过程中，我们也感受到了积分蕴含的“以大化小、积零为整”的数学思想，这展现了对立统一的哲学思想. 其实，我们实现人生大目标时，也可以采取以大化小的思想，将大目标尽可能分成若干个小目标来完成，把很多复杂的事情也可以划分为若干件简单的事情来做，树立“积跬步以至千里”的思想意识. 我们要明白积少成多、聚沙成塔的道理，事物总是处于不断地变化过程中，当事物的量变积累到一定的程度就会发生质变，要牢记“勿以恶小而为之，勿以善小而不为”.

❖思考与展望❖

目前我们学习了三重积分的概念和性质，会利用性质计算某些特别的三重积分，那更一般的三重积分怎么计算呢？

格林公式

——大胆猜想,小心求证,科学才能充满勃勃生机

郭红霞

一、课程内容

(1)教学的重点是格林公式的推导过程和应用.

(2)教学的难点是如何正确理解格林公式(包括公式成立的条件、公式的本质以及它与牛顿-莱布尼茨公式的关系等).

二、思政内容

从事科学研究,大胆猜想需要勇气和智慧,小心求证需要耐心和汗水.只有经过猜想和求证,科学之花才能结出丰硕的果实.在科学的发展历史上,不断有科学家提出新的猜想,这是非常正常的情况.大胆的创新被充分鼓励,但是科学又有非常严谨的一面,猜想需要充分的证据才能成为被学术界接受的理论,这个容不得一点偷工减料.因此大胆猜想,小心求证,科学才能充满勃勃生机.

三、案例设计与教学过程

这一节课我们来学习非常重要的一个公式:格林公式,它是牛顿-莱布尼茨公式在二维的推广.它是由英国数学家、物理学家 George Green(1793—1841)在 1828 年发现的.

在一元微积分中,有一个非常重要的牛顿-莱布尼茨公式,它被称为微积分的基本公式.它告诉我们在区间$[a,b]$上的连续可导函数$f'(x)$在$[a,b]$上的积分可通过原函数$f(x)$在端点的函数值计算,即

$$\int_a^b f'(x)\,\mathrm{d}x = f(b) - f(a).$$

对于二重积分和曲线积分,同学们不妨大胆猜想一下,平面闭区域 D 上的二重积分是否可以通过其边界曲线上的曲线积分来表示呢?

由牛顿-莱布尼茨公式可知,对给定的点 $y\in[c,d]$,当$\frac{\partial Q(x,y)}{\partial x}$关于 x 在区间$[\varphi_1(y),\varphi_2(y)]$上连续时,有$\int_{\varphi_1(y)}^{\varphi_2(y)}\frac{\partial Q(x,y)}{\partial x}\mathrm{d}x = Q(\varphi_2(y),y) - Q(\varphi_1(y),y)$.

若$\frac{\partial Q(x,y)}{\partial x}$,$Q(x,y)$和$\varphi_1(y)$,$\varphi_2(y)$关于 y 在区间$[c,d]$上连续,则有

$$\int_c^d \mathrm{d}y\int_{\varphi_1(y)}^{\varphi_2(y)}\frac{\partial Q(x,y)}{\partial x}\mathrm{d}x = \int_c^d Q(\varphi_2(y),y)\,\mathrm{d}y - \int_c^d Q(\varphi_1(y),y)\,\mathrm{d}y.$$

注意到式子左边等于$\frac{\partial Q}{\partial x}$在 Y 型域 $D=\{(x,y)\mid \varphi_1(y)\leqslant x\leqslant\varphi_2(y),c\leqslant y\leqslant d\}$上的二重

积分 $\iint\limits_{D}\frac{\partial Q(x,y)}{\partial x}\mathrm{d}x\mathrm{d}y$，而右端第一项为 $Q(x,y)$ 在区域 D 的部分边界 AB 上的第二类曲线积分 $\int_{\widehat{AB}}Q(x,y)\,\mathrm{d}y$，第二项为 $Q(x,y)$ 在另一部分边界 $\widehat{CE}$ 上的和二类曲线积分 $\int_{\widehat{CE}}Q(x,y)\,\mathrm{d}y$. $\int_{\overline{BC}}Q(x,y)\,\mathrm{d}y=\int_{\overline{EA}}Q(x,y)\,\mathrm{d}y=0$，若记 L 为区域 D 的边界，方向取正向，如图 1 所示，则 $\iint\limits_{D}\frac{\partial Q(x,y)}{\partial x}\mathrm{d}\sigma=\oint_{L}Q(x,y)\,\mathrm{d}y$.

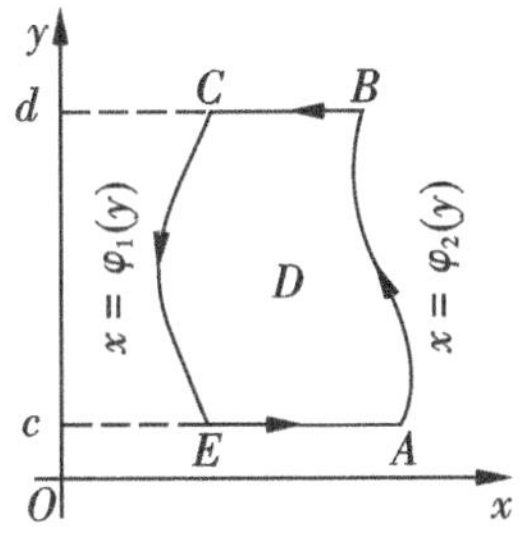

Y型域

图 1

类似可知，当 D 为 Y 型区域时，有 $\iint\limits_{D}\left(\frac{\partial P(x,y)}{\partial y}\right)\mathrm{d}x\mathrm{d}y=\oint_{L}P(x,y)\,\mathrm{d}x$. 因此，当 D 既是 X 型又是 Y 型的平面单连通区域时，L 为 D 取正向的边界，上面两式相加得到

$$\oint_{L}(P\mathrm{d}x+Q\mathrm{d}y)=\iint\limits_{D}\left(\frac{\partial Q}{\partial x}-\frac{\partial P}{\partial y}\right)\mathrm{d}x\mathrm{d}y.$$

这就是著名的格林公式.

问题 1：当 D 是一般的平面单连通域时，格林公式成立吗？

问题 2：当 D 是一般的复连通域时，格林公式还成立吗？（启发学生思考）

提醒学生数学上常用到的解题思想是化未知为已知，所以利用添加辅助线的方法可以将一般单连通区域转化为若干个既是 X 型区域又是 Y 型区域的并，而复连通区域又可以转化为单连通区域. 具体证明过程留给学生课下练习.

定理（格林公式）：设平面有界闭区域 D 由有限条分段光滑曲线 L 围成，L 取正向，$P(x,y)$，$Q(x,y)$ 在 D 上连续，且偏导数 $P_y(x,y)$ 和 $Q_x(x,y)$ 在 D 上存在且连续，则

$$\oint_{L}(P\mathrm{d}x+Q\mathrm{d}y)=\iint\limits_{D}\left(\frac{\partial Q}{\partial x}-\frac{\partial P}{\partial y}\right)\mathrm{d}x\mathrm{d}y.$$

格林公式的实质是建立了沿封闭曲线的积分与二重积分之间的联系. 它是牛顿-莱布尼茨公式的推广.

在使用格林公式时一定要注意三个条件：曲线是否闭合；若是闭合曲线，是否为所围区域的正向边界；两个函数在所围区域内是否连续，是否存在相应的连续偏导数. 若其余条件都满足，只是负向边界的话，格林公式仍然可以使用，只需在二重积分前面加上负号即可.

例 1 计算 $\oint_L x\mathrm{d}y - y\mathrm{d}x$，其中 L 为有界闭区域 D 的正向边界条件，A 为区域 D 的面积.

解 显然格林公式的三个条件都满足，由格林公式即得

$$\oint_L x\mathrm{d}y - y\mathrm{d}x = \iint_D [1-(-1)]\mathrm{d}x\mathrm{d}y = 2A.$$

这就提供了求平面面积的另一种方法：$A = \dfrac{1}{2}\oint_L x\mathrm{d}y - y\mathrm{d}x = \oint_L x\mathrm{d}y = -\oint_L y\mathrm{d}x$.

例 2 设 L 为椭圆 $\dfrac{x^2}{4}+\dfrac{y^2}{9}=1$，并取逆时针方向，计算曲线积分：

$$I = \oint_L (3y - \mathrm{e}^{\sin x})\mathrm{d}x + (5x + \sqrt{1+y^2})\mathrm{d}y.$$

解 此题如果用曲线积分计算公式直接计算会异常复杂，但是使用格林公式会很简单.

记 $P(x,y)=3y-\mathrm{e}^{\sin x}$，$Q(x,y)=5x+\sqrt{1+y^2}$，$L$ 所围成的椭圆域为 D，根据格林公式，有 $I = \iint_D \left(\dfrac{\partial Q}{\partial x} - \dfrac{\partial P}{\partial y}\right)\mathrm{d}\sigma = \iint_D (5-3)\mathrm{d}\sigma = 12\pi$.

例 3 设 L 为圆 $(x-a)^2+y^2=a^2(a>0)$ 的上半圆周，方向为从 $A(2a,0)$ 到 $O(0,0)$，计算曲线积分 $\oint_L (\mathrm{e}^x\sin y - 2y)\mathrm{d}x + (\mathrm{e}^x\cos y - 2)\mathrm{d}y$.

解 注意到 $\dfrac{\partial Q}{\partial x}=\mathrm{e}^x\sin y-2y$，$\dfrac{\partial P}{\partial y}=\mathrm{e}^x\cos y-2$，但是曲线不是闭合曲线，不能用格林公式. 添加辅助线 L_1 为直线段 $\overline{OA}$，则 $L+L_1$ 为闭合曲线，并且恰为所围区域 D 的正向边界(图 2). 由格林公式

$$\oint_{L+L_1} (\mathrm{e}^x\sin y - 2y)\mathrm{d}x + (\mathrm{e}^x\cos y - 2)\mathrm{d}y = \iint_D \left(\frac{\partial Q}{\partial x} - \frac{\partial P}{\partial y}\right)\mathrm{d}x\mathrm{d}y = \iint_D 2\mathrm{d}x\mathrm{d}y = \pi a^2.$$

所以 $\oint_L (\mathrm{e}^x\sin y - 2y)\mathrm{d}x + (\mathrm{e}^x\cos y - 2)\mathrm{d}y = \pi a^2 - \oint_{L_1} (\mathrm{e}^x\sin y - 2y)\mathrm{d}x + (\mathrm{e}^x\cos y - 2)\mathrm{d}y = \pi a^2$.

注意到 L_1 的方程为 $y=0$，$x:0\to 2a$. 因此 L_1 上的曲线积分为 0.

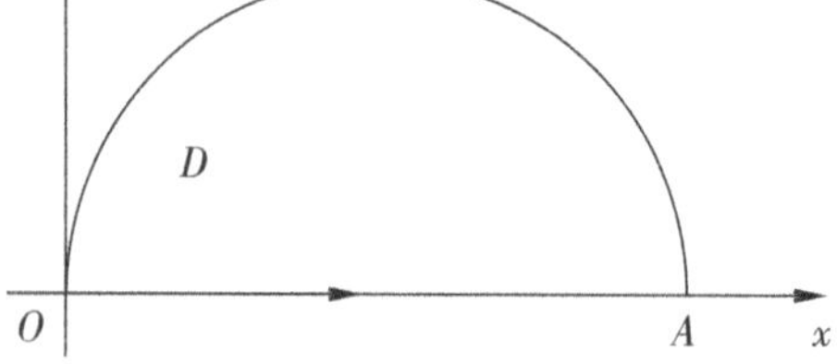

图 2

注记 当定向积分路径不封闭时，通过补线使其成为闭曲线积分，然后使用格林公式进行计算，这种技巧通常成为“补”，是计算第二类曲线积分的基本方法，应熟练掌握．所补的曲线应使曲线积分计算简单．

例4 设 L 为不过原点的简单闭合曲线，方向为逆时针方向，求 $\oint_L \frac{x\mathrm{d}y - y\mathrm{d}x}{x^2+y^2}$.

解 设 L 所围区域为 D. 令 $P=\frac{-y}{x^2+y^2}, Q=\frac{x}{x^2+y^2}$. 显然在 $x^2+y^2\neq 0$，这两个函数都连续，且有一阶连续的偏导数，而且 $\frac{\partial Q}{\partial x}=\frac{\partial P}{\partial y}=\frac{y^2-x^2}{(x^2+y^2)^2}$. 分情况讨论：

(1) 原点不在曲线 L 所围区域 D 中，此时定理条件都满足，故有

$$\oint_L \frac{x\mathrm{d}y - y\mathrm{d}x}{x^2+y^2} = \iint_D\left(\frac{\partial Q}{\partial x}-\frac{\partial P}{\partial y}\right)\mathrm{d}\sigma = 0.$$

(2) 原点在曲线 L 所围区域 D 中，此时函数在原点处不可偏导，不能直接使用格林公式. 如图3所示，作辅助线 $l: x^2+y^2=\varepsilon^2$，方向为顺时针方向，其中 ε 很小使得 l 所围圆域包含在 D 内，L 和 l 共同围成复连通域 D_1. 在 D_1 上应用格林公式得

$$\oint_{L+l} \frac{x\mathrm{d}y - y\mathrm{d}x}{x^2+y^2} = \iint_{D_1}\left(\frac{\partial Q}{\partial x}-\frac{\partial P}{\partial y}\right)\mathrm{d}\sigma = 0.$$

因此 $\oint_L \frac{x\mathrm{d}y - y\mathrm{d}x}{x^2+y^2} = -\oint_l \frac{x\mathrm{d}y - y\mathrm{d}x}{x^2+y^2}$. 曲线 l 所围区域的面积为 $\pi\varepsilon^2$，因此

$$\begin{aligned}\oint_L \frac{x\mathrm{d}y - y\mathrm{d}x}{x^2+y^2} &= -\oint_l \frac{x\mathrm{d}y - y\mathrm{d}x}{x^2+y^2}\\ &= -\frac{1}{\varepsilon^2}\oint_l x\mathrm{d}y - y\mathrm{d}x\text{（注意 } l \text{ 为顺时针方向）}\\ &= -\frac{-2\pi\varepsilon^2}{\varepsilon^2}\\ &= 2\pi.\end{aligned}$$

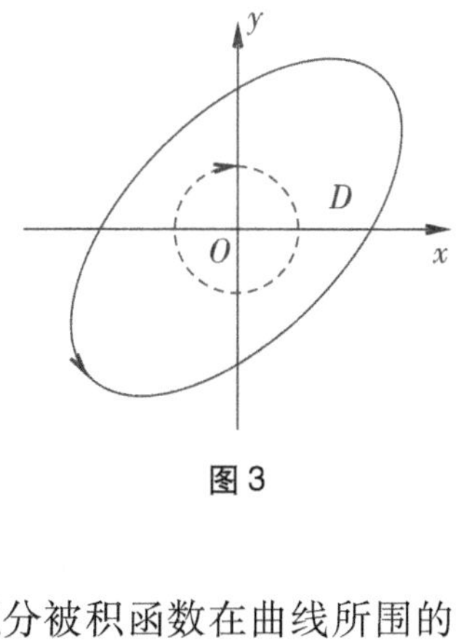

图3

注记 当所计算的曲线积分被积函数在曲线所围的区域内有使被积函数不可导的点（称为奇点）时，通常采用此例的方法，这种方法称为“挖”，具体使用什么曲线“挖”要视被积函数分母的特点进行.

四、思考题

我们把牛顿-莱布尼茨公式推广到二维得到格林公式，那么能否把格林公式推广到三维空间中呢？请同学们大胆猜想，能否建立空间闭区域上的三重积分与其边界曲面上的曲面积分之间的关系.这正是下一节要讲的高斯公式.

❖思考与展望❖

这一节采用启发式的教学思想，探究式的教学方法，在格林公式定理推导以及格林公式的应用等教学全过程中引导学生进行主动探究，在定理的学习过程中还原定理的发现思路，培养学生发现问题的能力；在定理证明推导中引导学生进行主动探究，让学生体验和实践“研究”过程，培养学生研究问题的兴趣和能力；在定理的应用中鼓励学生深入挖掘，对知识和方法进行归纳、总结，使所学知识得到升华.

常数项级数的概念

——不积跬步，无以至千里；不积小流，无以成江海

耿志超

一、课程内容

(1)常数项级数的概念.

(2)常数项级数的性质.

(3)典型的常数项级数.

(4)常数项级数的常见求和方法.

二、思政内容

(1)引入哲理名言“不积跬步，无以至千里；不积小流，无以成江海”，培养学生持之以恒、勇于探索、敢于创新的精神.

(2)介绍我国古代和近现代在相关领域中的贡献，厚植爱国主义情怀，让爱国主义精神在学生心中牢牢扎根，增强其民族自豪感，树立文化自信.

三、案例设计与教学过程

1. 用两个形象例子引入“级数问题”

引例1　一只虫子从1 m长绳子的一端向另一端爬行，第1 s爬行了0.5 m，以后每秒爬行的距离都是上一秒爬行距离的一半，问：虫子能爬到绳子的另一端吗?

引例2　一只虫子从1 m长的橡皮绳的一端以1 cm/s的速度爬向另一端，在1 s之后，橡皮绳拉长1 m，再过1 s，橡皮绳再拉长1 m，如此下去. 问：虫子最终能爬到绳子的另一端吗?

引例1中描述的问题等同于著名的“截丈问题”. 春秋战国时期的哲学家庄子在《庄子·天下篇》中说到“一尺之棰，日取其半，万世不竭”. 引例1可以表示为下列无限多个数之和：

$$\frac{1}{2}+\frac{1}{4}+\frac{1}{8}+\cdots+\frac{1}{2^n}+\cdots(n\in\mathbf{Z})$$

在课程讲到此处时，可引入哲理名言“不积跬步，无以至千里；不积小流，无以成江海”，其含义为“行程千里，都是一步一步积累的；无边江海，都是一个个小溪小河汇聚而成的”. 由此鼓励学生做事要脚踏实地，从一点一滴做起，一步一个脚印，最终才能达到目的，有所成就.

引例1中描述的问题也类似于著名的“割圆术”. 魏晋时期的数学家刘徽首创“割圆术”，来求圆的面积或圆周率. 他在《九章算术注》一书的“方田章”中写到“割之弥细，所

失弥少，割之又割，以至于不可割，则与圆合体，而无所失矣.”也就是说，当圆内接正多边形的边数无限增加的时候，它的周长的极限就是圆周长，其面积的极限就是圆面积.

上述我国古代历史上的两个例子，都暗含了朴素的无穷思想或极限思想，彰显了中国古人伟大的智慧和创造力，借此可激励学生树立文化自信.

引例2中描述的问题又称“蠕虫悖论”. 根据直觉，蠕虫绝不可能爬到橡皮绳的另一端. 可是，如果按照下面的分析，则可得相反的结论“蠕虫能够成功爬到橡皮绳的另一端”.

第1 s，蠕虫爬行了橡皮绳的$\frac{1}{100}$；第2 s，蠕虫又爬行了橡皮绳的$\frac{1}{200}$，…… 依此类推，第n s，蠕虫爬行了橡皮绳的$\frac{1}{n\times100}$. 从而，前n s，蠕虫爬行总路程占橡皮绳的：

$$\frac{1}{100}\times\left(\frac{1}{2}+\frac{1}{3}+\frac{1}{4}+\cdots+\frac{1}{n}\right)$$

$$=\frac{1}{100}\times\left[\frac{1}{2}+\left(\frac{1}{3}+\frac{1}{4}\right)+\left(\frac{1}{5}+\frac{1}{6}+\frac{1}{7}+\frac{1}{8}\right)+\cdots+\left(\frac{1}{2^{n-1}+1}+\frac{1}{2^{n-1}+2}+\cdots+\frac{1}{2^n}\right)\right]$$

$$>\frac{1}{100}\times\left[\frac{1}{2}+\left(\frac{1}{4}+\frac{1}{4}\right)+\left(\frac{1}{8}+\frac{1}{8}+\frac{1}{8}+\frac{1}{8}\right)+\cdots+\left(\frac{1}{2^n}+\frac{1}{2^n}+\cdots+\frac{1}{2^n}\right)\right]>\frac{n}{200}.$$

由此可推断，至多经过200 s，蠕虫即可到达橡皮绳的另一端.

类似的悖论还有“芝诺悖论”“阿基里斯悖论”等. 这些悖论暴露了当时的人们由于不能搞清楚“无限性”概念所遭遇的尴尬困境. 在没有极限等抽象概念支撑的情况下，当时的人们并不能严格准确地解释这究竟是诡辩还是真理. 不过，从某种程度上讲，也正是这些悖论促进了级数相关理论的创立、完善与发展.

2. 常数项级数的定义

(1)常数项级数：假设$\{u_n\}$是一个数列. 无穷多个数$u_1,u_2,\cdots,u_n$按次序相加，即

$$\sum_{n=1}^{\infty}u_n=u_1+u_2+\cdots+u_n+\cdots,$$

称为无穷级数，简称级数.

众所周知，有限多个数相加有明确的意义，即求它们的和. 那么无穷多个数相加的意义又是什么呢？自然的想法当然也是求它们的和. 但是，这样一来，新的问题又出现了. 任意无穷多个数的和都是存在的吗？或者说，任意无穷多个数相加的结果仍然是一个数吗？能像求有限多个数的和那样求无穷多个数的和吗？

为了解决上述问题，数学家们经过艰难的探索和严密的逻辑思考，最终建立了如下的关于级数的收敛性的理论.

(2)常数项级数的收敛性：

$$\sum_{n=1}^{\infty}u_n=u_1+u_2+\cdots+u_n+\cdots,$$

级数的前n项和$s_n=u_1+u_2+\cdots+u_n$称为该级数的部分和，$\{s_n\}$称为该级数的部分和数列. 如果部分和数列$\{s_n\}$存在极限，即

$$\lim_{n\to\infty}s_n=s,$$

则称该级数收敛,极限 s 称为级数 $\sum_{n=1}^{\infty} u_n$ 的和,记为 $s=u_1+u_2+\cdots+u_n+\cdots$, $r_n = s-s_n=u_{n+1}+\cdots$ 称为级数的余项. 如果部分和数列 $\{s_n\}$ 没有极限,则称该级数发散.

从上述收敛性定义可以看出,研究级数的基本思路是:以极限作为工具,关注部分和数列的极限,用"有限"逼近"无限". 本质上,常数项级数问题就是一个特殊的极限问题. 更深层次上,级数收敛性的定义也揭示了"有限"与"无限"之间的辩证关系;"有限项求和"体现量变,而"无穷项求和"则体现质变,量变和质变是事物变化的两种基本状态和形式,两者相互作用、相互转化. 这也使得有限多个数求和的运算法则及运算律不能直接不加改变地推广应用到无穷多个数求和问题中. 多数悖论的产生恰恰就是源自将有限多个数求和的方法直接用在了无穷多个数的求和中.

3. 常数项级数的重要性质

常数项级数有下面几个基本性质:

性质 1(齐次性):如果级数 $\sum_{n=1}^{\infty} u_n$ 收敛于 s,则级数 $\sum_{n=1}^{\infty} ku_n$ 也收敛,且和为 ks.

性质 2(可加性):如果级数 $\sum_{n=1}^{\infty} u_n$ 收敛于 s,级数 $\sum_{n=1}^{\infty} v_n$ 收敛于 t,则级数 $\sum_{n=1}^{\infty} (u_n \pm v_n)$ 也收敛,且和为 $s\pm t$.

性质 3:在级数中去掉、加上或改变有限项,级数的敛散性不变.

性质 4:对收敛级数的项任意加上括号合并之后得到的级数仍然收敛,且和不变.

性质 5(必要条件):如果级数 $\sum_{n=1}^{\infty} u_n$ 收敛,则其一般项趋向于零,即 $\lim_{n\to\infty} u_n=0$.

"齐次性"与"可加性"合称收敛级数的"线性";一般项的极限为零的级数不能保证一定收敛,典型例子如"调和级数";如果在某个级数中加上括号合并一些项之后得到的级数是收敛的,则原级数不一定收敛. 比如,对于级数 $1-1+1-1+\cdots$,明显地,加括号得到的新级数 $(1-1)+(1-1)+\cdots$ 是收敛的,和等于零. 但是,由于一般项的极限不等于零,故原级数是发散的. 这个级数是意大利数学家格兰迪在 1703 年提出的,该级数看似简单,但关于该级数的和在当时引起广泛热议,许多一流数学家比如欧拉、伯努利等都认为它的和是存在的,当时激烈争论的结果主要有 0,1 和 0.5 三种结果. 此分歧持续了长达 150 年之久. 直到 19 世纪,严密化无穷级数理论的建立,这个问题才被彻底解决.

4. 两类典型的常数项级数

(1)几何级数:

$$\sum_{n=1}^{\infty} aq^{n-1} = a + aq + aq^2 + \cdots + aq^n + \cdots (a \neq 0).$$

当 $|q|<1$ 时,级数收敛,且和为 $\frac{a}{1-q}$;当 $|q|\geqslant 1$ 时,级数发散.

(2)调和级数:

$$\sum_{n=1}^{\infty} \frac{1}{n} = 1 + \frac{1}{2} + \frac{1}{3} + \frac{1}{4} + \cdots + \frac{1}{n} + \cdots.$$

调和级数是发散的. 大约在1360年,尼克尔·奥里斯姆就已经证明调和级数的发散性,但知道的人并不多. 17世纪时,皮耶特罗·曼戈里、约翰·伯努利和雅各布·伯努利完成了全部证明工作.

直接利用级数收敛性的定义不易对其进行说明,下面提供两种常用的证明方法:

方法一(反证法):假设级数 $\sum_{n=1}^{\infty}\frac{1}{n}$ 收敛于 s,s_n是它的部分和,则有$\lim\limits_{n\to\infty}s_n=s$ 且$\lim\limits_{n\to\infty}s_{2n}=s$,于是 $\lim\limits_{n\to\infty}(s_{2n}-s_n)=0$. 但

$$s_{2n}-s_n=\frac{1}{n+1}+\frac{1}{n+2}+\cdots+\frac{1}{2n}>\frac{1}{2n}+\frac{1}{2n}+\cdots+\frac{1}{2n}=\frac{1}{2},$$

故$\lim\limits_{n\to\infty}(s_{2n}-s_n)\neq 0$. 矛盾! 这说明调和级数是发散的.

方法二(数形结合):调和级数的部分和$s_n=1+\frac{1}{2}+\frac{1}{3}+\frac{1}{4}+\cdots+\frac{1}{n}$中的每一项可以看作是长为1,宽为$\frac{1}{n}$的小矩形的面积,部分和$s_n$正是这 n 个小矩形的总面积. 如图1所示,显然,每个小矩形的面积都大于相对应的"曲边梯形"的面积. 从而,由定积分的几何意义可知

$$\begin{aligned}s_n&=1+\frac{1}{2}+\frac{1}{3}+\frac{1}{4}+\cdots+\frac{1}{n}>\int_1^2\frac{1}{x}\mathrm{d}x+\int_2^3\frac{1}{x}\mathrm{d}x+\cdots+\int_n^{n+1}\frac{1}{x}\mathrm{d}x\\&=\int_1^{n+1}\frac{1}{x}\mathrm{d}x=\ln(n+1),\end{aligned}$$

故

$$\lim_{n\to\infty}s_n=\lim_{n\to\infty}s_n=+\infty.$$

这说明调和级数是发散的.

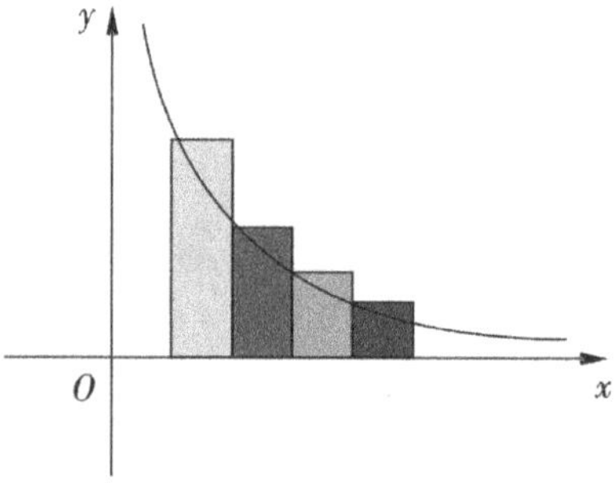

图1

当课程讲解到此处时,可让学生做如下两个方面的引导:

(1)尽管调和级数的通项趋近于0,但是级数本身却发散到∞. 这个数学结果告诉我们一个深刻的道理,不要小看少量的积累,很多小量的累加,和可以很大. 鼓励学生树立"蜗牛精神",点点滴滴虽然看起来渺小,但是积微方能成著. 滴水可以穿石,不放弃,不抛弃,一路坚持,愿望终究会实现.

(2)“数形结合”是一种重要的数学思想,其实质是基于数与形之间的对应关系,通过两者之间的相互转化来解决问题.“数形结合”可以化抽象为直观,化繁杂为简单,同时也富有启发性.“数形结合”一词最早正式出现在数学大师华罗庚撰写的《谈谈与蜂房结构有关的数学问题》一书中.关于“数形结合”的价值,华罗庚写到“数与形,本是相倚依,焉能分作两边飞;数缺形时少直觉,形少数时难入微.”讲到此处,还可扩展介绍华罗庚的生平.华罗庚是我国最早将数学理论运用到生产实践,并作出巨大贡献的数学家.他虽身有残疾,但自学成才,是应用数学的开拓者和先行者.借此让学生了解中国数学家伟大的智慧和不屈的精神,增强其民族自豪感,树立文化自信.

5. 常数项级数的常用求和方法

(1)错位相减法.

例 1 求级数 $\sum\limits_{n=1}^{\infty}\frac{n-1}{2^n}$ 的和.

解 考虑到 $n\left(\frac{1}{2}\right)^{n+1}-\frac{1}{2}(n-1)\left(\frac{1}{2}\right)^{n+1}=\left(\frac{1}{2}\right)^{n+1}$,

故

$$\begin{aligned}\left(1-\frac{1}{2}\right)s_n&=\left(1-\frac{1}{2}\right)\left[\left(\frac{1}{2}\right)^2+2\left(\frac{1}{2}\right)^3+\cdots+n\left(\frac{1}{2}\right)^{n+1}\right]\\&=\left(\frac{1}{2}\right)^2+\left(\frac{1}{2}\right)^3+\cdots+\left(\frac{1}{2}\right)^{n+1}-n\left(\frac{1}{2}\right)^{n+2}\\&=\frac{\left(\frac{1}{2}\right)^2\left[1-\left(\frac{1}{2}\right)^n\right]}{1-\frac{1}{2}}-n\left(\frac{1}{2}\right)^{n+2}.\end{aligned}$$

又考虑到

$$\lim_{n\to\infty}n\left(\frac{1}{2}\right)^{n+2}=\lim_{x\to+\infty}\frac{x}{2^{x+2}}=\lim_{x\to+\infty}\frac{1}{2^{x+2}\ln 2}=0,$$

故

$$\frac{1}{2}s=\lim_{n\to\infty}\left(1-\frac{1}{2}\right)s_n=\frac{1}{2},\text{即 } s=1.$$

(2)连锁消元法.

例 2 求级数 $\sum\limits_{n=1}^{\infty}\frac{1}{n(n+1)(n+2)(n+3)}$ 的和.

解 考虑到 $\frac{1}{n(n+1)(n+2)(n+3)}=\frac{1}{3}\left[\frac{1}{n(n+1)(n+2)}-\frac{1}{(n+1)(n+2)(n+3)}\right]$,从而

$$\begin{aligned}s_n&=\sum_{k=1}^{n}\frac{1}{k(k+1)(k+2)(k+3)}\\&=\sum_{k=1}^{n}\frac{1}{3}\left[\frac{1}{k(k+1)(k+2)}-\frac{1}{(k+1)(k+2)(k+3)}\right]\\&=\frac{1}{3}\left[\frac{1}{6}-\frac{1}{(n+1)(n+2)(n+3)}\right],\end{aligned}$$

故

$$s=\lim_{n\to\infty}s_n=\frac{1}{18}.$$

(3)借助定积分求和.

例 3 求级数 $\sum_{n=1}^{\infty}\frac{1}{(2n-1)2n}$ 的和.

解 $s_n=\sum_{k=1}^{n}\frac{1}{(2k-1)2k}=\sum_{k=1}^{n}\left(\frac{1}{2k-1}-\frac{1}{2k}\right)$

$$=\left(1+\frac{1}{3}+\frac{1}{5}+\cdots+\frac{1}{2n-1}\right)-\left(\frac{1}{2}+\frac{1}{4}+\cdots+\frac{1}{2n}\right)$$

$$=\left(1+\frac{1}{2}+\frac{1}{3}+\cdots+\frac{1}{2n}\right)-\left(1+\frac{1}{2}+\cdots+\frac{1}{n}\right)$$

$$=\frac{1}{n+1}+\frac{1}{n+2}+\cdots+\frac{1}{2n}$$

$$=\left(\frac{1}{1+\frac{1}{n}}+\frac{1}{1+\frac{2}{n}}+\cdots+\frac{1}{1+\frac{n}{n}}\right)\frac{1}{n},$$

故

$$s=\lim_{n\to\infty}s_n=\int_0^1\frac{1}{1+x}\mathrm{d}x=\ln 2.$$

6. 常数项级数的应用

无穷级数可用于数值计算,大量的工程计算都需要作数值逼近.我国有限元创始人、计算数学研究的奠基人和开拓者、中国科学院院士冯康在 1965 年发表了名为《基于变分原理的差分格式》的论文,这篇论文被国际学术界视为中国独立发展“有限元法”的重要里程碑,为我国工程事业作出了巨大贡献.

❖思考与展望❖

关于无穷级数还有许多知识需要讲解与学习,主要有常数项级数的收敛性判别法,比如柯西判别法、比较判别法(适用于正项级数)、比值判别法和根植判别法,以及莱布尼茨判别法(适用于交错级数)、幂级数、三角级数、傅里叶级数等.

常数项级数的概念与性质

——不积跬步，无以至千里；不积小流，无以成江海. 弘扬民族坚持不懈、吃苦耐劳的愚公精神

张淑钦

一、课程内容

(1)本课程的内容是引入级数的概念及常数项级数的性质.

(2)教学难点是常数项级数收敛的判断.

二、思政内容

(1)"不积跬步，无以至千里；不积小流，无以成江海."无穷级数的一般项就是"跬步"，就是"小流".

(2)融入思政元素：通过融入荀子《劝学》名言，鼓励学生在学习中要注重积累，即使每天进步一点点，长久坚持下来的力量就是无穷大的. 这种"愚公"精神，在当今社会仍然适用. 这是我国古代人民的哲学思想和智慧结晶，进而培养学生传承传统文化.

三、案例设计与教学过程

1. 引言

我们在上学期开始就学习了数列极限的概念，对趋于无穷大有了深入的了解，我们也能轻松地就知道 $\lim\limits_{n\to\infty}\frac{1}{n}=0$ 和$\lim\limits_{n\to\infty}\frac{1}{2^n}=0$，也就是说除了有限项之外，$\frac{1}{n}$ 和$\frac{1}{2^n}$ 的所有项都落在了 0 的邻域里. 那么我们不妨想一下，把这两个数列各自的每一项都相加，得到的是什么呢？它们有和吗？和又是什么呢？如下：

$$1+\frac{1}{2}+\frac{1}{3}+\cdots+\frac{1}{n}+\cdots,$$

$$\frac{1}{2}+\frac{1}{2^2}+\cdots+\frac{1}{2^n}+\cdots.$$

如果结合到我们学习知识的过程，那么这上面和式的每一项都是一个知识点，那么通过长久日积月累，我们的知识储备也会由量变到质变. 这和荀子《劝学》中有一句名言(我国古代的哲学思想和智慧)：

"不积跬步，无以至千里；不积小流，无以成江海"

是一个意思. 下面我们再看一个实际例子.

引例：用圆内接正多边形面积逼近圆面积.

依次作圆内接正 $3\times2^n(n=0,1,2,\cdots)$ 边形(图 1)，设 a_0 表示内接正三角形面积，a_k 表

示边数增加时增加的面积,则圆内接正 $3\times2^n(n=0,1,2,\cdots)$ 边形的面积为

$$a_0+a_1+a_2+\cdots+a_n,$$

当 $n\to\infty$ 时,这个和逼近于圆的面积 A,即

$$A=a_0+a_1+a_2+\cdots+a_n+\cdots=\lim_{n\to\infty}(a_0+a_1+a_2+\cdots+a_n).$$

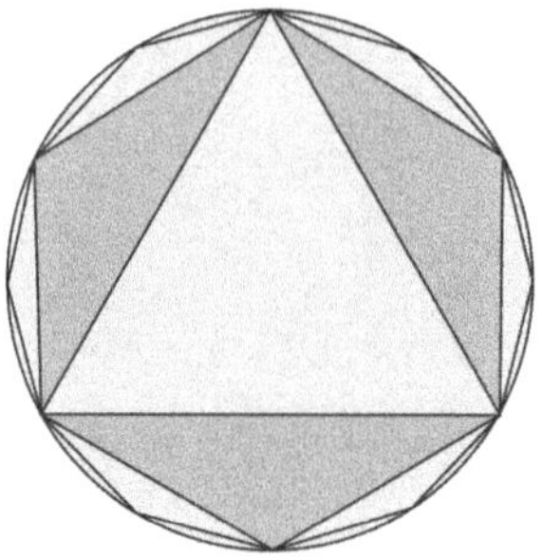

图 1

通过上面的例子我们发现如果一直做下去,就是无穷和 $a_0+a_1+a_2+\cdots+a_n+\cdots$,在这里我们还没有对无穷和定义好,而是通过有限和的极限来给出,这就启发我们来如何定义无穷和. 下面我们就进入本节课的主体部分.

2. 常数项级数的定义

(1)两个具体问题(一个收敛,一个发散的例子).

(2)无穷级数定义:

如果给定一个数列 $u_1,u_2,\cdots,u_n,\cdots$,则表达式 $u_1+u_2+\cdots+u_n+\cdots$ 叫作(常数项)无穷级数,简称(常数项)级数,记作 $\sum\limits_{n=1}^{\infty}u_n$,即

$$\sum_{n=1}^{\infty}u_n=u_1+u_2+\cdots+u_n+\cdots,$$

其中 $u_1,u_2,\cdots,u_n,\cdots$,叫作级数的项,$u_1$ 叫作级数的首项,级数的第 n 项 u_n 叫作级数的通项或一般项.

3. 常数项级数的敛散性

(1)部分和:级数 $\sum\limits_{n=1}^{\infty}u_n$ 的前 n 项和叫作级数的部分和,记为 s_n,即

$$s_n=u_1+u_2+\cdots+u_n=\sum_{i=1}^{n}u_i.$$

(2)级数收敛与发散:若级数 $\sum\limits_{n=1}^{\infty}u_n$ 的部分和数列 $\{s_n\}$ 收敛于 s,即 $\lim\limits_{n\to\infty}s_n=s$,则称级数 $\sum\limits_{n=1}^{\infty}u_n$ 收敛,其和为 s,也称级数 $\sum\limits_{n=1}^{\infty}u_n$ 收敛于 s,记为 $\sum\limits_{n=1}^{\infty}u_n=s$. 若级数的部分和数列 $\{s_n\}$ 极限不存在,则称级数 $\sum\limits_{n=1}^{\infty}u_n$ 发散.

(3)余项:级数和 s 与部分和s_n的差称为级数 $\sum\limits_{n=1}^{\infty} u_n$ 的余项,记为r_n,即$r_n=s-s_n=u_{n+1}+u_{n+2}+\cdots$.

用部分和s_n替代级数和 s 所产生的误差就是这个余项r_n的绝对值,即误差是$|r_n|$. 由级数定义可知,研究级数的敛散性就是研究其部分和数列是否有极限,因此,级数的敛散性问题是一种特殊的数列极限问题.

例 1 判定级数 $\sum\limits_{n=1}^{\infty} \frac{1}{n(n+1)}$ 的敛散性.

解 由于级数的一般项

$$u_n=\frac{1}{n(n+1)}=\frac{1}{n}-\frac{1}{n+1}(n=1,2,\cdots),$$

所以级数的部分和

$$s_n=\sum_{k=1}^{n} u_k=\sum_{k=1}^{n}\left(\frac{1}{k}-\frac{1}{k+1}\right)=1-\frac{1}{n+1}.$$

而$\lim\limits_{n\to\infty}s_n=\lim\limits_{n\to\infty}\left(1-\frac{1}{n+1}\right)=1$. 故级数 $\sum\limits_{n=1}^{\infty} \frac{1}{n(n+1)}$ 收敛,其和为 1.

例 2 无穷级数

$$\sum_{n=1}^{\infty} aq^{n-1}=a+aq+aq^2+\cdots+aq^{n-1}+\cdots$$

叫作几何级数(又称为等比级数). 其中,首项 $a\neq0$ 称为级数的公比,试讨论几何级数的敛散性.

解 该级数的部分和

$$s_n=a+aq+aq^2+aq^3+\cdots+aq^{n-1}=\frac{a-aq^n}{1-q}.\ (q\neq1)$$

(1)当$|q|<1$ 时,由于 $\lim\limits_{n\to\infty}S_n=\lim\limits_{n\to\infty}\frac{a-a\,q^n}{1-q}=\frac{a}{1-q}$,该级数收敛,且其和为 $\frac{a}{1-q}$;

(2)当$|q|>1$ 时,由于 $\lim\limits_{n\to\infty}S_n=\lim\limits_{n\to\infty}\frac{a-a\,q^n}{1-q}=\infty$,该级数发散;

(3)当 $q=1$ 时,由于 $\lim\limits_{n\to\infty}S_n=\lim\limits_{n\to\infty} na=\infty$,该级数发散;

(4)当 $q=-1$ 时,$S_n=\frac{a}{2}[1-(-1)^n]$,由于

$$\lim_{n\to\infty}S_{2n}=\lim_{n\to\infty}0=0,\lim_{n\to\infty}S_{2n+1}=\lim_{n\to\infty}a=a\neq0,$$

所以$\lim\limits_{n\to\infty}S_n$不存在,该级数发散.

综上所述,当 $|q|<1$ 时,等比级数 $\sum\limits_{n=0}^{\infty} aq^n$ 收敛,其和为$\frac{a}{1-q}$;当 $|q|\geq1$ 时,等比级数 $\sum\limits_{n=0}^{\infty} aq^n$ 发散.

例 3 **证明** 调和级数 $\sum\limits_{n=1}^{\infty}\frac{1}{n}=1+\frac{1}{2}+\cdots+\frac{1}{n}+\cdots$ 发散.

证明 由微分学可证得不等式 $x>\ln(1+x)(x>0)$. 由于

$$S_n=\sum_{k=1}^{n}\frac{1}{k}>\sum_{k=1}^{n}\ln\left(1+\frac{1}{k}\right)=\sum_{k=1}^{n}[\ln(k+1)-\ln k]=\ln(n+1),$$

而 $\lim\limits_{n\to\infty}(n+1)=+\infty$,于是 $\lim\limits_{n\to\infty}S_n=+\infty$,即调和级数 $\sum\limits_{n=1}^{\infty}\frac{1}{n}$ 发散.

本例课程思政说明:通过这个例题可以告诉我们,在学习的过程中,每天即使进步 $1/n$,长久坚持下来的力量也是无穷大的. 因此一定要在平时的学习中持之以恒.

4. 收敛级数的基本性质

(1)收敛级数的性质.

性质 1 若级数 $\sum\limits_{n=1}^{\infty}u_n$ 收敛于和 S,则级数 $\sum\limits_{n=1}^{\infty}ku_n$ 也收敛,其和为 kS(k 为常数). 即级数的每一项同乘一个常数后,它的收敛性不变.

推论 1 如果级数 $\sum\limits_{n=1}^{\infty}u_n$ 发散,当 $k\neq0$ 时,级数 $\sum\limits_{n=1}^{\infty}ku_n$ 也发散.

性质 2 如果级数 $\sum\limits_{n=1}^{\infty}u_n$,$\sum\limits_{n=1}^{\infty}v_n$ 分别收敛于和 S,σ,则级数 $\sum\limits_{n=1}^{\infty}(u_n+v_n)$ 也收敛,且其和为 $S+\sigma$. 即两个收敛级数可以逐项相加或相减,其敛散性不变.

推论 2 如果级数 $\sum\limits_{n=1}^{\infty}u_n$ 收敛,$\sum\limits_{n=1}^{\infty}v_n$ 发散,则级数 $\sum\limits_{n=1}^{\infty}(u_n+v_n)$ 发散.

性质 3 在级数中去掉、加上或改变有限项,不会改变级数的敛散性.

性质 4 如果级数 $\sum\limits_{n=1}^{\infty}u_n$ 收敛,则在不改变其各项次序的情况下,对该级数的项任意添加括号后所形成的级数仍收敛,且其和不变.

推论 3 如果加括号后所形成的级数发散,则原级数也发散.

注:收敛级数去掉括号后可能发散,发散的级数加括号后可能收敛. 例如级数

$$(1-1)+(1-1)+(1-1)+\cdots+(1-1)+\cdots$$

是收敛的,但去掉括号后得到的级数

$$1-1+1-1+1-1+\cdots+1-1+\cdots$$

是发散的.

(2)级数收敛的必要条件.

定理 1 如果级数 $\sum\limits_{n=1}^{\infty}u_n$ 收敛,则它的一般项 u_n 趋于零,即 $\lim\limits_{n\to\infty}u_n=0$.

注 定理 1 中 $\lim\limits_{n\to\infty}u_n=0$ 是级数 $\sum\limits_{n=1}^{\infty}u_n$ 收敛的必要条件,但非充分条件. 如果级数 $\sum\limits_{n=1}^{\infty}u_n$ 收敛,则 $\lim\limits_{n\to\infty}u_n=0$;若 $\lim\limits_{n\to\infty}u_n=0$,级数 $\sum\limits_{n=1}^{\infty}u_n$ 可能发散,如调和级数 $\sum\limits_{n=1}^{\infty}\frac{1}{n}$ 是发散的,然而 $\lim\limits_{n\to\infty}u_n=\lim\limits_{n\to\infty}\frac{1}{n}=0$;但若 $\lim\limits_{n\to\infty}u_n\neq0$,则级数 $\sum\limits_{n=1}^{\infty}u_n$ 一定发散. 因此,判别级数敛散性时,首先考察级数 $\lim\limits_{n\to\infty}u_n=0$ 是否满足,如果这个条件不满足,则级数发散;如果这个条件满足,再

用其他方法判定其敛散性.

5. **例题讲解**

例 4 判断级数 $\sum\limits_{n=1}^{\infty}\dfrac{2+(-1)^{n-1}}{3^n}$ 是否收敛,若收敛,求其和.

例 5 判断级数 $\frac{1}{2}+\frac{1}{\sqrt{2}}+\frac{1}{\sqrt[3]{2}}+\cdots+\frac{1}{\sqrt[n]{2}}+\cdots$ 的敛散性.

6. **思政元素的融合渗透**

今天,我们学习了无穷级数的概念,知道了如何定义无穷和,即有限和的极限,继而又学习了无穷级数收敛的性质和判定. 无穷级数的收敛的定义表现出来的是坚持不懈的效果,前面的有限步并不影响总体的走势,只有日积月累(积小步)才会从量变到质变(至千里),这与我们学习和科研是一个道理,我们千万不要三天打鱼两天晒网,而要踏踏实实地坚持走好每一步,才能至千里,才能成为有利于国家发展、不愧对于父母和自己的栋梁之材.

7. **课堂小结**

回顾学习内容:

(1)无穷级数定义及无穷级数的性质.

(2)利用部分和数列的极限判别级数的敛散性.

(3)收敛级数的性质.

❖思考与展望❖

目前我们学习了一般无穷级数收敛的概念和性质,发现通过定义来判断只能求出一些特殊例子和. 那么还有其他什么方法来判断无穷级数的收敛性吗?

数项级数的概念

——量变到质变的变化规律

翟云云

一、课程内容

(1)级数的定义.

(2)级数敛散性的判断.

二、思政内容

(1)级数求和揭示辩证唯物主义思想中量变到质变的规律.

(2)战国时期思想家荀子在《劝学》中讲到"不积跬步,无以至千里;不积小流,无以成江海",路途遥远,只有脚踏实地,一步一个脚印,不断努力才能实现自己的目标.

三、案例设计与教学过程

1. 引言

无穷级数是表示函数、研究函数性质以及进行近似计算的重要工具,它对微积分学的进一步发展和解决实际问题都有重大价值.本节从最简单的常数项级数开始,介绍其定义,接着讨论它的敛散性的判断方法,最后从几个例题中学习求和的一些技巧和方法.

将有限个实数相加,所得仍为实数,但有些实际问题会涉及无限个实数相加的问题.例如在《庄子·天下篇》中有如下的描述:"一日之棰,日取其半,万世不竭."如果把每天截取的棰长写成数列:

$$\frac{1}{2},\frac{1}{4},\frac{1}{8},\cdots,\frac{1}{2^n},\cdots,$$

再全部加起来,则有

$$\frac{1}{2}+\frac{1}{4}+\frac{1}{8}+\cdots+\frac{1}{2^n}+\cdots,$$

这就碰到了无限个实数相加的问题.从直观上看,相加的结果应当是木棰原来的总长度,即

$$\frac{1}{2}+\frac{1}{4}+\frac{1}{8}+\cdots+\frac{1}{2^n}+\cdots=1.$$

从上式中,我们不难看出,等式左端是和式,随着项数的不断增加,和式也逐渐增大,虽然越往后加数越小,但这无穷多项加起来最终得到一个整数的结果,因此我们说级数的求和揭示了辩证唯物主义思想中量变到质变的规律.

2. 级数的定义和性质

一般地,我们给出如下定义:

定义 1 假设$\{u_n\}$是一个数列,称式

$$u_1+u_2+\cdots+u_n+\cdots \tag{1}$$

是无穷级数,简写为$\sum\limits_{n=1}^{\infty}u_n$,$u_n$称为级数的一般项或通项.

上述级数的定义只是一个形式上的定义,如果我们将有限个实数相加的运算法则不加分析地应用于无限个实数相加的情形,将会得到一些奇怪的、甚至自相矛盾的结果. 例如,下述无限个实数相加的表达式

$$1+(-1)+1+(-1)+\cdots+(-1)^{n+1}+\cdots,$$

若每两项加括号写成

$$[1+(-1)]+[1+(-1)]+\cdots=0+0+\cdots,$$

就得到结果 0;若从第二项开始每两项加括号写成

$$1+[(-1)+1]+[(-1)+1]+\cdots=1+0+0+\cdots,$$

就得到结果 1. 可见对无限个实数相加,不能简单地借用有限个实数相加的运算法则,而应当讨论:无限个实数相加的含义是什么? 是否一定有“和”? 如果有“和”,“和”等于什么? “和”的运算法则又如何?

定义 2 级数(1)的前 n 项的和

$$s_n=u_1+u_2+\cdots+u_n$$

称为级数(1)的部分和.

若部分和数列

$$s_1,s_2,\cdots,s_n,\cdots$$

收敛,则称级数(1)收敛,并称其极限值为级数(1)的和,记作

$$u_1+u_2+\cdots+u_n+\cdots=\sum_{n=1}^{\infty}u_n=\lim_{n\to\infty}s_n=s.$$

若$\lim\limits_{n\to\infty}s_n$不存在,则称级数(1)是发散的,发散的级数没有和.

由定义可见,无穷项相加所给出的级数是用对应的部分和数列的极限来确定的,级数是否收敛以及收敛时它的和是什么,就归结为其部分和数列是否收敛以及收敛时它的极限是什么. 显然,级数的通项与部分和序列之间有如下关系:

$$u_{n+1}=s_{n+1}-s_n.$$

因此,有如下的定理.

定理 若级数(1)收敛,则

$$\lim_{n\to\infty}u_n=0.$$

这个定理说明级数通项收敛于 0 是级数收敛的必要条件,当级数通项不收敛于 0 时,级数发散. 当级数通项收敛于 0 时,级数一定收敛吗?

3. 应用举例

例 1 讨论调和级数

$$1+\frac{1}{2}+\frac{1}{3}+\cdots+\frac{1}{n}+\cdots$$

的敛散性.

解 假设调和级数是收敛的,它的和为 s,则它的偶数项组成的级数的和为

$$\frac{1}{2}+\frac{1}{4}+\frac{1}{6}+\cdots+\frac{1}{2n}+\cdots=\frac{1}{2}\left(1+\frac{1}{2}+\frac{1}{3}+\frac{1}{4}+\cdots+\frac{1}{n}+\cdots\right)=\frac{1}{2}s,$$

因此它的奇数项组成的级数的和也为$\frac{s}{2}$,那么我们得到如下两个结论:

$$1+\frac{1}{3}+\frac{1}{5}+\cdots+\frac{1}{2n-1}+\cdots=\frac{1}{2}s, \tag{2}$$

$$\frac{1}{2}+\frac{1}{4}+\frac{1}{6}+\cdots+\frac{1}{2n}+\cdots=\frac{1}{2}s. \tag{3}$$

式(2)的每一项都比式(3)大,故式(2)的和也应比式(3)的和大,矛盾. 因此假设不成立,调和级数是发散的.

这个例子说明级数通项收敛于 0 不是级数收敛的充分条件.

例 2 讨论等比级数

$$\sum_{n=0}^{\infty} aq^n = a + aq + aq^2 + \cdots + aq^n + \cdots (a \neq 0)$$

的敛散性.

解 如果公比不为 1,则有

$$s_n=a+aq+aq^2+\cdots+aq^{n-1}=\frac{a-aq^n}{1-q}.$$

当$|q|<1$ 时,

$$\lim_{n\to\infty} q^n=0,\lim_{n\to\infty} s_n=\frac{a}{1-q};$$

当$|q|>1$ 时,

$$\lim_{n\to\infty} q^n=\infty,\lim_{n\to\infty} s_n=\infty;$$

当 $q=1$ 时,

$$s_n=na\to\infty;$$

当 $q=-1$ 时,$\lim\limits_{n\to\infty} s_n$不存在.

因此,等比级数只有当$|q|<1$ 时是收敛的.

例 3 判别下列级数的敛散性:

(1) $\sum\limits_{n=1}^{\infty} \ln\frac{n+1}{n}$; (2) $\sum\limits_{n=1}^{\infty} \frac{1}{(2n-1)(2n+1)}$;

(3) $\sum\limits_{n=1}^{\infty} \ln\left(1-\frac{1}{n^2}\right)$; (4) $\sum\limits_{n=1}^{\infty} (\sqrt{n+1}-\sqrt{n})$.

解 (1) $s_n=\ln\frac{2}{1}+\ln\frac{3}{2}+\ln\frac{4}{3}+\cdots+\ln\frac{n+1}{n}$

$=(\ln 2-\ln 1)+(\ln 3-\ln 2)+(\ln 4-\ln 3)+\cdots+(\ln(n+1)-\ln n)$

$=\ln(n+1)\to\infty\ (n\to\infty)$,

∴ 级数发散.

(2) ∵ $u_n=\dfrac{1}{(2n-1)(2n+1)}=\dfrac{1}{2}\left(\dfrac{1}{2n-1}-\dfrac{1}{2n+1}\right)$，

$$\begin{aligned}\therefore s_n&=\frac{1}{1\cdot3}+\frac{1}{3\cdot5}+\cdots+\frac{1}{(2n-1)\cdot(2n+1)}\\&=\frac{1}{2}\left(1-\frac{1}{3}\right)+\frac{1}{2}\left(\frac{1}{3}-\frac{1}{5}\right)+\cdots+\frac{1}{2}\left(\frac{1}{2n-1}-\frac{1}{2n+1}\right)\\&=\frac{1}{2}\left(1-\frac{1}{2n+1}\right),\end{aligned}$$

$$\therefore \lim_{n\to\infty}s_n=\lim_{n\to\infty}\frac{1}{2}\left(1-\frac{1}{2n+1}\right)=\frac{1}{2}.$$

∴ 级数是收敛的.

(3) ∵ $\ln\left(1-\dfrac{1}{n^2}\right)=\ln\dfrac{n^2-1}{n^2}=\ln(n+1)+\ln(n-1)-2\ln n$

$$\begin{aligned}\therefore\ s_n&=\sum_{k=2}^{n}\ln\left(1-\frac{1}{k^2}\right)\\&=(\ln3+\ln1-2\ln2)+(\ln4+\ln2-2\ln3)+(\ln5+\ln3-2\ln4)+\cdots+\\&\quad[\ln(n+1)+\ln(n-1)-2\ln n]\\&=-\ln2+\ln(n+1)-\ln n=\ln\left(1+\frac{1}{n}\right)-\ln2.\end{aligned}$$

$$\therefore\ \lim_{n\to\infty}s_n=-\ln2.$$

∴ 级数是收敛的.

$$\begin{aligned}(4)\ s_n&=(\sqrt{2}-\sqrt{1})+(\sqrt{3}-\sqrt{2})+\cdots+(\sqrt{n}-\sqrt{n-1})+(\sqrt{n+1}-\sqrt{n})\\&=\sqrt{n+1}-1,\end{aligned}$$

$$\therefore\ \lim_{n\to\infty}s_n=\infty.$$

∴ 级数是发散的.

4. 思政元素的融合渗透

今天我们学习了级数的定义，利用收敛的定义来判断常数项级数敛散性，通过恒等变形来求级数的和. 通过学习我们发现级数的求和也是一个量变到质变的过程，只有积累足够多的量变才会引起质的变化. 每一个伟大的事情都有一个微不足道的开端，量变到一定程度就能达到质变. 春秋时期的思想家老子在《道德经》中讲到：“合抱之木，生于毫末；九层之台，起于累土；千里之行，始于足下”，路途遥远，只有脚踏实地，一步一个脚印，不断努力才能实现自己的目标. 欧洲文艺复兴时期意大利杰出的画家达・芬奇一开始勤奋练习画鸡蛋，日复一日，经过数年训练，绘画水平有了很大的提升，为他后来成为闻名世界的画家奠定了坚实的基础.

同学们，中外名人的思想和实例告诉我们，要想实现自己的远大目标，只有脚踏实地，一步一个脚印，量变到一定程度就会产生质的飞跃，从而达到目标.

❖思考与展望❖

目前我们学习了利用级数收敛性的定义来判断级数的敛散性,但在具体的应用中,除少数情形外这种做法往往是困难的. 另外,在级数理论中,人们首先关心的是级数收敛性,若收敛,则可以取足够多的项近似求出级数的和. 基于以上原因,我们需要更多的更有效的判别方法.

数项级数

——一尺之棰，日取其半，万世不竭

李焕元

一、课程内容

(1)本节内容是数项级数的定义和数项级数的收敛性或发散性.

(2)教学难点是理解数项级数的柯西收敛准则.

二、思政内容

(1)让学生理解"一尺之棰，日取其半，万世不竭"的极限思想.

(2)融入思政元素：通过引入古代数学经典名著名言，让学生感受到我国古代人民的哲学思想和智慧结晶，进而培养学生的爱国情怀和文化自信.

三、案例设计与教学过程

1. 引言

在初等数学中，我们已经学习了有限个实数的加法和运算规则. 但在实际问题中，我们也经常需要考虑无限个实数的和. 比如在著名的芝诺悖论中就涉及了将无穷段时间进行相加的问题，如果不能厘清无限个实数的"和"这个概念，我们自然不能解释芝诺悖论背后的数学原理. 在我国古代典籍《庄子 · 天下篇》中有"一尺之棰，日取其半，万世不竭"的记载. 如果把每天截取的棰长记作数列：

$$\frac{1}{2},\frac{1}{4},\frac{1}{8},\cdots,\frac{1}{2^n},\cdots,$$

将这些实数全部相加，则有表达式：

$$\frac{1}{2}+\frac{1}{4}+\frac{1}{8}+\cdots+\frac{1}{2^n}+\cdots.$$

上面的和式就是把无限个实数相加的问题. 从直观上看，相加的结果应当就是木棰原来的总长，也就是

$$\frac{1}{2}+\frac{1}{4}+\frac{1}{8}+\cdots+\frac{1}{2^n}+\cdots=1.$$

但这只是直观上的，要确切地解决这个问题，我们需要建立一般的数学理论.

2. 无穷级数的定义

受引言中例子的启发，一般地，我们给出下列定义：

定义 1 假设$\{u_n\}$是一个数列，称公式

$$u_1+u_2+\cdots+u_n+\cdots \tag{1}$$

为无穷级数，简写为 $\sum\limits_{n=1}^{\infty} u_n$，$u_n$ 称为级数的一般项或通项.

在中学数学中，除了有限个实数的加法的定义，我们也学习了对应的交换律、结合律等运算规则. 那么对于无限个实数的加法，这些规则是否还成立呢？我们看如下的一个例子，考虑无限个实数的和

$$1+(-1)+1+(-1)+\cdots+1+(-1)+\cdots. \tag{2}$$

不妨假设上述式(2)的和存在，记为 S，那么如果无限个实数相加的结合律和交换律仍然成立，则

$$S=1+(-1)+1+(-1)+\cdots=1-[1+(-1)+1+(-1)+\cdots]=1-S.$$

于是通过解方程得

$$S=1+(-1)+1+(-1)+\cdots=\frac{1}{2}.$$

这是一个略显意外的结果，因此我们有必要重新定义无限个实数的和，以及求和的一些基本规则.

定义 2 无穷级数的前 n 项的和 $S_n=u_1+u_2+\cdots+u_n$ 称为级数的部分和. 若部分和数列 $S_1,S_2,\cdots,S_n,\cdots$ 收敛，则称级数收敛，并称其极限值 $S=\lim\limits_{n\to\infty}S_n$ 为级数的和，记为

$$u_1+u_2+\cdots+u_n+\cdots=\sum_{n=1}^{\infty}u_n=S,$$

并称 $r_n=S-S_n$ 为级数的余项.

若 $\lim\limits_{n\to\infty}S_n$ 不存在，则称级数发散，发散的级数没有和.

由定义 2 可知，无限个实数相加所给出的级数(1)就是用对应的部分和数列的极限来确定的. 级数是否收敛以及收敛时它的和是什么，就归结于其部分和数列是否收敛以及收敛时的极限是什么. 对于上面讨论的级数

$$1+(-1)+1+(-1)+\cdots+1+(-1)+\cdots,$$

它的部分和数列 S_n 满足 $S_{2n-1}=1$，$S_{2n}=0$，此时数列 S_n 的两个子列收敛于两个不同的值，从而数列 S_n 不收敛，根据定义 2，级数 $1+(-1)+1+(-1)+\cdots+1+(-1)+\cdots$ 发散.

注意到，级数的通项 u_n 与部分和数列 S_n 之间有如下的关系：

$$u_{n+1}=S_{n+1}-S_n.$$

由此可知级数收敛的一个必要条件是通项为无穷小量.

定理 1 若级数 $\sum\limits_{n=1}^{\infty} u_n$ 收敛，则 $\lim\limits_{n\to\infty}u_n=0$.

这个定理的逆否命题告诉我们，当级数通项不收敛于 0 时，级数一定发散.

无穷级数的一个重要问题是研究它的收敛性或发散性，为了叙述的便利，以后我们将收敛性或发散性简称为敛散性.

例 1 判别级数 $\sum\limits_{n=1}^{\infty}\dfrac{\left(n+\dfrac{1}{n}\right)^n}{n^{n+\frac{1}{n}}}$ 的敛散性.

解 因为

$$\lim_{n\to\infty}\frac{\left(n+\frac{1}{n}\right)^{n}}{n^{n+\frac{1}{n}}}=\lim_{n\to\infty}\frac{\left(n+\frac{1}{n}\right)^{n}}{n^{n}\cdot n^{\frac{1}{n}}}=\lim_{n\to\infty}\frac{\left[\left(1+\frac{1}{n^{2}}\right)^{n^{2}}\right]^{\frac{1}{n}}}{n^{\frac{1}{n}}}=1\neq 0,$$

所以由定理 1 知,该级数发散.

但下面的例子则说明了级数通项收敛于 0 不是级数收敛的充分条件.

例 2 讨论调和级数 $\sum_{n=1}^{\infty}\frac{1}{n}$ 的收敛性.

解 将调和级数的部分和记为S_n,由于 $m\to\infty$ 时

$$\begin{aligned}S_{2^m}&=1+\frac{1}{2}+\left(\frac{1}{3}+\frac{1}{4}\right)+\left(\frac{1}{5}+\frac{1}{6}+\frac{1}{7}+\frac{1}{8}\right)+\cdots+\left(\frac{1}{2^{m-1}+1}+\frac{1}{2^{m-1}+2}+\cdots+\frac{1}{2^{m}}\right)\\&>1+\frac{1}{2}+\frac{1}{2}+\frac{1}{2}+\cdots+\frac{1}{2}\\&=1+\frac{m}{2}\to+\infty,\end{aligned}$$

因此调和级数发散.

例 3 讨论级数 $\sum_{n=1}^{\infty}\frac{1}{n(n+1)}$ 的收敛性.

解 级数的部分和记为 S_n,则

$$S_n=\sum_{k=1}^{n}\frac{1}{k(k+1)}=\sum_{k=1}^{n}\frac{(k+1)-k}{k(k+1)}=\sum_{k=1}^{n}\left(\frac{1}{k}-\frac{1}{k+1}\right)=1-\frac{1}{n+1},$$

于是$\lim_{n\to\infty}S_n=\lim_{n\to\infty}\left(1-\frac{1}{n+1}\right)=1$.

故级数收敛,且和为 1.

注记 上面的级数是 1962 年由惠更斯向莱布尼茨提出的一个问题,由莱布尼茨解决,解决该问题的方法称为差和法或裂项法. 这个方法可以用来解决很多类似级数的求和问题,大家可以思考完成如下的两个问题.

习题 1 讨论级数 $\sum_{n=1}^{\infty}(\sqrt{n+1}-\sqrt{n})$ 的敛散性,若收敛,求出级数的和.

习题 2 讨论级数 $\sum_{n=1}^{\infty}\frac{1}{n(n+1)(n+2)}$ 的敛散性,若收敛,求出级数的和.

3. 级数收敛的柯西收敛准则

由于级数(1)的收敛或发散是由它的部分和数列$\{S_n\}$来确定,所以也可以把级数(1)作为数列$\{S_n\}$的另一种表现形式. 反过来,任给一个数列$\{a_n\}$,如果把它看作某一数项级数的部分和数列,则这个数项级数就是

$$\sum_{n=1}^{\infty}u_n=a_1+(a_2-a_1)+(a_3-a_2)+\cdots+(a_n-a_{n+1})+\cdots. \qquad (3)$$

这时数列$\{a_n\}$与上面的级数(3)具有相同的敛散性,且当$\{a_n\}$收敛时,其极限值就是级数

的和. 基于级数和数列的这种关系我们可以根据数列极限的性质推出下面有关级数收敛的充要条件.

定理 2 级数收敛的充要条件是：任给正数 ε，总存在正整数 N，使得当 $m>N$ 以及对任意的正整数 p，都有

$$|u_{m+1}+u_{m+2}+\cdots+u_{m+p}|<\varepsilon.$$

4. 收敛级数的性质

定理 3 若级数 $\sum_{n=1}^{\infty}u_n$ 与 $\sum_{n=1}^{\infty}v_n$ 都收敛，则对任意的常数 c,d，级数 $\sum_{n=1}^{\infty}(cu_n+dv_n)$ 也收敛，且

$$\sum_{n=1}^{\infty}(cu_n+dv_n)=c\sum_{n=1}^{\infty}u_n+d\sum_{n=1}^{\infty}v_n.$$

定理 4 在收敛级数的项中任意加括号，既不改变级数的收敛性，也不改变它的和.

证明 设 $\sum_{n=1}^{\infty}u_n$ 为收敛级数，它的和为 S. 记

$$v_1=u_1+\cdots+u_{n_1},v_2=u_{n_1+1}+\cdots u_{n_2},\cdots,$$
$$v_k=u_{n_{k-1}+1}+\cdots+u_{n_k},\cdots.$$

只需要证明 $\sum_{n=1}^{\infty}u_n$ 加括号后的级数 $\sum_{k=1}^{\infty}(u_{n_{k-1}+1}+\cdots+u_{n_k})=\sum_{k=1}^{\infty}v_k$ 收敛，且其和为 S. 事实上，设 $\{S_n\}$ 为收敛级数的部分和数列，则级数 $\sum_{k=1}^{\infty}v_k$ 的部分和数列 $\{S_{n_k}\}$ 是 $\{S_n\}$ 的一个子列. 由于 $\{S_n\}$ 收敛，且 $\lim\limits_{n\to\infty}S_n=S$. 故由子列性质，$\{S_{n_k}\}$ 也收敛，且 $\lim\limits_{k\to\infty}S_{n_k}=S$，即级数 $\sum_{k=1}^{\infty}v_k$ 收敛，且它的和也等于 S.

5. 思政元素的融合渗透

今天，我们学习了无穷级数的定义，对于一些简单的无穷级数，我们根据定义求出了它们的和，最重要的是，我们引入了一般级数敛散性判断的充要条件——柯西收敛准则. 我们发现级数的问题和上学期学习的数列极限密切相关，它们本质上有着密切的联系. 类比学习是一个非常重要的学习方法，从过去的学习经验中发现事物的本质，通过科学的手段，可以创造出解决问题的新方法和新思路. 我们古代人民对磁铁细致观察，类比发现，从而发明了划时代意义的指南针，这是我国古代人民的哲学思想和智慧，中华民族有着悠久灿烂的历史文化，是充满智慧的优秀民族，我们要坚定“四个自信”，坚持正确的政治方向和价值追求，树立正确的世界观、人生观和价值观.

同学们，在我们的学习、生活和工作中，要善于观察，善于利用已有的经验，面对新的问题时保持钻研精神，通过持之以恒的努力一定可以有新发现.

6. 课堂小结

(1)无穷级数的引入和无穷级数的定义.

(2)无穷级数收敛的必要条件和柯西收敛准则.

❖思考与展望❖

目前,我们学习了无穷级数的定义以及一般级数的柯西收敛准则.但在实际问题中用柯西收敛准则讨论级数的敛散性存在本质性的困难.那么对于这个问题,有没有一些普适的判别法呢?我们将在以后的课堂中深入讨论正项级数和一般项级数的敛散性判别问题.

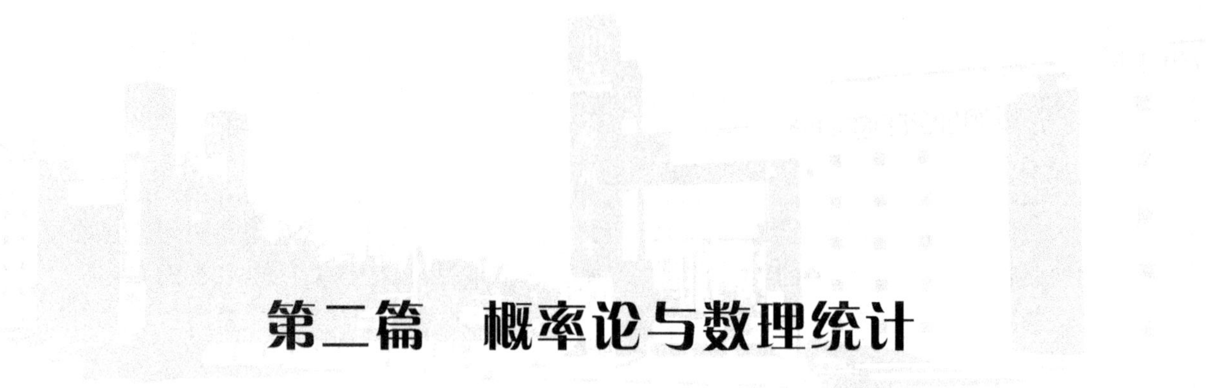

第二篇　概率论与数理统计

条件概率的内涵

——传承华夏文明“实事求是，求真务实”的精神

张李盈

一、课程内容

（1）本案例的内容是条件概率的定义、含义及求解方法.

（2）教学难点是理解条件概率的含义.

二、思政内容

（1）“事物之间因果关联”，“条件”是“因”，“概率”是“果”.

（2）“要以变化的眼光看问题，透过现象看本质”，实事求是，求真务实.

三、案例设计与教学过程

1. 课程引入（生男生女问题、抓阄问题、三门游戏）

大家好，今天我们将学习条件概率. 首先问大家几个问题，你是否曾被“生男生女”问题困扰过？你是否怀疑过抓阄的公平性？三门游戏是否也曾令你茶饭不思？这些问题都和我们的条件概率密切相关.

条件概率究竟是何方神圣？该怎样定义，如何计算呢？

下面，我们将以“生男生女”问题为引导，一步步揭开它的面纱.

引例 1　某家庭中有两个孩子，求两个都是女孩的概率.

解析　这是一个典型的古典概率问题，试验的样本空间 $\Omega=\{$（男，男），（男，女），（女，男），（女，女）$\}$，设事件 $B=$“两个都是女孩”，则 B 包含一个基本事件（女，女），因此

$$P(B)=\frac{B\text{ 包含的元素个数}}{\Omega\text{ 包含的元素个数}}=\frac{1}{4}.$$

（配合多媒体演示，引导学生思考）

如果在引例 1 中加入 $A=$“已知其中一个是女孩”，那么两个都是女孩的概率会发生

怎样的改变?

此时,试验的样本空间将缩减为 $\Omega_A=A=\{$(男,女),(女,男),(女,女)$\}$,而事件 $B=$"两个都是女孩"仍只包含一个基本事件(女,女),因此这种情况下事件 B 的概率为$\frac{1}{3}$.

(引导学生继续思考)此例中,已知事件 $A=$"已知其中一个是女孩"的发生,使样本空间(随机试验的所有可能结果)发生了缩减,从而影响了事件 B 的概率(从$\frac{1}{4}$增大到$\frac{1}{3}$).

已知 A 发生,究竟会对 B 的概率造成怎样的影响?一定会使 B 的概率增大吗?

让我们带着这个疑问对引例 1 进行如下改造.

引例 2　某家庭中有两个孩子,求老二是女孩的概率.

解析　本次试验的样本空间仍是 $\Omega=\{$(男,男),(男,女),(女,男),(女,女)$\}$,事件 $B'=$"老二是女孩"包含两个基本事件(男,女)和(女,女),因此

$$P(B')=\frac{B'\text{包含的元素个数}}{\Omega\text{包含的元素个数}}=\frac{2}{4}=\frac{1}{2}.$$

思考,如果在引例 2 中加入已知条件 $A'=$"已知老大是女孩",事件 $B'=$"老二是女孩"的概率会发生怎样的改变?

此时,试验的样本空间将缩减为 $\Omega_{A'}=A'=\{$(女,男),(女,女)$\}$,而事件 $B'=$"老二是女孩"则只含基本事件(女,女),这种情况下事件 B'的概率为$\frac{1}{2}$.

继续思考,此例中,已知事件 $A'=$"已知老大是女孩"的发生,虽然使样本空间(随机试验的所有可能结果)发生了缩减,但并没有改变事件 B'的概率.

该怎样表示"已知 A 发生条件下,事件 B 的概率"?又该如何来计算这个概率?

下面,让我们从具体问题,上升到更一般事件关系.

2. **新知识讲解**

(1)分析加入条件前后事件的关系及概率的变化.

$$\Omega\text{ 范围内求 } B \text{ 的概率}\xrightarrow{\text{转变为}}\Omega_A\text{ 范围内求 } AB \text{ 的概率(图 1)}.$$

$$P(B)=\frac{n(B)}{n(\Omega)},P(B|A)=\frac{n(A\cap B)}{n(\Omega_A)}=\frac{n(AB)}{n(A)},$$

从而得到 $P(B|A)==\frac{n(AB)/n(\Omega)}{n(A)/n(\Omega)}=\frac{P(AB)}{P(A)}$.

注意,进一步分析能够发现:

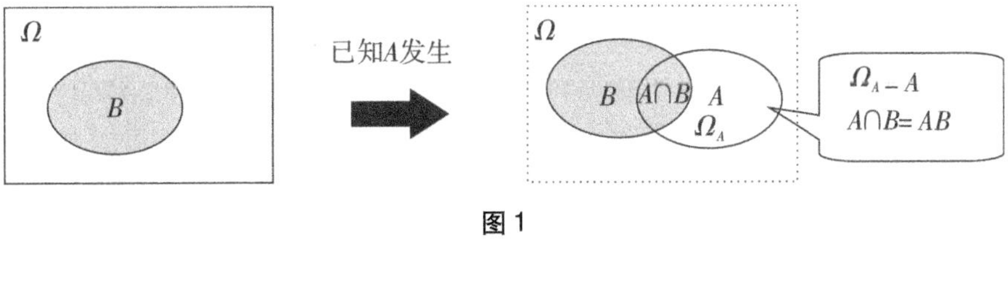

图 1

①“已知 A 发生”对事件 B 与样本空间 Ω 都产生了影响，也影响了此时事件 B 概率的意义，因此引入了新的记号 $P(B|A)$ 来表示“已知 A 发生”条件下 B 发生的概率.

②由于“已知 A 发生”对事件 B 与样本空间 Ω 产生影响幅度的差异，$P(B|A)$ 与 $P(B)$ 的大小关系并不确定，$P(B|A)$ 大于、等于或小于 $P(B)$ 都有可能.

③既可用 $P(B|A)=\dfrac{P(AB)}{P(A)}$ 在原来的样本空间中计算此概率，也可用通过 $P(B|A)=\dfrac{n(A\cap B)}{n(\Omega_A)}=\dfrac{n(AB)}{n(A)}$ 直接在缩减的样本空间中计算此概率.

总结，形成定义和公式.

(2)条件概率.

定义 设 A,B 为两个事件，且 $P(A)>0$，则称 $\dfrac{P(AB)}{P(A)}$ 为已知事件 A 发生的条件下，事件 B 发生的条件概率，记为 $P(B|A)$，即

$$P(B|A)=\frac{P(AB)}{P(A)}.$$

注意：

①$P(B|A)$ 读作：A 发生条件下 B 发生的条件概率.

②$P(B|A)$ 可理解为：在 A 确定的新样本空间中，计算事件 AB 发生的概率.

③$P(B|A)$ 的两种计算方法：

$$\begin{cases}\text{定义法：}P(B|A)=\dfrac{P(AB)}{P(A)}.\\[2ex]\text{样本空间缩减法：}P(B|A)=\dfrac{n(A\cap B)}{n(\Omega_A)}=\dfrac{n(AB)}{n(A)}.\end{cases}$$

3. **应用举例**

例 1 某校研究生复试 5 道待选题，其中 3 道难题和 2 道一般试题，复试者从中随机不放回抽取 2 道题来回答，求某人第一次抽到难题的条件下第二次也抽到难题的概率.

解 令 A=“第一次抽到难题”，B=“第二次抽到难题”.

①定义法：$P(B|A)=\dfrac{P(AB)}{P(A)}$，其中 $P(AB)=\dfrac{C_3^2}{C_5^2}=\dfrac{3}{10}$，$P(A)=\dfrac{n(A)}{n(\Omega)}=\dfrac{3}{5}$，故 $P(B|A)=\dfrac{3/10}{3/5}=\dfrac{1}{2}$.

②样本空间缩减法：由于是不放回抽取，且 5 道题中恰有 3 道难题，当已知 A=“第一次抽到难题”时，第二次只有四道题目可以抽取且其中恰有 2 道难题，因此，

$$P(B|A)=\frac{n(A\cap B)}{n(\Omega_A)}=\frac{n(AB)}{n(A)}=\frac{2}{4}=\frac{1}{2}.$$

总结：应用样本空间缩减法求条件概率时，需要对样本空间的特征和条件进行分析才能得到缩减的样本空间与 $A\cap B$ 所含的样本点数.

例 2 已知三张奖券中只有一张能中奖，现分别由三位同学各抽取一张，求三位同学各自的中奖概率. 并分别在已知“第一位同学中奖”与“第一位同学未中奖”两种条件下，

求第二名同学中奖的概率.

解 试验的样本空间为 $\Omega=\{YNN,NYN,NNY\}$（Y 为中奖，N 为未中奖），

$$A=\text{“第一名同学中奖”}=\{YNN\},$$
$$B=\text{“第二名同学中奖”}=\{NYN\},$$
$$C=\text{“第三名同学中奖”}=\{NNY\},$$
$$\text{因此,}P(A)=P(B)=P(C)=\frac{1}{3}.$$

结果显示，三名同学的中奖概率相同，这说明抓阄分配奖品是公平的.

进一步，若已知“第一位同学中奖”，则第二名同学可以选择的奖券为两张，且其中没有中奖奖券，因此这种情况下第二名同学中奖的概率0，即 $P(B|A)=0$；

若已知“第一位同学未中奖”，则第二名同学可以选择的奖券有两张，且其中有一张中奖奖券，因此这种情况下第二名同学中奖的概率$\frac{1}{2}$，即 $P(B|\bar{A})=\frac{1}{2}$.

此例中，$P(B|A)<P(B)$，而 $P(B|\bar{A})>P(B)$，这是因为 A 的发生有利于 B 的发生不利，而 $\bar{A}$ 的发生不利于 B 的发生.

下面我们回到三门游戏.

例 3 三门游戏中：每个玩家面前有三扇门，其中一扇门后面是汽车，另外两扇门后面是羊，玩家事前并不清楚每扇门后面是什么，他们需随机选定一扇门，获得门后的奖品（注意，玩家都想获得汽车）. 为了让游戏更有挑战性，玩家选定一扇门后，主持人（清楚每扇门后面是什么奖品）会打开另外一扇门，主持人会保证这扇门既不是玩家指定的，门后也不是玩家想要的汽车. 然后，主持人会问玩家：你是否要改变你的选择，去选择另一扇没有打开的门？试分别计算“改变选择”与“不改变选择”两种条件下，玩家获得汽车的条件概率，并确定哪种策略更有利.

解 三门游戏中，如果玩家不改变选择，则等同于抓阄，那么“中汽车”的概率为$\frac{1}{3}$，而“中羊”的概率为$\frac{2}{3}$；如果在主持人去掉一个“中羊”选项的条件下，玩家改变选择，等同于将原来“中羊”的选项改为“中汽车”的选项，而将“中汽车”的选项改为“中羊”的选项，因此这种情况下“中汽车”的概率为$\frac{2}{3}$.

4. 课堂练习（检验学生对知识的理解与掌握程度）

根据以往的临床记录，某种诊断癌症的试验具有如下效果：若以 A 表示事件“试验反应为阳性”，以 C 表示事件“被诊断者患有癌症”，则有 $P(A|C)=0.95$，$P(\bar{A}|\bar{C})=0.95$. 现对自然人群进行普查，设被试验的人患有癌症的概率为 0.005，即 $P(C)=0.005$，试用定义法求 $P(C|A)$.

5. 课程思政

刚刚学习了条件概率，条件概率即某事件发生条件下事件发生的概率. “条件概率”

中当“条件”发生变化时“概率”也会跟着变化,有的“条件”促进“概率”,有的“条件”抑制“概率”,还有的“条件”与“概率”不相关.“条件”与“概率”的关系恰如“因果定律”中的与“因”与“果”.

爱默生说:“因与果,手段与目的,种子与果实,全是不可分割的,因为果早就酝酿在因中.” 种下不同的“因”,也将收获不同的“果”.现在的“果”会随着现在种下的“因”的不同而在未来发生改变.这也好比“耕耘”和“收获”,只有种下“耕耘”这个因,才会获得“收获”这个果,只要在努力“耕耘”终将会有“收获”.有时候我们也会失败,有时候也会落后,但这些都可能会随着我们种下“努力奋斗”改变为“成功和领先”.

“因”能够改变“果”,“因”随时在改变“果”,“因”“果”之间是时间的函数,会随着时间改变.所以,我们不能用老眼光看问题,而要实事求是,讲求证据,求真务实.

纵观中华千年历史和马克思主义中国化的艰辛历程,可以清晰地看到“实事求是”是一条贯穿始终的中华文化之脉,传承着华夏文明,推动着中华历史走向美好的未来.我们也将继续传承“实事求是,求真务实”的精神和态度.

6. 小结与展望

(1)本节我们给出条件概率的定义和两种计算方法,由此知道条件概率 $P(B|A)$ 表示已知事件 A 发生的条件下,事件 B 发生的概率.它可理解为在缩减的样本空间 A 中,计算事件 AB 发生的概率.可以通过定义法和样本空间缩减法两种方法来求解条件概率.

(2)因果相依,秉持科学态度,实事求是、努力奋斗、心怀感恩才能收获美好的明天.

(3)条件概率的魅力远不止于解决“生男生女问题”“抓阄问题”和“三门游戏”问题.美国有个诡辩家,曾利用条件概率,为刺杀总统里根的杀手成功地进行了无罪辩护.想知道条件概率是怎样在辩护中大显神威的吗?请关注下次课“贝叶斯条件概率”.贝叶斯条件概率蕴含着由“果”索“因”的逆向思维.

7. 作业

(1)思政论述题.

根据条件概率的本质含义结合课堂与自身经历,论述怎样践行条件概率映射出的科学精神,求是态度,怎么把“以发展变化的眼光看问题”融入日常生活.

(2)课程理论题.

根据历年气象统计资料,某地四月份吹东风的概率为$\frac{9}{30}$,下雨的概率为$\frac{11}{30}$,既吹东风又下雨的概率为$\frac{8}{30}$,那么吹东风的条件下下雨的概率为多少?

(3)课后探讨题

根据自身体会,对课程提出意见和建议.

❖思考与展望❖

(1)通过实际例子提出并分析问题,引出条件概率;进一步分析事件关系,得到条件概率的定义和两种计算方法;最后利用定义和计算方法再次分析引例子,引出条件概率的深层含义,为思政点引入找到接口.阐述分析课程蕴含的“因果定律”“实事求是的科学态度”“努力奋斗的精神”“爱国情怀”等.

(2)启发式教学方法,引导学生积极思考,激发学习热情,从课程自然过渡到思政点,完成教学任务.教学过程自然流畅、有吸引力,学生积极参与,效果优良.

(3)课程中融合思政,既教书又育人,为祖国培养“理论扎实、实事求是、努力奋斗、有情怀”的青年人才.

条件概率

——勿以恶小而为之,勿以善小而不为

王　慧

一、课程内容

(1)掌握条件概率、全概率公式与贝叶斯公式的基本思想和背景来源.

(2)掌握全概率公式与贝叶斯公式的适用范围、基本步骤及其具体运用.

二、思政内容

(1)“勿以恶小而为之,勿以善小而不为.”通过全概率公式由因及果分析.

(2)通过《狼来了》寓言故事的实践活动,引导学生分析、解决问题,培养学生将实际题转化为数学问题的能力,培养学生提出、分析、理解和解决问题的能力,将诚信教育融入课程教学中.

(3)通过条件概率,将天道酬勤,后天的努力融入课程教学中.

三、案例设计与教学过程

1. 引入

将一枚硬币抛掷两次,观察其出现正反两面的情况,设事件 A 为“至少有一次为正面”,事件 B 为“两次掷出同一面”. 现在来求已知事件 A 已经发生的条件下事件 B 发生的概率.

解　设 H 为正面,T 为反面,则 $\Omega=\{HH,HT,TH,TT\}$.

$$A=\{HH,HT,TH\},B=\{HH,TT\},P(B)=\frac{2}{4}=\frac{1}{2}.$$

事件 A 已经发生的条件下事件 B 发生的概率,记为 $P(B|A)$,则

$$P(B|A)=\frac{1}{3}=\frac{1/4}{3/4}=\frac{P(AB)}{P(A)}\neq P(B).$$

2. 定义

(1)条件概率.

设 A,B 是两个事件,且 $P(A)>0$,称

$$P(B|A)=\frac{P(AB)}{P(A)}$$

为在事件 A 发生的条件下事件 B 发生的条件概率.

同理可得 $P(A|B)=\dfrac{P(AB)}{P(B)}$为事件 B 发生的条件下事件 A 发生的条件概率.

(2)乘法公式.

设 $P(A)>0$,则有 $P(AB)=P(A)P(B|A)$.

设 A、B、C 为事件,且 $P(AB)>0$,则有 $P(ABC)=P(A)P(B|A)P(C|AB)$.

推广:设 $A_1,A_2,\cdots,A_n$ 为 n 个事件,$n\geqslant 2$, 且 $P(A_1A_2\cdots A_{n-1})>0$,则有 $P(A_1A_2\cdots A_n)=P(A_1)P(A_2|A_1)\times P(A_3|A_1A_2)\times\cdots\times P(A_{n-1}|A_1A_2\cdots A_{n-2})\times P(A_n|A_1A_2\cdots A_{n-1})$.

(3)全概率公式与贝叶斯公式.

定义 设 Ω 为试验 E 的样本空间,$B_1,B_2,\cdots,B_n$ 为 E 的一组事件,若

(i) $B_i\cap B_j=\varnothing,i\neq j,i,j=1,2,\cdots,n$;

(ii) $B_1\cup B_2\cup\cdots\cup B_n=\Omega$.

则称 $B_1,B_2,\cdots,B_n$ 为样本空间 Ω 的一个有穷剖分(或分割).

定理 设试验 E 的样本空间为 Ω,A 为 E 的事件,$B_1,B_2,\cdots,B_n$ 为 Ω 的一个剖分,且 $P(B_i)>0(i=1,2,\cdots,n)$,则

$$P(A)=P(A|B_1)P(B_1)+P(A|B_2)P(B_2)+\cdots+P(A|B_n)P(B_n).$$

证明 $A=A\cap\Omega=A\cap(B_1\cup B_2\cup\cdots\cup B_n)=AB_1\cup AB_2\cup\cdots\cup AB_n$.

由 $B_i\cap B_j=\varnothing\Rightarrow(AB_i)\cap(AB_j)=\varnothing$

$$\begin{aligned}\Rightarrow P(A)&=P(AB_1)+P(AB_2)+\cdots+P(AB_n)\\&=P(A|B_1)P(B_1)+P(A|B_2)P(B_2)+\cdots+P(A|B_n)P(B_n).\end{aligned}$$

总结:化整为零,各个击破.

说明全概率公式的主要用处在于它可以将一个复杂事件的概率计算问题,分解为若干个简单事件的概率计算问题,最后应用概率的可加性求出最终结果.

启示:勿以恶小而为之,勿以善小而不为.

贝叶斯公式:

定理 设试验 E 的样本空间为 Ω. A 为 E 的事件,$B_1,B_2,\cdots,B_n$ 为 Ω 的一个剖分,且 $P(A)>0,P(B_i)>0,(i=1,2,\cdots,n)$,则 $P(B_i|A)=\dfrac{P(A|B_i)P(B_i)}{\sum\limits_{j=1}^{n}P(A|B_j)P(B_j)},i=1,2,\cdots,n$.

证明

$$\begin{aligned}P(B_i|A)&=\frac{P(B_iA)}{P(A)}\\&=\frac{P(A|B_i)P(B_i)}{\sum\limits_{j=1}^{n}P(A|B_j)P(B_j)},\ i=1,2,\cdots,n.\end{aligned}$$

3. **性质**

(1)全概率公式的最简形式:假如 $P(B)>0$,则 $P(A)=P(B)P(A|B)+P(\overline{B})P(A|\overline{B})$.

(2)条件 $B_1,B_2,\cdots,B_n$ 为 Ω 的一个划分,可以改成 $B_1,B_2,\cdots,B_n$ 两两互斥,且

$$A\subset B_1\cup B_2\cup\cdots\cup B_n,$$

全概率公式仍然成立.

4. 例子应用

例 1 科学研究表明，遗传对智力是有影响的. 据医学统计，生男孩和生女孩的可能性各有 50%，而智力遗传因素都来自 X 染色体. 请问：孩子智力遗传因素中，来自母亲的可能性有多大？

解 设事件 A 为"智力遗传来自母亲"，B_1 为"孩子是男孩"，B_2 为"孩子是女孩"，则

$$P(A)=P(A|B_1)P(B_1)+P(A|B_2)P(B_2)$$
$$=\frac{1}{2}\times 0.5+1\times 0.5$$
$$=0.75.$$

由结果可见，孩子遗传因素中，来自母亲的可能性为 0.75，而来自父亲的可能性为 0.25.

强调：这仅仅是从染色体的角度来考虑对智力的遗传因素. 实际上，孩子的智力还受其他因素的影响，特别是后天的努力——天道酬勤.

"数学王子"高斯于 1777 年 4 月 30 日出生于德国下萨克森州的布伦瑞克. 高斯是一对普通夫妇的儿子. 他的母亲是一个贫穷石匠的女儿，没有接受过教育，近似于文盲. 在她成为高斯父亲的妻子之前，她从事女佣工作. 高斯的父亲曾做过园丁、工头、商人的助手和一个小保险公司的评估师.

这个例子可以说明先天遗传只是一方面，后天的努力才是最重要的！

例 2 伊索寓言《狼来了》的故事大家耳熟能详，说谎次数多就会失信于人，熊孩子最终进了狼口.

《狼来了》的熊孩子可信度随着说谎开始下降，那么如何从概率的角度来说明熊孩子的可信度在下降，如何下降，又能下降到何等程度呢？接下来用贝叶斯来进行说明. 概率是某个事件发生的可能性，说到贝叶斯公式就需要先了解条件概率. 条件概率是指在某事件 B 发生的条件下，另一事件 A 发生的概率，记为 $P(A|B)$. 一个事件 A 发生的概率记为$P(A)$，与 $P(A|B)$有所不同.

贝叶斯公式解释了一种直观的现象：一个经常说谎的人真的说谎了，人们对他的可信度便会降低；一个被检测为有病的人如果真的生病了，那么以后对于就诊结果就会更加相信了. 而且上面的例子也说明了，前者下降的速度是极快的，因此给人留下的印象是长久形成的.

5. 融入课程思政

通过全概率公式化整为零，各个击破的思想，融入"勿以恶小而为之，勿以善小而不为"的思政元素.

通过"数学王子"高斯的故事，融入天道酬勤，后天的努力是最重要的.

通过《狼来了》的寓言故事，融入诚实守信，培养学生诚信的社会主义核心价值观，培养学生的创新意识和探索精神，培养学生诚信的社会主义核心价值观，培养学生将实际问题转化为数学问题的能力.

6. 总结

全概率公式是求“最后结果”的概率.

条件概率 $P(B|A)=\dfrac{P(AB)}{P(A)}$ ⟶ 乘法定理 $P(AB)=P(B|A)P(A)$

↓

全概率公式

$$P(A)=P(A|B_1)P(B_1)+P(A|B_2)P(B_2)+\cdots+P(A|B_n)P(B_n)$$

条件概率的引入

——化整为零,零敲牛皮糖

康军军

一、课程内容

(1)理解条件概率,计算条件概率.

(2)掌握乘法公式、全概率公式、贝叶斯公式,解决实际问题.

二、思政内容

全概率公式体现了“化整为零”、化复杂为简单的思想,利用全概率公式教会学生使用科学的方法解决问题的思想,体现出公平性的社会主义核心价值观;利用全概率公式在实际比赛中以及医疗诊断中的应用,教育学生做事情要有理可依,提升决策的可信度.

课后延伸知识点可以给学生展示条件概率的应用——贝叶斯公式在医疗诊断上以及在刑侦推理过程中的应用,以及后续课程中的贝叶斯估计和贝叶斯判别法,为进一步应用相关知识点做好准备,提升学生的学习兴趣,以及解决实际问题的能力.

三、案例设计与教学过程

1. 案例引入

假设10个人摸彩票,有3人中彩.

问题1:第1个人中彩的概率为多少?第2个人中彩的概率为多少?

问题2:已知第1个人没摸中,第2个人中彩的概率为多少?

前面讨论了事件和概率这两个概念.特别地,有两个随机事件 A,B 互不相容时,有

$$P(A\cup B)=P(A)+P(B),$$

这时由 $P(A)$ 及 $P(B)$ 即可求得 $P(A\cup B)$.通常情况下 A,B 不是互不相容,或不知道 A,B 是否互不相容,这时计算 $P(A\cup B)$ 只能用一般的加法公式:

$$P(A\cup B)=P(A)+P(B)-P(AB),$$

这里不但要知道 $P(A)$ 及 $P(B)$,而且也要知道 $P(AB)$.因而,很自然地要问:能不能通过 $P(A)$,$P(B)$ 求得 $P(AB)$?如何求?现在将讨论继续引向深入.

2. 条件概率的定义

定义1 设 A,B 为两个任意事件,且 $P(B)>0$,则称比值 $\dfrac{P(AB)}{P(B)}$ 为“在事件 B 发生的条件下事件 A 发生的条件概率”,记作

$$P(A|B)=\frac{P(AB)}{P(B)}.$$

条件概率是概率:不难验证条件概率 $P(A|B)$ 具有概率的三个基本性质.

(1)非负性,$P(A|B)\geqslant 0$;

(2)规范性,$P(\Omega|B)=1$;

(3)可列可加性,若$A_1,A_2,\cdots,A_n$ 两两互斥,则有 $P(\bigcup_{i=1}^{n}A_i|B)=\sum_{i=1}^{n}P(A_i|B)$.

例 1 设 10 个产品中有 7 个正品、3 个次品,从中不放回地抽取两个,已知第一个取到次品,求第二个又取到次品的概率.

解 设 $A=\{$第一个取到次品$\}$,$B=\{$第二个取到次品$\}$,

$$P(B|A)=\frac{P(AB)}{P(A)}=\frac{2}{9}.$$

3. 乘法公式

由条件概率的定义,立得乘法公式:

(1)若 $P(B)>0$,则 $P(AB)=P(B)P(A|B)$;

(2)若 $P(A)>0$,则 $P(AB)=P(A)P(B|A)$;

(3)若 $P(A_1A_2\cdots A_n)>0$,则

$$P(A_1A_2\cdots A_n)=P(A_1)P(A_2|A_1)P(A_3|A_1A_2)\cdots P(A_n|A_1A_2\cdots A_{n-1}).$$

乘法公式的应用:乘法公式主要用于求几个事件同时发生的概率.

4. 全概率公式

定理 1 若事件$B_1,B_2,\cdots,B_n$ 是样本空间 Ω 的一组分割,即$B_1,B_2,\cdots,B_n$ 是一组互不相容的事件,$\bigcup_{i=1}^{n}B_i=\Omega$,$P(B_i)>0$,则对任一事件 A,有

$$P(A)=\sum_{i=1}^{n}P(B_i)P(A|B_i).$$

这个公式通常称作全概率公式,它是概率论中最基本的公式之一. 可以形象地把全概率公式看成是由原因推结果,每个原因对结果的发生有一定的“作用”,即结果发生的可能性与各种原因的“作用”大小有关. 全概率公式表达了因果之间的关系.

注:“全概率” $P(A)$,可分成多个“部分概率”$P(B_i)$. $P(A|B_i)$之和(分割的思想). 课程思政点,引导学生做事方法“零敲牛皮糖”,大事化小,各个击破的观点. 培养学生勤奋、踏实、严谨的科学精神和自主学习的能力和终身学习的理念.

牛皮糖本是中国南方农村用稻米精制的一种凝固绵密、黏力很强的糖块,一块有几斤或十多斤重,像牛皮一样,咬不动,撕不烂. 群众很喜欢吃,就用铁锤一小块一小块地敲下来,最终,偌大一块牛皮糖也会被敲光. 在抗美援朝战场上,毛主席提出了的“零敲牛皮糖”的战法,一点一点地歼灭美军,最终零零星星地把对手敲光,成功地破解了美国名将李奇微的“磁性战术”,创造了现代战争史上的辉煌篇章.

全概率公式用于求复杂事件的概率. 使用全概率公式关键在于寻找另一组事件来“分割” 样本空间. 全概率公式最简单的形式:

$$P(A)=P(B)P(A|B)+P(\bar{B})P(A|\bar{B}).$$

例 2 某射击小组有 20 名射手,一级射手 4 人,二级射手 8 人,三级射手 8 人,一、

二、三级射手能通过选拔进入比赛的概率分别为 0.9,0.7,0.4,求任选一名射手能通过选拔进入比赛的概率.

解 设 $A=\{$任选一名选手能通过选拔$\}$,$B_i=\{$选中 i 级射手$\}$,$i=1,2,3$.

根据题意,得

$$P(B_1)=0.2,P(B_2)=0.4,P(B_3)=0.4,$$
$$P(A|B_1)=0.9,P(A|B_2)=0.7,P(A|B_3)=0.4,$$

由全概率公式得

$$P(A)=\sum_{i=1}^{3}P(B_i)P(A|B_i)=0.62.$$

5. 贝叶斯公式

我们同样以全概率中的问题为例,我们将最后所求的问题改变为:某人从任意一箱中任意摸出一球,发现是黑球,求该球是取自 1 号箱的概率.

分析 显然全概率公式是求“最后结果”的概率,而现在的问题是已知“最后结果”,来求“原因”的概率. 这一类问题在实际中常见,它所求的是条件概率,是某结果发生条件下,求各原因发生的可能性大小. 这类问题就需要贝叶斯公式.

定理 2 事件 $B_1,B_2,\cdots,B_n$ 是样本空间 Ω 的一组分割,即事件 $B_1,B_2,\cdots,B_n$ 是一组互不相容的事件,$\bigcup_{i=1}^{n}B_i=\Omega$,$P(B_i)>0$,则对任一事件 A,有

$$P(B_i|A)=\frac{P(B_i)P(A|B_i)}{\sum_{i=1}^{n}P(B_i)P(A|B_i)},i=1,2,\cdots,n.$$

该公式于 1763 年由贝叶斯(Bayes)给出. 它是在观察到事件 A 已发生的条件下,寻找导致 A 发生的每个原因的概率.

注:(1)事件 $B_1,B_2,\cdots,B_n$ 可以看作是导致 A 发生的原因.

(2)$P(B_i|A)$ 是在事件 A 发生的条件下,某个原因 B_i 发生的概率,称为“后验概率”,反映了试验后对各种原因发生的可能性的新认识.

(3)Bayes 公式又称为“后验概率公式”或“逆概公式”.

(4)称 $P(B_i)$ 为“先验概率”,即试验前已知的概率,常常是以往经验的总结. 贝叶斯公式其实就是根据先验概率求后验概率.

例 3 某商品由三个厂家供应,其供应量为:甲厂家是乙厂家的 2 倍;乙、丙两厂相等. 各厂产品的次品率分别为 2%,2%,4%. 若从市场上随机抽取一件此种商品,发现是次品,求它是甲厂生产的概率.

解 用 1,2,3 分别表示甲、乙、丙厂.

设 $A_i=$“取到第 i 个工厂的产品”, $B=$“取到次品”. 由题意得

$$P(A_1)=0.5,P(A_2)=P(A_3)=0.25,$$
$$P(B|A_1)=P(B|A_2)=0.02,P(B|A_3)=0.04.$$

由贝叶斯公式得

$$P(A_1|B)=\frac{P(A_1)P(B|A_1)}{\sum_{i=1}^{3}P(A_i)P(B|A_i)}=0.4.$$

6. **课程讨论**

(1)贝叶斯公式和全概率公式的联系.

(2)条件概率三个公式中,乘法公式是求事件交的概率;全概率公式是求一个复杂事件的概率,而贝叶斯公式是计算一个条件概率.

7. **课堂小结**

本课题学习,重点掌握以下内容:

(1)理解条件概率的含义,会计算条件概率.

(2)乘法公式和全概率公式解决实际问题.

(3)理解贝叶斯公式的含义,会利用贝叶斯公式解决问题.

❖思考与展望❖

全概率公式和贝叶斯公式的联系大家区别不太清楚,这里关系到先验概率和后验概率的问题,全概率公式的目的是把大问题分解成小问题解决,贝叶斯公式是逆向思维的过程,锻炼学生的逆向思维能力.

全概率公式

——化繁为简,化整为零

黄　飞

一、课程内容

(1)本课程的内容是全概率公式的推导和应用.

(2)教学难点是理解复杂公式背后的意义.

二、思政内容

(1)"化繁为简,化整为零",全概率公式的原理是"全",既然是"全",求解过程中难免会遇见"繁",其求解方法是"化繁为简".

(2)融入思政元素:通过融入成语"化整为零",让学生体会到在处理解决问题时,首先要将问题进行全面考虑,看清楚全局,在此基础上,寻求有效的解决方法,将困难各个击破.这个思想可以为学生解决问题、处理问题提供一定的帮助.

三、案例设计与教学过程

1. 引言

每一个随机试验 E,它的全体基本事件可用各种不同的方法分成若干类,而任何一个复合事件都可由这几类事件的复合而得到.

比如:设有 n 个袋子,各袋中装有白球和黑球,任意选取一个袋子,并任取一球,则"取出的一球是白球"这一事件可由"从第一个袋子中抽出一球是白球","从第二个袋子中抽出一球是白球",……,"从第 n 个袋子中抽出一球是白球" 等事件复合而成.上述问题的直观解释是:对一个试验,导致某一个结果的发生可能有多种原因,设共有 n 种,每一个原因对这一结果的发生都作出一定的"贡献".当然,这种结果发生的可能性与各种原因的"贡献" 大小有关.

对于这一问题,从概率上来表达它们发生的可能性之间的关系的一个公式就是所谓的全概率公式.全概率公式是概率论中的一个重要公式,它提供了计算复杂事件概率的一条有效途径,使一个复杂事件的概率计算问题化繁为简.

2. 全概率公式

定义 1:设随机试验 E 的样本空间为 Ω, $\{A_1,A_2,\cdots,A_n\}$ 为 E 的一组事件,且满足

(1) $A_i\cap A_j=\varnothing,\forall i\neq j,i,j=1,2,\cdots,n$,即 $A_1,A_2,\cdots,A_n$两两互斥;

(2) $\bigcup\limits_{i=1}^{n}A_i=\Omega$.

则称事件组$\{A_1,A_2,\cdots,A_n\}$为样本空间 Ω 的一个有穷剖分(或分割).

定理 1 （全概率公式）若事件 $B_1,B_2,\cdots,B_n$ 是样本空间 Ω 的一组分割，且 $P(B_i)>0$，则 $P(A)=\sum_{i=1}^{n}P(AB_i)=\sum_{i=1}^{n}P(B_i)P(A\mid B_i)$.

证明 因为 $A=A\cap\Omega=A\cap(\bigcup_{i=1}^{n}B_i)=\bigcup_{i=1}^{n}(A\cap B_i)$，又因为事件 $B_1,B_2,\cdots,B_n$ 是互斥的，则 $(A\cap B_i)\cap(A\cap B_j)=A\cap(B_i\cap B_j)=\varnothing,\forall i\neq j$.

由概率的有限可加性及乘法公式，有 $P(A)=\sum_{i=1}^{n}P(AB_i)=\sum_{i=1}^{n}P(B_i)P(A\mid B_i)$.

注意：

(1)全概率公式用于求复杂事件的概率.

(2)使用全概率公式关键在于寻找另一组事件来"分割"样本空间.

(3)全概率公式最简单的形式：$P(A)=P(B)P(A|B)+P(\bar{B})P(A|\bar{B})$.

3. 应用举例

例 1 设 10 件产品中有 3 件不合格品，从中不放回地取两次，每次一件，求取出的第二件为不合格品的概率.

解 设 A ="第一次取得不合格品"，B= "第二次取得不合格品".

由全概率公式得

$$P(B)=P(A)P(B|A)+P(\bar{A})P(B|\bar{A})=\left(\frac{3}{10}\right)\times\left(\frac{2}{9}\right)+\left(\frac{7}{10}\right)\times\left(\frac{3}{9}\right)=\frac{3}{10}.$$

例 2 有一批同一型号的产品，已知其中由一厂生产的占 30%，二厂生产的占 50%，三厂生产的占 20%，又知这三个厂的产品次品率分别为 2%，1%，1%. 问：从这批产品中任取一件是次品的概率是多少？

解 设事件 A 为"任取一件为次品"，事件 B_i 为"任取一件为 i 厂的产品"，$i=1,2,3$.

由全概率公式得

$$\begin{aligned}P(A)&=P(A|B_1)P(B_1)+P(A|B_2)P(B_2)+P(A|B_3)P(B_3)\\&=0.02\times0.3+0.01\times0.5+0.01\times0.2=0.013.\end{aligned}$$

例 3（摸彩模型） n 张彩票中有一张中奖，从中不放回地摸取，记 A_i 为"第 i 次摸到中奖券"，则

(1)$P(A_1)=\frac{1}{n}$.

(2)可用全概率公式计算得 $P(A_2)=\frac{1}{n}$.

(3)可用归纳法计算得 $P(A_i)=\frac{1}{n},i=1,2,\cdots,n$.

因此，不论先后，中彩机会是一样的.

4. 思政元素的融合渗透

运用全概率公式求解概率，重点在于找到样本空间的划分，将事件的概率分解到事件的每个原因去考虑. 由于每个原因下事件发生的概率及先验概率是比较容易求得的，所以概率的计算会变得比较简单. 其思想是化整为零，化繁为简，各个击破. 把每个简单

的局部问题解决以后,再集零为整,最终使问题得到解决.同学们在日常学习生活中碰见复杂的问题,不要害怕困难,要用于尝试,寻求方法,将问题化整为零,化繁为简,这样再难的问题也能一点一点地攻克掉.

5. 课堂小结

回顾学习内容:

(1)全概率的原理和证明.

(2)全概率公式的应用.

❖思考与展望❖

目前我们学习了运用全概率公式计算一个事件发生的概率,其中所蕴含的思想是将事件化整为零,化繁为简.直观地,我们可以看成是一个“结果”的发生可能由多种“原因”造成,在求这个结果发生的概率时,我们需要找到所有“原因”并分别计算在每一种原因下事件发生的概率,最后再求和,集零为整.

同学们可以思考,如果反过来,某种“结果”已经发生了,如何判断是由哪种“原因”导致的呢?

全概率公式与贝叶斯公式

——化整为零,各个击破与辩证唯物主义

杨 哲

一、课程内容

本课程的内容是全概率公式与贝叶斯公式.

二、思政内容

(1)"化整为零、各个击破",即为全概率公式的核心思想.

(2)全概率公式可看作是"已知'原因',求'结果'的概率",而贝叶斯公式可看作是"已知'结果',求'原因'的概率",全概率公式和贝叶斯公式联系在一起,可看作是事物正反辩证对立统一的客观体现,是数学家以唯物主义思想认识世界的数学表达.

三、案例设计与教学过程

1. 全概率公式引入

复杂事件概率的计算,常将之分为若干个简单事件的和,分别计算这些简单事件的概率,然后利用概率的可加性来计算所求事件的概率.

我们给出"分割/划分/有穷剖分"的定义:

设随机实验 E 的样本空间为 Ω,$\{A_1,A_2,\cdots,A_n\}$ 为 E 的一组事件,若满足

(1)$A_i\cap A_j=\varnothing,i\neq j,i,j=1,2,\cdots,n$;

(2)$\bigcup\limits_{i=1}^{n}A_i=\Omega$.

则称 $\{A_1,A_2,\cdots,A_n\}$ 为 Ω 的一个"分割/划分/有穷剖分",如图 1 所示.

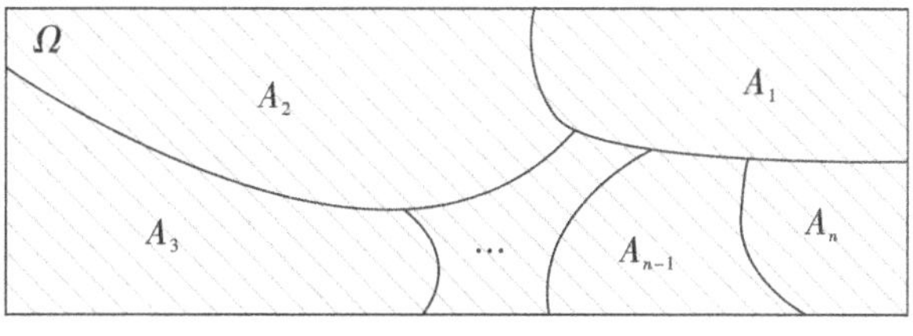

图 1

我们为何要对 Ω 进行分割/划分?

经常感兴趣的事件概率未知,但 Ω 的某个分割后子事件概率易知!

基于全空间的分划(图 2),可把计算子事件 B 的概率转化成 BA_i 的概率的和,即

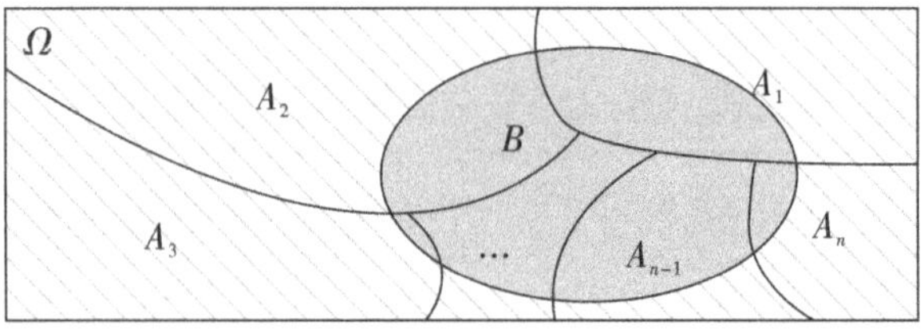

图 2

$$B = B\Omega = B(\bigcup_{i=1}^{n} A_i) = BA_1 \cup BA_2 \cup \cdots \cup BA_n.$$

(BA_i) 与 (BA_j) 互斥 $(i \neq j) \Rightarrow P(B) = \sum_{i=1}^{n} P(BA_i)$. (图 3)

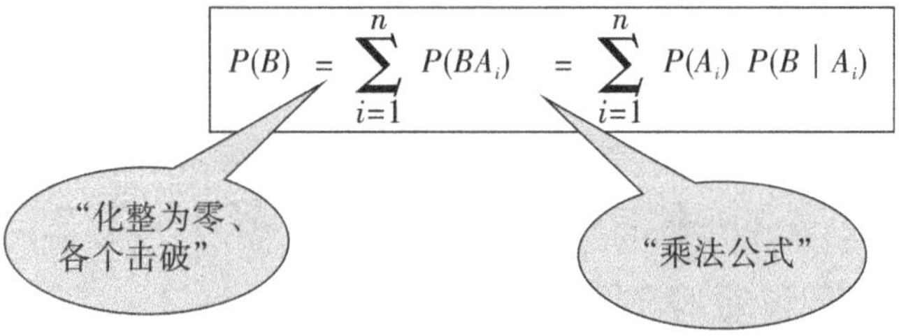

图 3

由此以定理形式给出“全概率公式”.

定理(全概率公式)　$A_1, A_2, \cdots, A_n$ 为 Ω 的一个划分, $P(A_i) > 0, i = 1, 2, \cdots, n$, 则对任一随机事件 B, 有

$$P(B) = \sum_{i=1}^{n} P(A_i) P(B \mid A_i).$$

前面内容已蕴含了此定理的证明过程, 简要概括下是分两步走:

(1) 基于剖分, B 的概率等于 BA_i 的概率和, $i = 1, 2, \cdots, n$.

(2) BA_i 的概率应用乘法公式.

2. 全概率公式应用

例 1　某工厂有三个车间. 任抽一件产品, 计算其是次品的概率.

解　过程分析如图 4.

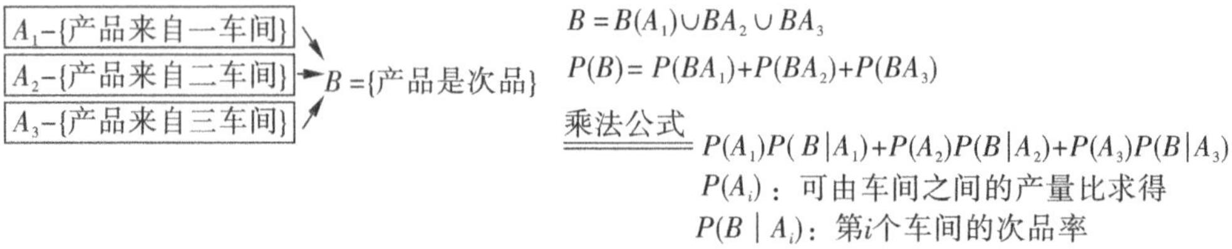

图 4

看完此例,我们再结合此例,回顾全概率公式的逻辑(图5).

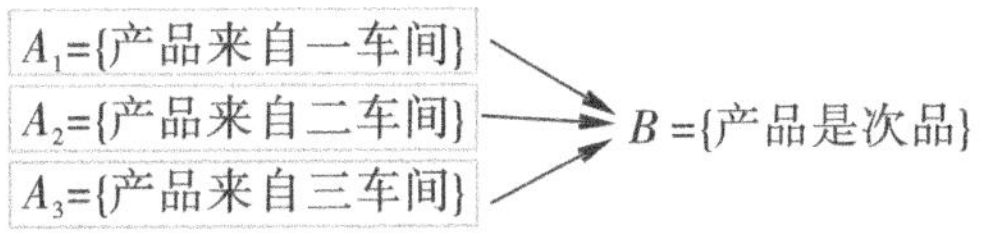

图5

事实上,每一车间都可以产生"次品",即每个 A_i 事件都可以导致 B 事件的发生,因此,我们可以把 A_i 事件看作是"原因事件",B 事件看作是"结果事件",而由 A_i 事件概率求 B 事件概率可看作"已知原因,求结果",那反之,"已知结果,求原因"(对应 $P(A_i|B)$)该怎么求(图6)?

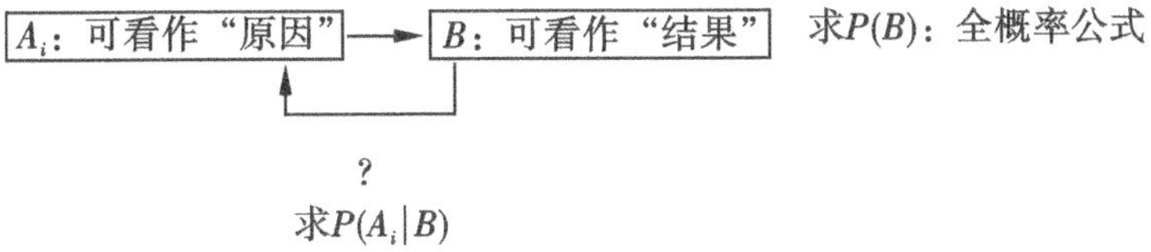

图6

我们刚学习的"全概率公式"即是"已知原因,求结果";而我们即将学习的"贝叶斯公式"即是"已知结果,求原因".

3. 贝叶斯公式引入

因为 $P(A_i|B)=\dfrac{P(A_iB)}{P(B)}$,我们对分子用乘法公式,分母用全概率公式,即可得到贝叶斯公式,下面我们以定理形式给出:

定理(贝叶斯公式) 设随机试验 E 的样本空间为 Ω,B 为 E 中一事件,$\{A_1,A_2,\cdots,A_n\}$ 为 Ω 的一个有穷剖分,若 $P(B)>0$,$P(A_i)>0$,$i=1,2,\cdots,n$,则

$$P(A_i\mid B)=\frac{P(A_i)P(B\mid A_i)}{\sum\limits_{i=1}^{n}P(A_i)P(B\mid A_i)},i=1,2,\cdots,n.$$

贝叶斯公式的推导不难,利用全概率公式和条件概率定义便可求得,但贝叶斯公式的意义非常重大,我们经常把"$A_1,A_2,\cdots,A_n$ 事件"看作是"原因事件",把"B 事件"看作是"结果事件",而贝叶斯公式就对应的是求 $P(A_i|B)$:已知"结果事件 B"发生的前提下,是"原因事件 A_i"导致的概率,即"已知结果,求原因"的概率.

而公式中的 A_i 对应的概率"$P(A_i)$"常被称为"先验概率",而找原因,是 A_i 事件导致的概率"$P(A_i|B)$"常被称为"后验概率". 贝叶斯公式即为求"后验概率"的公式.

4. 贝叶斯公式应用

贝叶斯定理在许多领域中很有用,其原因是很多实际应用问题都涉及"由结果反查原因". 下面举一个贝叶斯公式应用的经典案例:假阳性问题.

例(假阳性问题) 某地区患有癌症的人占0.005,患者对一种试验反应是阳性的概率为0.95,正常人对这种试验反应是阴性的概率为0.98.现抽查一人,试验反应是阳性,问:此人是癌症患者的概率(图7)?

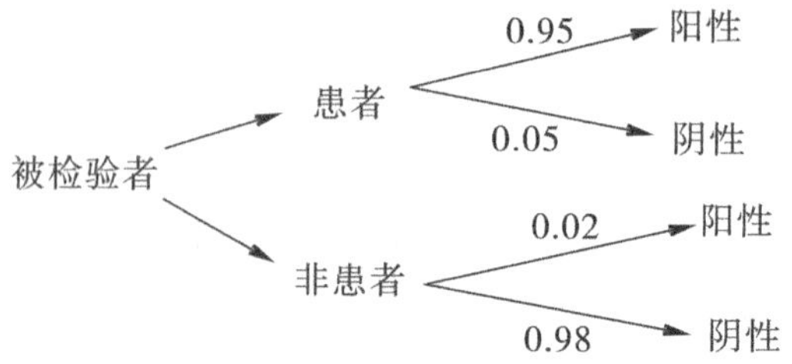

图7

下面我们设下事件:

$B=\{$被检验者呈阳性反应$\}$是结果事件,$A=\{$被检验者是患者$\}$是原因事件之一,不管是不是患者,都有可能被检测出阳性.基于题意,可得

$$P(A)=0.005, P(B|\overline{A})=0.02.$$

利用贝叶斯公式,来计算呈阳性反应时,真是患者的概率:

$$P(A|B)=\frac{P(A)P(B|A)}{P(A)P(B|A)+P(\overline{A})P(B|\overline{A})}=\frac{0.005\times0.95}{0.005\times0.95+0.995\times0.02}=0.1927.$$

这个数太小了,猛一看此结果,可能会以为算错了,事实上,计算概率结果很小的原因在于:先验概率$P(A)$太小,先验概率取成了“人群中的发病率”,但结果仍有意义,0.1927虽小,但$0.1927\div0.005=38.54$,后验概率相比先验概率来说提高了38倍,检验有意义!

事实上,我们可以对检测阳性的患者再进行复检,若复检仍呈阳性,此时就可把先验概率$P(A)$取作0.1927,仍用贝叶斯公式来计算下结果,此时

$$P(A|B)=\frac{P(A)P(B|A)}{P(A)P(B|A)+P(\overline{A})P(B|\overline{A})}=\frac{0.1927\times0.95}{0.1927\times0.95+0.8073\times0.02}=0.9189.$$

可看到,此时概率较大,基本可以确诊了!

从而,我们可以看到,贝叶斯公式的威力!

事实上,贝叶斯定理的发现,大大推动了概率统计学的发展,提高了概率的实用性.

而贝叶斯定理还广泛运用于金融、医疗、人工智能等领域,像贝叶斯网络、贝叶斯机器学习等都以贝叶斯定理为基础并运用于人工智能领域中,为我们的生活带来了诸多新奇与便利.

5.思政元素的融合渗透

全概率公式和贝叶斯公式,这两个公式放一起来看,一个公式看作由“原因”求“结果”,一个看作由“结果”求“原因”,这样用“原因”“结果”的逻辑联系起来,使同学们从正反两方面认识这两个公式,既能从根本上抓住本质,也方便大家理解,从而真心接受,在

理解欣赏中记住并逐渐学会灵活应用,从而便于对这一部分知识进行融会贯通.

这种将两个公式相联系得出关系的方法,可看作是事物正反辩证对立统一的客观体现,是以唯物主义思想认识世界的数学表达.

离散型随机变量的数学期望

——理性决策、脚踏实地

牛春艳

一、课程内容

(1)本课程的内容是离散型随机变量的数学期望.

(2)教学重点是离散随机变量数学期望的定义及常见分布的数学期望.

二、思政内容

(1)凡事要脚踏实地,努力奋斗实现抱负!拒绝幻想成为“幸运儿”,远离赌博!

(2)不因一次的成功而得意忘形,也不为一次的失败轻易否定自己!

三、案例设计与教学过程

1. 引例

在17世纪,有一个赌徒向法国著名数学家帕斯卡出了一道题目:甲、乙两个人赌博,他们两人赌技相当,比赛规则是先胜三局者为赢家,一共进行五局,赢家可以获得100法郎的奖励.当比赛进行到第四局的时候,甲胜了两局,乙胜了一局,这时由于某些原因终止了比赛,那么如何分配这100法郎才比较公平?

如何分100法郎呢?

分析

(1)按1∶1来分,从目前比分看,对甲不公平;

(2)按2∶1来分,没有考虑后续继续比赛可能出现的后果,也有失公平;

(3)甲赢的概率是$\frac{3}{4}$,乙赢的概率是$\frac{1}{4}$,甲的期望所得为$100\times\frac{3}{4}=75$(法郎).

从分赌资问题出发,1657年,荷兰数学家惠更斯在《论赌博中的计算》中明确提出了数学期望的概念.

2. 举例探究

在某家保险公司里有1万名司机参加车辆被盗保险,每人每年付300元被盗保险费.如果车辆被盗,司机可向保险公司领得5万元的赔偿金.假设在一年内某一车辆被盗的概率为0.2%,保险公司每年从每名司机那里获得的期望收益平均值应该是多少?

分析 每年有$10000\times0.2\%$名司机被盗获赔,保险公司获益$20\times(300-50000)$元,另外没有索赔的$10000\times(1-0.2\%)$名司机向保险公司缴纳保费共计$10000\times(1-0.2\%)\times300$元,保险公司获得的期望收益的平均值为

$[10000\times0.2\%\times(300-50000)+10000\times(1-0.2\%)\times300]/10000=$

$0.2\% \times (300-50000) + (1-0.2\%) \times 300 = 200$ 元.

——以频率为权重的加权平均!

定义 1 设离散型随机变量 X 的概率分布律为

$$P(X=x_k)=p_k, k=1,2,\cdots,$$

如果级数 $\sum\limits_k |x_k| p_k < \infty$，即绝对收敛，则称随机变量 X 的数学期望存在，并定义随机变量 X 的数学期望 $E(X)$ 为

$$E(X)=\sum_{k=1}^{\infty} x_k p_k.$$

思考：是否存在数学期望不存在的情况？请举例说明.

例 1 计算随机变量 X 的数学期望.

已知随机变量 X 的分布律为

X	4	5	6
P	$\frac{1}{4}$	$\frac{1}{2}$	$\frac{1}{4}$

求数学期望 $E(X)$.

解 $E(X)=4\times\frac{1}{4}+5\times\frac{1}{2}+6\times\frac{1}{4}=5.$

例 2 由于新冠病毒的传播，医护人员需要对社区群众进行核酸检测，假设对 N 个人的血液进行核酸检测，可以采用两种方法：第一种：逐个检验，这样需要检测 N 次. 第二种：把 k 个人的血样合在一起检测（设 N 是 k 的倍数，并且 N 很大）. 若化验结果为阴性，则说明这 k 个人的血样都呈阴性，这样对这 k 个人只需要一次化验即可；若 k 个人的血样合在一起呈阳性，说明 k 个人中，至少有一个人的血液为阳性，这时就需要对这 k 个人的血样再逐个检测，这样，这 k 个人就需进行 $k+1$ 次检测. 设对每个人的检测结果为阳性的概率都为 p，求：(1) 在第二种方法下，需要进行检测次数的数学期望；(2) 应该采用哪种方法呢，请给出合理建议.

解 把 N 个人分成$\frac{N}{k}$组，用X_i表示第 i 组的检测次数，用 X 表示 N 个人的检测次数，

$$X_i=\begin{cases}1, \text{第 } i \text{ 组呈阴性}, \\ k+1, \text{第 } i \text{ 组呈阳性},\end{cases} \quad i=1,\cdots,\frac{N}{k}.$$

(1) $$P(X_i=1)=(1-p)^k, P(X_i=k+1)=1-(1-p)^k,$$

$$\therefore E(X_i)=(1-p)^k+(k+1)\left[1-(1-p)^k\right]=k+1-k(1-p)^k,$$

$$E(X)=\frac{N}{k}\left[k+1-k(1-p)^k\right]=N+N\left[\frac{1}{k}-(1-p)^k\right].$$

(2) 令 $N+N\left[\frac{1}{k}-(1-p)^k\right]<N$，即$k(1-p)^k>1$ 时用第二种方法.

4. 常见分布的数学期望

(1) 几何分布 $X \sim G(p)$ 的数学期望.

解 由 $P\{X=k\}=q^{k-1}p(q=1-p,k=1,2,\cdots)$ 利用定义 1 中数学期望的定义式代入计算：

$$
\begin{aligned}
E(X) &= \sum_{k=1}^{\infty} k\,q^{k-1}p \\
&= p\left(\frac{1}{1-x}\right)'\Big|_{x=q} \\
&= \frac{p}{(1-q)^2} \\
&= \frac{1}{p}.
\end{aligned}
$$

例 3 推导二项分布 $X \sim B(n,p)$ 的数学期望 $E(X)$.

$$P\{X=k\} = C_n^k p^k (1-p)^{n-k} (k=0,1,2,\cdots,n).$$

解

$$
\begin{aligned}
E(X) &= \sum_{k=0}^{n} k C_n^k p^k (1-p)^{n-k} \\
&= \sum_{k=1}^{n} np \frac{(n-1)!}{(k-1)!\ (n-k)!} p^{k-1}(1-p)^{n-k} \\
&= np \sum_{j=0}^{n-1} C_{n-1}^j p^j (1-p)^{n-1-j} \\
&= np(p+1-p)^{n-1} \\
&= np.
\end{aligned}
$$

5. 思政元素

本节主要学习数学期望，它在日常生活中有普遍的实际应用，更是理性决策的基础. 同学们一定要远离彩票、赌博等游戏！时刻保持理智，以防上当受骗. 另外，从“平均”的意义出发，这节课所学的内容也告诉同学们，做事要脚踏实地，不因一次的成功而骄傲，也不为一次的失败而气馁，戒骄戒躁，为理想而奋斗！

6. 课堂总结

回顾本节主要学习内容：

(1) 离散型随机变量的数学期望的概念.

(2) 数学期望的实际应用：经济决策、保险赔偿、疾病监测等.

(3) 常见分布的数学期望推导.

❖思考与展望❖

数学期望的数学公式非常简单，但其背后隐藏的意义很重要，加深理解，并应用到实际生产、生活中更为重要. 如何利用数学期望解决生活中的实际问题是课后延伸内容.

数学期望

——学思用贯通、知信行统一

白希贤

一、课程内容

(1)本课程的内容是数学期望的由来和定义.

(2)教学难点是如何利用数学期望求解应用问题.

二、思政内容

(1)"学思用贯通、知信行统一",理论的价值在于指导实践,学习的目的在于运用.

(2)融入思政元素:通过引入核酸检测分组的例子,让学生体会到学习的理论知识的价值在于指导实践. 在处理解决问题时,要积极运用所习得的知识并深化、内化、转化,采用科学的方法解决实际问题. 成为具备科学理论知识和能力的人才,有利于解决社会主义发展中遇到的难题.

三、案例设计与教学过程

1. 引言

通过前面的内容,我们已经知道,每个随机变量都有一个分布(分布列、密度函数或分布函数),不同的随机变量可能拥有不同的分布,也可能拥有相同的分布. 分布全面地描述了随机变量取值的统计规律性,由分布可以算出有关随机变量事件的概率.

在实际问题中,随机变量的分布并不易求,而我们并不关心一个随机变量的所有细节,只需要知道"我们关心的某些方面"即可,如测量某一零件长度.

为了更好地掌握随机变量的取值规律,我们需要通过分析"已知信息",去繁就简,整理归纳出一些"简单直观的特征",帮助我们更好地理解随机变量的取值规律,或某些特性. 这些特征往往可以通过一些数字表现出来,称为数字特征. 这些数字特征主要包含:数学期望、方差、矩等. 本次课程将介绍随机变量最重要的数字特征:数学期望.

什么是数学期望呢? 数学期望的由来(分赌本问题)是什么?

在概率论中,数学期望源于历史上一个著名的分赌本问题.

17 世纪中叶,一位赌徒向法国数学家帕斯卡(1623—1662)提出一个使他苦恼长久的分赌本问题:甲、乙两赌徒赌技相同,各出赌注 50 法郎,每局中无平局. 他们约定,谁先赢三局,则得全部赌本 100 法郎. 当甲赢了 2 局、乙赢了 1 局时,因故要中止赌博. 问:这 100 法郎如何分才算公平?

这个问题引起了不少人的兴趣. 首先大家都认识到:平均分,对甲不公平;全部归甲,对乙不公平;合理的分法是,按一定的比例,甲多分些,乙少分些. 因此问题的焦点在于:

按怎样的比例来分.

要想弄清楚这个问题,我们需要联系理论知识来指导解决.习近平总书记多次强调理论学习方法:“学思用贯通、知信行统一”.

理论的价值在于指导实践,学习的目的在于运用.基于已有的知识,可有如下两种分法:

(1)甲得100法郎中的$\frac{2}{3}$,乙得100法郎中的$\frac{1}{3}$.这是基于已赌局数:甲赢了二局,乙赢了一局.

(2)设想再赌下去,则甲最终所得X为一个随机变量,其可能取值0或100.再赌二局必可结束,其结果不外乎以下四种情况之一:

甲甲、甲乙、乙甲、乙乙.

其中“甲乙”表示第一局甲胜第二局乙胜.因为赌技相同,所以在这四种情况中有三种可使甲获100法郎,只有一种情况(乙乙)下,甲获0法郎.所以甲获得100法郎的可能性为$\frac{3}{4}$,获得0法郎的可能性为$\frac{1}{4}$,即X的分布列见表1.

表1

X	0	100
P	0.25	0.75

经上述分析,甲的“期望”所得应为:$0\times0.25+100\times0.75=75$(法郎).即甲得75法郎,乙得25法郎.这种分法不仅考虑了已赌局数,还包括了对再赌下去的一种“期望”,比其他方法更为合理.

这就是数学期望这个名称的由来,其实这个名称称为“均值”更形象易懂.对上例而言,也就是再赌下去的话,甲“平均”可以赢75法郎.

为了能够更好地理解数学期望,我们来看下面找个引例:

引例1 甲、乙两射击运动员,他们的射击技术见表2和表3(设甲、乙分别击中的环数为ξ,η).

表2

ξ	8	9	10
P	0.3	0.1	0.6

表3

η	8	9	10
P	0.2	0.5	0.3

两人谁的技术更好一点?显然答案不易一眼看出.

要回答这个问题,我们自然想到:若两人都打同样多的枪(设为n枪),看谁击中的总环数多.由上面的分布律,对于甲,有$0.3n$枪击中8环,$0.1n$枪击中9环,$0.6n$枪击中10环.因此,共打中

$$8\times0.3n+9\times0.1n+10\times0.6n=9.3n(\text{环}).$$

同样,对于乙,共打$8\times0.2n+9\times0.5n+10\times0.3n=9.1n$(环).

甲平均每枪击中：$8\times0.3+9\times0.1+10\times0.6=9.3$(环).

乙平均每枪击中：$8\times0.2+9\times0.5+10\times0.3=9.1$(环).

故我们说甲的射击技术好一些. 虽然 9.3,9.1 环分别是 ξ,η 的平均取值，但这不是简单的算术平均值，它是由 ξ,η 的取值乘以相应的概率再求和而得到的，叫加权平均值，它才真正反映了 ξ,η 的平均取值水平. 仿此给出离散型随机变量的数学期望(又称均值).

2. 数学期望的定义

离散型随机变量的数学期望的定义：

设离散型随机变量 ξ 的分布律为 $P\{\xi=x_k\}=p_k(k=1,2,\cdots)$ 若级数 $\sum\limits_{k=1}^{\infty}x_kp_k$ 绝对收敛，则称级数 $\sum\limits_{k=1}^{\infty}x_kp_k$ 的和为 ξ 的数学期望，记为 $E(\xi)$，即

$$E(\xi)=\sum_{k=1}^{\infty}x_kp_k. \tag{1}$$

注意：

(1) 当 $\sum\limits_{k=1}^{\infty}|x_k|p_k$ 发散时，则称 ξ 的数学期望不存在.

(2) 定义中的绝对收敛条件是为了保证(1)不受求和次序的改变而影响其和.

(3) 如果把 $x_1,x_2,\cdots,x_k,\cdots$ 视为 x 轴上的质点的坐标，而 $p_1,p_2,\cdots,p_k,\cdots$ 视为相应的质点的质量，且质量总和 $M=\sum\limits_{k=1}^{n}p_k=1$，则式(1)表示质点系的重心坐标.

下面我们计算一下几种常见重要的离散型随机变量的数学期望，来体会一下期望的含义.

3. 几种常见重要离散型随机变量的数学期望

(1) 0–1 分布.

设 ξ 的分布律为

表 4

ξ	0	1
P	$1-p$	p

求 $E(\xi)$.

解 $E(\xi)=0\times(1-p)+1\times p=p$.

(2) 二项分布.

设 $\xi\sim B(n,p)$，求 $E(\xi)$.

解 因为 $\xi\sim B(n,p)$，则 ξ 的分布律为

$$P\{\xi=k\}=\mathrm{C}_n^kp^k(1-p)^{n-k}(k=0,1,2,\cdots,n),$$

所以有

$$E(\xi)=\sum_{k=0}^{n}kP\{\xi=k\}=\sum_{k=1}^{n}k\mathrm{C}_n^kp^k(1-p)^{n-k}=\sum_{k=0}^{n}k\frac{n!}{k!(n-k)!}p^k(1-p)^{n-k}$$

$$= \sum_{k=1}^{n} np \frac{(n-1)!}{(k-1)!\,[(n-1)-(k-1)]!} p^{k-1}(1-p)^{(n-1)-(k-1)}$$

$$\xlongequal{\text{令} r=k-1} np\sum_{r=0}^{n-1} \frac{(n-1)!}{r!\,[(n-1)-r]!} p^{r}(1-p)^{n-1-r}$$

$$= \sum_{r=0}^{n-1} \mathrm{C}_{n-1}^{r} p^{r}(1-p)^{n-1-r}$$

$$= np[p+(1-p)]^{n-1} = np.$$

(3)泊松分布.

设 $\xi \sim P(\lambda)$,求 $E(\xi)$.

解 因为 $\xi \sim P(\lambda)$,则 ξ 的分布律为

$$P\{\xi=k\} = \mathrm{e}^{-\lambda}\frac{\lambda^{k}}{k!}(k=0,1,2,\cdots),$$

所以有

$$E(\xi) = \sum_{k=0}^{n} kP\{\xi=k\} = \sum_{k=1}^{n} k\left(\mathrm{e}^{-\lambda}\frac{\lambda^{k}}{k!}\right) = \lambda\mathrm{e}^{-\lambda}\sum_{k=1}^{n}\frac{\lambda^{k-1}}{(k-1)!} = \lambda\mathrm{e}^{-\lambda}\times\mathrm{e}^{-\lambda} = \lambda.$$

(4)几何分布.

设 $\xi \sim \mathrm{Ge}(p)$,求 $E(\xi)$.

解 由几何分布的定义知,ξ 的分布律为

$$P\{\xi=k\} = q^{k-1}\cdot p(q=1-p,k=1,2,\cdots).$$

所以有

$$E(\xi) = \sum_{k=1}^{\infty} kP\{\xi=k\} = \sum_{k=1}^{\infty} k\times q^{k-1}p = p\left(\frac{1}{1-x}\right)'\bigg|_{x=q} = \frac{p}{(1-q)^{2}} = \frac{p}{p^{2}} = \frac{1}{p}.$$

注 令 $s(x) = \sum_{k=1}^{\infty} kx^{k-1}, x\in(-1,1)$,则 $\int_{0}^{x} s(x)\mathrm{d}x = \sum_{k=1}^{\infty} x^{k} = \frac{x}{1-x}$,故

$$s(x) = \left(\frac{x}{1-x}\right)' = \frac{1}{(1-x)^{2}}.$$

(5)超几何分布.

设 $\xi \sim H(n,M,N)$,求 $E(\xi)$.

解 由超几何分布的定义知,ξ 的分布律为

$$P\{\xi=k\} = \frac{\mathrm{C}_{M}^{k}\mathrm{C}_{N-M}^{n-k}}{\mathrm{C}_{N}^{n}}(0\leqslant n\leqslant N,0\leqslant M\leqslant N), l=\min\{M,n\}, \tag{2}$$

所以有

$$E(\xi) = \sum_{k=0}^{l} kP\{\xi=k\} = \sum_{k=0}^{l} k\times\frac{\mathrm{C}_{M}^{k}\mathrm{C}_{N-M}^{n-k}}{\mathrm{C}_{N}^{n}} = \sum_{k=1}^{l}\frac{M!}{(k-1)!\,(M-k)!}\times\frac{\mathrm{C}_{N-M}^{n-k}}{\mathrm{C}_{N}^{n}}$$

$$= M\sum_{k=1}^{l}\frac{(M-1)!}{(k-1)!\,[(M-1)-(k-1)]!}\times\frac{\mathrm{C}_{(N-1)-(M-1)}^{(n-1)-(k-1)}}{\frac{N}{n}\times\mathrm{C}_{N-1}^{n-1}}$$

$$= M\sum_{k=1}^{l}\mathrm{C}_{M-1}^{k-1}\times\frac{\mathrm{C}_{(N-1)-(M-1)}^{(n-1)-(k-1)}}{\frac{N}{n}\times\mathrm{C}_{N-1}^{n-1}} = M\times\frac{n}{N}\times\frac{\sum_{k=1}^{l}\mathrm{C}_{M-1}^{k-1}\times\mathrm{C}_{(N-1)-(M-1)}^{(n-1)-(k-1)}}{\mathrm{C}_{N-1}^{n-1}} \tag{3}$$

（利用组合恒等式 $\sum_{k=0}^{n} C_{n_1}^{k} \times C_{n_2}^{n-k} = C_{n_1+n_2}^{n}$）

$$=M\times\frac{n}{N}\frac{C_{N-1}^{n-1}}{C_{N-1}^{n-1}}=\frac{nM}{N}. \tag{4}$$

4. 应用举例

核酸检测分组：某地区 N 个人需要进行核酸检测，已知该地检测结果阳性的概率为 p，可以用两种方法进行.

(1) 逐一检测，这就需要检测 N 次.

(2) 分组混检，按 k 个人一组进行分组，若混检结果呈阴性，则只检测一次；若呈阳性，则再对这 k 个人各检测一次.

假若你是决策者，你认为哪种方法更好呢？

问题分析：

(1) 按 k 个人一组进行分组，把同组 k 个人混合采样，如果这混检结果呈阴性，就说明此 k 个人都是未感染者，因而这 k 个人只要检测 1 次就够了，相当于每个人检测$\frac{1}{k}$次，检测的工作量明显减少了.

(2) 如果混检结果呈阳性反应，就说明此 k 个人中至少有一人是感染者，则再对此 k 个人分别进行采样检测，因而这 k 个人要检测 $k+1$ 次，相当于每个人检测 $1+\frac{1}{k}$次，这时增加了检测次数.

假设该疾病的发病率为 p，且得此疾病相互独立. 我们能否利用数学期望的相关知识来说明当 p 较小时，如何选取 k 最适宜.

解 每个人呈阴性的概率为 $q=1-p$，因而每个小组 k 个人的混检结果呈阴性反应的概率为 q^k，k 个人的混检结果呈阳性反应的概率为 $1-q^k$.

设以 k 为一组时，组内每个人需要检测的次数为 ξ，则 ξ 的分布律如表 5.

表 5

ξ	$\frac{1}{k}$	$\frac{1+k}{k}$
P	q^k	$1-q^k$

ξ 的数学期望为 $E(\xi)=\frac{1}{k}\times q^k+\left(1+\frac{1}{k}\right)(1-q^k)=1-q^k+\frac{1}{k}$. N 个人平均需检测的次数为 $N\left(1-q^k+\frac{1}{k}\right)$，由此可知，只要选择 k，使 $1-q^k+\frac{1}{k}<1$，则 N 个人平均需检测的次数$<N$. 当 p 固定时，我们选取 k 使得 $L(k)=1-q^k+\frac{1}{k}$小于 1 且取到最小值，这时就能得到最好的分组方法.

(1) 当 $p=0.1$ 时，对不同的 k，$L(k)$ 的值如表 6 所示. 从表 6 中可以看出：当 $k=34$ 时，平均检测次数超过 1，即比分别检测增加工作量；在 $k=4$ 时，平均检测次数最少，核酸检测工作量可减少 40%.

表 6

k	2	3	4	5	10	30	34
$L(k)$	0.69	0.604	0.594	0.61	0.751	0.991	1.002

(2)我们也可以对不同的发病率 p 计算出最佳的分组人数，从表 7 可以看出：发病率 p 越小，则分组检测的效益越大. 譬如在 $p=0.01$ 时，若取 11 人为一组进行检测，则核酸检测工作量可减少 80% 左右. 这也是我们国家疫情防控中，核酸检测“十人一组”的理论依据.

表 7

p	0.14	0.1	0.08	0.06	0.04	0.02	0.01
k	3	4	4	5	6	8	11
$L(k)$	0.697	0.594	0.534	0.466	0.384	0.274	0.205

5. 思政元素的融合渗透

今天，我们学习了数学期望的由来和定义，并对常见重要的离散型随机变量的数学期望进行了求解. “读书是学习，使用也是学习，并且是更重要的学习”，我们学习理论知识在于指导实践，学习的目的在于运用. 我们通过“核酸检测分组”这一实际应用问题来具体阐述了如何用理论知识来指导实践.

在学习贯彻“习近平新时代中国特色社会主义思想”主题教育工作会议上，习近平总书记强调开展这次主题教育“根本任务是坚持学思用贯通、知信行统一，把新时代中国特色社会主义思想转化为坚定理想、锤炼党性和指导实践、推动工作的强大力量，使全党始终保持统一的思想、坚定的意志、协调的行动、强大的战斗力，努力在以学铸魂、以学增智、以学正风、以学促干方面取得实实在在的成效.”

同学们，在学习理论知识的时候不要单纯为了考试，要思考、运用，才能真正掌握知识. 当我们面对复杂问题时，要多思考理论知识如何来帮助我们解决这个复杂问题. 只有平时在学习理论知识的时候，多思考，多应用，这样才能在面对问题时游刃有余.

6. 课堂小结

回顾学习内容：

(1)数学期望的由来和定义.

(2)数学期望的应用.

❖思考与展望❖

目前我们学习了数学期望的由来和一维离散型随机变量数学期望的定义，并给出了常见重要的离散型随机变量数学变量的求解. 那么二维离散型随机变量的数学期望，以及连续型随机变量的数学期望是怎样呢？又有哪些有趣的实际应用问题呢？

中心极限定理

——学以致用

杨 潇

一、课程内容

(1)本节内容是中心极限定理及其应用.

(2)本节难点在于定理理解,课程重点在于定理应用.

二、思政内容

(1)"学以致用"即为了实际应用而学习.

(2)成语出自李新的"为有源头活水来":"要结合实际工作和革命斗争的需要来学,学以致用,并且勤学苦学."学与用、知与行,是深刻的哲学探讨.这一思政内容告诉同学们,学是为了用,想要解决面对的困难和问题,必须通过刻苦学习,增强本领,形成内驱的学习动力;在用的过程中,促进对所学知识的理解和掌握;当所学知识被成功应用,实践检验了真知,此时获得的成就感又将推进下一轮的学以致用.如此,帮助同学们形成良性学、用循环.

三、案例设计与教学过程

1. 引言

上节课我们学习了大数定律.大数定律研究的是随机变量序列$\{\xi_n\}$的均值$\bar{\xi}=\frac{1}{n}\sum_{i=1}^{n}\xi_i$是否依概率收敛于其期望.即下式是否成立:

$$\bar{\xi}\xrightarrow{P}\overline{E}(\xi).$$

本节的中心极限定理进一步讨论随机变量序列$\xi_1,\xi_2,\cdots,\xi_n$和的标准化变量S_n^*的分布情况.其中

$$S_n^*=\frac{S_n-E(S_n)}{\sqrt{D(S_n)}},S_n=\sum_{i=1}^{n}\xi_i.$$

在高斯指出测量误差服从正态分布之后,人们发现正态分布在自然界中十分常见.18世纪由棣莫弗首先提出中心极限定理.一种随机现象可能会受到许多不确定因素的影响,若这些因素彼此之间没什么依存关系,且谁也没有特别突出的影响,那么这些影响的"累积效应"将会使现象近似地服从正态分布.

2. 两个中心极限定理

(1)独立同分布中心极限定理:设随机变量$\xi_1,\xi_2,\cdots,\xi_n$相互独立,服从同一分布,且

数学期望和方差存在：$E(\xi_i)=\mu, D(\xi_i)=\sigma^2$. 则序列$\{\xi_n\}$服从中心极限定理. 即对任实数$x$，一致地有

$$\lim_{n\to\infty} P\{S_n^* \leqslant x\} = \frac{1}{2\pi}\int_{-\infty}^{x} e^{-\frac{t^2}{2}}dt = \Phi(x) .$$

注

$$E(S_n) = E(\sum_{i=1}^{n}\xi_i) = \sum_{i=1}^{n}E(\xi_i) = \sum_{i=1}^{n}\mu = n\mu,$$

$$D(S_n) = D(\sum_{i=1}^{n}\xi_i) = \sum_{i=1}^{n}D(\xi_i) = \sum_{i=1}^{n}\sigma^2 = n\sigma^2,$$

故

$$S_n^* = \frac{S_n - E(S_n)}{\sqrt{D(S_n)}} = \frac{\sum_{i=1}^{n}\xi_i - n\mu}{\sqrt{n}\sigma} .$$

这里，我们学习一下如何求序列和的期望及方差.

(2)棣莫佛-拉普拉斯极限定理(二项分布)：设随机变量η_n是n重伯努利试验中事件A出现的总次数，p是在一次试验中事件A出现的概率，则对于任意x，有

$$\lim_{n\to\infty} P\{\eta_n^* \leqslant x\} = \int_{-\infty}^{x}\frac{1}{\sqrt{2\pi}}e^{-\frac{t^2}{2}}dt = \Phi(x) .$$

其中$\eta_n^* = \dfrac{\eta_n - np}{\sqrt{np(1-p)}}$.

证明 令

$$\xi_i = \begin{cases} 1, \text{在第 } i \text{ 次试验中 } A \text{ 出现}, \\ 0, \text{在第 } i \text{ 次试验 } A \text{ 不出现} \end{cases} (1\leqslant i\leqslant n),$$

则$\xi_1, \xi_2, \cdots, \xi_n$相互独立且同服从 0-1 分布，期望方差均存在：

$$\mu = E(\xi_i) = p, \sigma^2 = D(\xi_i) = p(1-p).$$

设$\eta_n = \sum_{i=1}^{n}\xi_i$，由独立同分布中心极限定理知，结论成立. 其中

$$\eta_n^* = \frac{\eta_n - E(\eta_n)}{\sqrt{D(\eta_n)}} = \frac{\sum_{i=1}^{n}\xi_i - np}{\sqrt{np(1-p)}} .$$

注 在该定理的证明中，用到了独立同分布中心极限定理，不仅帮助我们理解独立同分布中心极限定理，还有利于我们掌握独立同分布中心极限定理的应用.

在解决问题时，如果能够判断出模型服从二项分布(n重伯努利试验)，可直接应用该中心极限定理.

3. 应用举例

例 1 设一家大旅馆有 500 间客房，每间客房装有一台 2 kW 的空调机. 若开房率为 80%，问：需要多少千瓦的电力才能有 99%的把握保证有足够的电力使用空调机？

解 将 500 间客房用 1 ~ 500 进行数字编号，令

$$\xi_i=\begin{cases}2,\text{第 } i \text{ 间客房开动空调机},\\0,\text{第 } i \text{ 间客房不开动空调机}\end{cases}(0\leqslant i\leqslant 500).$$

已知 $\xi_1,\cdots,\xi_{500}$ 独立同分布，且 ξ_i 的分布律为

ξ_i	0	2
p_i	0.2	0.8

则

$$E(\xi_i)=0\times 0.2+2\times 0.8=1.6,$$

$$E(\xi_i^2)=0^2\times 0.2+2^2\times 0.8=3.2,$$

$$D(\xi_i)=E(\xi_i^2)-(E\xi_i)^2=0.64.$$

令 $\eta=\sum\limits_{i=1}^{500}\xi_i$，它是该旅店开动空调消耗的总电力，有

$$E(\eta)=\sum_{i=1}^{500}E(\xi_i)=500\times 1.6=800,$$

$$D(\eta)=\sum_{i=1}^{500}D(\xi_i)=500\times 0.64=320.$$

设需要 y kW 的电力才能有 99% 的把握保证有足够的电力使用空调机，则

$$P\{\eta\leqslant y\}\geqslant 0.99,$$

由独立同分布中心极限定理得

$$P\{\eta\leqslant y\}=P\left\{\frac{\eta-E(\eta)}{\sqrt{D(\eta)}}\leqslant\frac{y-800}{\sqrt{320}}\right\}\approx\Phi\left(\frac{y-800}{\sqrt{320}}\right),$$

故

$$\Phi\left(\frac{y-800}{\sqrt{320}}\right)\geqslant 0.99=\Phi(2.33).$$

由于分布函数单调不减，知

$$\frac{y-800}{\sqrt{320}}\geqslant 2.33,$$

解得 $y\geqslant 842$，所以需要 842 kW 的电力才能有 99% 的把握保证有足够的电力使用空调机.

例 2 某保险公司里有 3000 个同龄的成年人参加人寿保险. 在 1 年内每人的死亡概率为 0.1%，参加保险的人在 1 年的第一天交付保险费 10 元，死亡时家属可以从保险公司领取 2000 元. 求保险公司亏本的概率.

解 设死亡人数为 ξ，则 ξ 是一个随机变量，且服从 $B(3000,0.001)$. 保险公司亏本当且仅当 $2000\xi>10\times 3000$，即 $\xi>15$. 由棣莫佛-拉普拉斯极限定理知，公司亏本的概率为

$$P(\xi>15)=P\left(\frac{\xi-np}{\sqrt{np(1-p)}}>\frac{15-3}{1.73}\right)\approx 1-\Phi(6.93)\approx 0.$$

可见，保险公司基本不会亏本.

4. 本节心得

通过本节课的学习,我们需要理解,中心极限定理是概率论中讨论随机变量序列和分布渐近于正态分布的一类定理. 通过后续课程的学习,我们会发现这组定理是数理统计学和误差分析的理论基础,指出了大量随机变量积累分布函数逐点收敛到正态分布的积累分布函数的条件.

我们将定理应用到与实际生活紧密相关的问题中,学以致用,不仅是学习的目的,更能进一步激发我们学习理论知识的兴趣. 学以致用是一个古老而与时俱进的话题,古今中文对"学与用、知与行"思考都不曾间断. 习近平总书记告诫我们:"所有知识要转化为能力,都必须躬身实践. 要坚持知行合一,注重在实践中学真知、悟真谛,加强磨炼、增长本领."

作为教师我们将学以致用作为授课的指南针,作为学生我们将学以致用作为学习的目的地,师生共同努力,在"学和用、知和行"的道路上不断前进.

5. 课堂小结

本节学习的内容:

(1)介绍两个中心极限定理.

(2)中心极限定理应用举例.

下节内容提要:中心极限定理的更多应用——两种关于中心极限定理应用的问题分类.

假设检验

——用联系、发展的眼光看问题

董 伟

一、课程内容

(1)本课程的内容是理解和掌握假设检验的思想和概念.

(2)教学难点是理解假设检验的思想.

二、思政内容

(1)选取不同的显著性水平,可以作出不同的判断,让学生明白世间万物,能被绝对肯定或绝对否定的事是很少的.引导同学们要用联系、发展的眼光看问题,思想上避免偏执一端.对于同一事情,人们采用不同的标准,即不同的显著性水平,将得到不同的结论.

(2)假设检验的重要原理为小概率原理,小概率原理即小概率事件在一次试验中几乎不会发生.小概率事件虽然发生的概率很小,但也可能发生并造成严重的后果.很多小概率事件,经历了量的积累,最终产生了质的变化.提醒同学们"勿以恶小而为之,勿以善小而不为",同时要增强忧患意识.

(3)假设检验所使用的逻辑推理方法为概率反证法,对假设检验思维的理解,不仅可以培养学生的统计思维,还能让学生在面对错综复杂的问题时换位思考,反向思考,遇到困难不轻言放弃.

三、案例设计与教学过程

1.引言

引例 1 一种奶茶由牛奶与茶按一定比例混合而成,可以先倒茶后倒奶(记为 TM),也可以反过来(记为 MT).某女士声称她可以鉴别是 TM 还是 MT,周围品茶的人对此产生了议论.在场的费希尔也思索这个问题,他提议作一项试验来检验假设是否成立.

引入原假设:假设 H 该女士无此鉴别能力.

为此费希尔准备了 10 杯调制好的奶茶,TM 和 MT 都有.该女士一杯一杯地品尝,竟能正确地分辨 10 杯奶茶的调制顺序.这时如何判断该女士有无此种鉴别能力呢?

由女士品茶故事,讲到费希尔发现假设检验的一般步骤,启发学生善于捕捉生活中的科学现象,培养学生的科研意识.同时通过引入例题,激发学生的学习兴趣,培养学生利用假设检验策略解决实际问题的能力.

引入费希尔试验对假设对错进行判断的思维方式.

假如试验结果与假设 H 发生矛盾就拒绝原假设 H,否则就接受原假设.为此,我们要提出一些新的概念,建立一套可行的方法,形成假设检验理论,为进一步发展假设检验理论与方法打下基础. 教师可依据图 1 讲解假设检验在实际生活的一般应用.

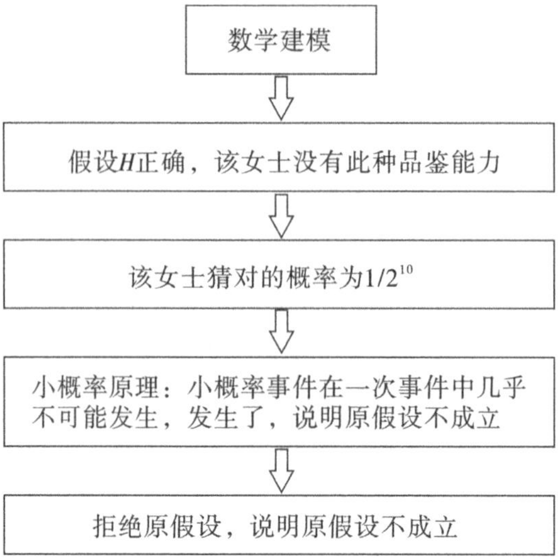

图 1

当然实际操作远非这么简单,假如该女士只说对了 9 杯或者 8 杯,又该对 H 作何判断? 同时需要思考假设检验的一些问题,诸如:

(1)判断的检验法则是什么?

(2)判断发生错误的概率是多少?

因此,假设检验远非引例 1 说得那么简单,在实际操作中还需要考虑很多问题. 下面再用一个实际例子来引出假设检验的基本概率和操作步骤.

引例 2 某厂生产的合金强度服从正态分布 $N(\theta,16)$,其中 θ 的设计值不低于 110 Pa. 为保证质量,该厂每天都要对生产情况作例行检查,以判断生产是否正常进行,即该合金的平均强度不低于 110 Pa. 某天从生产中随机抽取 25 块合金,测得强度值为 x_1, $x_2,\cdots,x_{25}$,其均值为 108.2 Pa,问:当日生产是否正常?

已知,合金强度不低于 110 Pa 仅涉及参数 θ 的范围为

$$\Theta_0=\{\theta:\theta\geqslant 110\},\Theta_1=\{\theta:\theta<110\}.$$

这两个非空参数集合都称作统计假设,简称假设. 我们的任务是利用样本去判断假设(命题)“$\Theta\in\Theta_0$”是否成立. 这里的“判断”在统计学中称为检验或检验法则.

通过上面两个例子,可以推测假设检验的一般步骤:

在假设检验中,常把一个被检验的假设称为原假设,用 H_0 表示,通常将不应轻易加以否定的假设作为原假设. 当 H_0 被拒绝时而接收的假设称为备择假设,用 H_1 表示,它们常常成对出现.

2. 选择检验统计量,给出拒绝域的形式

由样本对原假设进行判断总是通过一个统计量完成的,该统计量称为检验统计量. 使原假设被拒绝的样本观测值所在区域称为拒绝域,一般用 W 表示,在引例 2 中,样本均

值 $\bar{x}$ 愈大,意味着总体均值 θ 也大,因此,合理的拒绝域如下:

$$W=\{(x_1,x_2,\cdots,x_n):\bar{x}\leqslant c\}.$$

正如在数学上我们不能用一个例子去证明一个结论一样,用一个样本(例子)不能证明一个命题(假设)是成立的,但可以用一个例子(样本)推翻一个命题.因此,从逻辑上看,注重拒绝域是适当的.这种思想也提醒了我们在面对复杂问题时,要有辩证思维的头脑,要透过假象揭示事物的本质.

3. **选择检验水平**

检验可能犯以下两种错误:其一是 H_0 为真但样本观测值落在拒绝域中,从而拒绝原假设 H_0,这种错误称为第一类错误,其发生的概率称为犯第一类错误的概率,或称拒真概率,通常记为 α;其二是 H_0 不真(即 H_1 为真),但样本观测值落在接受域中,从而接受原假设 H_0,这种错误称为第二类错误,其发生的概率称为犯第二类错误的概率,或称受伪概率,通常记为 β.

两类错误具体可以用表 1 表示.

表 1

观测数据情况	总体情况	
	H_0 为真	H_1 为真
$(x_1,x_2,\cdots,x_n)\in W$	犯第一类错误	正确
$(x_1,x_2,\cdots,x_n)\in W^c$	正确	犯第二类错误

犯第一类错误的概率 α 和犯第二类错误的概率 β 可以用同一个函数表示,即所谓的势函数.势函数是假设检验中最重要的概念之一,定义如下:

设检验问题 $H_0:\theta\in\Theta_0,H_1:\theta\in\Theta_1$ 的拒绝域均为 W,则样本观测值落在拒绝域内的概率称为该检验的势函数,记为

$$g(\theta)=P_\theta(x\in W),\theta\in\Theta=\Theta_0\cup\Theta_1.$$

势函数 $g(\theta)$ 是定义在参数空间 Θ 上的一个函数.犯两类错误的概率都是参数 θ 的函数,并可由势函数算得,即

$$g(\theta)=\begin{cases}\alpha(\theta),\theta\in\Theta_0,\\1-\beta(\theta),\theta\in\Theta_1.\end{cases}$$

引例 3 回顾针对引例 2,其拒绝域为 $W=\{\bar{x}\leqslant c\}$,运用上式可算出该检验的势函数为

$$g(\theta)=P_\theta(x\leqslant c)=P_\theta\left(\frac{\bar{x}-\theta}{4/5}\leqslant\frac{c-\theta}{4/5}\right).$$

利用这个势函数容易写出犯两类错误的概率分别为

$$\alpha(\theta)=\Phi\left(\frac{c-\theta}{4/5}\right),\theta\in\Theta_0,$$

$$\beta(\theta)=1-\Phi\left(\frac{c-\theta}{4/5}\right),\theta\in\Theta_1.$$

依据上式可得:当 $\alpha(\theta)$ 减小时,c 也随之减小,必导致 $\beta(\theta)$ 的增大;当 $\beta(\theta)$ 减小时,c 也会增大,必导致 $\alpha(\theta)$ 的增大.

在实际应用中,当样本量固定时,$\alpha(\theta)$ 和 $\beta(\theta)$ 不可能同时减小. 这也是告诉我们,任何事情都不可能完美. 在实际应用中,我们一般把产生较严重后果的假设作为原假设,这样我们在实际应用中要严格控制第一类错误. 融合思政元素,告诉学生事有轻重缓急,在处理问题时要抓住问题的主要矛盾,在作决定时一定要清楚作这件事情可能导致什么样的后果,这个后果是不是自己可承受的范围.

我们不可能同时控制一个检验犯第一类、第二类错误的概率,在此背景下,只能采取折中方案. 为此统计学家费希尔提出水平为 α 的显著性检验的概念.

对检验问题 $H_0:\theta\in\Theta_0, H_1:\theta\in\Theta_1$,如果一个检验满足对任意的 $\theta\in\Theta_0$,都有 $g(\theta)\leqslant\alpha$,则称该检验是显著水平为 α 的显著性检验,简称为水平为 α 的检验. 提出显著性检验的概念就是要控制第一类错误的概率 α,但也不能使得 α 过小(α 过小会导致 β 过大),在适当控制 α 中制约 β. 最常用的选择是 $\alpha=0.05$,有时也会选择 $\alpha=0.1$ 或 0.01.

4. 给出拒绝域

在确定显著性水平后,我们可以定出检验的拒绝域 W. 在引例 3 中,对给定的显著性水平 α,则要求对任意的 $\theta\geqslant110$,有 $g(\theta)=\Phi\left(\dfrac{5(c-\theta)}{4}\right)\leqslant\alpha$,由于 $g(\theta)$ 是关于 θ 的单调减函数,只需要 $g(110)=\Phi\left(\dfrac{5(c-110)}{4}\right)=\alpha$ 成立即可. 用标准的正态分布分位数可把上式改为 $\dfrac{5(c-110)}{4}=u_\alpha$,从而 c 的值为

$$c=110+0.8u_\alpha.$$

于是检验的拒绝域为

$$W=\{x\leqslant110+0.8u_\alpha\}.$$

在有了明确的拒绝域后,根据样本观测值我们可以作出判断.

5. 检验的 P 值

在给定显著性水平后,不是拒绝原假设就是接受原假设. 然而,有时会出现在一个较大的显著性水平(比如 $\alpha=0.05$)下得到拒绝原假设的结论,而在一个较小的显著性水平(比如 $\alpha=0.01$)下会得到相反的结论. 这种情况在理论上很容易解释. 因为显著性水平变小后会导致检验的拒绝域变小,于是落在拒绝域中的观测值就可能落入接受域. 但这种情况在应用中会带来一些麻烦:假如这时一个人主张选择显著性水平 $\alpha=0.05$,而另一个人主张选 $\alpha=0.01$,则第一个人的结论是拒绝 H_0,而后一个人的结论是接受 H_0. 我们看到不同的显著性水平会得到不同的结论.

在一个假设检验问题中,利用样本观测值能够作出拒绝原假设的最小显著性水平称为检验的 P 值. 由检验的 P 值与人们心目中的显著性水平 α 进行比较可以很容易作出检验的结论:

如果 $\alpha\geqslant P$,则在显著水平 α 下拒绝 H_0;

如果 $\alpha<P$,则在显著水平 α 下接受 H_0.

P 值在实际中很有用. 在实际应用中, P 很小时(如 $P<0.001$), 即可作出拒绝的结论. P 很大时(如 $P>0.5$), 即可接受. 只有 P 与 α 接近时才需比较, 这样至少可减少部分争论.

6. 加入实践教学,促进能力发展

在学生掌握假设检验的基本思想和原理后,可以利用课本的知识尝试解决一些实际问题. 在加入实践教学中,要注重将学情融入不同的统计软件,比如 SPSS 软件和 R 语言等等. 通过一些适当的例子,让学生理解假设检验的思想和基本步骤,提高学生解决实际问题的能力.

7. 思政元素的融合渗透

(1)一次试验中几乎不发生的小概率事件重复多次后几乎会发生. 这一原理阐明,经历了量的积累,最终产生了质的变化. 提醒同学们"勿以恶小而为之,勿以善小而不为". 还可以勉励同学们学习、做事要有恒心,培养"锲而不舍,金石可镂"的精神.

(2)在讲解假设检验的一般步骤时,通过选取不同的显著性水平,可以作出不同的判断,让学生明白世间万物,能被绝对肯定或绝对否定的事是很少的,如果苛求获得一个百分之百正确的结论,那或许什么都得不到. 引导同学们要用联系的、发展的眼光看问题,思想上避免偏执一端. 对于同一事情,人们采用不同的标准,即不同的显著性水平,将得到不同的结论.

8. 课堂小结

回顾学习内容:

(1)假设检验的原理和定义.

(2)假设检验的基本步骤.

❖思考与展望❖

假设检验建立在小概率原理和反证法的基础上,原假设和备择假设的选择以及概率 P 值超过了学生的直观经验,比较抽象. 教师要通过多举例子,让学生尽可能地理解假设检验. 后续我们将学习一些分布的拒绝域. 拒绝域和置信区间的估计有何联系呢?

极大似然估计

——君子务本,本立而道生,弘扬文化自信

胡玉萍

一、课程内容

(1)本课程的内容是极大似然估计的概念和求解方法.

(2)教学难点是理解极大似然估计的定义.

二、思政内容

(1)"君子务本,本立而道生",极大似然估计的原理是"本",其求解方法是"道".

(2)融入思政元素:通过融入《论语》中的名言,让学生在处理解决问题时,要重视和着重解决事物的主要矛盾和矛盾的主要方面,抓住问题本质,自然会找到解决问题的办法.这是我国古代人民的哲学思想和智慧结晶,进而培养学生的文化自信.

三、案例设计与教学过程

1.引言

前面学习了皮尔逊在19世纪末20世纪初提出的参数点估计的一种方法:矩估计方法.

什么是参数的点估计呢?不妨简单回顾一下.

设总体X的分布为$f(x,\theta)$,$\theta\in\Theta$是待估参数.从总体中抽出容量为n的样本X_1,X_2,$\cdots$,X_n,依据这组样本对参数θ作出估计.而我们知道样本永远是已知的,要估计未知参数θ,需要构造出合适的样本函数$\hat{\Theta}(X_1,X_2,\cdots,X_n)$作为$\theta$的估计,为着这样的特定目的而构造的统计量$\hat{\Theta}$,称为$\theta$的点估计.

关于参数的点估计,今天我们来学习统计学家费歇尔在1912年提出的另一种点估计方法——极大似然估计法.

从字面上看,"似然"就是好像的样子,极大似然估计就是最像真的估计,但其真正的含义是什么?又是如何定义的呢?

要想弄清楚这些问题,《论语·学而》中有一句名言(我国古代的哲学思想和智慧):"君子务本,本立而道生."

因此,如果找到了极大似然估计的本——原理,那么,我们就能找到它的道,即极大似然估计的方法了.为了找到极大似然估计的原理,不妨先看两个小例子.

引例1 某商场搞抽奖活动,一个箱中装有红、白两种颜色的球,其手感、质地及大小相同,规定摸到白球有奖,摸到红球无奖.现你从箱中随机摸取1球,若发现是红球,试

问:你会如何想呢?

大概你的第一反应就是商场在忽悠人.为什么摸到红球你就认为商场在忽悠人呢?

仔细推敲就会发现其中原因,一般,人们会这样想:我为何摸到红球呢?是因为箱子里的红球多才致使我在一次摸球中摸到了红球,也就是摸到红球的概率比摸到白球的概率大,才致使我在一次摸球中摸到了红球,故推测红球多,商场在忽悠人.

说不定箱中只有一个红球而被你幸运地摸到了,即便如此,你也宁可推断箱中红球多而并非白球多,因为这看起来最像真的.

引例 2 如果我和奥运射击冠军在游乐场游玩,不知是谁一枪击中了十环.你会推断是谁击中的呢?

一般来说,你会猜想是奥运射击冠军击中的.

你为何会猜想是奥运射击冠军击中的而不是天天教你的胡老师呢?你肯定会说奥运射击冠军击中十环的概率比胡老师大.

为何奥运射击冠军击中十环的概率比胡老师大你就选他呢?你会说概率大的事件比概率小的事件在一次实验中容易发生,故选择奥运射击冠军.

难道说你这样认为不会出错吗?说不定就是胡老师"啪"一枪击中了十环.是的,你这样推断难免会犯错,即便如此,你还是会猜想是奥运射击冠军击中的而并非教你的胡老师.因为这看起来最像真的.

我们现在要的是估计,只要是估计就可能会出错,只要是用统计来解决问题,没有任何统计学家敢给你保证百分之百不出错,但好的统计学家会尽量降低犯错的可能性.

由以上两个引例说明,我们在进行推断时,会认为使某结果发生的概率达到最大的条件看起来最像真的已知条件,故取该条件作为已知条件.

现在抛开具体问题而上升到更一般的理论,回到点估计上,设总体 X 的分布为 $f(x,\theta)$,$\theta\in\Theta$ 是未知的待估参数.现有样本观测值 $x_1,x_2,\cdots,x_n$,要依据样本值对参数 θ 作出估计.由上面的分析可知,使得这一组样本值出现的概率最大的参数 θ 的取值看起来最像真的,就取这个值作为参数 θ 的估计值.

极大似然估计的本(原理):在一次实验中,某事件已经发生,则必然认为使该事件发生的概率达到最大的参数所取的值最像真值,故把它作为待估参数的估计值.

如何计算样本观测值 $x_1,x_2,\cdots,x_n$ 出现的概率呢?下面分离散总体与连续总体两种情况仔细讨论.

2. 极大似然估计的定义

(1)离散总体.

已知离散总体 X 的分布为 $p\{X=x\}=p(x,\theta)$,$\theta\in\Theta$ 未知,θ 为待估计参数,Θ 是 θ 的可能取值的范围,即样本空间,$x_1,x_2,\cdots,x_n$ 是来自 X 的样本观测值.现利用样本观测值对参数 θ 进行估计.因样本 $X_1,X_2,\cdots,X_n$ 为简单随机样本,故取到样本观测值 $x_1,x_2,\cdots,x_n$ 的概率为

$$p(X_1=x_1,X_2=x_2,\cdots,X_n=x_n)=\prod_{i=1}^{n}p(x_i,\theta),\theta\in\Theta.$$

当 $x_1,x_2,\cdots,x_n$ 已知,而把它看作 θ 的函数时,这个函数对不同的 θ 的取值,反映了在观

察结果 $x_1,x_2,\cdots,x_n$ 已知的条件下，θ 的各种值的“似然程度”，故称其为似然函数，记为

$$L(\theta)=L(x_1,x_2,\cdots,x_n,\theta)=\prod_{i=1}^{n}p(x_i,\theta),\theta\in\Theta.$$

从上述分析自然得到：应该用似然程度最大的那个参数的取值作为 θ 的估计，因为在已得样本 $x_1,x_2,\cdots,x_n$ 条件下，这个看来最像是真的参数值.

极大似然估计的定义是：若 $\hat{\theta}(x_1,x_2,\cdots,x_n)$ 满足

$$L(x_1,x_2,\cdots,x_n,\hat{\theta})=\max_{\theta\in\Theta}L(x_1,x_2,\cdots,x_n,\theta),$$

则称 $\hat{\theta}(x_1,x_2,\cdots,x_n)$ 为参数 θ 的极大似然估计值，称相应的统计量 $\hat{\theta}(X_1,X_2,\cdots,X_n)$ 为 θ 的极大似然估计量.

注：极大似然估计值也称为最大似然估计.

(2)连续总体.

已知连续总体 X 的分布为 $f(x,\theta)$，$\theta\in\Theta$ 未知. 设 $X_1,X_2,\cdots,X_n$ 是来自 X 的样本，$x_1,x_2,\cdots,x_n$ 是相应于随机样本 $X_1,X_2,\cdots,X_n$ 的一个样本观测值，因随机样本 $X_1,X_2,\cdots,X_n$ 为连续型随机变量，故随机样本 $X_1,X_2,\cdots,X_n$ 取到点 $(x_1,x_2,\cdots,x_n)$ 的概率为零，转而考虑随机样本 $X_1,X_2,\cdots,X_n$ 落到点 $(x_1,x_2,\cdots,x_n)$ 的小邻域（边长分别为 $\mathrm{d}x_1,\cdots,\mathrm{d}x_n$ 的多维立方体）内的概率，将其近似为

$$P\approx\prod_{i=1}^{n}f(x_i,\theta)\mathrm{d}x_i,$$

$\prod_{i=1}^{n}f(x_i,\theta)$ 随 θ 的变化而变化，因子 $\prod_{i=1}^{n}\mathrm{d}x_i$ 不随 θ 而变化，故只需考虑 $\prod_{i=1}^{n}f(x_i,\theta)$，记为 $L(\theta)=L(x_1,x_2,\cdots,x_n,\theta)=\prod_{i=1}^{n}f(x_i,\theta)$，称其为似然函数.

极大似然估计的定义是：若 $\hat{\theta}(x_1,x_2,\cdots,x_n)$ 满足

$$L(x_1,x_2,\cdots,x_n,\hat{\theta})=\max_{\theta\in\Theta}L(x_1,x_2,\cdots,x_n,\theta),$$

则称 $\hat{\theta}(x_1,x_2,\cdots,x_n)$ 为 θ 的极大似然估计值，称相应的统计量 $\hat{\theta}(X_1,X_2,\cdots,X_n)$ 为 θ 的极大似然估计量. 当 θ 为向量时，上面仍成立.

知道了极大似然估计的本，即原理，不难找到道，即极大似然估计的方法，那方法是什么呢？

3. 求解极大似然估计的方法

由前面的分析可知，求参数的极大似然估计的问题本质就是求似然函数的最大值点的问题.

注意 求解未知参数的极大似然估计的方法，本质上就是求似然函数的最大值点的方法.

这个问题就转化为求函数的最大值点的问题，这是微积分中我们最熟悉的方法.

因为似然函数为函数乘积的形式，所以直接去求似然函数的最值点并不是很方便. 为使 $L(\theta)$ 达到最大，只需使 $\ln L(\theta)$ 达到最大.

$$\ln L(\theta)=\sum_{i=1}^{n}\ln p(x_i,\theta),$$

称为对数似然函数.

故求似然函数的最值点问题便转化为求对数似然函数的最大值点问题.

若 $f(x,\theta)$ 或 $p(x,\theta)$ 对 θ 存在连续的偏导数,可建立方程(或方程组)如下,称为似然方程(或似然方程组):

$$\frac{\mathrm{d}\ln L(\theta)}{\mathrm{d}\theta}=0.$$

如果这方程(组)有唯一解,又能验证它是一个极大值点,则它必是使 $L(\theta)$ 达到最大值之点,即极大似然估计值. 但在较复杂的场合,方程(组)可以有不止一个(或一组)解. 求出这些解很不易,且不易判定哪一个使 $L(\theta)$ 达到最大. 有时,若 $f(x,\theta)$ 或 $p(x,\theta)$ 并不对 θ 可导,甚至本身也不连续,这时方程组就无法用,必须回到原始定义.

求解步骤:(1)写出似然函数 $L(\theta)$;

(2)写出对数似然函数 $\ln L(\theta)$;

(3)写出似然方程(组),解似然方程(组)得到参数的估计.

4. 应用举例

例 1 假设某人每天接到的短信息条数 X 服从泊松分布 $P(\lambda)$,λ 为未知参数,通过随机观察得到了他 10 天所接短信息条数的数据为 5,7,4,8,6,9,7,8,5,9,试由此求出未知参数 λ 的极大似然估计.

解 X 的分布律为

$$P(X=x_i)=\frac{\lambda^{x_i}e^{-\lambda}}{x_i!},x_i=0,1,2,\cdots,$$

故似然函数为

$$L(\lambda)=\prod_{i=1}^{n}\frac{\lambda^{x_i}e^{-\lambda}}{x_i!}.$$

对数似然函数为

$$\ln L(\lambda)=-n\lambda+\left(\sum_{i=1}^{n}x_i\right)\ln\lambda-\sum_{i=1}^{n}\ln(x_i!).$$

令

$$\frac{\mathrm{d}\ln L(\lambda)}{\mathrm{d}\lambda}=-n+\frac{1}{\lambda}\sum_{i=1}^{n}x_i=0.$$

解方程得

$$\hat{\lambda}=\frac{1}{n}\sum_{i=1}^{n}x_i.$$

λ 的极大似然估计为

$$\hat{\lambda}=\bar{x}=\frac{1}{n}\sum_{i=1}^{n}x_i.$$

将观测数据代入,可得

$$\hat{\lambda}=\frac{5+7+4+8+6+9+7+8+5+9}{10}=6.8.$$

例 2　设正态总体 $X \sim N(\mu,\sigma^2)$，$\theta=(\mu,\sigma^2)$ 是二维参数，求 θ 的极大似然估计.

解　设样本 $x_1,x_2,\cdots,x_n$ 来自总体 X，则似然函数及其对数分别为

$$L(\mu,\sigma^2)=\prod_{i=1}^{n}\frac{1}{\sqrt{2\pi}\sigma}\mathrm{e}^{-\frac{(x_i-\mu)^2}{2\sigma^2}},$$

$$\ln L(\mu,\sigma^2)=-\frac{1}{2\sigma^2}\sum_{i=1}^{n}(x_i-\mu)^2-\frac{n}{2}\ln\sigma^2-\frac{n}{2}\ln(2\pi),$$

将对数似然函数关于两个分量求偏导，并令其为 0 即得到似然方程组

$$\begin{cases}\dfrac{\partial \ln L(\mu,\sigma^2)}{\partial\mu}=\dfrac{1}{\sigma^2}\displaystyle\sum_{i=1}^{n}(x_i-\mu)=0,\\ \dfrac{\partial \ln L(\mu,\sigma^2)}{\partial\sigma^2}=\dfrac{1}{2\sigma^4}\displaystyle\sum_{i=1}^{n}(x_i-\mu)^2-\dfrac{n}{2\sigma^2}=0.\end{cases}$$

解此方程组，可得参数的极大似然估计为

$$\hat{\mu}=\frac{1}{n}\sum_{i=1}^{n}x_i=\bar{x},\hat{\sigma}^2=\frac{1}{n}\sum_{i=1}^{n}(x_i-\bar{x})^2=s_n^2.$$

例 3　设总体 $X\sim U(0,\theta)$，$\theta>0$，求 θ 的极大似然估计量.

解　由总体 $X\sim U(0,\theta)$ 可知，其密度函数为

$$f(x,\theta)=\begin{cases}\dfrac{1}{\theta},0<x\leqslant\theta,\\ 0,\text{其他}.\end{cases}$$

似然函数为

$$L(\theta)=\prod_{i=1}^{n}f(x_i,\theta)=\begin{cases}\dfrac{1}{\theta^n},0<x_i<\theta,\\ 0,\text{其他}.\end{cases}$$

取对数得到似然函数，将对数似然函数关于参数求导可得

$$\ln L(\theta)=-n\ln\theta\Rightarrow\frac{\mathrm{d}\ln L(\theta)}{\mathrm{d}\theta}=-\frac{n}{\theta}<0(\theta>0).$$

因此，$L(\theta)$ 是 θ 的单调减函数，当 $\hat{\theta}=\max\{x_1,x_2,\cdots,x_n\}$ 时，$L(\theta)$ 取到最大，参数 θ 的极大似然估计为 $\hat{\theta}=\max\{x_1,x_2,\cdots,x_n\}$.

关键点　当求导的结果不可能为 0 时，若单调递增或者递减，此时找边界点即可，一般为 $\max\{x_1,x_2,\cdots,x_n\}$ 或者 $\min\{x_1,x_2,\cdots,x_n\}$.

5. 思政元素的融合渗透

今天，我们学习了求解未知参数的极大似然估计，发现只要抓住本质，即极大似然估计的原理，则求解的具体办法便可建立，从而得到参数的极大似然估计，即“君子务本，本立而道生”. 解决问题，抓事物的主要矛盾，抓住本质，才能解决问题，这是我国古代人民的哲学思想和智慧，中华民族有着悠久灿烂的历史文化，是充满智慧的优秀民族，我们要坚定“四个自信”，坚持正确的政治方向和价值追求，树立正确的世界观、人生观和价值观.

2015 年，习近平总书记在提出构筑亚洲命运共同体时，阐述了建设亚洲美好明天的

共同目标. 几年来，亚洲国家在迈向命运共同体过程中，增强了合作意识，丰富了合作实践，积累了合作经验. 习近平总书记引用“君子务本，本立而道生”这句话旨在强调，新形势下，亚洲国家要坚持既定目标，共迎机遇，共对挑战，携手开创亚洲安全和发展新局面.

做事能否抓住问题的关键是存在差异的一个重要因素. 事有“本末”“轻重”“缓急”之分，舍本而逐末，当然不得要领，做不好事情，如果找到事物的主要矛盾，找准关键，做起事来便容易多了. 有时，复杂的不是问题，而是我们看问题的眼睛，要想解决问题，必须先抓住问题的本质是什么，不要被假象蒙住了双眼，否则，费再大的力气也只是蛮力.

同学们，在我们的学习、生活和工作中，要避免用蛮力做事，学会善于抓住事物的主要矛盾，抓住问题本质，这样才能更好地解决问题.

6. 课堂小结

回顾学习内容：

(1) 极大似然估计的原理和定义.

(2) 求解极大似然估计的方法步骤.

❖思考与展望❖

目前我们学习了参数点估计的两种方法：①矩估计法；②极大似然估计法. 它们孰优孰劣呢？这两种方法的创始人皮尔逊与费歇尔为此争论一生. 因此，有没有评判参数点估计优劣的标准？若有，这个标准又是如何确定的？

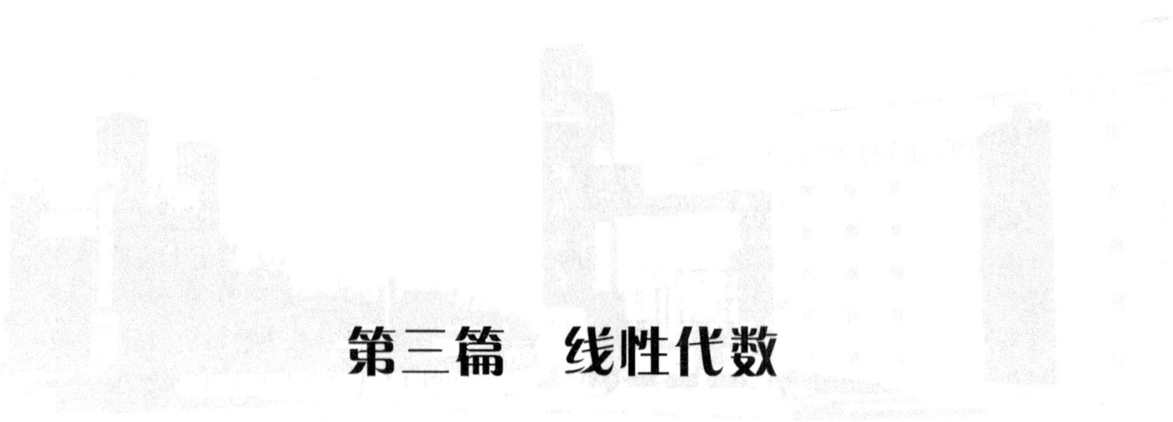

第三篇　线性代数

消　元　法

——引章据典、消元求解

杨永琴

一、课程内容

（1）本节课内容为利用消元法求解线性方程组.

（2）教学难点是利用矩阵初等行变换求解线性方程组时如何选择自由未知量.

二、思政内容

（1）介绍《九章算术注》，让学生了解中国古代的数学成就，增强其民族自信心和自豪感.

（2）引导学生理解消元法的本质，勤于思考，善于解决问题.

三、案例设计与教学过程

1. 引言

线性方程组求解问题在许多科学计算问题中都会遇到，如应力分析、电学网络、自由振动等. 早在公元前 250 年我国就掌握了解方程组的消去法. 在著名的数学专著《九章算术注》中，就有有关线性方程组的求解方法. 其中第八章“方程”介绍了一次方程组问题，采用分离系数的方法表示线性方程组，相当于现在方程组的矩阵表示；解线性方程组时使用的直除法，与矩阵的初等变换一致. 其思想跟我们现在讲的消元法是完全一致的，这要比欧洲同类算法早 1000 多年.

本节讨论线性方程组

$$\begin{cases} a_{11}x_1+a_{12}x_2+\cdots+a_{1n}x_n=b_1, \\ a_{21}x_1+a_{22}x_2+\cdots+a_{2n}x_n=b_2, \\ \qquad\cdots \\ a_{m1}x_1+a_{m2}x_2+\cdots+a_{mn}x_n=b_m \end{cases} \tag{1}$$

的求解方法、判断式(1)是否有解及解的结构三个问题,(1)称为一般线性方程组. 若(1)中$b_1=b_2=\cdots=b_m=0$,则称该方程组为齐次线性方程组.

2. **基本概念**

定义1 如果用一组有序数 $c_1,c_2,\cdots,c_n$ 分别代替 $x_1,x_2,\cdots,x_n$ 后使得方程组(1)中的每个方程都成为恒等式,则称有序数组$\begin{pmatrix}c_1\\c_2\\\vdots\\c_n\end{pmatrix}$为方程组(1)的一个解. 方程组(1)的全部解构成的集合称为(1)的解集合.

方程组(1)的矩阵形式为

$$\begin{pmatrix}a_{11}&a_{12}&\cdots&a_{1n}\\a_{21}&a_{22}&\cdots&a_{2n}\\\vdots&\vdots&\cdots&\vdots\\a_{m1}&a_{m2}&\cdots&a_{mn}\end{pmatrix}\begin{pmatrix}x_1\\x_2\\\vdots\\x_n\end{pmatrix}=\boldsymbol{B} \tag{2}$$

即

$$\boldsymbol{AX}=\boldsymbol{B},$$

其中$\boldsymbol{A}=\begin{pmatrix}a_{11}&a_{12}&\cdots&a_{1n}\\a_{21}&a_{22}&\cdots&a_{2n}\\\vdots&\vdots&\cdots&\vdots\\a_{m1}&a_{m2}&\cdots&a_{mn}\end{pmatrix}$称为方程组(1)的系数矩阵,$\boldsymbol{X}=\begin{pmatrix}x_1\\x_2\\\vdots\\x_n\end{pmatrix}$称为方程组(1)的未知列向量,$\boldsymbol{B}=\begin{pmatrix}b_1\\b_2\\\vdots\\b_m\end{pmatrix}$称为方程组(1)的常数项列(或常数项列向量).

分块矩阵$(\boldsymbol{A},\boldsymbol{B})=\begin{pmatrix}a_{11}&a_{12}&\cdots&a_{1n}&b_1\\a_{21}&a_{22}&\cdots&a_{2n}&b_2\\\vdots&\vdots&\cdots&\vdots&\vdots\\a_{m1}&a_{m2}&\cdots&a_{mn}&b_m\end{pmatrix}$称为方程组(1)的增广矩阵.

注 线性方程组 $\overset{1-1}{\leftrightarrow}$ 增广矩阵$(\boldsymbol{A},\boldsymbol{B})$.

为了进一步搞清线性方程组与其增广矩阵的密切联系,我们看一个例子.

例1 解线性方程组

$$\begin{cases}3x_1+x_2+6x_3=3,\\x_1+x_2+2x_3=3,\\-x_1+2x_2-3x_3=1.\end{cases}$$

解 交换前两个方程的位置,得

$$\begin{cases} x_1+x_2+2x_3=3, \\ 3x_1+x_2+6x_3=3, \\ -x_1+2x_2-3x_3=1. \end{cases}$$

把第一个方程的-3倍加到第二个方程上去,第一个方程加到第三个方程上去,得

$$\begin{cases} x_1 + x_2 + 2x_3=3, \\ \quad -2x_2 \quad =-6, \\ \quad 3x_2 - x_3=4. \end{cases}$$

把第二个方程乘$-\frac{1}{2}$,得

$$\begin{cases} x_1 + x_2 + 2x_3=3, \\ \quad x_2 \quad =3, \\ \quad 3x_2 - x_3=4. \end{cases}$$

把第二个方程的-1倍加到第一个方程上去,第二个方程的-3倍加到第三个方程上去,得

$$\begin{cases} x_1 + 2x_3=0, \\ \quad x_2=3, \\ \quad -x_3=-5. \end{cases}$$

最后把第三个方程的2倍加到第一个方程上去,并用-1乘第三个方程,得到

$$\begin{cases} x_1 =-10, \\ \quad x_2=3, \\ \quad x_3=5. \end{cases}$$

故原方程组的解为$\begin{pmatrix} -10 \\ 3 \\ 5 \end{pmatrix}$.

我们把上述步骤中出现的各个线性方程组对应的增广矩阵写出来,可以看出,对线性方程组所作的变形相当于对增广矩阵作一系列行初等变换.

3. 消元法解线性方程组

定义2 对线性方程组的如下三种变形称为线性方程组的初等变换:

(1)交换方程组中两个方程的位置;

(2)用非零常数去乘某一个方程;

(3)把一个方程的某个倍数加到另一个方程上去.

定理1 对线性方程组(1)作初等变换,所得到的新方程组与原方程组(1)同解.

推论 对线性方程组(1)的增广矩阵作初等行变换后所得到的矩阵可以作为一个新的线性方程组的增广矩阵,且新的线性方程组与原方程组同解.

由于任一个$m \times n$矩阵都可以用初等行变换化成阶梯形矩阵,因此有如下定理:

定理2 任一个线性方程组都可以通过初等变换化成阶梯形方程组(以阶梯形矩阵为增广矩阵的方程组).

注 (1)线性方程组作初等变换 $\leftrightarrow$ 增广矩阵作初等行变换;

(2)在求解线性方程组时,只需对增广矩阵作初等行变换就可以了.

总结 用消元法解线性方程组的方法:

增广矩阵$(\boldsymbol{A},\boldsymbol{B})\xrightarrow{\text{只作初等行变换}}$阶梯形矩阵,则对应阶梯形方程组的解就是原方程组的解.

注 有时把增广矩阵化为阶梯形矩阵并未终止,而是做到尽可能地化简(使方程未知量个数尽可能的少),这样解阶梯形方程组更容易.

例 2 解线性方程组 $\begin{cases}3x_1+x_2+6x_3=3,\\ x_1+x_2+2x_3=3,\\ -x_1+2x_2-3x_3=1.\end{cases}$

解 $(\boldsymbol{A},\boldsymbol{B})=\begin{pmatrix}3&1&6&3\\1&1&2&3\\-1&2&-3&1\end{pmatrix}\xrightarrow{r_1\leftrightarrow r_2}\begin{pmatrix}1&1&2&3\\3&1&6&3\\-1&2&-3&1\end{pmatrix}\xrightarrow[r_3+r_1]{r_2+r_1\times(-3)}\begin{pmatrix}1&1&2&3\\0&-2&0&-6\\0&3&-1&4\end{pmatrix}$

$\xrightarrow{r_2\times\left(-\frac{1}{2}\right)}\begin{pmatrix}1&1&2&3\\0&1&0&3\\0&3&-1&4\end{pmatrix}\xrightarrow{r_3+r_2\times(-3)}\begin{pmatrix}1&1&2&3\\0&1&0&3\\0&0&-1&-5\end{pmatrix}\xrightarrow[r_3\times(-1)]{r_1+r_2\times(-1)}\begin{pmatrix}1&0&2&0\\0&1&0&3\\0&0&1&5\end{pmatrix}$

$\xrightarrow{r_1+r_3\times(-2)}\begin{pmatrix}1&0&0&-10\\0&1&0&3\\0&0&1&5\end{pmatrix}$,故原方程组的解为$\begin{cases}x_1=-10\\ x_2=3\\ x_3=5\end{cases}$,或写成$\boldsymbol{X}=\begin{pmatrix}-10\\3\\5\end{pmatrix}$.

例 3 解线性方程组 $\begin{cases}3x_1+x_2+6x_3=3,\\ x_1+x_2+2x_3=3,\\ -x_1+x_2-2x_3=1.\end{cases}$

解 $(\boldsymbol{A},\boldsymbol{B})=\begin{pmatrix}3&1&6&3\\1&1&2&3\\-1&1&-2&1\end{pmatrix}\xrightarrow{r_1\leftrightarrow r_2}\begin{pmatrix}1&1&2&3\\3&1&6&3\\-1&1&-2&1\end{pmatrix}\xrightarrow[r_3+r_1]{r_2+r_1\times(-3)}$

$\begin{pmatrix}1&1&2&3\\0&-2&0&-6\\0&2&0&4\end{pmatrix}\xrightarrow[r_2\times\left(-\frac{1}{2}\right)]{r_3+r_2}\begin{pmatrix}1&1&2&3\\0&1&0&3\\0&0&0&-2\end{pmatrix}$. 最后一个矩阵对应的方程组

是$\begin{cases}x_1+x_2+2x_3=3,\\ x_2=3,\\ 0=-2.\end{cases}$

由于第三个方程是矛盾方程,故原方程组无解.

例 4 解线性方程组 $\begin{cases}x_1+x_2+2x_3+4x_4=3,\\ 3x_1+x_2+6x_3+2x_4=3,\\ -x_1+2x_2-2x_3+x_4=1.\end{cases}$

解 $(\boldsymbol{A},\boldsymbol{B})=\begin{pmatrix}1&1&2&4&3\\3&1&6&2&3\\-1&2&-2&1&1\end{pmatrix}\to\begin{pmatrix}1&0&2&0&\frac{1}{2}\\0&1&0&0&\frac{1}{2}\\0&0&0&1&\frac{1}{2}\end{pmatrix}$,

其对应方程组是$\begin{cases}x_1+2x_3=\frac{1}{2},\\x_2=\frac{1}{2},\\x_4=\frac{1}{2}.\end{cases}$ 令$x_3=c$（c为任意常数），则$\begin{cases}x_1=\frac{1}{2}-2c,\\x_2=\frac{1}{2},\\x_3=c,\\x_4=\frac{1}{2}.\end{cases}$

即方程组有无穷多解.

4. 线性方程组解的情况判定

经过初等变换所得的与原方程组(1)同解的阶梯形方程组可写成

$$\begin{cases}c_{11}x_1+c_{12}x_2+\cdots+c_{1r}x_r+\cdots+c_{1n}x_n=d_1,\\ \quad c_{22}x_2+\cdots+c_{2r}x_r+\cdots+c_{2n}x_n=d_2,\\ \quad\cdots\\ \quad c_{rr}x_r+\cdots+c_{rn}x_n=d_r,\\ 0=d_{r+1},\\ 0=0,\\ \cdots\\ 0=0.\end{cases}\tag{3}$$

其中 $c_{ii}\neq0, i=1,2,\cdots,r, r\leqslant n$.

情形 1　$d_{r+1}\neq0$，第 $r+1$ 个方程是矛盾方程，故(3)无解，从而(1)无解.

情形 2　$d_{r+1}=0, r=n$，有唯一解.

情形 3　$d_{r+1}=0, r<n$，有无穷多解.

自由未知量 $x_{r+1},x_{r+2},\cdots,x_n$（$n-r$ 个）.

定理 3　对于齐次线性方程组$\begin{cases}a_{11}x_1+a_{12}x_2+\cdots+a_{1n}x_n=0,\\a_{21}x_1+a_{22}x_2+\cdots+a_{2n}x_n=0,\\\cdots\\a_{m1}x_1+a_{m2}x_2+\cdots+a_{mn}x_n=0,\end{cases}$

若方程个数小于未知量个数（$m<n$），则它必有非零解.

例 5　解线性方程组$\begin{cases}x_1+2x_2-x_3+2x_4=1,\\2x_1+4x_2+x_3+x_4=5,\\-x_1-2x_2-2x_3+x_4=-4.\end{cases}$

解 $(\boldsymbol{A},\boldsymbol{B})=\begin{pmatrix}1&2&-1&2&1\\2&4&1&1&5\\-1&-2&-2&1&-4\end{pmatrix}\to\begin{pmatrix}1&2&-1&2&1\\0&0&3&-3&3\\0&0&-3&3&-3\end{pmatrix}$

$$\to\begin{pmatrix}1&2&-1&2&1\\0&0&1&-1&1\\0&0&0&0&0\end{pmatrix}\to\begin{pmatrix}1&2&0&1&2\\0&0&1&-1&1\\0&0&0&0&0\end{pmatrix}.$$

最后一个矩阵对应的方程组为$\begin{cases}x_1+2x_2+x_4=2,\\x_3-x_4=1.\end{cases}$因为 $r=2,n=4$,所以有无穷多解.取 x_2,x_4为自由未知量,令$x_2=c_1,x_4=c_2$,得方程组的一般解为

$$\begin{cases}x_1=2-2c_1-c_2,\\x_2=c_1,\\x_3=1+c_2,\\x_4=c_2,\end{cases}$$ 其中 c_1,c_2为任意常数.

5.课堂小结

(1)本节课内容为利用消元法求解线性方程组.

(2)利用矩阵初等变换求解线性方程组.

❖思考与展望❖

本节给出了求解线性方程组的方法,但是并不能回答下面的问题:

第一,如果采用不同的初等变换解线性方程组,去掉方程 0=0 后剩下的方程个数是否相同?解集合是否会因此而受影响?

第二,线性方程组若有解,解的数量是多少?解集合的具体结构如何?

以上问题,我们将在后面章节中解决.

向量的线性相关性

——十年磨一剑的韧性,鼓励勇于创新

丁岩峭

一、课程内容

(1)本课程的内容是向量组线性相关、线性无关的概念和判别方法.

(2)教学难点是理解线性无关的定义.

二、思政内容

(1)“道生一,一生二,二生三,三生万物”,基本向量组就是向量空间中的“道”生成所有向量.

(2)习近平总书记鼓励科研人员“以十年磨一剑的韧劲,以‘一辈子办成一件事’的执着,攻关高精尖技术,成就有价值的人生”.

(3)融入思政元素:通过介绍代数学与几何学间的联系,以及其在基础科学和工程学中的应用,使学生认识到不同学科间存在密切关系. 而这些联系和应用都不是轻易得到的,借助于习近平总书记鼓励科研人员的讲话,鼓舞学生勇于尝试,敢于创新.

三、案例设计与教学过程

1. 引言

上节课我们讲过 n 维向量的概念以及 n 维向量的线性运算,接下来我们简要回顾一下什么是 n 维向量.

定义 由数域 $\boldsymbol{P}$ 上的 n 个数组成的有序数组称为一个 n 维向量.

当把这 n 个数按行排列时,称为 n 维行向量,$\boldsymbol{\alpha}=(a_1,a_2,\cdots,a_n)$,

当把这 n 个数按列排列时,称为 n 维列向量,$\boldsymbol{\beta}=\begin{pmatrix}b_1\\b_2\\\vdots\\b_n\end{pmatrix}$.

设 $\boldsymbol{\alpha}=\begin{pmatrix}a_1\\a_2\\\vdots\\a_n\end{pmatrix}$,$\boldsymbol{\beta}=\begin{pmatrix}b_1\\b_2\\\vdots\\b_n\end{pmatrix}$为两个 n 维列向量,则

$$\boldsymbol{\alpha}+k\boldsymbol{\beta}=\begin{pmatrix}a_1+k\,b_1\\a_2+k\,b_2\\\vdots\\a_n+k\,b_n\end{pmatrix},k\in P.$$

引例 1 请同学们利用 n 维向量表示以下线性方程组：

$$\begin{cases}a_{11}x_1+a_{12}x_2+\cdots+a_{1n}x_n=b_1,\\a_{21}x_1+a_{22}x_2+\cdots+a_{2n}x_n=b_2,\\\cdots\\a_{m1}x_1+a_{m2}x_2+\cdots+a_{mn}x_n=b_m.\end{cases}\tag{1}$$

我们注意到每个方程x_1的系数在方程组中是按列排列的，我们可以把它们看成一个 m 维列向量$\boldsymbol{\alpha}_1$. 把x_2的系数看成一个 m 维列向量$\boldsymbol{\alpha}_2$，依此类推，我得到线性方程组(1)具有下列向量形式：

$$x_1\boldsymbol{\alpha}_1+x_2\boldsymbol{\alpha}_2+\cdots+x_n\boldsymbol{\alpha}_n=\boldsymbol{\beta},\tag{2}$$

其中$\boldsymbol{\alpha}_1=\begin{pmatrix}a_{11}\\a_{21}\\\vdots\\a_{m1}\end{pmatrix},\cdots,\boldsymbol{\alpha}_n=\begin{pmatrix}a_{1n}\\a_{2n}\\\vdots\\a_{mn}\end{pmatrix},\boldsymbol{\beta}=\begin{pmatrix}b_1\\b_2\\\vdots\\b_m\end{pmatrix}$.

进一步解释：判断线性方程组(1)是否有解的问题，等价于判定是否存在数域 P 中一组数$x_1,x_2,\cdots,x_n$使得式(2)成立. 由此引出线性表出的定义.

2. 线性相关、线性无关的定义

定义 1 设$\boldsymbol{\alpha}_1,\boldsymbol{\alpha}_2,\cdots,\boldsymbol{\alpha}_s,\boldsymbol{\beta}$ 都是P^n中的向量. 如果存在数域 P 中的一组数$k_1,k_2,\cdots,k_s$使

$$\boldsymbol{\beta}=k_1\boldsymbol{\alpha}_1+k_2\boldsymbol{\alpha}_2+\cdots+k_s\boldsymbol{\alpha}_s,$$

则称 $\boldsymbol{\beta}$ 是向量组$\boldsymbol{\alpha}_1,\boldsymbol{\alpha}_2,\cdots,\boldsymbol{\alpha}_s$的一个线性组合，又称 $\boldsymbol{\beta}$ 可由向量组$\boldsymbol{\alpha}_1,\boldsymbol{\alpha}_2,\cdots,\boldsymbol{\alpha}_s$线性表出，称$k_1,k_2,\cdots,k_s$为组合系数或线性表出系数.

注 利用线性表出这一概念，我们得到线性方程组(1)有解的充要条件是常数列向量 $\boldsymbol{\beta}$ 可由向量组$\boldsymbol{\alpha}_1,\boldsymbol{\alpha}_2,\cdots,\boldsymbol{\alpha}_n$线性表出.

关于线性表出，我们有以下几个结论.

结论 1 零向量可以由任意向量组线性表出.

证明 设$\boldsymbol{\alpha}_1,\boldsymbol{\alpha}_2,\cdots,\boldsymbol{\alpha}_s$为任意向量组，则

$$\mathbf{0}=0\cdot\boldsymbol{\alpha}_1+0\cdot\boldsymbol{\alpha}_2+\cdots+0\cdot\boldsymbol{\alpha}_s.$$

结论 2 设$\boldsymbol{\alpha}_1,\boldsymbol{\alpha}_2,\cdots,\boldsymbol{\alpha}_s$为任意向量组，则其中每个向量均可由该向量组线性表出.

证明 $\boldsymbol{\alpha}_i=0\cdot\boldsymbol{\alpha}_1+\cdots+0\cdot\boldsymbol{\alpha}_{i-1}+1\cdot\boldsymbol{\alpha}_i+0\cdot\boldsymbol{\alpha}_{i+1}+\cdots+0\cdot\boldsymbol{\alpha}_s$.

结论 3 任意 n 维向量 $\boldsymbol{\alpha}=(a_1,a_2,\cdots,a_n)$都可由向量组$\boldsymbol{\varepsilon}_1=(1,0,\cdots,0)$, $\boldsymbol{\varepsilon}_2=(0,1,\cdots,0),\cdots,\varepsilon_n=(0,0,\cdots,1)$线性表出.

证明

$$\boldsymbol{\alpha}=a_1\varepsilon_1+a_2\varepsilon_2+\cdots+a_n\varepsilon_n.$$

由此我们可以发现向量组$\boldsymbol{\varepsilon}_1$，$\boldsymbol{\varepsilon}_2$，$\cdots$，$\boldsymbol{\varepsilon}_n$生成$n$维向量空间中所有的向量，这是向量组$\boldsymbol{\varepsilon}_1$，$\boldsymbol{\varepsilon}_2$，$\cdots$，$\boldsymbol{\varepsilon}_n$非常重要的性质.《道德经》中有这样一句话："道生一，一生二，二生三，三生万物". 这里向量组$\boldsymbol{\varepsilon}_1$，$\boldsymbol{\varepsilon}_2$，$\cdots$，$\boldsymbol{\varepsilon}_n$就是向量空间$P^n$中的"道"，生成向量空间中的"万物". 在线性代数中对这n个向量$\boldsymbol{\varepsilon}_1$，$\boldsymbol{\varepsilon}_2$，$\cdots$，$\boldsymbol{\varepsilon}_n$有一个专业名称叫基本向量组.

线性表出的概念是用来说明一个向量与一个向量组的关系的. 要描述两个向量组间的线性关系，我们需要学习向量组间的线性表出与向量组等价.

定义 2 设$\boldsymbol{\alpha}_1,\boldsymbol{\alpha}_2,\cdots,\boldsymbol{\alpha}_s$和$\boldsymbol{\beta}_1,\boldsymbol{\beta}_2,\cdots,\boldsymbol{\beta}_t$为两个向量组. 如果每个$\boldsymbol{\alpha}_i(1\leqslant i\leqslant s)$都可由向量组$\boldsymbol{\beta}_1,\boldsymbol{\beta}_2,\cdots,\boldsymbol{\beta}_t$线性表出，则称向量组$\boldsymbol{\alpha}_1,\boldsymbol{\alpha}_2,\cdots,\boldsymbol{\alpha}_s$可以由向量组$\boldsymbol{\beta}_1,\boldsymbol{\beta}_2,\cdots,\boldsymbol{\beta}_t$线性表出. 若两个向量组可以互相线性表出，则称向量组$\boldsymbol{\alpha}_1,\boldsymbol{\alpha}_2,\cdots,\boldsymbol{\alpha}_s$与向量组$\boldsymbol{\beta}_1,\boldsymbol{\beta}_2,\cdots,\boldsymbol{\beta}_t$等价.

解释：向量组$\boldsymbol{\alpha}_1,\boldsymbol{\alpha}_2,\cdots,\boldsymbol{\alpha}_s$可以由向量组$\boldsymbol{\beta}_1,\boldsymbol{\beta}_2,\cdots,\boldsymbol{\beta}_t$线性表出意味着存在$s\times t$矩阵$\boldsymbol{C}$使得

$$\begin{cases}\boldsymbol{\alpha}_1=c_{11}\boldsymbol{\beta}_1+c_{12}\boldsymbol{\beta}_2+\cdots+c_{1t}\boldsymbol{\beta}_t,\\ \boldsymbol{\alpha}_2=c_{21}\boldsymbol{\beta}_1+c_{22}\boldsymbol{\beta}_2+\cdots+c_{2t}\boldsymbol{\beta}_t,\\ \qquad\cdots\\ \boldsymbol{\alpha}_s=c_{s1}\boldsymbol{\beta}_1+c_{s2}\boldsymbol{\beta}_2+\cdots+c_{st}\boldsymbol{\beta}_t,\end{cases}$$

即

$$\begin{pmatrix}\boldsymbol{\alpha}_1\\ \boldsymbol{\alpha}_2\\ \vdots\\ \boldsymbol{\alpha}_s\end{pmatrix}=\begin{pmatrix}c_{11}&c_{12}&\cdots&c_{1t}\\ c_{21}&c_{22}&\cdots&c_{2t}\\ \vdots&\vdots&\cdots&\vdots\\ c_{s1}&c_{s2}&\cdots&c_{st}\end{pmatrix}\begin{pmatrix}\boldsymbol{\beta}_1\\ \boldsymbol{\beta}_2\\ \vdots\\ \boldsymbol{\beta}_t\end{pmatrix}.$$

关于向量组线性表出，我们有以下几个简单结论.

结论 4 向量组的任意部分组都可以由原向量组线性表出.

这是因为部分组中任意向量都可以由原向量组线性表出.

结论 5 任意向量组都可以由基本向量组$\boldsymbol{\varepsilon}_1$，$\boldsymbol{\varepsilon}_2$，$\cdots$，$\boldsymbol{\varepsilon}_n$线性表出.

我们刚才讲过基本向量组是线性空间的"道"，可以生成所有的向量.

等价向量组具有以下性质：

自反性 任意向量组都与自身等价.

对称性 若向量组(Ⅰ)与(Ⅱ)等价，则(Ⅱ)与(Ⅰ)等价.

传递性 若向量组(Ⅰ)与(Ⅱ)等价，向量组(Ⅱ)与(Ⅲ)等价，则(Ⅰ)与(Ⅲ)也等价.

由于向量组等价的概念具有自反性、对称性、传递性，我们可以把n维向量组集合进行分类，即两个向量组属于同一类当且仅当它们等价.

我们接下来讲一道例题.

例 1 基本向量组中的向量$\boldsymbol{\varepsilon}_1=(1,0,\cdots,0)$是否可以由向量组 $\boldsymbol{\varepsilon}_2=(0,1,\cdots,0),\cdots,\boldsymbol{\varepsilon}_n=(0,0,\cdots,1)$线性表出？

解 假设$\boldsymbol{\varepsilon}_1$可以由$\boldsymbol{\varepsilon}_2,\cdots,\boldsymbol{\varepsilon}_n$线性表出，则存在常数$k_2,k_3,\cdots,k_n$使得

$$\boldsymbol{\varepsilon}_1=k_2\boldsymbol{\varepsilon}_2+k_3\boldsymbol{\varepsilon}_3+\cdots+k_n\boldsymbol{\varepsilon}_n,$$

即

$$\begin{pmatrix}1\\0\\0\\\vdots\\0\end{pmatrix}=\begin{pmatrix}0\\k_2\\0\\\vdots\\0\end{pmatrix}+\begin{pmatrix}0\\0\\k_3\\\vdots\\0\end{pmatrix}+\cdots+\begin{pmatrix}0\\0\\0\\\vdots\\k_n\end{pmatrix},$$

矛盾. 因此$\boldsymbol{\varepsilon}_1$不可以由$\boldsymbol{\varepsilon}_2,\cdots,\boldsymbol{\varepsilon}_n$线性表出.

提问：同学们基本向量组中是否有向量可以被其余的向量线性表出？

启发：利用同样的方法，可以得到基本向量组中任何向量都不能被其余的向量线性表出. 这种特殊的关系被称为线性无关.

定义 3 对向量组$\boldsymbol{\alpha}_1,\boldsymbol{\alpha}_2,\cdots,\boldsymbol{\alpha}_s(s\geqslant 2)$，如果其中某个向量$\boldsymbol{\alpha}_i$可由其余向量线性表出，即存在数域 P 中数$k_1,\cdots,k_{i-1},k_{i+1},\cdots,k_s$，使

$$\boldsymbol{\alpha}_i=k_1\boldsymbol{\alpha}_1+\cdots+k_{i-1}\boldsymbol{\alpha}_{i-1}+k_{i+1}\boldsymbol{\alpha}_{i+1}+\cdots+k_s\boldsymbol{\alpha}_s,$$

则称向量组$\boldsymbol{\alpha}_1,\boldsymbol{\alpha}_2,\cdots,\boldsymbol{\alpha}_s$线性相关；否则，称向量组$\boldsymbol{\alpha}_1,\boldsymbol{\alpha}_2,\cdots,\boldsymbol{\alpha}_s$线性无关.

对由一个向量组成的向量组$\{\boldsymbol{\alpha}\}$，规定当$\boldsymbol{\alpha}=\mathbf{0}$时它是线性相关的；当$\boldsymbol{\alpha}\neq\mathbf{0}$时它是线性无关的.

特别解释：注意这里“否则”指的是向量组$\boldsymbol{\alpha}_1,\boldsymbol{\alpha}_2,\cdots,\boldsymbol{\alpha}_s$中任意一个向量都不能由其余向量线性表出.

我们讲两个线性相关性的例子.

例 2 任意含有零向量的向量组$\boldsymbol{\alpha}_1,\boldsymbol{\alpha}_2,\cdots,\boldsymbol{\alpha}_s,\mathbf{0}$必然是线性相关的.

证明

$$0\times\boldsymbol{\alpha}_1+0\times\boldsymbol{\alpha}_2+\cdots+0\times\boldsymbol{\alpha}_s=\mathbf{0}.$$

例 3 在几何空间$\mathbf{R}^3$中，两个向量构成的向量组线性相关（线性无关）就是它们共线（不共线）；三个向量构成的向量组线性相关（线性无关）就是它们共面（不共面）.

课堂思政：这个例子说明代数与几何是紧密联系的，其实还有一门学问叫代数几何学，它专门利用代数学方法研究几何对象的性质. 可是想发现深刻的几何性质往往需要付出很大的努力. 对于求学阶段的学生，当遇到困难时，首先是跟老师同学讨论，除此之外，有时也要有十年磨一剑的韧劲.

3. 线性无关的判定

请同学们先思考一下这个问题.

例 4 判断向量组$\boldsymbol{\alpha}_1=(1,2,-1,1),\boldsymbol{\alpha}_2=(1,2,-1,0),\boldsymbol{\alpha}_3=(3,0,1,3),\boldsymbol{\alpha}_4=(5,4,-1,3)$是否线性相关.

思路：验证线性方程组$\boldsymbol{\alpha}_1=x_1\boldsymbol{\alpha}_2+x_2\boldsymbol{\alpha}_3+x_3\boldsymbol{\alpha}_4$是否有解，如果有，则判定相关，如果无

解,则继续验证线性方程组$\boldsymbol{\alpha}_2=x_1\boldsymbol{\alpha}_1+x_2\boldsymbol{\alpha}_3+x_3\boldsymbol{\alpha}_4$是否有解,如果有,则判定相关,如果无解,则继续验证……

这个思路太烦琐,是否有简单的方法?事实上,这一问题的解法由线性相关判别定理给出.

定理 1 设$\boldsymbol{\alpha}_1,\boldsymbol{\alpha}_2,\cdots,\boldsymbol{\alpha}_s$为$\boldsymbol{P}^n$中的向量组,则

(1)$\boldsymbol{\alpha}_1,\boldsymbol{\alpha}_2,\cdots,\boldsymbol{\alpha}_s$线性相关的充要条件是存在$P$中一组不全为零的数$k_1,k_2,\cdots,k_s$,使

$$k_1\boldsymbol{\alpha}_1+k_2\boldsymbol{\alpha}_2+\cdots+k_s\boldsymbol{\alpha}_s=\boldsymbol{0}.$$

(2)$\boldsymbol{\alpha}_1,\boldsymbol{\alpha}_2,\cdots,\boldsymbol{\alpha}_s$线性无关的充要条件是由等式$k_1\boldsymbol{\alpha}_1+k_2\boldsymbol{\alpha}_2+\cdots+k_s\boldsymbol{\alpha}_s=\boldsymbol{0}$可以推出$k_1=k_2=\cdots=k_s=0$.

解释:这一定理给出了判定一个向量组线性相关性的准则,即考虑齐次线性方程组

$$k_1\boldsymbol{\alpha}_1+k_2\boldsymbol{\alpha}_2+\cdots+k_s\boldsymbol{\alpha}_s=\boldsymbol{0}$$

是否有非零解.因此,定理 1 有以下等价形式,这个等价形式的定理是我们处理问题时用到最多的:

定理 1′ 向量组$\boldsymbol{\alpha}_1,\boldsymbol{\alpha}_2,\cdots,\boldsymbol{\alpha}_s$线性相关(线性无关)的充要条件是齐次线性方程组(向量形式),$x_1\boldsymbol{\alpha}_1+x_2\boldsymbol{\alpha}_2+\cdots+x_s\boldsymbol{\alpha}_s=\boldsymbol{0}$有非零解(只有零解).

(为使学生可以跟上整个证明过程,并理解定理及证明,要选择通过板书对定理 1 进行证明,同时利用 PPT 展示相关证明)

证明 (2)是(1)的逆否命题,因此只要证明(1)即可.

对$s=1$,显然定理成立.下设$s>1$.

设$\boldsymbol{\alpha}_1,\boldsymbol{\alpha}_2,\cdots,\boldsymbol{\alpha}_s$线性相关,并假设$\boldsymbol{\alpha}_i$可由其余向量线性表出,即存在$P$中一组数$k_1,\cdots,k_{i-1},k_{i+1},\cdots,k_s$,使

$$\boldsymbol{\alpha}_i=k_1\boldsymbol{\alpha}_1+\cdots+k_{i-1}\boldsymbol{\alpha}_{i-1}+k_{i+1}\boldsymbol{\alpha}_{i+1}+\cdots+k_s\boldsymbol{\alpha}_s,$$

则存在一组不全为零的数$k_1,\cdots,k_{i-1},-1,k_{i+1},\cdots,k_s$,使

$$k_1\boldsymbol{\alpha}_1+\cdots+k_{i-1}\boldsymbol{\alpha}_{i-1}-\boldsymbol{\alpha}_i+k_{i+1}\boldsymbol{\alpha}_{i+1}+\cdots+k_s\boldsymbol{\alpha}_s=\boldsymbol{0}.$$

反之,设$k_1,k_2,\cdots,k_s$不全为零,使

$$k_1\boldsymbol{\alpha}_1+k_2\boldsymbol{\alpha}_2+\cdots+k_s\boldsymbol{\alpha}_s=\boldsymbol{0}.$$

不妨假设$k_i\neq0$,则

$$\boldsymbol{\alpha}_i=-\frac{k_1}{k_i}\boldsymbol{\alpha}_1-\cdots-\frac{k_{i-1}}{k_i}\boldsymbol{\alpha}_{i-1}-\frac{k_{i+1}}{k_i}\boldsymbol{\alpha}_{i+1}-\cdots-\frac{k_s}{k_i}\boldsymbol{\alpha}_s,$$

即$\boldsymbol{\alpha}_i$可由$\boldsymbol{\alpha}_1,\cdots,\boldsymbol{\alpha}_{i-1},\boldsymbol{\alpha}_{i+1},\cdots,\boldsymbol{\alpha}_s$线性表出,从而$\boldsymbol{\alpha}_1,\boldsymbol{\alpha}_2,\cdots,\boldsymbol{\alpha}_s$线性相关.

我们利用这一定理再来考虑例 5.

例 5 判断向量组$\boldsymbol{\alpha}_1=(1,2,-1,1)$,$\boldsymbol{\alpha}_2=(1,2,-1,0)$,$\boldsymbol{\alpha}_3=(3,0,1,3)$,$\boldsymbol{\alpha}_4=(5,4,-1,3)$是否线性相关.

解 令$x_1\boldsymbol{\alpha}_1^{\mathrm{T}}+x_2\boldsymbol{\alpha}_2^{\mathrm{T}}+x_3\boldsymbol{\alpha}_3^{\mathrm{T}}+x_4\boldsymbol{\alpha}_4^{\mathrm{T}}=\boldsymbol{0}$,得

$$\begin{cases}x_1+x_2+3x_3+5x_4=0,\\2x_1+2x_2+0x_3+4x_4=0,\\-x_1-x_2+x_3-x_4=0,\\x_1+0x_2+3x_3+3x_4=0.\end{cases}$$

利用消元法,解得

$$\begin{cases}x_1=0,\\x_2=c,\\x_3=2c,\\x_4=-c,\end{cases}$$

其中 c 为任意常数. 因此,齐次线性方程组有非零解,$\boldsymbol{\alpha}_1,\boldsymbol{\alpha}_2,\boldsymbol{\alpha}_3,\boldsymbol{\alpha}_4$线性相关.

为使学生能够灵活运用向量组线性相关性与线性表出的关系,在课堂上提出两个思考题.

4. 思政元素的融合渗透

今天,我们学习了向量组的线性相关性. 利用线性表出的概念,我们发现向量空间P^n中的所有向量都是由基本向量组生成的,基本向量组正如《道德经》中描述的“道”一样可以生成向量空间中的“万物”. 向量组的线性相关和线性无关这两个概念看似抽象,实际有非常直观的几何解释:在二维几何空间中,向量组是否线性相关等价于它们是否共线;在三维几何空间中,向量组是否线性相关等价于它们是否共面. 通过代数与几何的这种内在联系,我们发现不同学科之间存在深刻的关系. 这也是“事物是普遍联系的”这一马克思唯物主义原理的具体体现. 事实上,借助于代数方法可以发现很多深刻的几何结论,可是发现这些结论的背后,往往需要付出很大的努力.

5. 课堂小结

回顾学习内容:

(1)线性表出、线性相关、线性无关的定义.

(2)判别向量组线性无关的方法.

❖思考与展望❖

本节课学习了线性表出、线性相关、线性无关的概念,以及判别给定向量组线性相关性的方法. 特别地,在几何空间 IR^3 中,我们得到三个向量线性无关指的就是它们不共面. 在 n 维实向量空间 IR^n 中,线性无关的向量组又有什么性质呢? 我们在线性代数后面的学习中将进一步讨论这些性质,并给出 IR^n 中 n 个向量线性无关的几何解释.

向量组的极大线性无关组

——以点带面,化繁为简

陈晓峥

一、课程内容

(1) 本课程的内容是学习向量组的极大线性无关组.

(2) 教学难点是熟练掌握用矩阵的初等变换求极大线性无关组.

二、思政内容

(1)"以点带面,化繁为简".

(2)融入思政元素:通过本节课的学习,我们知道一个向量组的所有向量是可以由它的极大线性无关组线性表出的. 如此可以让学生理解体会到对于烦琐复杂的问题,我们可以究其根本,抓住问题的主要矛盾,以点带面,化繁为简地看待和处理问题.

三、案例设计与教学过程

1. 引入

首先回顾向量组线性相关和线性无关的定义:

对向量组 $\alpha_1,\alpha_2,\cdots,\alpha_s(s\geqslant 2)$,如果其中某个向量 α_i 可以由其余向量线性表出,即存在 $k_1,\cdots,k_{i-1},k_{i+1},\cdots,k_s$,使得

$$\alpha_i = k_1\alpha_1+\cdots+k_{i-1}\alpha_{i-1}+k_{i+1}\alpha_{i+1}+\cdots+k_s\alpha_s,$$

则称向量组 $\alpha_1,\alpha_2,\cdots,\alpha_s$ 线性相关;否则称为线性无关.

引例 人民代表大会制度是根据民主集中制的原则,通过民主选举产生全国人民代表大会和地方各级人民代表大会,以人民代表大会为基础,组成整个国家机构. 人民代表大会制度是我国的一项根本政治制度. 我们国家宪法规定,中华人民共和国的一切权力属于人民,是由人民当家作主的国家. 但是由于我们国家人口众多,无法实现每个人都发表自己的意见. 因此我们通过从各行各业中选取人民代表的方式来行使我们当家作主的权利. 这些代表满足来自各行各业,各个阶层,彼此之间没有关联;能够代表我们全体人民,因此可以看作是一个"极大线性无关组".

2. 极大线性无关组的精确定义

定义 1 对向量组 $\boldsymbol{A}$:$\alpha_1,\alpha_2,\cdots,\alpha_r,\cdots$,如果部分组 $\alpha_1,\alpha_2,\cdots,\alpha_r$ 满足

(1)线性无关,

(2)再添上 $\boldsymbol{A}$ 中任意一个向量得到的向量组线性相关,

则称向量组 $\alpha_1,\alpha_2,\cdots,\alpha_r$ 为 $\boldsymbol{A}$ 的一个极大线性无关组.

我们可以看到，由于再添上 **A** 中任意一个向量得到的向量组线性相关，可以表述为 **A** 中任意向量都可以由该部分组线性表出，因此一个向量组的任意一个极大线性无关组都与原向量组等价. 那么我们该如何判断一个向量组的部分组是该向量组的极大线性无关组呢？

定义 2 设 $\alpha_1,\alpha_2,\cdots,\alpha_r$ 是向量组 **A** 的一个部分组，则 $\alpha_1,\alpha_2,\cdots,\alpha_r$ 是 **A** 的一个极大线性无关组，当且仅当

(1) $\alpha_1,\alpha_2,\cdots,\alpha_r$ 线性无关，

(2) **A** 中任意向量都可以由 $\alpha_1,\alpha_2,\cdots,\alpha_r$ 线性表出.

注记 1 若 **A** 的一个部分组 $\boldsymbol{A}_1$ 与原向量组 **A** 等价，则向量组 $\boldsymbol{A}_1$ 所含向量个数不少于 r.

注记 2 条件(2)可以换成 $\alpha_1,\alpha_2,\cdots,\alpha_r$ 与整个向量组等价.

注记 3 一个向量组的所有极大线性无关组所含向量个数相同.

定义 3 一个向量组 **A** 的极大线性无关组中所含向量的个数，称为 **A** 的秩，记为 $r(A)$.

注记 1 若 $r(A)=r$，则 **A** 的任一 r 个线性无关的向量组均为 **A** 的一个极大线性无关组.

注记 2 一个向量空间 V 上一个极大线性无关组称为 V 上一组基，其个数称为 V 的维数.

注记 3 若向量组(1)可由向量组(2)线性表出，则(1)的秩不超过(2)的秩.

3. 求向量组的极大线性无关组

我们需要利用矩阵的行(列)变换来求向量组的极大线性无关组.

对矩阵 $\boldsymbol{A}=\begin{bmatrix} a_{11} & \cdots & a_{1n} \\ \vdots & \ddots & \vdots \\ a_{m1} & \cdots & a_{mn} \end{bmatrix}=\begin{bmatrix} \alpha_1 \\ \vdots \\ \alpha_m \end{bmatrix}=[\beta_1,\beta_2,\cdots,\beta_n]$，称 $r(\alpha_1,\alpha_2,\cdots,\alpha_m)$ 为 **A** 的行秩；称 $r(\beta_1,\beta_2,\cdots,\beta_n)$ 为 **A** 的列秩.

引理 对矩阵 **A** 作一次行(列)变换不改变矩阵的行(列)秩.

引理 设矩阵 $\boldsymbol{A}=[\alpha_1,\alpha_2,\cdots,\alpha_m]$. 对 **A** 作行初等变换，得到 $\boldsymbol{PA}=[P\alpha_1,P\alpha_2,\cdots,P\alpha_m]$，$P$ 为可逆矩阵.

那么 $\alpha_1,\alpha_2,\cdots,\alpha_r$ 是 **A** 的极大线性无关组当且仅当 $P\alpha_1,P\alpha_2,\cdots,P\alpha_r$ 是 **PA** 的极大线性无关组，且其余向量由极大线性无关组表出系数也对应相等.

证明 $\alpha_1,\alpha_2,\cdots,\alpha_r$ 线性无关 $\Leftrightarrow k_1\alpha_1+\cdots+k_r\alpha_r=0$ 只有零解 $\Leftrightarrow P(k_1\alpha_1+\cdots+k_r\alpha_r)=0$ 只有零解 $\Leftrightarrow k_1P\alpha_1+\cdots+k_rP\alpha_r=0$ 只有零解 $\Leftrightarrow P\alpha_1,P\alpha_2,\cdots,P\alpha_r$ 线性无关.

对任意的 $\alpha_l\in A$，$\alpha_l=k_1\alpha_1+\cdots+k_r\alpha_r \Leftrightarrow P\alpha_l=k_1P\alpha_1+\cdots+k_rP\alpha_r$.

因此初等变换不改变矩阵的行、列秩. 那么我们可以把矩阵化为标准形来求矩阵的秩.

例 求矩阵 $\boldsymbol{A}=\begin{bmatrix} 1 & 4 & 7 \\ 5 & 2 & 7 \\ 1 & 7 & 6 \end{bmatrix}$ 的秩.

解 把 **A** 化为标准形 $\begin{bmatrix} 1 & 0 & 0 \\ 0 & 1 & 0 \\ 0 & 0 & 1 \end{bmatrix}$，**A** 的秩为 3.

根据以上两个引理,我们可以得到求列向量组 $\alpha_1,\alpha_2,\cdots,\alpha_s$ 的极大线性无关组的方法:

(1)构造矩阵 $\boldsymbol{A}=(\alpha_1,\alpha_2,\cdots,\alpha_s)$,

(2)对 $\boldsymbol{A}$ 作初等行变换化成阶梯形矩阵 $\boldsymbol{B}=(\beta_1,\beta_2,\cdots,\beta_s)$,

(3)求出 $\beta_1,\beta_2,\cdots,\beta_s$ 的极大线性无关组,从而求出 $\alpha_1,\alpha_2,\cdots,\alpha_s$ 的极大线性无关组,且其余向量由极大线性无关组线性表出的表出系数也对应相等.

例 求 $\alpha_1=(1,2,3)$,$\alpha_2=(3,2,1)$,$\alpha_3=(4,4,4)$的一个极大线性无关组,并把其余向量用该极大线性无关组线性表出.

解 令 $\boldsymbol{A}=\begin{bmatrix}1&3&4\\2&2&4\\3&1&4\end{bmatrix}$,对 $\boldsymbol{A}$ 作行初等变换化为阶梯形矩阵 $\boldsymbol{B}=\begin{bmatrix}1&3&4\\0&1&1\\0&0&0\end{bmatrix}$.

因此 $\alpha_1=(1,2,3)$,$\alpha_2=(3,2,1)$是一个极大线性无关组. $\alpha_3=\alpha_1+\alpha_2$

4. 思政元素的融合渗透

本节课,我们学习了向量组的极大线性无关组,我们发现一个复杂的向量组可以由其极大线性无关组表示. 而一个极大线性无关组可以代表整个复杂的向量组. 因此,我们在面对复杂烦琐的困难时,可以究其根本,抓住问题的主要矛盾以点带面,化繁为简地理复杂的问题. 另一方面,我们每个人都可以看作一个向量,人大代表可以看作我们人民的极大线性无关组,可以激励学生努力学习,刻苦研究,能够称为代表人民的人大代表,将来成为建设祖国的栋梁.

5. 课堂小结

回顾学习内容:

(1)极大线性无关组的定义;

(2)极大线性无关组的求解.

❖思考与展望❖

在本章开头,我们介绍了线性方程组可以由向量的形式表示. 本节课我们详细讲解了向量组的极大线性无关组,那么极大线性无关组对于求解线性方程有什么作用呢?

这些问题留待后续课程中解决.

矩阵的运算

——提高民族自信,增强文化自信

程桂芳

一、课程内容

(1)本课程的内容是矩阵的定义与运算.

(2)教学难点是理解和掌握矩阵的乘法运算.

二、思政内容

2022 年 10 月 16 日,习近平总书记在中国共产党第二十次全国代表大会上的报告提出:"全面建设社会主义现代化国家,必须坚持中国特色社会主义文化发展道路,增强文化自信,围绕举旗帜、聚民心、育新人、兴文化、展形象建设社会主义文化强国,发展面向现代化、面向世界、面向未来的,民族的科学的大众的社会主义文化,激发全民族文化创新创造活力,增强实现中华民族伟大复兴的精神力量."

华为在芯片领域被极端打压,因为我们的基础研究落后了.但是我们没有自卑,攻坚克难,中国首先开发出 5G 技术,在 5G 移动通信领域,中国凭借华为倡导的极化码信道编码技术,不再受制于人,终于在国际通信舞台上有了自己的位置,增强了同学们的文化自信和民族自豪感.同学们知道吗?"5G 通信编码技术——极化码,虽然看上去复杂,但实际上应用的就是矩阵知识."

三、案例设计与教学过程

矩阵不仅为线性方程组的求解提供了便利,还与其他数学与各学科问题的许多问题有关.

案例 1 四个物流地点之间的有向物流路线如图 1.

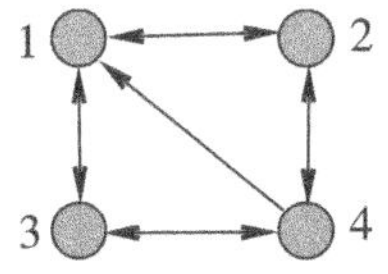

图 1 四个物流地点之间的有向物流路线图

令 $a_{ij}=\begin{cases}1, & \text{从地点 } i \text{ 到地点 } j \text{ 有一条单向物流路线},\\ 0, & \text{从地点 } i \text{ 到地点 } j \text{ 无单向物流路线}.\end{cases}$

则图 1 可以用矩阵表示为

$$A=\begin{pmatrix}0&1&1&0\\1&0&0&0\\1&0&0&1\\1&1&0&0\end{pmatrix}.$$

案例 2 情报检索技术是以矩阵理论为基础和核心的方法，在情报中心，需要储存大量的数据文件，要想在海量的情报资料中找到自己想要的，有一定难度，也需要有有效的办法. 假如数据库中的文件数量为 n 个，而搜索所用的关键词有 m 个，把关键词排序，可将数据库表示为 $m\times n$ 型矩阵 $\boldsymbol{A}$，称矩阵 $\boldsymbol{A}$ 为搜索矩阵.

$$a_{ij}=\begin{cases}1,\text{关键词 } i \text{ 出现在文献 } j \text{ 上},\\0,\text{关键词 } i \text{ 未出现在文献 } j \text{ 上}.\end{cases}$$

例如，若数据库包含以下四个书名：线性代数，线性代数及其应用，矩阵代数及其应用，线性代数与解析几何. 设有五个搜索关键词：代数，几何，线性，应用，矩阵. 表格表示如表 1.

表 1

关键词	书名			
	线性代数	线性代数及其应用	矩阵代数及其应用	线性代数与解析几何
代数	1	1	1	1
几何	0	0	0	1
线性	1	1	0	1
应用	0	1	1	0
矩阵	0	0	1	0

则可以用矩阵表示为

$$\begin{pmatrix}1&1&1&1\\0&0&0&1\\1&1&0&1\\0&1&1&0\\0&0&1&0\end{pmatrix}.$$

因此，需要对矩阵作更进一步的讨论. 下面首先介绍一些特殊的矩阵.

（1）单位矩阵. 主对角线上元素均为 1，其余元素皆为 0 的 $n\times n$ 矩阵，称为（n 阶）单位矩阵，记为 $\boldsymbol{E}$ 或者 $\boldsymbol{E}_n$，即

$$\boldsymbol{E}_n=\begin{pmatrix}1&&&\\&1&&\\&&\ddots&\\&&&1\end{pmatrix}.$$

(2)数量矩阵. 主对角线上元素均为 λ,其余元素皆为 0 的 $n\times n$ 矩阵,称为(n 阶)数量矩阵,记为 $\lambda\boldsymbol{E}$,即

$$\lambda\boldsymbol{E}=\begin{pmatrix}\lambda & & & \\ & \lambda & & \\ & & \ddots & \\ & & & \lambda\end{pmatrix}.$$

(3)对角矩阵. 主对角线以外元素全为零的 $n\times n$ 矩阵,称为(n 阶)对角矩阵,简记为 $\mathrm{diag}(a_1,a_2,\cdots,a_n)$,即

$$\begin{pmatrix}a_1 & 0 & \cdots & 0\\ 0 & a_2 & \cdots & 0\\ \vdots & \vdots & \ddots & \vdots\\ 0 & 0 & \cdots & a_n\end{pmatrix}.$$

(4)上三角矩阵. 主对角线以下元素全为零,即 $i>j$ 时 $a_{ij}=0$ 的 $n\times n$ 矩阵,称为(n 阶)上三角矩阵,即

$$\begin{pmatrix}a_{11} & a_{12} & \cdots & a_{1n}\\ 0 & a_{22} & \cdots & a_{2n}\\ \vdots & \vdots & \ddots & \vdots\\ 0 & 0 & \cdots & a_{nn}\end{pmatrix}.$$

(5)下三角矩阵. 主对角线以上元素全为零,即 $i<j$ 时 $a_{ij}=0$ 的 $n\times n$ 矩阵,称为(n 阶)下三角矩阵,即

$$\begin{pmatrix}a_{11} & 0 & \cdots & 0\\ a_{21} & a_{22} & \cdots & 0\\ \vdots & \vdots & \ddots & \vdots\\ a_{n1} & a_{n2} & \cdots & a_{nn}\end{pmatrix}.$$

接下来探讨矩阵运算的概念以及性质.

定义 1 设两个 $m\times n$ 矩阵为

$$\boldsymbol{A}=\begin{pmatrix}a_{11} & a_{12} & \cdots & a_{1n}\\ a_{21} & a_{22} & \cdots & a_{2n}\\ \vdots & \vdots & \ddots & \vdots\\ a_{m1} & a_{m2} & \cdots & a_{mn}\end{pmatrix},\boldsymbol{B}=\begin{pmatrix}b_{11} & b_{12} & \cdots & b_{1n}\\ b_{21} & b_{22} & \cdots & b_{2n}\\ \vdots & \vdots & \ddots & \vdots\\ b_{m1} & b_{m2} & \cdots & b_{mn}\end{pmatrix},$$

则同型矩阵 $\boldsymbol{A}$ 与 $\boldsymbol{B}$ 的和记为 $\boldsymbol{A}+\boldsymbol{B}$,运算法则是将它们对应位置上的元素分别相加,即

$$\boldsymbol{A}+\boldsymbol{B}=\begin{pmatrix}a_{11}+b_{11} & a_{12}+b_{12} & \cdots & a_{1n}+b_{1n}\\ a_{21}+b_{21} & a_{22}+b_{22} & \cdots & a_{2n}+b_{2n}\\ \vdots & \vdots & \ddots & \vdots\\ a_{m1}+b_{m1} & a_{m2}+b_{m2} & \cdots & a_{mn}+b_{mn}\end{pmatrix}.$$

显然,只有同型矩阵才能相加,且同型矩阵之和仍为同型矩阵.

设矩阵 $\boldsymbol{A}=(a_{ij})_{m\times n}$，把 $\boldsymbol{A}$ 的每一个元素变为其相反数得到的矩阵，称为 $\boldsymbol{A}$ 的负矩阵，记为 $-\boldsymbol{A}$，即

$$-\boldsymbol{A}=\begin{pmatrix} -a_{11} & -a_{12} & \cdots & -a_{1n} \\ -a_{21} & -a_{22} & \cdots & -a_{2n} \\ \vdots & \vdots & \ddots & \vdots \\ -a_{m1} & -a_{m2} & \cdots & -a_{mn} \end{pmatrix}.$$

元素全为零的矩阵称为零矩阵，记作 $\boldsymbol{O}$，如

$$\boldsymbol{O}_{2\times2}=\begin{pmatrix} 0 & 0 \\ 0 & 0 \end{pmatrix}, \boldsymbol{O}_{2\times3}=\begin{pmatrix} 0 & 0 & 0 \\ 0 & 0 & 0 \end{pmatrix}.$$

易知，同型矩阵的加法满足以下运算律：

1) $\boldsymbol{A}+\boldsymbol{B}=\boldsymbol{B}+\boldsymbol{A}$；

2) $(\boldsymbol{A}+\boldsymbol{B})+\boldsymbol{C}=\boldsymbol{A}+(\boldsymbol{B}+\boldsymbol{C})$；

3) $\boldsymbol{A}+\boldsymbol{O}=\boldsymbol{A}$；

4) $\boldsymbol{A}+(-\boldsymbol{A})=\boldsymbol{O}$.

利用矩阵的加法与负矩阵的概念，我们可以定义两个同型($m\times n$)矩阵 $\boldsymbol{A}$ 与 $\boldsymbol{B}$ 的差，即矩阵的减法为

$$\boldsymbol{A}-\boldsymbol{B}=\boldsymbol{A}+(-\boldsymbol{B})=(a_{ij}-b_{ij})_{m\times n},$$

即 $\boldsymbol{A}$ 与 $\boldsymbol{B}$ 对应位置上的元素分别相减.

定义 2　设 k 是一个数，$\boldsymbol{A}=(a_{ij})$ 是一个 $m\times n$ 矩阵，则数 k 与矩阵 $\boldsymbol{A}$ 的数量乘积（简称矩阵的数乘，记为 $k\boldsymbol{A}$）定义为

$$k\boldsymbol{A}=\begin{pmatrix} ka_{11} & ka_{12} & \cdots & ka_{1n} \\ ka_{21} & ka_{22} & \cdots & ka_{2n} \\ \vdots & \vdots & \ddots & \vdots \\ ka_{m1} & ka_{m2} & \cdots & ka_{mn} \end{pmatrix}.$$

显然，矩阵的数乘满足以下运算律（设 $\boldsymbol{A},\boldsymbol{B},\boldsymbol{C},\boldsymbol{D}$ 均为 $m\times n$ 矩阵，k 与 l 为常数）：

(1) $k(\boldsymbol{A}+\boldsymbol{B})=k\boldsymbol{A}+k\boldsymbol{B}$；

(2) $(k+l)\boldsymbol{A}=k\boldsymbol{A}+l\boldsymbol{A}$；

(3) $(kl)\boldsymbol{A}=k(l\boldsymbol{A})=l(k\boldsymbol{A})$；

(4) $1\cdot\boldsymbol{A}=\boldsymbol{A}$，$0\cdot\boldsymbol{A}=\boldsymbol{O}$.

此外，数乘还满足性质：若 $k\neq0$，$\boldsymbol{A}\neq0$，则 $k\boldsymbol{A}\neq0$.

关于矩阵的乘法，我们先看一个实际例子.

案例 3　某商店售卖型号Ⅰ、型号Ⅱ、型号Ⅲ这三种型号的彩笔，第一天的销售量分别为 40 支、20 支、30 支，第二天的销售量分别为 30 支、10 支、50 支，每种型号每支彩笔的利润分别是 4 元、3 元、2 元，那么可列出两天的销售量矩阵 $\boldsymbol{A}$ 和单位利润矩阵 $\boldsymbol{B}$：

$$\boldsymbol{A}=\begin{pmatrix} \text{Ⅰ} & \text{Ⅱ} & \text{Ⅲ} \\ 40 & 20 & 30 \\ 30 & 10 & 50 \end{pmatrix}, \boldsymbol{B}=\begin{pmatrix} 4 \\ 3 \\ 2 \end{pmatrix}.$$

令两天的利润矩阵为 $\boldsymbol{C}$，则有

$$\boldsymbol{C}=\begin{pmatrix}40\times4+20\times3+30\times2\\30\times4+10\times3+50\times2\end{pmatrix}=\begin{pmatrix}280\\250\end{pmatrix}.$$

定义 3 设矩阵 $\boldsymbol{A}=(a_{ik})_{m\times s}$，$\boldsymbol{B}=(b_{kj})_{s\times n}$，则由元素

$$c_{ij}=a_{i1}b_{1j}+a_{i2}b_{2j}+\cdots+a_{is}b_{sj}=\sum_{k=1}^{s}a_{ik}b_{kj}$$

构成的矩阵 $\boldsymbol{C}_{m\times n}=(c_{ij})_{m\times n}$（其中 $i=1,2,\cdots,m;j=1,2,\cdots,n$）称为矩阵 $\boldsymbol{A}$ 和 $\boldsymbol{B}$ 的乘积，记为 $\boldsymbol{C}=\boldsymbol{AB}$.

从定义可以看出：

(1) 只有当矩阵 $\boldsymbol{A}$ 的列数与 $\boldsymbol{B}$ 的行数相等时，$\boldsymbol{A}$ 与 $\boldsymbol{B}$ 才能相乘；

(2) 乘积 $\boldsymbol{C}$ 的行数等于 $\boldsymbol{A}$ 的行数，$\boldsymbol{C}$ 的列数等于 $\boldsymbol{B}$ 的列数；

(3) 乘积 $\boldsymbol{C}$ 的第 i 行第 j 列位置上的元素 c_{ij}，等于矩阵 $\boldsymbol{A}$ 的第 i 行各元素与矩阵 $\boldsymbol{B}$ 的第 j 列各元素对应乘积之和.

例 1 设矩阵

$$\boldsymbol{A}=\begin{pmatrix}1&3\\-1&2\\4&0\end{pmatrix},\boldsymbol{B}=\begin{pmatrix}2&3&-1\\5&2&-2\end{pmatrix},\boldsymbol{D}=\begin{pmatrix}1&0\\3&2\end{pmatrix}.$$

求 $\boldsymbol{AB}$，$\boldsymbol{BA}$，并问 $\boldsymbol{BD}$ 是否有意义.

解 因为 $\boldsymbol{A}$ 为 3×2 矩阵，$\boldsymbol{B}$ 为 2×3 矩阵，所以 $\boldsymbol{AB}$ 为 3×3 矩阵. 记 $\boldsymbol{AB}$ 的元素为 $c_{ij}(i=1,2,3;j=1,2,3)$，则其中 c_{ij} 由 $\boldsymbol{A}$ 的第 i 行的元素与 $\boldsymbol{B}$ 的第 j 列的元素对应相乘求和得到，

$$\begin{aligned}\boldsymbol{AB}&=\begin{pmatrix}1&3\\-1&2\\4&0\end{pmatrix}\begin{pmatrix}2&3&-1\\5&2&-2\end{pmatrix}\\&=\begin{pmatrix}1\times2+3\times5&1\times3+3\times2&1\times(-1)+3\times(-2)\\(-1)\times2+2\times5&(-1)\times3+2\times2&(-1)\times(-1)+2\times(-2)\\4\times2+0\times5&4\times3+0\times2&4\times(-1)+0\times(-2)\end{pmatrix}\\&=\begin{pmatrix}17&9&-7\\8&1&-3\\8&12&-4\end{pmatrix};\end{aligned}$$

同理，

$$\begin{aligned}\boldsymbol{BA}&=\begin{pmatrix}2&3&-1\\5&2&-2\end{pmatrix}\begin{pmatrix}1&3\\-1&2\\4&0\end{pmatrix}\\&=\begin{pmatrix}2\times1-3\times1-1\times4&2\times3+3\times2-1\times0\\5\times1-2\times1-2\times4&5\times3+2\times2+2\times0\end{pmatrix}=\begin{pmatrix}-5&12\\-5&19\end{pmatrix}.\end{aligned}$$

因为 $\boldsymbol{B}$ 为 2×3 矩阵，$\boldsymbol{D}$ 为 2×2 矩阵，$\boldsymbol{B}$ 的列标与 $\boldsymbol{D}$ 的行标不相等，所以 $\boldsymbol{BD}$ 无意义.

四、思政元素的融合渗透

除网络通信外，矩阵在其他多个领域也有广泛应用，搜索引擎的搜索排序、各类短视

频平台的视频推荐等，都需要矩阵理论支持.

讲述矩阵应用的时候可以指出矩阵在大数据建模、分析和5G通信中的重要应用价值，具体如下：

矩阵、转置、秩分块矩阵、向量、正交矩阵、向量空间、特征值与特征向量等在大数据建模、分析中是常用的技术手段.

在互联网大数据中，许多应用场景的分析对象都可以抽象成矩阵表示，大量Web页面及其关系、微博用户及其关系、文本集中文本与词汇的关系等都可以用矩阵表示. 比如对于Web页面及其关系用矩阵表示时，矩阵元素就代表了页面a与另一个页面b的关系，这种关系可以是指向关系，1表示a和b之间有超链接，0表示a和b之间没有超链接. 著名的Page Rank算法就是基于这种矩阵进行页面重要性的量化.

以矩阵为基础的各种运算，如矩阵分解则是分析对象特征提取的途径，由于矩阵代表了某种变换或映射，分解后得到的矩阵就代表了分析对象在新空间中的一些新特征. 因此，奇异值分解SVD、PCA、NMF、MF等在大数据分析中的应用是很广泛的.

2023年6月2日，习近平总书记在文化传承发展座谈会上说："在新的历史起点上继续推动文化繁荣、建设文化强国、建设中华民族现代文明，要坚定文化自信，坚持走自己的路，立足中华民族伟大历史实践和当代实践，用中国道理总结好中国经验，把中国经验提升为中国理论，实现精神上的独立自主."

矩阵的初等变换

——以工匠精神筑梦新时代

刘宏超

一、课程内容

(1)本课程的内容是矩阵的初等变换.

(2)教学难点是理解初等变换的作用和意义.

二、思政内容

工匠精神作为中国共产党人在长期奋斗中形成的伟大精神,已被纳入中国共产党人精神谱系.2020 年 11 月,习近平总书记在全国劳动模范和先进工作者表彰大会上精辟概括了工匠精神的内涵:执着专注、精益求精、一丝不苟、追求卓越.我们取得的伟大成就,离不开大国工匠的倾情奉献.劳动者脚踏实地把每件平凡的事做好,共同培育形成的工匠精神,是我们宝贵的精神财富.

三、案例设计与教学过程

1.案例示范

先来看如下引例:

例 1 解线性方程组

$$\begin{cases} 2x_1 - x_2 + 2x_3 = 4, \\ x_1 + x_2 + 2x_3 = 1, \\ 4x_1 + x_2 + 4x_3 = 2. \end{cases}$$

解 将方程组中的第一个方程与第二个方程交换位置,得

$$\begin{cases} x_1 + x_2 + 2x_3 = 1, \\ 2x_1 - x_2 + 2x_3 = 4, \\ 4x_1 + x_2 + 4x_3 = 2. \end{cases}$$

将方程组中的第一个方程的−2 倍加到第二个方程,第一个方程的−4 倍加到第三个方程,得方程组

$$\begin{cases} x_1 + x_2 + 2x_3 = 1, \\ \quad\ -3x_2 - 2x_3 = 2, \\ \quad\ -3x_2 - 4x_3 = -2. \end{cases}$$

将方程组中的第二个方程的−1 倍加到第三个方程,可得

$$\begin{cases} x_1 + x_2 + 2x_3 = 1, \\ -3x_2 - 2x_3 = 2, \\ -2x_3 = -4. \end{cases}$$

将第三个方程乘以$-\frac{1}{2}$得到

$$\begin{cases} x_1 + x_2 + 2x_3 = 1, \\ -3x_2 - 2x_3 = 2, \\ x_3 = 2. \end{cases}$$

将第一个方程的 2 倍加到第二个方程,第一个方程的-2 倍加到第三个方程,得

$$\begin{cases} x_1 + x_2 = -3, \\ -3x_2 = 6, \\ x_3 = 2. \end{cases}$$

将第三个方程乘以$-\frac{1}{3}$得到

$$\begin{cases} x_1 + x_2 = -3, \\ x_2 = -2, \\ x_3 = 2. \end{cases}$$

将第二个方程的-1 倍加到第一个方程,有

$$\begin{cases} x_1 = -1, \\ x_2 = -2, \\ x_3 = 2. \end{cases}$$

在解此例的过程中,利用若干次变换,将方程组化为保持同解且容易求解的方程组.实际上,这些若干次变换归结如下:

2. 定义和定理

定义 1 如下三种变换称为线性方程组的初等变换:

(1)互换两个方程的位置;

(2)用一个非零的数乘以某个方程;

(3)将一个方程的 k 倍加到另一个方程上.

方程组的计算只需要上面三种变换,由此我们引出矩阵的初等变换.

定义 2 矩阵的初等行(列)变换是指对矩阵施行的以下三种变换:

(1)互换两行(列)的位置;

(2)用一个非零数乘以某一行(列)的所有元素;

(3)把矩阵某一行(列)的倍数加到另一行(列)上去.

矩阵的初等行变换和矩阵的初等列变换统称为矩阵的初等变换.

用增广矩阵来代替线性方程组,线性方程组中的方程与增广矩阵中的相应行一一对应,则消元法的全过程可在矩阵上进行,对方程组的初等变换对应矩阵的初等变换,即解线性方程组可以通过对增广矩阵施以初等行变换来进行.

那么我们用矩阵的初等变换能做到什么呢？能把矩阵简化成什么样子呢？来看如下的定理.

定理 任一 $m\times n$ 矩阵 $\boldsymbol{A}$,都可以经过有限次初等变换,化为形如下的矩阵：

$$\boldsymbol{D}=\begin{pmatrix}1&0&\cdots&0&\cdots&0\\0&1&\cdots&0&\cdots&0\\\vdots&\vdots&\ddots&\vdots&\ddots&\vdots\\0&0&\cdots&1&\cdots&0\\0&0&\cdots&0&\cdots&0\\\vdots&\vdots&\ddots&\vdots&\ddots&\vdots\\0&0&\cdots&0&\cdots&0\end{pmatrix}=\begin{pmatrix}\boldsymbol{E}_r&\boldsymbol{O}\\\boldsymbol{O}&\boldsymbol{O}\end{pmatrix}$$

$\boldsymbol{D}$ 称为矩阵 $\boldsymbol{A}$ 的标准型.

如何把矩阵化成标准型呢？来看下面的例子：

例 1 用初等变换化矩阵 $\boldsymbol{A}$ 为标准型,其中 $\boldsymbol{A}=\begin{pmatrix}\frac{1}{2}&\frac{1}{3}&1&\frac{1}{2}&\frac{1}{2}\\1&\frac{2}{3}&3&0&0\\2&\frac{4}{3}&5&2&2\end{pmatrix}$.

解

$$\boldsymbol{A}=\begin{pmatrix}\frac{1}{2}&\frac{1}{3}&1&\frac{1}{2}&\frac{1}{2}\\1&\frac{2}{3}&3&0&0\\2&\frac{4}{3}&5&2&2\end{pmatrix}\xrightarrow{r_1\leftrightarrow r_2}\begin{pmatrix}1&\frac{2}{3}&3&0&0\\\frac{1}{2}&\frac{1}{3}&1&\frac{1}{2}&\frac{1}{2}\\2&\frac{4}{3}&5&2&2\end{pmatrix}\xrightarrow[r_3+(-2)r_1]{r_2+\left(-\frac{1}{2}r_1\right)}\begin{pmatrix}1&\frac{2}{3}&3&0&0\\0&0&-\frac{1}{2}&\frac{1}{2}&\frac{1}{2}\\0&0&-1&2&2\end{pmatrix}$$

$$\xrightarrow[r_3+r_2]{-2r_2}\begin{pmatrix}1&\frac{2}{3}&3&0&0\\0&0&1&-1&-1\\0&0&0&1&1\end{pmatrix}\xrightarrow[r_2+r_3]{r_1-3r_2}\begin{pmatrix}1&\frac{2}{3}&0&0&0\\0&0&1&0&0\\0&0&0&1&1\end{pmatrix}$$

$$\xrightarrow[c_3+\left(-\frac{2}{3}\right)c_1]{c_2\leftrightarrow c_3}\begin{pmatrix}1&0&0&0&0\\0&1&0&0&0\\0&0&0&1&1\end{pmatrix}\xrightarrow[c_5+(-1)c_3]{c_4\leftrightarrow c_3}\begin{pmatrix}1&0&0&0&0\\0&1&0&0&0\\0&0&1&0&0\end{pmatrix}.$$

3. 思政元素的融合渗透

今天,我们学习了矩阵的初等变换,通过这些数学计算,通过“工匠精神”,逐步培养学生耐心、细致的品质.有些学生觉得特别简单,不屑于练习,可实际上眼高手低,常常犯一些意想不到的低级错误.在物欲横流的社会中,拜金主义、享乐主义和自私自利等思想观念被不少人吹捧,大学生群体正值价值观塑造的关键时期,很容易受社会环境中负面因素的影响而丧失理想信念.在生活中不断攀比,妄想不劳而获,追捧明星,而对于科学家取得的科技进步一无所知,浮华的背后是金钱至上的价值观作祟.因此,在教学中要传递给学生淡泊名利、不断追求真理、追求卓越的信念,让学生真正领悟“幸福不会从天而降,梦想不会自动成真,要脚踏实地劳动”的道理.

矩阵的秩

——马克思主义哲学原理的数学应用

王长群

一、课程内容

(1)本课程的内容是矩阵的秩的概念和极大无关组的求解的原理.

(2)教学难点是矩阵的秩的概念.

二、思政内容

(1)用马克思主义认识论的思想处理问题:由特殊到一般,由具体到抽象,归纳出一般规律.

(2)融入思政元素:让学生体会到在处理解决问题时,要重视和着重解决事物的主要矛盾和矛盾的主要方面,抓问题本质,找到解决问题的办法.

三、案例设计与教学过程

1. 引言

先复习极大线性无关组的概念及结论:

(1)向量组的极大线性无关组就是与原向量组等价的线性无关的部分组;

(2)向量组的秩就是它极大线性无关组所包含的向量个数;

(3)等价的向量组秩相等.

2. 矩阵的行秩和列秩

我们知道,一个矩阵 $\boldsymbol{A}$ 既可按行分块得到 $\boldsymbol{A}$ 的行向量组,也可按列分块得到 $\boldsymbol{A}$ 的列向量组. 自然地,我们对一个矩阵引入矩阵行秩和列秩的概念.

定义 矩阵的行向量组的秩称为矩阵的行秩;矩阵的列向量组的秩称为矩阵的列秩.

矩阵行秩和列秩的关系如何?

首先看特例.

例 1 等价标准形 $\boldsymbol{D}=\begin{pmatrix}\boldsymbol{E}_r & \boldsymbol{O}\\ \boldsymbol{O} & \boldsymbol{O}\end{pmatrix}$ 其行秩和列秩都是 r.

根据由特殊到一般的认识论方法,我们自然猜想:矩阵行秩和列秩相等是否对一般矩阵也成立? 如何证明?

由于任意矩阵都与它的标准形等价,为了讨论一个矩阵行秩、列秩的关系,我们要抓主要矛盾,首先研究初等变换(包括行变换和列变换)对矩阵的行秩、列秩的影响.

3. 初等变换对矩阵的行秩、列秩的影响

引理 1 矩阵的初等行变换不改变矩阵的行秩,矩阵的初等列变换不改变矩阵的

列秩.

证明 我们仅对初等行变换证明,初等列变换的情形证明类似.

设 $\boldsymbol{A}$ 是 $m\times n$ 矩阵,按行分块 $\boldsymbol{A}=\begin{pmatrix}\boldsymbol{\alpha}_1\\ \vdots\\ \boldsymbol{\alpha}_i\\ \vdots\\ \boldsymbol{\alpha}_j\\ \vdots\\ \boldsymbol{\alpha}_m\end{pmatrix}$,其中 $\boldsymbol{\alpha}_k$ 为 $\boldsymbol{A}$ 的第 k 个行向量($k=1,2,\cdots,m$).

对矩阵 $\boldsymbol{A}$ 分别作一次初等行变换,可得到如下矩阵:

$$\boldsymbol{A}_1=\begin{pmatrix}\boldsymbol{\alpha}_1\\ \vdots\\ \boldsymbol{\alpha}_j\\ \vdots\\ \boldsymbol{\alpha}_i\\ \vdots\\ \boldsymbol{\alpha}_m\end{pmatrix},\boldsymbol{A}_2=\begin{pmatrix}\boldsymbol{\alpha}_1\\ \vdots\\ c\boldsymbol{\alpha}_i\\ \vdots\\ \boldsymbol{\alpha}_j\\ \vdots\\ \boldsymbol{\alpha}_m\end{pmatrix},\boldsymbol{A}_3=\begin{pmatrix}\boldsymbol{\alpha}_1\\ \vdots\\ \boldsymbol{\alpha}_i+k\boldsymbol{\alpha}_j\\ \vdots\\ \boldsymbol{\alpha}_j\\ \vdots\\ \boldsymbol{\alpha}_m\end{pmatrix},\text{其中 } c\neq 0,k\in P.$$

显然,矩阵 $\boldsymbol{A}_1,\boldsymbol{A}_2,\boldsymbol{A}_3$ 的行向量组都与矩阵 $\boldsymbol{A}$ 的行向量组等价,因此矩阵 $\boldsymbol{A}_1,\boldsymbol{A}_2,\boldsymbol{A}_3$ 的行秩都与 $\boldsymbol{A}$ 的行秩相等,即对 $\boldsymbol{A}$ 作一次初等行变换不改变 $\boldsymbol{A}$ 的行秩.

因此,初等行变换不改变矩阵的行秩.

推论 1 在矩阵的初等行(列)变换下,变换前后两个矩阵的行(列)向量组等价.

引理 2 矩阵的初等列变换不改变矩阵的行秩,矩阵的初等行变换不改变矩阵的列秩.

证明 我们只证明矩阵的初等行变换不改变矩阵的列秩.

设 $\boldsymbol{A}=(\boldsymbol{\beta}_1,\boldsymbol{\beta}_2,\cdots,\boldsymbol{\beta}_n)$,其中 $\boldsymbol{\beta}_l(l=1,2,\cdots,n)$ 为 $\boldsymbol{A}$ 的第 l 个列向量.

对 $\boldsymbol{A}$ 作一次初等行变换,则相当于左乘一个相应的初等矩阵 $\boldsymbol{P}$,即得到矩阵 $\boldsymbol{PA}=(\boldsymbol{P\beta}_1,\boldsymbol{P\beta}_2,\cdots,\boldsymbol{P\beta}_n)$.

设 $\boldsymbol{A}$ 的列秩为 r,我们断言:$\boldsymbol{P\beta}_1,\boldsymbol{P\beta}_2,\cdots,\boldsymbol{P\beta}_r$ 与 $\boldsymbol{\beta}_1,\boldsymbol{\beta}_2,\cdots,\boldsymbol{\beta}_r$ 有相同的线性关系,即 $\boldsymbol{\beta}_1,\boldsymbol{\beta}_2,\cdots,\boldsymbol{\beta}_r$ 为 $\boldsymbol{A}$ 的列向量组 $\boldsymbol{\beta}_1,\boldsymbol{\beta}_2,\cdots,\boldsymbol{\beta}_n$ 的一个极大线性无关组充分必要条件是 $\boldsymbol{P\beta}_1,\boldsymbol{P\beta}_2,\cdots,\boldsymbol{P\beta}_r$ 为 $\boldsymbol{PA}$ 的列向量组 $\boldsymbol{P\beta}_1,\boldsymbol{P\beta}_2,\cdots,\boldsymbol{P\beta}_n$ 的一个极大线性无关组.

这是我们后面求极大无关组的原理.

事实上,因为初等矩阵 $\boldsymbol{P}$ 可逆,所以

$$k_1\boldsymbol{\beta}_1+k_2\boldsymbol{\beta}_2+\cdots+k_r\boldsymbol{\beta}_r=0$$

当且仅当

$$\boldsymbol{P}(k_1\boldsymbol{\beta}_1+k_2\boldsymbol{\beta}_2+\cdots+k_r\boldsymbol{\beta}_r)=0,$$

当且仅当

$$k_1P\boldsymbol{\beta}_1+k_2P\boldsymbol{\beta}_2+\cdots+k_rP\boldsymbol{\beta}_r=\mathbf{0}.$$

因此,$\boldsymbol{\beta}_1,\boldsymbol{\beta}_2,\cdots,\boldsymbol{\beta}_r$ 线性无关(相关)的充要条件是 $P\boldsymbol{\beta}_1,P\boldsymbol{\beta}_2,\cdots,P\boldsymbol{\beta}_r$ 线性无关(相关).

类似可证,$\boldsymbol{\beta}_j=k_1\boldsymbol{\beta}_1+k_2\boldsymbol{\beta}_2+\cdots+k_r\boldsymbol{\beta}_r$ 的充要条件是 $P\boldsymbol{\beta}_j=k_1P\boldsymbol{\beta}_1+k_2P\boldsymbol{\beta}_2+\cdots+k_rP\boldsymbol{\beta}_r$. 因此,断言成立.

根据上述断言可知,$\boldsymbol{A}$ 与 $\boldsymbol{PA}$ 的列秩相等,即初等行变换不改变矩阵的列秩.

推论 2 在矩阵的初等行变换下,变换前后两个矩阵的列向量组的线性关系不变.

引理 1、2 结合起来可得如下重要结论:初等变换不改变矩阵的行秩与列秩.

4. 矩阵的行秩、列秩相等

我们处理一般情况.

定理 1 任一矩阵 $\boldsymbol{A}$ 的行秩与列秩相等,统称为矩阵 $\boldsymbol{A}$ 的秩,记为 $r(\boldsymbol{A})$.

证明 我们知道,任一矩阵 $\boldsymbol{A}$ 都可经过一系列初等变换化成标准形矩阵 $\boldsymbol{D}=\begin{pmatrix}\boldsymbol{E}_r & \boldsymbol{O}\\ \boldsymbol{O} & \boldsymbol{O}\end{pmatrix}$.

由引理 1、2 知初等变换不改变矩阵的行秩与列秩,则矩阵 $\boldsymbol{A}$ 与 $\boldsymbol{D}$ 的行秩、列秩对应相等. 显然 $\boldsymbol{D}$ 的行秩与列秩都是 r,因此 $\boldsymbol{A}$ 的行秩与列秩相等.

主要矛盾解决了,问题就迎刃而解了.

推论 3 矩阵的初等变换不改变矩阵的秩.

定理 1 的证明过程体现了代数学证明命题的重要方法:在不改变行秩、列秩的情况下把矩阵化成简单的等价标准形,再对简单的等价标准形证明.

5. 求矩阵的秩

由定理及引理 2 的证明过程可以得到,利用矩阵的等价标准形求矩阵秩的方法:

如果 $\boldsymbol{A}\to\boldsymbol{D}=\begin{pmatrix}\boldsymbol{E}_r & \boldsymbol{O}\\ \boldsymbol{O} & \boldsymbol{O}\end{pmatrix}$,那么 $r(\boldsymbol{A})=r$.

特别地,矩阵 $\boldsymbol{A}$ 的等价标准形 $\boldsymbol{D}=\begin{pmatrix}\boldsymbol{E}_r & \boldsymbol{O}\\ \boldsymbol{O} & \boldsymbol{O}\end{pmatrix}$ 由矩阵 $\boldsymbol{A}$ 唯一确定,$r(\boldsymbol{A})=r$.

因此 $\boldsymbol{A}=\boldsymbol{O}\Leftrightarrow r(\boldsymbol{A})=\boldsymbol{O}$.

例 2 求矩阵 $\boldsymbol{A}$ 的等价标准形与秩.

$$\boldsymbol{A}=\begin{pmatrix}1 & -3 & 4 & 5\\ 2 & -2 & 7 & 9\\ 3 & 3 & 9 & 12\end{pmatrix}.$$

解 先作初等行变换化成阶梯形,得

$$\boldsymbol{A}=\begin{pmatrix}1 & -3 & 4 & 5\\ 2 & -2 & 7 & 9\\ 3 & 3 & 9 & 12\end{pmatrix}\to\begin{pmatrix}1 & -3 & 4 & 5\\ 0 & 4 & -1 & -1\\ 0 & 12 & -3 & -3\end{pmatrix}\to\begin{pmatrix}1 & -3 & 4 & 5\\ 0 & 4 & -1 & -1\\ 0 & 0 & 0 & 0\end{pmatrix},$$

再作初等变换化成标准形：

$$\to\begin{pmatrix}1 & -3 & 4 & 5\\ 0 & 1 & -\frac{1}{4} & -\frac{1}{4}\\ 0 & 0 & 0 & 0\end{pmatrix}\to\begin{pmatrix}1 & 0 & 0 & 0\\ 0 & 1 & -\frac{1}{4} & -\frac{1}{4}\\ 0 & 0 & 0 & 0\end{pmatrix}\to\begin{pmatrix}1 & 0 & 0 & 0\\ 0 & 1 & 0 & 0\\ 0 & 0 & 0 & 0\end{pmatrix},$$

故 $\boldsymbol{A}$ 的等价标准形为$\begin{pmatrix}1 & 0 & 0 & 0\\ 0 & 1 & 0 & 0\\ 0 & 0 & 0 & 0\end{pmatrix}$，且 $r(\boldsymbol{A})=2$.

6. 求极大线性无关组

一般来讲，求极大线性无关组是比较困难的，这是因为我们难于发现给定向量组中向量的线性关系. 矩阵的初等变换对矩阵的行（列）向量组的线性关系有什么影响？这是主要矛盾. 引理 2 的推论告诉我们，在矩阵的初等行变换下变换前后两个矩阵的列向量组的线性关系不变. 我们用初等行变换把矩阵化成简化的阶梯形矩阵后，简化的阶梯形矩阵的极大无关组很容易直接看出，原来向量组的极大无关组也就得到了.

求极大线性无关组的方法：

设 $\boldsymbol{A}=(\boldsymbol{\beta}_1,\boldsymbol{\beta}_2,\cdots,\boldsymbol{\beta}_n)$（按列分块），对 $\boldsymbol{A}$ 作一系列初等行变换，则相当于左乘一个可逆矩阵 $\boldsymbol{P}$，即得到简化的阶梯形矩阵 $\boldsymbol{PA}=(\boldsymbol{P\beta}_1,\boldsymbol{P\beta}_2,\cdots,\boldsymbol{P\beta}_n)$. 那么 $\boldsymbol{P\beta}_1,\boldsymbol{P\beta}_2,\cdots,\boldsymbol{P\beta}_r$ 与 $\boldsymbol{\beta}_1,\boldsymbol{\beta}_2,\cdots,\boldsymbol{\beta}_r$ 有相同的线性关系，即 $\boldsymbol{\beta}_1,\boldsymbol{\beta}_2,\cdots,\boldsymbol{\beta}_r$ 为 $\boldsymbol{A}$ 的列向量组 $\boldsymbol{\beta}_1,\boldsymbol{\beta}_2,\cdots,\boldsymbol{\beta}_n$ 的一个极大线性无关组充分必要条件是 $\boldsymbol{P\beta}_1,\boldsymbol{P\beta}_2,\cdots,\boldsymbol{P\beta}_r$ 为 $\boldsymbol{PA}$ 的列向量组 $\boldsymbol{P\beta}_1,\boldsymbol{P\beta}_2,\cdots,\boldsymbol{P\beta}_n$ 的一个极大线性无关组. 由于简化的阶梯形矩阵的极大无关组很容易直接看出来，我们就解决了求极大线性无关组的问题.

例 3 求向量组 $\boldsymbol{\alpha}_1=(1,-1,3)$，$\boldsymbol{\alpha}_2=(2,-1,4)$，$\boldsymbol{\alpha}_3=(3,-4,11)$，$\boldsymbol{\alpha}_4=(4,-2,9)$ 的一个极大线性无关组，并将其余向量用这个极大线性无关组线性表出.

解 以 $\boldsymbol{\alpha}_1,\boldsymbol{\alpha}_2,\boldsymbol{\alpha}_3,\boldsymbol{\alpha}_4$ 为列向量组成矩阵，然后对矩阵进行初等行变换：

$$\boldsymbol{A}=(\boldsymbol{\alpha}_1',\boldsymbol{\alpha}_2',\boldsymbol{\alpha}_3',\boldsymbol{\alpha}_4')=\begin{pmatrix}1 & 2 & 3 & 4\\ -1 & -1 & -4 & -2\\ 3 & 4 & 11 & 9\end{pmatrix}.$$

把第一行加到第二行，把第一行的-3 倍加到第三行，得

$$\begin{pmatrix}1 & 2 & 3 & 4\\ 0 & 1 & -1 & 2\\ 0 & -2 & 2 & -3\end{pmatrix}.$$

把第二行的两倍加到第三行，得

$$\begin{pmatrix}1 & 2 & 3 & 4\\ 0 & 1 & -1 & 2\\ 0 & 0 & 0 & 1\end{pmatrix}.$$

把第二行的 -2 倍加到第一行，得

$$\begin{pmatrix}1 & 0 & 5 & 0\\ 0 & 1 & -1 & 2\\ 0 & 0 & 0 & 1\end{pmatrix}.$$

把第三行的-2 倍加到第二行,得

$$\begin{pmatrix}1&0&5&0\\0&1&-1&0\\0&0&0&1\end{pmatrix}=(\boldsymbol{\beta}_1',\boldsymbol{\beta}_2',\boldsymbol{\beta}_3',\boldsymbol{\beta}_4').$$

显然$\boldsymbol{\beta}_1',\boldsymbol{\beta}_2',\boldsymbol{\beta}_4'$是向量组$\boldsymbol{\beta}_1',\boldsymbol{\beta}_2',\boldsymbol{\beta}_3',\boldsymbol{\beta}_4'$的一个极大线性无关组,且$\boldsymbol{\beta}_3'=5\boldsymbol{\beta}_1'-\boldsymbol{\beta}_2'$,于是$\boldsymbol{\alpha}_1'$,$\boldsymbol{\alpha}_2'$,$\boldsymbol{\alpha}_4'$是向量组$\boldsymbol{\alpha}_1',\boldsymbol{\alpha}_2',\boldsymbol{\alpha}_3',\boldsymbol{\alpha}_4'$的极大无关组,且有$\boldsymbol{\alpha}_3'=5\boldsymbol{\alpha}_1'-\boldsymbol{\alpha}_2'$,从而$\boldsymbol{\alpha}_1,\boldsymbol{\alpha}_2,\boldsymbol{\alpha}_4$是向量组$\boldsymbol{\alpha}_1$,$\boldsymbol{\alpha}_2,\boldsymbol{\alpha}_3,\boldsymbol{\alpha}_4$ 的极大无关组,且$\boldsymbol{\alpha}_3=5\boldsymbol{\alpha}_1-\boldsymbol{\alpha}_2$.

❖课堂小结❖

回顾学习的主要内容:

(1)矩阵的秩的概念及其求法;

(2)求极大无关组.

❖思考题❖

(1)从上面的例子可以看出,矩阵的秩等于它用初等变换化成阶梯形矩阵后所得到阶梯形矩阵非零行的个数. 试证明之.

提示:说明阶梯形矩阵的秩等于它非零行的个数.

(2)设$\boldsymbol{P},\boldsymbol{Q}$为可逆矩阵,且$\boldsymbol{PA},\boldsymbol{AQ}$有意义,则$r(\boldsymbol{PA})=r(\boldsymbol{AQ})=r(\boldsymbol{A})$.

提示:可逆矩阵是若干初等矩阵的乘积;矩阵与初等矩阵的乘积可以通过对矩阵作初等变换实现.

逆　矩　阵

——破解加密电文的钥匙

刘金凤

一、课程内容

(1)本课程的内容是逆矩阵的定义、计算与矩阵可逆的判定.

(2)教学难点是理解逆矩阵的计算与矩阵可逆的判定定理.

二、思政内容

(1)密码通信中,加密过程可以看成是矩阵乘法,而解密过程则需借助逆矩阵进行求解.

(2)融入思政元素:通过融入密码加密解密原理的应用,让学生体会到逆矩阵应用之美,增强国家保密安全意识,感悟家国情怀.

三、案例设计与教学过程

1. 引言

密码在我们的日常生活中起着至关重要的作用.无论是保护个人隐私,财产安全还是企业数据安全,密码都是第一道防线.

如何对信息进行加密解密呢?首先看加密过程:发送者把明文经过密钥的作用,得到密文.密钥用矩阵 $\boldsymbol{A}$ 表示,密文用矩阵 $\boldsymbol{B}$ 表示,明文用矩阵 $\boldsymbol{X}$ 表示,这一过程用数学语言描述为就是矩阵乘法:$\boldsymbol{AX}=\boldsymbol{B}$.那么已知密钥矩阵 $\boldsymbol{A}$ 和密文矩阵 $\boldsymbol{B}$,解出明文矩阵 $\boldsymbol{X}$,就是解密过程.那么,如何由 $\boldsymbol{AX}=\boldsymbol{B}$ 解出 $\boldsymbol{X}$ 呢?经过本节课逆矩阵的学习,我们将解出上述问题:如果密钥矩阵 $\boldsymbol{A}$ 可逆,求出逆矩阵 $\boldsymbol{A}^{-1}$,则明文矩阵 $\boldsymbol{X}=\boldsymbol{A}^{-1}\boldsymbol{B}$.

2. 逆矩阵

定义 1　对于 n 阶方阵 $\boldsymbol{A}$,如果存在方阵 $\boldsymbol{B}$,使得

$$\boldsymbol{AB}=\boldsymbol{BA}=\boldsymbol{E},$$

则称方阵 $\boldsymbol{A}$ 是可逆的,称 $\boldsymbol{B}$ 为方阵 $\boldsymbol{A}$ 的逆矩阵.记 $\boldsymbol{B}=\boldsymbol{A}^{-1}$.

注意:

(1)逆矩阵是对方阵而言的,并且里面等式 $\boldsymbol{AB}=\boldsymbol{BA}=\boldsymbol{E}$,说明 $\boldsymbol{A}$ 和 $\boldsymbol{B}$ 的地位是对等的,也就是说,如果 $\boldsymbol{B}$ 是 $\boldsymbol{A}$ 的逆矩阵,那么反过来,$\boldsymbol{A}$ 也是 $\boldsymbol{B}$ 的逆矩阵,它们是互逆的.

(2)如果矩阵 $\boldsymbol{A}$ 可逆,则逆矩阵唯一.

我们来看唯一性的证明:设 $\boldsymbol{B}$ 和 $\boldsymbol{C}$ 都是 $\boldsymbol{A}$ 的逆矩阵,则有以下两个等式 $\boldsymbol{AB}=\boldsymbol{BA}=\boldsymbol{E}$,$\boldsymbol{AC}=\boldsymbol{CA}=\boldsymbol{E}$ 成立,我们要想证明唯一性,只需要证明 $\boldsymbol{B}$ 和 $\boldsymbol{C}$ 相等就可以了.借助于单

位矩阵 $\boldsymbol{E}$ 作桥梁，并利用矩阵乘法结合律，可得 $\boldsymbol{B}=\boldsymbol{BE}=\boldsymbol{B}(\boldsymbol{AC})=(\boldsymbol{BA})\boldsymbol{C}=\boldsymbol{EC}=\boldsymbol{C}$，故 $\boldsymbol{B}=\boldsymbol{C}$，唯一性就完成了证明.

在探讨方阵可逆的条件前，先引入方阵的行列式和伴随矩阵的概念.

定义 2 设 $\boldsymbol{A}=\begin{pmatrix} a_{11} & a_{12} & \cdots & a_{1n} \\ a_{21} & a_{21} & \cdots & a_{2n} \\ \vdots & \vdots & \ddots & \vdots \\ a_{n1} & a_{n2} & \cdots & a_{nn} \end{pmatrix}$是一个 n 阶方阵，我们把方阵 $\boldsymbol{A}$ 中元素按原来的位置排列成的 n 阶行列式$\begin{vmatrix} a_{11} & a_{12} & \cdots & a_{1n} \\ a_{21} & a_{21} & \cdots & a_{2n} \\ \vdots & \vdots & \ddots & \vdots \\ a_{n1} & a_{n2} & \cdots & a_{nn} \end{vmatrix}$称为方阵 $\boldsymbol{A}$ 的行列式，记为$|\boldsymbol{A}|$或 $\det\boldsymbol{A}$.

定义 3 设 $\boldsymbol{A}=\begin{pmatrix} a_{11} & a_{12} & \cdots & a_{1n} \\ a_{21} & a_{21} & \cdots & a_{2n} \\ \vdots & \vdots & \ddots & \vdots \\ a_{n1} & a_{n2} & \cdots & a_{nn} \end{pmatrix}$是一个 n 阶方阵，我们称 $\boldsymbol{A}$ 的行列式$|\boldsymbol{A}|$中元素 a_{ij}的代数余子式 A_{ij}为 a_{ij}在 $\boldsymbol{A}$ 的代数余子式. 称矩阵 $\boldsymbol{A}^*=\begin{pmatrix} A_{11} & A_{21} & \cdots & A_{n1} \\ A_{12} & A_{22} & \cdots & A_{n2} \\ \vdots & \vdots & \ddots & \vdots \\ A_{1n} & A_{2n} & \cdots & A_{nn} \end{pmatrix}$为 $\boldsymbol{A}$ 的伴随矩阵.

利用拉普拉斯定理，很容易得到下面的性质.

性质 对于 n 阶方阵 $\boldsymbol{A}$ 和伴随矩阵 $\boldsymbol{A}^*$，有 $\boldsymbol{AA}^*=\boldsymbol{A}^*\boldsymbol{A}=|\boldsymbol{A}|\boldsymbol{E}$.

证明 设 $\boldsymbol{A}=\begin{pmatrix} a_{11} & a_{12} & \cdots & a_{1n} \\ a_{21} & a_{21} & \cdots & a_{2n} \\ \vdots & \vdots & \ddots & \vdots \\ a_{n1} & a_{n2} & \cdots & a_{nn} \end{pmatrix}$，则由拉普拉斯定理可知 $\sum\limits_{j=1}^{n} a_{ij}\boldsymbol{A}_{sj}=|\boldsymbol{A}|\delta_{is}$，$\sum\limits_{i=1}^{n} a_{ij}A_{ik}=|\boldsymbol{A}|\delta_{jk}$，其中 $i,s,k\in\{1,2,\cdots,n\}$. 故可得

$$\boldsymbol{AA}^*=\begin{pmatrix} a_{11} & a_{12} & \cdots & a_{1n} \\ a_{21} & a_{21} & \cdots & a_{2n} \\ \vdots & \vdots & \ddots & \vdots \\ a_{n1} & a_{n2} & \cdots & a_{nn} \end{pmatrix}\begin{pmatrix} A_{11} & A_{21} & \cdots & A_{n1} \\ A_{12} & A_{22} & \cdots & A_{n2} \\ \vdots & \vdots & \ddots & \vdots \\ A_{1n} & A_{2n} & \cdots & A_{nn} \end{pmatrix}=\begin{pmatrix} |\boldsymbol{A}| & 0 & \cdots & 0 \\ 0 & |\boldsymbol{A}| & \cdots & 0 \\ \vdots & \vdots & \ddots & \vdots \\ 0 & 0 & \cdots & |\boldsymbol{A}| \end{pmatrix}=|\boldsymbol{A}|\boldsymbol{E}.$$

类似可证 $\boldsymbol{A}^*\boldsymbol{A}=|\boldsymbol{A}|\boldsymbol{E}$. 故 $\boldsymbol{AA}^*=\boldsymbol{A}^*\boldsymbol{A}=|\boldsymbol{A}|\boldsymbol{E}$.

下面给出方阵可逆的判定定理.

定理 方阵 $\boldsymbol{A}$ 可逆的充要条件为$|\boldsymbol{A}|\neq 0$.

证明 先证充分性. 设$|\boldsymbol{A}|\neq 0$，方阵 $\boldsymbol{A}$ 的伴随矩阵 $\boldsymbol{A}^*$ 满足性质 $\boldsymbol{AA}^*=\boldsymbol{A}^*\boldsymbol{A}=|\boldsymbol{A}|\boldsymbol{E}$,

则可得 $A\left(\frac{1}{|A|}A^*\right)=\left(\frac{1}{|A|}A^*\right)A=E$，故 A 是可逆的，且 $A^{-1}=\frac{1}{|A|}A^*$.

再证必要性. 因为 A 可逆，所以 $AB=BA=E$. 由行列式乘法定理得 $|AB|=|BA|=|E|=1$，故 $|A|\neq 0$.

方阵可逆的判定定理是本节课的一个重点. 下面是此定理的一个推论.

推论 若方阵 A 和 B 满足 $AB=E$，则 A,B 都可逆，且 $A^{-1}=B,B^{-1}=A$.

证明 因为 $AB=E$，所以 $|AB|=|A||B|=|E|=1$. 故 $|A|\neq 0,|B|\neq 0$. 因此，由方阵可逆的判定定理可知，A,B 都可逆.

因为 A 可逆，所以 A 的逆矩阵 A^{-1} 存在. 等式 $AB=E$ 两边左乘 A^{-1} 得 $B=A^{-1}(AB)=A^{-1}E=A^{-1}$. 同理可证 $A=B^{-1}$.

3. 应用举例

例 1 设方阵 $A=\begin{pmatrix}1&0&0\\0&-1&2\\0&1&-1\end{pmatrix}$，问：$A$ 是否可逆？如果可逆，求 A^{-1}.

从定理可得到例 1 的解题过程. 第一步：根据 $|A|\neq 0$，判断 A 可逆. 第二步：计算 A 的伴随矩阵 A^*. 第三步：代入公式 $A^{-1}=\frac{1}{|A|}A^*$ 求 A^{-1}.

解 因为 $|A|=\begin{vmatrix}1&0&0\\0&-1&2\\0&1&-1\end{vmatrix}=-1\neq 0$，则 A 可逆.

$$A_{11}=\begin{vmatrix}-1&2\\1&-1\end{vmatrix}=-1,A_{12}=-\begin{vmatrix}0&2\\0&-1\end{vmatrix}=0,A_{13}=\begin{vmatrix}0&-1\\0&1\end{vmatrix}=0,$$

$$A_{21}=-\begin{vmatrix}0&0\\1&-1\end{vmatrix}=0,A_{22}=\begin{vmatrix}1&0\\1&-1\end{vmatrix}=-1,A_{23}=-\begin{vmatrix}1&0\\0&1\end{vmatrix}=-1,$$

$$A_{31}=\begin{vmatrix}0&0\\-1&2\end{vmatrix}=0,A_{32}=-\begin{vmatrix}1&0\\0&2\end{vmatrix}=-2,A_{33}=\begin{vmatrix}1&0\\0&-1\end{vmatrix}=-1,$$

$$A^*=\begin{pmatrix}A_{11}&A_{21}&A_{31}\\A_{12}&A_{22}&A_{32}\\A_{13}&A_{23}&A_{33}\end{pmatrix}=\begin{pmatrix}-1&0&0\\0&-1&-2\\0&-1&-1\end{pmatrix},$$

故
$$A^{-1}=\frac{1}{|A|}A^*=-\begin{pmatrix}-1&0&0\\0&-1&-1\\0&-2&-1\end{pmatrix}=\begin{pmatrix}1&0&0\\0&1&2\\0&1&1\end{pmatrix}.$$

回顾一下密码解密过程：已知密钥矩阵 A，密文矩阵 B，求明文矩阵 X. 如果 A 可逆（如例 1 中的矩阵 A），则明文 $X=A^{-1}B$. 下面看一个具体的例子.

例 2 友方收到密文“KASDAK”，他该如何解密呢？

解 这里密文是一串字母，首先需要根据希尔密码中字母和数字的对应关系转化为数字，字母 A ~ Z 对应得到 0 ~ 25. 字母“KASDAK”对应数字“10 0 18 3 0 10”，以此可得到

密文 $\boldsymbol{B}=\begin{pmatrix}10&0\\18&3\\0&10\end{pmatrix}$，$\boldsymbol{X}=\boldsymbol{A}^{-1}\boldsymbol{B}=\begin{pmatrix}1&0&0\\0&1&2\\0&1&1\end{pmatrix}\begin{pmatrix}10&0\\18&3\\0&10\end{pmatrix}=\begin{pmatrix}10&0\\8&23\\8&13\end{pmatrix}$，

将上述明文矩阵 $\boldsymbol{X}$ 按行排成数字“10 0 8 23 8 13”. 再根据希尔密码，对应字母“KAIXIN”，“开心”.

密码很有趣也很有用，感兴趣的同学可以通过网络查找学习更多关于密码的相关知识.

4. 思政元素的融合渗透

今天，我们学习了逆矩阵的定义和判定，并从矩阵可逆的判定定理中给出计算逆矩阵的方法. 我们现在的幸福生活是无数先烈用生命和鲜血换来的. 他们在严峻的革命斗争中，深入险境，获取敌军情报并安全地传递给党中央，为党中央作出正确决策提供了重要信息. 这些重要情报的传递需要通过电台加密解密，而本节课所讲的逆矩阵在密码解密过程中具有至关重要的作用，让学生体会到逆矩阵应用之美，增强国家保密安全意识，感悟家国情怀.

5. 课堂小结

本节课通过密码加密解密，学习了逆矩阵的相关知识.

(1)给出了逆矩阵的定义，通过分析存在性启发大家思考可逆矩阵判定定理.

(2)借助伴随矩阵剖析了逆矩阵的计算，以及密码加密解密原理的应用.

❖思考与展望❖

本节课主要学习了逆矩阵的定义、计算与判定. 对于加密后的密文，通过逆矩阵将其解密. 而现实生活中，一些重要的信息会以其他形式出现，比如工程中的设计会以图片的形式保存. 那么对于重要的图片信息，如何利用矩阵乘法和逆矩阵的知识，设计方法进行加密和解密呢？同学们可以查阅资料，小组讨论，设计方案，下节课展示设计方案.

本节中公式 $\boldsymbol{A}^{-1}=\frac{1}{|\boldsymbol{A}|}\boldsymbol{A}^{*}$ 给出了计算逆矩阵的公式，而这里 $\boldsymbol{A}$ 的伴随矩阵 $\boldsymbol{A}^{*}$ 的计算很困难. 那么自然地会问，是否有其他求逆矩阵的方法呢？

矩阵函数

——弘扬爱国主义精神，增强文化自信

陈铁生

一、课程内容

(1)矩阵函数的准备知识、矩阵函数的求法及性质.

(2)矩阵函数的求解方法.

二、思政内容

(1)通过华罗庚等数学家的例子弘扬爱国主义精神.

(2)通过祖冲之计算圆周率增强文化自信.

三、案例设计与教学内容

1. 矩阵范数

定义1 在$P^{n\times n}$上定义一个非负实值函数$\|\boldsymbol{A}\|$(对每个$\boldsymbol{A}\in P^{n\times n}$),如果对任意的$\boldsymbol{A}$,$\boldsymbol{B}\in P^{n\times n}$都满足下列四个条件:

(1)正定性:$\|\boldsymbol{A}\|\geqslant 0$,且$\boldsymbol{A}=0\Leftrightarrow\|\boldsymbol{A}\|=0$.

(2)齐次性:对任何$a\in P$,有$\|a\boldsymbol{A}\|=|a|\cdot\|\boldsymbol{A}\|$.

(3)三角不等式:$\forall\boldsymbol{A},\boldsymbol{B}\in P^{n\times n}$,有$\|\boldsymbol{A}+\boldsymbol{B}\|\leqslant\|\boldsymbol{A}\|+\|\boldsymbol{B}\|$.

(4)$\forall\boldsymbol{A},\boldsymbol{B}\in P^{n\times n}$,有$\|\boldsymbol{AB}\|\leqslant\|\boldsymbol{A}\|\cdot\|\boldsymbol{B}\|$.

则称非负实数$\|\boldsymbol{A}\|$为方阵$\boldsymbol{A}$的范数.

定义2 对任何$\boldsymbol{A}\in P^{n\times n}$及$n$维列向量$\boldsymbol{x}\in P^{n}$,方阵范数$\|\boldsymbol{A}\|$能与某种向量范数$\|\boldsymbol{x}\|_a$满足关系式$\|a\boldsymbol{A}\|=|a|\cdot\|\boldsymbol{A}\|$,则称方阵范数$\|\boldsymbol{A}\|$与向量范数$\|\boldsymbol{x}\|_a$是相容的.

定理1 (1)$P^{n\times n}$上的每一种方阵范数,在P^{n}上都存在与它相容的向量范数.

(2)$P^{n\times n}$上任意两种方阵范数$\|\boldsymbol{A}\|_\alpha$,$\|\boldsymbol{A}\|_\beta$都等价,即存在两个与$\boldsymbol{A}$无关的正常数$C_1$与$C_2$,都有$\|\boldsymbol{A}\|_\alpha\leqslant C_1\|\boldsymbol{A}\|_\beta$,$\|\boldsymbol{A}\|_\beta\leqslant C_2\|\boldsymbol{A}\|_\alpha$.

(3)若$\boldsymbol{A}=(a_{ij})_{n\times n}\in\boldsymbol{C}^{n\times n}$,则$\|\boldsymbol{A}\|_F=\sqrt{\sum\limits_{i,j=1}^{n}|a_{ij}|^2}=\sqrt{\mathrm{tr}(\boldsymbol{A}^{\mathrm{H}}\boldsymbol{A})}$,是一种与向量范数$\|x\|_2=\sqrt{\sum\limits_{i=1}^{n}|\xi_i|^2}$ $(x=(\xi_1,\xi_2,\cdots,\xi_n)\in\boldsymbol{C}^n)$相容的方阵范数,称为*Frobenius*范数.

定义3 $\boldsymbol{A}=(a_{ij})_{n\times n}\in\boldsymbol{C}^{n\times n}$,常见矩阵范数.

(1)列和范数:$\|\boldsymbol{A}\|_1=\max\limits_{1\leqslant j\leqslant n}\sum\limits_{i=1}^{n}|a_{ij}|$(列模和最大者).

(2)行和范数：$\| \boldsymbol{A} \|_{\infty} = \max\limits_{1 \leqslant i \leqslant n} \sum\limits_{j=1}^{n} |a_{ij}|$(行模和最大者).

(3)谱范数：$\| \boldsymbol{A} \|_{2} = \sqrt{\lambda_{A^{\mathrm{H}}A}}$($\lambda_{A^{\mathrm{H}}A}$是$\boldsymbol{A}^{\mathrm{H}}\boldsymbol{A}$的最大特征值).

(4)*Frobenius* 范数：$\| \boldsymbol{A} \|_{F} = \sqrt{\sum\limits_{i,j=1}^{n} |a_{ij}|^{2}} = \sqrt{\mathrm{tr}(\boldsymbol{A}^{\mathrm{H}}\boldsymbol{A})}$

华罗庚定理 设$\boldsymbol{A}$、$\boldsymbol{B}$是两个同阶复方阵，且$\boldsymbol{E}-\boldsymbol{A}\boldsymbol{A}^{\mathrm{H}}$与$\boldsymbol{E}-\boldsymbol{B}\boldsymbol{B}^{\mathrm{H}}$正定，则

$$|\boldsymbol{E}-\boldsymbol{A}\boldsymbol{A}^{\mathrm{H}}| \cdot |\boldsymbol{E}-\boldsymbol{B}\boldsymbol{B}^{\mathrm{H}}| \leqslant |\boldsymbol{E}-\boldsymbol{A}\boldsymbol{B}^{\mathrm{H}}|^{2}.$$

证明 略.

华罗庚是20世纪世界著名数学家，在新中国刚成立之际，就毅然放弃美国的优越生活，投入新中国的建设中，为我国数学研究和数学教育作出了巨大贡献，培养了王元、潘承洞、陈景润等一批数学家. 陈景润在著名数学问题哥德巴赫猜想中取得了世界领先的成就，增强了民族自信心和民族自豪感. 华罗庚等一大批老一辈科学家的爱国精神和动人事迹激励着青年学生为我国新时代实现中华民族伟大复兴作出贡献.

2. 矩阵函数

我们定义三个矩阵函数

$$\mathrm{e}^{\boldsymbol{A}} = \sum_{m=0}^{\infty} \frac{\boldsymbol{A}^{m}}{m!},\ \sin\boldsymbol{A} = \sum_{m=1}^{\infty} (-1)^{m-1} \frac{\boldsymbol{A}^{2m-1}}{(2m-1)!},\ \cos\boldsymbol{A} = 1 + \sum_{m=1}^{\infty} (-1)^{m} \frac{\boldsymbol{A}^{2m}}{(2m)!},$$

分别称为方阵$\boldsymbol{A}$的指数函数，正弦函数及余弦函数.

定理1 若对任一方阵$\boldsymbol{X}$，幂级数$\sum\limits_{m=0}^{\infty} C_{m}\boldsymbol{X}^{m}$都收敛，其和为$f(\boldsymbol{X}) = \sum\limits_{m=0}^{\infty} C_{m}\boldsymbol{X}^{m}$，

则当$\boldsymbol{X}$为分块对角矩阵$\boldsymbol{X} = \begin{pmatrix} \boldsymbol{X}_1 & & & \\ & \boldsymbol{X}_2 & & \\ & & \ddots & \\ & & & \boldsymbol{X}_k \end{pmatrix}$时，有

$$f(\boldsymbol{X}) = \begin{pmatrix} f(\boldsymbol{X}_1) & & & \\ & f(\boldsymbol{X}_2) & & \\ & & \ddots & \\ & & & f(\boldsymbol{X}_k) \end{pmatrix}.$$

定理2 若$f(z) = \sum\limits_{m=0}^{\infty} C_{m}z^{m}$ ($|z|<R$)是收敛半径为R的复变函数幂级数，又

$\boldsymbol{J}_0 = \begin{pmatrix} \lambda_0 & & & \\ 1 & \lambda_0 & & \\ & \ddots & \ddots & \\ & & 1 & \lambda_0 \end{pmatrix}$是$n$阶若当块，则当$|\lambda_0|<R$时，方阵幂级数$\sum\limits_{m=0}^{\infty} C_{m}\boldsymbol{J}_0^{m}$绝对收敛，其

和为 $f(\boldsymbol{J}_0)=\begin{pmatrix} f(\lambda_0) & & & & \\ f'(\lambda_0) & \ddots & & & \\ \frac{1}{2!}f''(\lambda_0) & \ddots & & & \\ \vdots & \ddots & \ddots & \ddots & \\ \frac{1}{(n-1)!}f^{(n-1)}(\lambda_0) & \cdots & \frac{1}{2!}f''(\lambda_0) & f'(\lambda_0) & f(\lambda_0) \end{pmatrix}$.

现在,我们用矩阵 $\boldsymbol{A}$ 的相似标准形来计算矩阵函数 $f(\boldsymbol{A})$.

(1)若 $\boldsymbol{A}$ 相似于对角矩阵.

$$\boldsymbol{A}=\boldsymbol{P}\begin{pmatrix} \lambda_1 & & & \\ & \lambda_2 & & \\ & & \ddots & \\ & & & \lambda_n \end{pmatrix}\boldsymbol{P}^{-1}\text{,简记 } \boldsymbol{A}=\boldsymbol{PJP}^{-1}.$$

当方阵 $\boldsymbol{A}$ 的谱半径 $\rho(\boldsymbol{A})<R$ 时,方阵幂级数 $\sum\limits_{m=0}^{\infty}C_m\boldsymbol{A}^m$ 绝对收敛,且其和为

$$f(\boldsymbol{A})=\sum_{m=0}^{\infty}C_m\boldsymbol{A}^m=f(\boldsymbol{PJP}^{-1})=\sum_{m=0}^{\infty}C_m(\boldsymbol{PJP}^{-1})^m=\sum_{m=0}^{\infty}C_m\boldsymbol{PJ}^m\boldsymbol{P}^{-1}=\boldsymbol{P}(\sum_{m=0}^{\infty}C_m\boldsymbol{J}^m)\boldsymbol{P}^{-1}$$
$$=\boldsymbol{P}f(\boldsymbol{J})\boldsymbol{P}^{-1}.$$

由定理 1 $f(\boldsymbol{A})=\boldsymbol{P}\begin{pmatrix} f(\lambda_1) & & & \\ & f(\lambda_2) & & \\ & & \ddots & \\ & & & f(\lambda_n) \end{pmatrix}\boldsymbol{P}^{-1}$.

特别地,我们有 $e^{\boldsymbol{A}}=\boldsymbol{P}\begin{pmatrix} e^{\lambda_1} & & & \\ & e^{\lambda_2} & & \\ & & \ddots & \\ & & & e^{\lambda_n} \end{pmatrix}\boldsymbol{P}^{-1}$,

$$\sin\boldsymbol{A}=\boldsymbol{P}\begin{pmatrix} \sin\lambda_1 & & & \\ & \sin\lambda_2 & & \\ & & \ddots & \\ & & & \sin\lambda_n \end{pmatrix}\boldsymbol{P}^{-1},$$

$$\cos\boldsymbol{A}=\boldsymbol{P}\begin{pmatrix} \cos\lambda_1 & & & \\ & \cos\lambda_2 & & \\ & & \ddots & \\ & & & \cos\lambda_n \end{pmatrix}\boldsymbol{P}^{-1}.$$

我们在解决问题时,遇到的常常不是常数矩阵 $\boldsymbol{A}$ 的矩阵函数 $f(\boldsymbol{A})$,而是变量 t 的函数矩阵 $\boldsymbol{A}t$ 的矩阵函数 $f(\boldsymbol{A}t)$.

当 $A=PJP^{-1}=P\begin{pmatrix}\lambda_1 & & & \\ & \lambda_2 & & \\ & & \ddots & \\ & & & \lambda_n\end{pmatrix}P^{-1}$时，

有 $At=P(Jt)P^{-1}=P\begin{pmatrix}\lambda_1 t & & & \\ & \lambda_2 t & & \\ & & \ddots & \\ & & & \lambda_n t\end{pmatrix}P^{-1}$，

则 $f(At)=P\begin{pmatrix}f(\lambda_1 t) & & & \\ & f(\lambda_2 t) & & \\ & & \ddots & \\ & & & f(\lambda_n t)\end{pmatrix}P^{-1}$.

特别地，我们有 $e^{At}=P\begin{pmatrix}e^{\lambda_1 t} & & & \\ & e^{\lambda_2 t} & & \\ & & \ddots & \\ & & & e^{\lambda_n t}\end{pmatrix}P^{-1}$，

$$\sin At=P\begin{pmatrix}\sin\lambda_1 t & & & \\ & \sin\lambda_2 t & & \\ & & \ddots & \\ & & & \sin\lambda_n t\end{pmatrix}P^{-1},$$

$$\cos At=P\begin{pmatrix}\cos\lambda_1 t & & & \\ & \cos\lambda_2 t & & \\ & & \ddots & \\ & & & \cos\lambda_n t\end{pmatrix}P^{-1}.$$

(2) 当 A 不能与对角矩阵相似时，A 必可与某若当标准形相似.

$$A=P\begin{pmatrix}J_1(\lambda_1) & & & \\ & J_2(\lambda_2) & & \\ & & \ddots & \\ & & & J_k(\lambda_k)\end{pmatrix}P^{-1},$$

其中若当块 $J_i(\lambda_i)=\begin{pmatrix}\lambda_i & & & \\ 1 & \lambda_i & & \\ & \ddots & \ddots & \\ & & 1 & \lambda_i\end{pmatrix}_{n_i\times n_i}$ 由初级因子 $(\lambda-\lambda_i)^{n_i}$ 决定，且 $n_1+n_2+\cdots+n_k=n$.

$$f(A)=\sum_{m=0}^{\infty}C_mA^m=f(PJP^{-1})=\sum_{m=0}^{\infty}C_m(PJP^{-1})^m=\sum_{m=0}^{\infty}C_mPJ^mP^{-1}=P\left(\sum_{m=0}^{\infty}C_mJ^m\right)P^{-1}$$

$$=\boldsymbol{P}f(\boldsymbol{J})\boldsymbol{P}^{-1},$$

$$f(\boldsymbol{A})=\boldsymbol{P}\begin{pmatrix} f(\boldsymbol{J}_1) & & & \\ & f(\boldsymbol{J}_2) & & \\ & & \ddots & \\ & & & f(\boldsymbol{J}_k) \end{pmatrix}\boldsymbol{P}^{-1}.$$

再由定理 2 的公式计算出每个 $f(\boldsymbol{J}_i)$.

$$f(\boldsymbol{J}_i)=\begin{pmatrix} f(\lambda_i) & & & & \\ f'(\lambda_i) & \ddots & & & \\ \frac{1}{2!}f''(\lambda_i) & \ddots & & & \\ \vdots & \ddots & \ddots & \ddots & \\ \frac{1}{(n-1)!}f^{(n-1)}(\lambda_i) & \cdots & \frac{1}{2!}f''(\lambda_i) & f'(\lambda_i) & f(\lambda_i) \end{pmatrix}.$$

类似有

$$f(\boldsymbol{A}t)=\boldsymbol{P}\begin{pmatrix} f(\boldsymbol{J}_1t) & & & \\ & f(\boldsymbol{J}_2t) & & \\ & & \ddots & \\ & & & f(\boldsymbol{J}_kt) \end{pmatrix}\boldsymbol{P}^{-1}.$$

例 1 设 $\boldsymbol{A}=\begin{pmatrix} -1 & 1 & 0 \\ -4 & 3 & 0 \\ 1 & 0 & 2 \end{pmatrix}$,求 $\mathrm{e}^{\boldsymbol{A}}$.

解 $\boldsymbol{A}$ 的初等因子为 $\lambda-2,(\lambda-1)^2$,于是有可逆矩阵 $\boldsymbol{P}=(X_1,X_2,X_3)$,使得

$$\boldsymbol{P}^{-1}\boldsymbol{A}\boldsymbol{P}=\boldsymbol{J}=\begin{pmatrix} 2 & 0 & 0 \\ 0 & 1 & 0 \\ 0 & 1 & 1 \end{pmatrix}.$$

$$\boldsymbol{P}=\begin{pmatrix} 0 & 0 & 1 \\ 0 & 1 & 2 \\ 1 & -1 & -1 \end{pmatrix},\boldsymbol{P}^{-1}=\begin{pmatrix} -1 & 1 & 1 \\ -2 & 1 & 0 \\ 1 & 0 & 0 \end{pmatrix},$$

$$\mathrm{e}^{\boldsymbol{A}}=\begin{pmatrix} 0 & 0 & 1 \\ 0 & 1 & 2 \\ 1 & -1 & -1 \end{pmatrix}\begin{pmatrix} \mathrm{e}^2 & 0 & 0 \\ 0 & \mathrm{e}^1 & 0 \\ 0 & \mathrm{e}^1 & \mathrm{e}^1 \end{pmatrix}\begin{pmatrix} -1 & 1 & 1 \\ -2 & 1 & 0 \\ 1 & 0 & 0 \end{pmatrix}$$

$$=\begin{pmatrix} 0 & \mathrm{e} & \mathrm{e} \\ 0 & 3\mathrm{e} & 2\mathrm{e} \\ \mathrm{e}^2 & -2\mathrm{e} & -\mathrm{e} \end{pmatrix}\begin{pmatrix} -1 & 1 & 1 \\ -2 & 1 & 0 \\ 1 & 0 & 0 \end{pmatrix}=\begin{pmatrix} -\mathrm{e} & \mathrm{e} & 0 \\ -4\mathrm{e} & 3\mathrm{e} & 0 \\ 3\mathrm{e}-\mathrm{e}^2 & \mathrm{e}^2-2\mathrm{e} & \mathrm{e}^2 \end{pmatrix}.$$

3. 常用矩阵函数的性质

以下都是常用矩阵函数的一些基本性质,所讨论的矩阵 $\boldsymbol{A},\boldsymbol{B}$ 都是 n 阶复数矩阵.

(1) $\frac{\mathrm{d}}{\mathrm{d}t}\mathrm{e}^{\boldsymbol{A}t}=\boldsymbol{A}\mathrm{e}^{\boldsymbol{A}t}=\mathrm{e}^{\boldsymbol{A}t}\boldsymbol{A}$.

(2) 若 $\boldsymbol{AB}=\boldsymbol{BA}$，则 $\mathrm{e}^{\boldsymbol{A}t}\boldsymbol{B}=\boldsymbol{B}\mathrm{e}^{\boldsymbol{A}t}$.

(3) 若 $\boldsymbol{AB}=\boldsymbol{BA}$，则 $\mathrm{e}^{\boldsymbol{A}}\cdot\mathrm{e}^{\boldsymbol{B}}=\mathrm{e}^{\boldsymbol{B}}\cdot\mathrm{e}^{\boldsymbol{A}}=\mathrm{e}^{\boldsymbol{A}+\boldsymbol{B}}$.

(4) $\mathrm{e}^{i\boldsymbol{A}}=\cos\boldsymbol{A}+i\sin\boldsymbol{A}$，$\cos\boldsymbol{A}=\dfrac{1}{2}(\mathrm{e}^{i\boldsymbol{A}}+\mathrm{e}^{-i\boldsymbol{A}})$，$\sin\boldsymbol{A}=\dfrac{1}{2i}(\mathrm{e}^{i\boldsymbol{A}}-\mathrm{e}^{-i\boldsymbol{A}})$，$\cos(-\boldsymbol{A})=\cos\boldsymbol{A}$，$\sin(-\boldsymbol{A})=-\sin\boldsymbol{A}$.

(5) 当 $\boldsymbol{AB}=\boldsymbol{BA}$，则有 $\cos(\boldsymbol{A}+\boldsymbol{B})=\cos\boldsymbol{A}\cos\boldsymbol{B}-\sin\boldsymbol{A}\sin\boldsymbol{B}$，$\sin(\boldsymbol{A}+\boldsymbol{B})=\sin\boldsymbol{A}\cos\boldsymbol{B}+\cos\boldsymbol{A}\sin\boldsymbol{B}$.

(6) $\sin^2\boldsymbol{A}+\cos^2\boldsymbol{A}=\boldsymbol{E}$，$\sin(\boldsymbol{A}+2\pi\boldsymbol{E})=\sin\boldsymbol{A}$，$\cos(\boldsymbol{A}+2\pi\boldsymbol{E})=\cos\boldsymbol{A}$，$\mathrm{e}^{\boldsymbol{A}+i2\pi\boldsymbol{E}}=\mathrm{e}^{\boldsymbol{A}}$. 其中 π 是圆周率，祖冲之是我国南朝宋、齐国的数学家，他计算的圆周率在 3.1415926 与3.1415927 之间，他的这一发现领先西方一千多年，增强了我们的文化自信.

4. 思政元素的融合

在数学课程的学习过程中，我们了解一些与课程内容相关的数学家如华罗庚、陈景润、祖冲之等的成就，既增强了民族自豪感，也接受了爱国主义教育. 数学问题历来既抽象又困难，学好数学一定要发扬愚公移山不怕困难、持之以恒的精神. 此外，我们在学习中也可以用实践论作为指导，结合“实践-认识-实践”的观点，也就是说，大家在自己学习领域发现问题(实践)，利用数学建立模型(认识)，然后解决实际问题(再实践).

第四篇　数学专业课程

变量分离方程与变量变换

——分而治之,化难为简;先分再合,螺旋上升

裴利军

一、课程内容

(1)变量分离常微分方程的求解方法——分离变量法.

(2)齐次方程的求解方法——变量变换法.

(3)利用变量变换法求解更广泛类型方程(可化为齐次方程的类型)的解.

(4)难点:利用变量变换法将齐次方程及更广泛类型的方程化为变量分离微分方程.

二、思政内容

(1)分离变量法的哲学意义:分离变量,两边积分,“分而治之,化难为简”;求通解,“先分再合”.整个过程就是一个“求通解-对两个变量分别积分-得到通解”这样一个“螺旋上升”的过程.

(2)融入思政元素:通过中国传统文化的哲理,让学生了解研究问题、解决问题的一种方式——“分而治之,化难为简”;通过马克思主义基本原理中的“螺旋上升”,让学生了解分离变量法本质上是“求通解-对两个变量分别积分-得到通解”这样一个“螺旋上升”的过程.此外,通过 Malthus 人口模型,让学生了解毛主席“星星之火,可以燎原”的数学原因,以及新时代以来我国在汽车产业、振华龙门吊、高超音速导弹、空天飞机等方面的突飞猛进,领先世界;通过 Logistic 人口模型,让学生了解事物发展的普遍联系和相互影响、制约原理,以及我国计划生育、鼓励生育的原因;通过 SI 传染病模型,让学生了解我国坚持生命至上、科学防控,取得了抗击新型冠状病毒肺炎疫情斗争的伟大胜利,以及新中国成功消灭了血吸虫病、天花、霍乱、传染性非典型肺炎等传染病的伟大胜利.通过上述思政案例,可以极大地增强学生的道路自信、制度自信,深入掌握中国共产党史、中国革命史、中国哲学的智慧结晶和马克思主义基本原理.

三、案例设计与教学过程

1. 变量分离方程

$$\frac{dy}{dx}=f(x)\varphi(y), \tag{1}$$

其中,$f(x)$,$\varphi(y)$分别是 x 和 y 的已知连续函数.

特点:

一般的一阶方程$\frac{dy}{dx}=f(x,y)$ 中的 x,y 可分离,表示成$f(x,y)=f(x)\varphi(y)$.

例

$$\frac{dy}{dx}=-\frac{x}{y}R'=kR.$$

方程(1)的求解步骤如下:

如果 $\varphi(y)\neq 0$,

(1)分离变量:

$$\frac{dy}{\varphi(y)}=f(x)dx.$$

(2)两边积分:

$$\int\frac{dy}{\varphi(y)}=\int f(x)dx.$$

用 $G(y)$,$F(x)$分别表示$\frac{1}{\varphi(y)}$及$f(x)$的某一个原函数.

(3)则方程(1)的通解为

$$G(y)=F(x)+C. \tag{2}$$

因为将 y 视为 x 的函数,对 $G(y)=F(x)+C$ 两端关于 x 求导,它们满足方程(1),所以方程(2)为方程(1)的通解.

如果存在y_i使得 $\varphi(y_i)=0$,$i=1,2,\cdots,k$,直接验证得 $y\equiv y_i$为方程(1)的常数解. 因此,分离变量方程(1)的解为$\begin{cases}G(y)=F(x)+C,\\ y\equiv y_i,i=1,2,\cdots,k.\end{cases}$

这里第(1)步是把两个变量解耦、分离,分别积分,是"分而治之,化难为简";第(3)步是重新将它们耦合、联系起来,得到通解,是"先分再合". 整个过程目标是求通解,但是先解耦、分别积分,再求通解,因此是"螺旋上升"的一个过程.

例1 求解方程

$$\frac{dy}{dx}=-\frac{x}{y}.$$

解 $\varphi(y)=\frac{1}{y}\neq 0$.

(1)分离变量,得 $y dy=-x dx$.

(2)两边积分:$\int y dy=\int -x dx$,$\frac{y^2}{2}=-\frac{x^2}{2}+\frac{c}{2}$.

(3)求通解：$x^2+y^2=c$ 或者 $y=\pm\sqrt{c-x^2}$（c 为任意正常数）.

例2 求解方程

$$\frac{dy}{dx}=y^2\cos x.$$

并求出满足初始条件：当 $x=0$ 时 $y=1$ 的特解.

解 $y\neq 0$ 时.

(1)分离变量：

$$\frac{dy}{y^2}=\cos x dx.$$

(2)两边积分：

$$\int\frac{dy}{y^2}=\int\cos x dx,\ -\frac{1}{y}=\sin x+c.$$

(3)$y=-\frac{1}{\sin x+c}$(c 为任意常数)为方程的通解.

注意 $y=0$ 时，也是方程的解，而且并不包含在通解中，因而方程还有解 $y=0$. 因此，原方程的解为

$$\begin{cases} y=-\frac{1}{\sin x+c}, \\ y\equiv 0. \end{cases}$$

求特解. 将初始条件 $y(0)=1$ 代入通解中，得 $c=-1$. 则满足所给条件的特解为

$$y=-\frac{1}{\sin x-1}.$$

例3 Malthus 和 Logistic 人口模型.

英国人口统计学家 Malthus 在担任牧师期间，通过研究当地教堂 100 多年的人口出生统计资料，发现了一个规律：人口出生率(净相对增长率)是一个常数. 在 1798 年发表了《人口原理》一书，其中提出了闻名于世的 Malthus 人口模型：

$$\frac{dN}{dt}=rN,r>0.$$

显然这是一个变量分离微分方程，可以求出其解为

$$N(t)=N(0)e^{rt},N(0)>0.$$

当 $r>0$ 时，这是一个指数增长的解，增长极快. 这可以证明毛主席提出的“星星之火，可以燎原”的光辉论断. 毛主席 1930 年 1 月 15 日给林彪的一封信中提到了“星星之火，可以燎原”，批评了当时对时局悲观估量的思想，强调新生事物现在虽只有一点小小的力量，但它的发展会很快，前途是光明的. 通过这个题目，不仅可以学习课程知识，还学会用所学理论解决实际问题的建模方法，更了解了中国共产党的发展历史、中国革命史、毛泽东思想，坚定了爱党爱国的信心. 在改革开放以来，我们的经济、科技、军事实力发展迅猛，迅速成长为世界第二大经济体. 曾几何时，我们的汽车产业非常落后. 但是，我国在 2023 年 1 月至 6 月的汽车出口方面首次超过日本，跃居世界首位，其中新能源汽车成关键. 采用常微分方程中时滞反馈控制技术的上海振华重工(集团)股份有限公司龙门吊，目前几

乎垄断了国际大型龙门吊市场的 80%，欧美市场占有率高达 90% 以上，几乎达到了“世界上凡是有集装箱的大港，都应该有振华的港机”的程度. 曾几何时，我们因为落后、被动挨打，但是目前中国凭借极其先进的技术和雄厚的实力，在作为精确打击利器、轻松突破反导系统的高超音速导弹领域已经超越了美国和俄罗斯，成为世界上高超音速导弹应用最广泛的国家. 此外，在国产“白帝”空天战机试飞成功之后，2023 年另外一款高空、高速、超智能型的空天战机“鸾鸟”已经研制成功，并且在无重力环境下已完成穿越大气层高层试飞任务. 在华为公司被美国列入实体清单后，我国的相关企业肩负使命，凝聚力量寻找突围之道，四年时间里被围追堵截，终于看见胜利的曙光. 2023 年 8 月 29 日，MATE60 系列手机成功问世，华为 7 nm 芯片成功突破封锁，表明美国的围堵计划彻底被粉碎. 无论是“两弹一星”，还是高超音速导弹、空天飞机、汽车工业、芯片，我们都是从一穷二白、基础薄弱走来的，这充分说明了在党的正确领导下，全国人民团结一心，我们取得了举世瞩目的成就. 这也是“星星之火，可以燎原”论断的成功实例.

Malthus 人口模型对人口总数不大、资源和生存空间极充裕的情况是适用的. 但是对人口总数很大、资源和生存空间有限的情况，需要建立新的模型. 荷兰生物学家 Verhulst 建立了 Logistic 人口模型：

$$\frac{\mathrm{d}N}{\mathrm{d}t}=rN\left(1-\frac{N}{M}\right),r>0,M>0.$$

据此可以估计世界人口的最大容量为 82.3 亿人. 这就揭示了事物发展是普遍联系、相互制约的，这也是我国在不同时期要对人口进行计划生育的原因.

例 4 易感者-患病者(SI)传染病模型

对于有免疫性、人口总量 N 基本不变的传染病，可以建立易感者-患病者(SI)传染病模型：

$$\frac{\mathrm{d}I}{\mathrm{d}t}=kI(N-I),I(0)>0,k>0,N>0.$$

这也是一个变量分离方程. 对于其他类型的传染病，我们以此为基础，建立相应的传染病模型. 比如，钟南山院士团队利用 SEIR 传染病模型和人工智能对 2020 年初暴发的新型冠状病毒肺炎疫情进行了预测. 我们利用时滞非自治 SIR 传染病模型分别对原始毒株、Delta 毒株、Omicron 毒株引发的新型冠状病毒肺炎疫情进行了预测. 在凶险的新型冠状病毒肺炎疫情暴发后，在以习近平同志为核心的党中央的坚强领导下，坚持生命至上、举国同心、尊重科学，取得了抗疫斗争的伟大胜利. 自新中国成立以来，我们党领导人民消灭了旧中国危害人民多年的血吸虫病、天花、霍乱以及后来发生的甲肝、传染性非典型肺炎等传染病，坚决维护了人民的生命健康. 这也充分说明了中国特色社会主义制度的优越性和社会主义道路的正确性，因此我们必须坚持社会主义的制度自信和道路自信.

2. 可化为变量分离方程的类型

(1)齐次方程.

1)形式：$\frac{\mathrm{d}y}{\mathrm{d}x}=g\left(\frac{y}{x}\right)$，$g(u)$ 为 u 的连续函数.

2)特点：一般方程的右端函数 $f(x,y)$ 是 x,y 的零次齐次式，即

$$f(x,y)=g\left(\frac{y}{x}\right),$$

$$f(kx,ky)=g\left(\frac{ky}{kx}\right)=k^0 g\left(\frac{y}{x}\right)=f(x,y),k\neq 0,$$

或$f(x,y)$可表示成以$\frac{y}{x}$为整体变量的函数.

3)解法:

①作变量变换$\frac{y}{x}=u$,即 $y=ux$.

②对两边关于 x 求导得 $\frac{\mathrm{d}y}{\mathrm{d}x}=x\frac{\mathrm{d}u}{\mathrm{d}x}+u$.

③将上式代入原方程得 $x\frac{\mathrm{d}u}{\mathrm{d}x}+u=g(u)$,整理得

$$\frac{\mathrm{d}u}{\mathrm{d}x}=\frac{1}{x}\cdot[g(u)-u].\tag{3}$$

④求解方程(3),其解为 $u=\varphi(x,c)$ 或 $\Phi(u,x,c)=0$.

⑤原方程的通解为 $y=x\varphi(x,c)$ 或 $\Phi\left(\frac{y}{x},x,c\right)=0$.

例 5 求解方程$\frac{\mathrm{d}y}{\mathrm{d}x}=\frac{y}{x}+\tan\frac{y}{x}$.

解 令 $u=\frac{y}{x}$,或 $y=ux$.

$$\frac{\mathrm{d}y}{\mathrm{d}x}=x\frac{\mathrm{d}u}{\mathrm{d}x}+u,$$

$$\frac{\mathrm{d}u}{\mathrm{d}x}=\frac{\tan u}{x},\tag{4}$$

$$\frac{\mathrm{d}u}{\tan u}=\frac{\mathrm{d}x}{x}\int\frac{\mathrm{d}\sin u}{\sin u}=\int\frac{1}{x}\mathrm{d}x,$$

$$\ln|\sin u|=\ln|x|+\tilde{c}\ (\tilde{c}\text{为任意常数}).$$

$|\sin u|=\mathrm{e}^{\tilde{c}}|x|\sin u=\pm\mathrm{e}^{\tilde{c}}x$.

令 $c=\pm\mathrm{e}^{\tilde{c}}$得 $\sin u=cx$(c 为非 0 任意数).
另当 $\tan u=0$ 时,$\sin u=0$ 也是方程(4)的解.
故方程(4)的通解为 $\sin u=cx$(c 为任意常数).

代回原来的变量,原方程的通解为 $\sin\frac{y}{x}=cx$.

(2)可化为齐次方程的类型.

其形式为
$$\frac{\mathrm{d}y}{\mathrm{d}x}=\frac{a_1x+b_1y+c_1}{a_2x+b_2y+c_2},\tag{5}$$
其中$a_i,b_i,c_i,i=1,2$ 均为常数,且c_1,c_2不同时为零.

1）若$\begin{vmatrix} a_1 & b_1 \\ a_2 & b_2 \end{vmatrix}=0$，即$\frac{a_1}{a_2}=\frac{b_1}{b_2}$.

设$\frac{a_1}{a_2}=\frac{b_1}{b_2}=k$，$a_1=ka_2$，$b_1=kb_2$，则原方程可化为

$$\frac{\mathrm{d}y}{\mathrm{d}x}=\frac{k(a_2x+b_2y)+c_1}{a_2x+b_2y+c_2}=f(a_2x+b_2y).$$

令 $u=a_2x+b_2y$，$\frac{\mathrm{d}u}{\mathrm{d}x}=a_2+b_2\frac{\mathrm{d}y}{\mathrm{d}x}$，

$\frac{\mathrm{d}u}{\mathrm{d}x}=a_2+b_2f(u)$（变量分离方程，即可求解）.

2）若$\begin{vmatrix} a_1 & b_1 \\ a_2 & b_2 \end{vmatrix}\neq 0$，则

$$\begin{cases} a_1x+b_1y+c_1=0, \\ a_2x+b_2y+c_2=0 \end{cases} \tag{6}$$

有唯一的解(α,β).

令$\begin{cases} X=x-\alpha, \\ Y=y-\beta \end{cases}$或$\begin{cases} x=X+\alpha, \\ y=Y+\beta, \end{cases}$

则方程（5）化为

$$\frac{\mathrm{d}Y}{\mathrm{d}X}=\frac{a_1(X+\alpha)+b_1(Y+\beta)+c_1}{a_2(X+\alpha)+b_2(Y+\beta)+c_2}=\frac{a_1X+b_1Y+(a_1\alpha+b_1\beta+c_1)}{a_2X+b_2Y+(a_2\alpha+b_2\beta+c_2)},$$

$$\frac{\mathrm{d}Y}{\mathrm{d}X}=\frac{a_1X+b_1Y}{a_2X+b_2Y}=g\left(\frac{Y}{X}\right),$$

为齐次方程，即可求解.

3）特别地，当$\begin{vmatrix} a_1 & b_1 \\ a_2 & b_2 \end{vmatrix}\neq 0$时，方程（5）的求解方法：

①解代数方程组

$$\begin{cases} a_1x+b_1y+c_1=0, \\ a_2x+b_2y+c_2=0. \end{cases} \tag{7}$$

其解为$\begin{cases} x=\alpha, \\ y=\beta \end{cases}$.

②作变换 $x=X+\alpha$，$y=Y+\beta$，将方程（5）化为齐次方程.

③再作变换 $U=\frac{Y}{X}$，将其化为变量分离方程.

④求解上述变量分离方程，最后代回原变量即可得原方程的解.

类似的方法，可求解更广泛的方程

$$\frac{\mathrm{d}y}{\mathrm{d}x}=f\left(\frac{a_1x+b_1y+c_1}{a_2x+b_2y+c_2}\right).$$

例 6 求解方程

$$\frac{dy}{dx}=\frac{x-y+1}{x+y-3}. \tag{8}$$

解 解方程组$\begin{cases}x-y+1=0,\\x+y-3=0\end{cases}$得$\begin{cases}x=1,\\y=2\end{cases}$.

$$令\begin{cases}x=X+1,\\y=Y+2,\end{cases}\frac{dY}{dX}=\frac{X-Y}{X+Y}. \tag{9}$$

再令 $u=\frac{Y}{X}$,即 $Y=uX$. $\frac{dY}{dX}=X\frac{du}{dX}+u$.

$$X\frac{du}{dX}=\frac{1-u}{1+u}-u=\frac{1-u-u(1+u)}{1+u}.$$

即方程(9)可化为$\frac{dX}{X}=\frac{1+u}{1-2u-u^2}du$.

两边积分,得 $\ln X^2=-\ln|u^2+2u-1|+\tilde{c}$.

因此,$X^2(u^2+2u-1)=\pm e^{\tilde{c}}$.

记$\pm e^{\tilde{c}}=c_1$并代回原变量,得$X^2(u^2+2u-1)=c_1$.

并代回原变量,得

$$Y^2+2XY-X^2=c_1,$$

$$(y-2)^2+2(x-1)(y-2)-(x-1)^2=c_1.$$

此外,容易验证:

$$u^2+2u-1=0,$$

即$Y^2+2XY-X^2=0$,也是方程(9)的解.

因此,原方程(8)的通解为$y^2+2xy-x^2-6y-2x=c$,其中 c 为任意常数.

· 本节小结

变量分离方程与变量变换
- 变量分离方程
  - · 特点
  - · 解法
  - · 举例
- 可化为变量分离的类型
  - 齐次方程
  - 可化为齐次方程的类型

注意:通解的形式及其中任意常数的意义.

· 课堂练习:

(1)$\frac{dy}{dx}=p(x)y$.

(2)$\frac{dy}{dx}=e^{x-y}$.

(3)$\frac{dy}{dx}=\frac{1}{(x+y)^2}$,$u=x+y$.

(4)$\frac{dy}{dx}=\frac{2x^2+3xy^2+x}{3x^2y+2y^2-y}$.

·思考以下方程的求解方法：

(1) $\frac{dy}{dx}=f(ax+by+c)$，$u=ax+by+c$.

(2) $x^2\frac{dy}{dx}=f(xy)$，$u=xy$.

(3) $yf(xy)dx=xg(xy)dy=0$，$u=xy$.

(4) $\frac{dy}{dx}=xf\left(\frac{y}{x^2}\right)$，$\frac{y}{x^2}=u$.

3. 思政元素的融合渗透

今天，我们学习了变量分离方程与变量变换，发现分离变量，两边积分，“分而治之，化难为简”；求通解，“先分再合”. 整个过程就是一个“求通解—对两个变量分别积分—得到通解”这样一个“螺旋上升”的过程. 这是中国传统文化结晶和马克思主义基本原理的结合. 我们要坚定“四个自信”，坚持正确的政治方向和价值追求，树立正确的世界观、人生观和价值观.

此外，我们要注意解决问题的思路，对于困难的问题，可以分解处理，化难为简，再重新结合、还原，从而解决原来的问题.

4. 课堂小结

回顾学习内容：

(1)变量分离微分方程.

(2)变量变换法解齐次方程及更一般类型的微分方程.

❖思考与展望❖

今天我们学习了一阶微分方程右端函数可以变量分离时的解法，这是比较简单的情况. 如果右段函数不能变量分离，我们该怎么解决呢？比如，写成微分形式以后，恰好是全微分，这该怎么求解呢？又该怎么判断哪些方程可以写成全微分呢？如果不是这样的方程，我们能否把它们转化成这样的方程呢？又该如何转化呢？

分离变量法求解一阶常微分方程

——脚踏实地，仰望星空

贾敏欣

一、课程内容

(1)本课程的内容是变量可分离的一阶常微分方程的求解方法.

(2)教学难点是求解变量可分离类型的方程.

二、思政内容

脚踏实地意味着我们要立足于现实，认真对待每一个当下，一步一个脚印地前进.这要求我们要有实际的目标和行动计划，明确自己的方向和路径，并且付诸实践.同时，我们还要具备踏实、勤奋的精神，不浮躁、不虚荣，注重细节和过程，这样才能在实现目标的道路上走得更远更稳.仰望星空则代表着我们要有高远的理想和愿景.这并不仅仅是指我们对于未来的预测和期待，更是指我们对于人类社会和自然界的理解和探索.我们要不断拓展自己的视野，思考人类社会的未来发展趋势，关注科技、文化、政治等领域的进步和创新，从中寻找自己的梦想和追求.同时，我们还要具备批判性思维和创新精神，勇于挑战传统观念和权威，不断探索新的领域和可能性.

三、案例设计与教学过程①

1.引言

上次课我们熟悉了什么是常微分方程以及常微分方程的发展史.这节课我们来求解一类变量可分离的常微分方程.

微分方程的核心问题之一就是求解.对于简单的微分方程$\frac{\mathrm{d}y}{\mathrm{d}x}=f(x)$，自然想到用求不定积分的方法就可以得到其通解$y=\int f(x)\mathrm{d}x+c$，其中$c$是积分常数.我们自然地要问，对于其他一些微分方程，是否也可以设法把它们的求解问题转化为求积分的问题，这样的求解方法通常称为初等积分法.这些方法和技巧是在微分方程发展的早期，由牛顿、莱布尼茨和欧拉等发现的.本节要讲的分离变量法就是其中一种方法.

2.分离变量法求解一阶常微分方程

形如

① 王鸿业.常微分方程及Maple应用.北京:科学出版社,2011.

$$\frac{\mathrm{d}y}{\mathrm{d}x}=f(x)g(y) \tag{1}$$

的方程，称为变量可分离方程. 其特点是右端仅含 x 的函数和 y 的函数的乘积.

设 $f(x)$ 和 $g(y)$ 分别是 x 和 y 的连续函数. 我们分两种情况讨论方程(1)的求解方法.

(1)如果 $g(y)\neq 0$，先分离变量，即将方程(1)改写为下面的形式：

$$\frac{\mathrm{d}y}{g(y)}=f(x)\,\mathrm{d}x. \tag{2}$$

然后两边分别对 y 和 x 积分，可得

$$\int\frac{\mathrm{d}y}{g(y)}=\int f(x)\,\mathrm{d}x+c. \tag{3}$$

反过来，把式(3)理解为 x,y,c 的隐函数方程，对式(3)两边微分可得式(2). 因此由式(3)确定的函数关系式 $y=y(x,c)$ 是(2)的隐式通解.

(2)如果有实数 $y=y_0$ 使得 $g(y_0)=0$，则把函数 $y=y_0$ 代入方程(1)可知其也是方程(1)的解，称为方程(1)的一个特解. 应当注意，一般来说，这个解会在分离变量的时候丢失，且有时候不包含在通积分方程(3)中，因此必须写出来.

把变量 x 和 y 分离开来，从而通过各自积分求得其通积分是本方法的关键. 我们称这种方法为分离变量法.

3. 练习

接下来我们练习使用分离变量法求解一阶微分方程.

(1)求解 $\frac{\mathrm{d}x}{\mathrm{d}y}=\frac{y}{x}$.

解 首先，这是可分离变量的一阶微分方程，将其改写为

$$x\mathrm{d}x=y\mathrm{d}y.$$

左右两边分别对 x 和 y 积分，得

$$x^2=y^2+c,$$

其中 c 为积分常数. 这样我们就得到了方程的通解，由隐式表达式给出.

(2)求解初值问题 $\frac{\mathrm{d}y}{\mathrm{d}x}=\frac{3x^2+4x+2}{2(y-1)}$，$y(0)=-1$.

解 可以看出，这是一个变量可分离的方程，因此将其改写为

$$2(y-1)\,\mathrm{d}y=(3x^2+4x+2)\,\mathrm{d}x.$$

左右两边分别对 y 和 x 积分，得通积分

$$y^2-2y=x^3+2x^2+2x+c,$$

其中 c 是任意常数.

需要注意的是，与练习(1)不同，该问题还有一个初始条件. 为了得到满足初始条件的解，我们将 $x=0$，$y=-1$ 代入上式可得 $c=3$. 因此，该初值问题的解由如下隐函数给出：

$$y^2-2y=x^3+2x^2+2x+3.$$

进一步，为了得到显式解，从上式解出

$$y=1\pm\sqrt{x^3+2x^2+2x+4},$$

它给出了方程的两个解，然而，只有其中一个满足所给的初始条件. 最终，我们得到初值问题的解

$$y=1-\sqrt{x^3+2x^2+2x+4}.$$

(3) 求解初值问题$\dfrac{\mathrm{d}y}{\mathrm{d}x}=2\ |y|^{\frac{1}{2}}$，$y(0)=0$.

解 首先，当 $y=0$ 时，原方程恒成立. 因此 $y=0$ 是所给初值问题的解. 其次，当 $y>0$ 时，原方程变为$\dfrac{\mathrm{d}y}{\mathrm{d}x}=2y^{\frac{1}{2}}$. 分离变量得

$$\frac{1}{2\sqrt{y}}\mathrm{d}y=\mathrm{d}x.$$

两边积分得

$$\sqrt{y}=x-c_1,$$

其中 $x>c_1$，c_1是积分常数. 上式等价于 $y=(x-c_1)^2$. 注意到 $y=0$ 是解，因此有$c_1\geqslant 0$.

同理，当 $y<0$ 时，可得 $y=-(x-c_2)^2(x<c_2\leqslant 0)$，其中$c_2$是积分常数. 综上所述，我们有

$$y=\begin{cases}(x-c_1)^2, x>c_1\geqslant 0,\\ 0, x=0,\\ -(x-c_2)^2, x<c_2\leqslant 0.\end{cases}$$

4. 思政元素的融合渗透

今天，我们学习了什么是可变量分离的常微分方程并且利用分离变量法求解一阶常微分方程. 在练习的过程中，我们会发现，虽然分离变量法比较简单直接，但是实际计算的时候，很容易忽略掉一些关键的地方. 比如练习(2)中的初始条件，练习(3)中的 $y=0$ 这一特解. 因此我们要踏踏实实地计算，一步一步地来，正所谓脚踏实地才踏实. 计算过程中不浮躁、不虚荣，注重细节和过程. 正如习近平总书记在 2023 年春节团拜会上的发言："脚踏实地，埋头苦干，意气风发踏上新征程".

另外，牛顿、莱布尼茨和欧拉等将微分方程的求解转化为求积分的思想也给我们提供了一种新的思路. 这种把困难的东西转化为我们熟悉的、比较简单的东西的思想值得我们学习. 这要求我们不能只盯着眼前的东西，故步自封，需要我们脑洞大开，此谓仰望星空. 正如习近平总书记在 2015 年 4 月 28 日庆祝五一国际劳动节暨表彰全国劳动模范和先进工作者大会上的讲话："梦想属于每一个人，广大劳动群众要敢想敢干，敢于追梦."学习中，我们也要秉承这一思想，敢想敢干，敢于试错，只有这样才能激发出新的发现和创新.

傅里叶变换及其性质

——山重水复疑无路,柳暗花明又一村

朱俊逸

一、课程内容

(1)介绍傅里叶(Fourier)积分定理和 Fouier 变换及其逆变换的定义.

(2)引入 δ-函数并研究其性质

(3)考虑一般函数的 Fourier 变换.

二、思政内容

"山重水复疑无路,柳暗花明又一村."——《游山西村》(宋·陆游). Fourier 积分定理要求函数在无穷区间是绝对可积的,但是即使是一些基本初等函数,例如常数函数等,都不满足绝对可积的条件. 这说明 Fourier 函数定理在应用上存在很大的弊端,这就是所谓"山重水复疑无路". 通过引入 δ 函数和广义函数理论,可以对 Fourier 函数理论进行推广应用,从而实现"柳暗花明又一村".

进一步,我们可以得到启示:在逆境中往往蕴涵着无限的希望,前途是光明的,道路是曲折的,要实现远大目标,就需要踔厉奋发、勇毅前行.

三、案例设计与教学过程

1. Fourier 积分定理

Fourier 变换是一种线性积分变换,用于信号在时域(或空域)和频域之间的变换,在物理学和工程学中有许多应用.

Fourier 积分定理:若 $f(t)$ 在 $(-\infty,+\infty)$ 上满足下列条件:

(1) $f(t)$ 在任一有限区间上满足 Dirichlet 条件;

(2) $f(t)$ 在无穷区间 $(-\infty,+\infty)$ 上绝对可积(积分 $\int_{-\infty}^{\infty}|f(t)|\mathrm{d}t$ 收敛),则

$$f(t)=\frac{1}{2\pi}\int_{-\infty}^{+\infty}\left[\int_{-\infty}^{+\infty}f(\tau)\mathrm{e}^{-\mathrm{j}\omega\tau}\mathrm{d}\tau\right]\mathrm{e}^{\mathrm{j}\omega t}\mathrm{d}\omega\ , \tag{1}$$

左端的 $f(t)$ 在它的间断点 t 处应以 $\frac{1}{2}[f(t+0)+f(t-0)]$ 来代替.

若 $f(t)$ 满足 Fourier 积分定理的条件,则在其连续点处有

$$f(t)=\frac{1}{2\pi}\int_{-\infty}^{+\infty}\left[\int_{-\infty}^{+\infty}f(\tau)\mathrm{e}^{-\mathrm{j}\omega\tau}\mathrm{d}\tau\right]\mathrm{e}^{\mathrm{j}\omega t}\mathrm{d}\omega\ .$$

设

$$F(\omega)=\int_{-\infty}^{+\infty}f(t)\mathrm{e}^{-\mathrm{i}\omega t}\mathrm{d}t\ , \tag{2}$$

则

$$f(t)=\frac{1}{2\pi}\int_{-\infty}^{+\infty}F(\omega)\mathrm{e}^{\mathrm{j}\omega t}\mathrm{d}\omega\ . \tag{3}$$

由此可知，$f(t)$ 和 $F(\omega)$ 通过指定的积分运算可以相互表达. 式(2)称为 $f(t)$ 的 Fourier 变换式，右端的积分运算称为 $f(t)$ 的 Fourier 变换，记为

$$F(\omega)=F(f(t)),$$

$F(\omega)$ 称为 $f(t)$ 的象函数. 式(3)称为 $F(\omega)$ 的 Fourier 逆变换式，右端的积分运算称为 $F(\omega)$ 的 Fourier 逆变换，记为

$$f(t)=F^{-1}(F(\omega)),$$

$f(t)$ 称为 $F(\omega)$ 的(象)原函数. 我们也说 $f(t)$ 和 $F(\omega)$ 构成一个 Fourier 变换对.

例 1　求指数衰减函数 $f(t)=\begin{cases}0, & t<0,\\ \mathrm{e}^{-\beta t}, & t\geqslant 0\end{cases}$ 的 Fourier 变换及其积分表达式，其中 $\beta>0$.

解　根据式(2)，可得指数衰减函数的 Fourier 变换

$$F(\omega)=\int_{-\infty}^{\infty}f(t)\mathrm{e}^{-\mathrm{i}\omega t}\mathrm{d}t=\int_{0}^{\infty}\mathrm{e}^{-\beta t}\mathrm{e}^{-\mathrm{j}\omega t}\mathrm{d}t$$

$$=\frac{-1}{\beta+\mathrm{j}\omega}\mathrm{e}^{-(\beta+\mathrm{j}\omega)t}\Big|_{0}^{\infty}=\frac{\beta-\mathrm{j}\omega}{\beta^{2}+\omega^{2}}.$$

下面我们来求指数衰减函数的积分表达式. 根据式(3)，可得

$$f(t)=\frac{1}{2\pi}\int_{-\infty}^{\infty}F(\omega)\mathrm{e}^{\mathrm{j}\omega t}\mathrm{d}\omega=\frac{1}{2\pi}\int_{-\infty}^{\infty}\frac{\beta-\mathrm{j}\omega}{\beta^{2}+\omega^{2}}(\cos\omega t+\mathrm{j}\sin\omega t)\mathrm{d}\omega$$

$$=\frac{1}{2\pi}\left[\int_{-\infty}^{\infty}\frac{\beta\cos\omega t+\omega\sin\omega t}{\beta^{2}+\omega^{2}}\mathrm{d}\omega+\mathrm{j}\int_{-\infty}^{\infty}\frac{\beta\sin\omega t-\omega\cos\omega t}{\beta^{2}+\omega^{2}}\mathrm{d}\omega\right]$$

（第二个积分关于 ω 是奇函数，第一个积分是偶函数）

$$=\frac{1}{\pi}\int_{0}^{+\infty}\frac{\beta\cos\omega t+\omega\sin\omega t}{\beta^{2}+\omega^{2}}\mathrm{d}\omega\ .$$

由此，便得到一个含参量的广义积分

$$\int_{0}^{+\infty}\frac{\beta\cos\omega t+\omega\sin\omega t}{\beta^{2}+\omega^{2}}\mathrm{d}\omega=\begin{cases}0, & t<0,\\ \dfrac{\pi}{2}, & t=0,\\ \pi\mathrm{e}^{-\beta t}, & t>0.\end{cases}$$

Fourier 变换在物理学、数论、组合数学、信号处理、概率、统计、密码学、声学、光学等领域都有着广泛的应用. 若函数满足 Fourier 积分定理，则称其 Fourier 变换为古典意义下的 Fourier 变换. 但是，其中的绝对可积条件是比较强的，一些基本初等函数，例如幂函数、三角函数等都不满足. 因此，Fourier 变换作用一种重要的工具，在理论上是不完备的.

学习 Fourier 变换到此，给人一种“山重水复疑无路”的感觉.

2. δ-函数及其性质

当 $f(t)$ 不满足 Fourier 积分定理的条件，引入一个新的函数——Dirac 函数，简记为δ-

函数,即

$$\delta(t)=\begin{cases}0, & t\neq 0,\\ \infty, & t=0.\end{cases} \tag{4}$$

注 ①δ-函数是一个广义函数,它没有普通意义下的“函数值”,因此,它不能用通常的“值的对应关系”来定义.

②由 δ-函数的定义可知

$$\int_{-\infty}^{+\infty}\delta(t)\,\mathrm{d}t=1\ . \tag{5}$$

(3)工程上常将 δ-函数称为单位脉冲函数.

(1)δ-函数的性质.

1)筛选性质.若$f(t)$为无穷次可微的函数,则有

$$\int_{-\infty}^{+\infty}\delta(t)f(t)\,\mathrm{d}t=f(0)\ . \tag{6}$$

一般地,

$$\int_{-\infty}^{+\infty}\delta(t-t_0)f(t)\,\mathrm{d}t=f(t_0)\ . \tag{7}$$

2)δ-函数是偶函数,即$\delta(-t)=\delta(t)$.

3)对于单位阶跃函数$u(t)=\begin{cases}0,t<0,\\1,t>0\end{cases}$(也称为 Heaviside 函数),我们有

$$\int_{-\infty}^{t}\delta(\tau)\,\mathrm{d}\tau=u(t)\ \text{或}\ \frac{\mathrm{d}u(t)}{\mathrm{d}t}=\delta(t).$$

4)若$f(t)$为无穷次可微函数,则有

$$\int_{-\infty}^{+\infty}\delta'(t)f(t)\,\mathrm{d}t=-f'(0)\ .$$

一般地,

$$\int_{-\infty}^{+\infty}\delta^{(n)}(t)f(t)\,\mathrm{d}t=(-1)^n f^{(n)}(0)\ .$$

(2)δ-函数的 Fourier 变换.

若$f(t)$不满足 Fourier 积分定理的条件,利用 δ-函数的筛选性质,可以考虑其 Fourier 变换.例如,

$$F(\delta(t))=\int_{-\infty}^{\infty}\delta(t)\mathrm{e}^{-\mathrm{j}\omega t}\mathrm{d}t=\mathrm{e}^{-\mathrm{j}\omega t}\big|_{t=0}=1.$$

这样定义的变换称为广义的 Fourier 变换.在此变换下,单位脉冲函数$\delta(t)$就和常数 1 构成一个 Fourier 变换对.

同理,$\delta(t-t_0)$和$\mathrm{e}^{-\mathrm{j}\omega t_0}$也构成一个 Fourier 变换对,即$F(\delta(t-t_0))=\mathrm{e}^{-\mathrm{j}\omega t_0}$.

类似地,从 Fourier 逆变换的角度来看,也有

$$\int_{-\infty}^{\infty}\mathrm{e}^{-\mathrm{j}\omega t}\mathrm{d}t=2\pi\delta(\omega),\int_{-\infty}^{\infty}\mathrm{e}^{-\mathrm{j}(\omega-\omega_0)t}\mathrm{d}t=2\pi\delta(\omega-\omega_0)\ . \tag{8}$$

利用式(8),可以求部分三角函数的 Fourier 变换.

例 2 求$f(t)=\sin\omega_0 t$的 Fourier 变换.

解 利用正弦函数的定义可得

$$F(\omega) = \int_{-\infty}^{\infty} \sin\omega_0 t e^{-j\omega t} dt = \int_{-\infty}^{\infty} \frac{e^{j\omega_0 t} - e^{-j\omega_0 t}}{2j} e^{-j\omega t} dt$$

$$= \frac{1}{2j}\left[\int_{-\infty}^{\infty} e^{-j(\omega-\omega_0)t} dt + \int_{-\infty}^{\infty} e^{-j(\omega+\omega_0)t} dt\right].$$

通过引入 $\delta(t)$ 函数和广义函数理论，我们可以把上面遇到的问题成功解决，完善 Fourier 变换的强大功能，实现了"柳暗花明又一村"的大好局面.

3. 思政元素的融合渗透

通过这一段的学习，我们从中可以得到一些启示："在逆境中往往蕴涵着无限的希望."

进一步，对于我们每一个人，在前进的道路上总会遇到一些困难，但无论多么难行，只要坚定信念，勇于开拓，人生就能"绝处逢生"，出现一个充满光明与希望的新境界. 上升到国家、民族层面，我们广大青年肩负起振兴中华的伟大使命，周总理为我们广大学子指出了一条明路，那就是"为中华之崛起而读书". 我们国家在高速发展的当下，也遇到一些困难和挑战，我们要认真学习领会二十大精神"踔厉奋发、勇毅前行"，以中国式现代化全面推进中华民族伟大复兴.

课堂小结：

(1) Fourier 积分定理和 Fourier 变换及其逆变换的定义.

(2) $\delta(t)$-函数及其性质.

(3) $\delta(t)$-函数的 Fourier 变换及其应用.

学习 Fourier 变换，要了解其优缺点以及改进措施.

留数的应用

——坚定信念,勇于开拓

朱训林

一、课程内容

本课程的内容是利用留数定理求解三种类型的定积分.其中的难点是如何运用留数计算复杂的实积分.

二、思政内容

(1)坚持知识、技能、价值引导相统一的灵活原则,提倡科学精神、创新精神、辩证唯物主义等.

(2)融入思政元素:通过陆游《游山西村》诗中的名句“山重水复疑无路,柳暗花明又一村”,让学生体会到身处逆境时要坚持和执着,以乐观的心态面对人生,在逆境的后面往往蕴含希望和机会.

三、案例设计与教学过程

1.引言

首先,提出三个定积分的计算问题:

$$\int_0^{2p} \frac{1}{1+\sin\theta} \mathrm{d}\theta, \tag{1}$$

$$\int_0^{2p} \frac{1}{2+\sin\theta} \mathrm{d}\theta, \tag{2}$$

$$\int_0^{2p} \frac{1}{a+\sin\theta} \mathrm{d}\theta \quad (a>0). \tag{3}$$

这三个定积分被积函数结构相同,其中前两个积分是第三个积分的特例,不过求解难度却大不一样.其中,第一个积分可以借助于正、余弦平方和公式很容易求出结果;第二个积分借助于万能公式以及较高超的数学技巧勉强可以做出来,但在一定的时间限制下几乎没有同学能够完成;第三个积分在实积分的框架下几乎不可能求解.在提出上述三个定积分的问题之后,可以让学生探索出一个更为一般的积分问题:

$$\int_0^{2p} R(\cos\theta, \sin\theta) \mathrm{d}\theta. \tag{4}$$

其中,$R(\cos\theta,\sin\theta)$是关于$\cos\theta$和$\sin\theta$的实有理函数.

鼓励同学们进一步理解这类积分问题(1)~(4)的本质形式,积极探索这类问题的通用解法.同时,也提醒大家:问题(4)就是本节课要攻克的重点和难点,如果能够解决问题(4),那么就能达成本节课的学习目标.

这种由易到难、由浅入深、由个别到一般,层层递进地设置问题的方式,不仅容易引起学生的兴趣,更能激发出学生的斗志. 同时,在求解过程中让学生能够真切体会到使用传统方法求解这些定积分是几乎行不通的. 此时,便可以很自然地启发同学们思考:既然在实积分的框架下采用传统的求解方法无法解决这类积分问题,那么是不是可以跳出实积分的框架,尝试把这些问题放到复积分的框架下解决呢? 这样以"任务驱动"的教学设计使学生的学习,不单是知识由外到内的转移和传递,更鼓励学生主动建构自己的知识经验,通过新经验和原有知识经验的相互作用,充实和丰富自身的知识和能力.

宋代陆游的《游山西村》中有句"山重水复疑无路,柳暗花明又一村",现代白话文直译就是"山峦重叠水流曲折正担心无路可走,柳绿花艳忽然眼前又出现一个山村."这句诗蕴含的人生哲理是:不论前路多么难行难辨,只要坚定信念,勇于开拓,人生就能"绝处逢生".

2. 应用多种方法解决问题

提出问题(4)之后,采用启发探究式教学方法引导同学们去思考问题(4)的解决方案,鼓励同学们分组讨论. 最后,根据同学们的讨论情况梳理要点,归纳总结. 具体教学设计分为以下 3 个部分.

(1)通过启发式教学引导学生.

首先,引导学生复习定义在单位圆周上的复积分的计算过程.

对于 $\oint_{|z|=1} f(z)\,\mathrm{d}z$,令 $z=\mathrm{e}^{\mathrm{i}\theta}$,可得 $\mathrm{d}z=\mathrm{i}\mathrm{e}^{\mathrm{i}\theta}\mathrm{d}\theta$,于是

$$\oint_{|z|=1} f(z)\,\mathrm{d}z=\int_0^{2\pi}\mathrm{i}\mathrm{e}^{\mathrm{i}\theta}f(\mathrm{e}^{\mathrm{i}\theta})\,\mathrm{d}\theta. \tag{5}$$

进一步地,由欧拉公式 $\mathrm{e}^{\mathrm{i}\theta}=\cos\theta+\mathrm{i}\sin\theta$,得

$$\begin{aligned}\int_0^{2\pi}\mathrm{i}\mathrm{e}^{\mathrm{i}\theta}f(\mathrm{e}^{\mathrm{i}\theta})\,\mathrm{d}\theta&=\int_0^{2\pi}\mathrm{i}(\cos\theta+\mathrm{i}\sin\theta)f(\cos\theta+\mathrm{i}\sin\theta)\,\mathrm{d}\theta\\&=\int_0^{2\pi}R_1(\cos\theta,\sin\theta)\,\mathrm{d}\theta+\mathrm{i}\int_0^{2\pi}R_2(\cos\theta,\sin\theta)\,\mathrm{d}\theta,\end{aligned} \tag{6}$$

其中,$R_1(\cos\theta,\sin\theta)$ 和 $R_2(\cos\theta,\sin\theta)$ 是关于 $\cos\theta$ 和 $\sin\theta$ 的两个实有理函数.

式(5)就是利用欧拉公式结合换元法将其转化为实部和虚部分别关于 $\cos\theta$ 和 $\sin\theta$ 的实函数在区间 $[0,2\pi]$ 上的定积分. 在复习以往知识点的过程中特别强调式(5)到式(6)转换的本质是把复积分转换为实积分,因此,启发同学们逆向思考,问题(4)的实积分是否可以转换为复积分呢? 如果可行,具体如何实现?

在介绍欧拉公式时,将欧拉的故事融入其中. 欧拉 28 岁时,双目先后失明,但欧拉以顽强的毅力,不放弃对数学的研究,并坚持了 17 年. 在这段时间中,欧拉通过口述的方式,出版了几本专业书,发表了 400 余篇论文,推动了微积分的进步. 许多数学公式、定理都是以欧拉命名的. 我国伟大的数学家华罗庚,也是身残志坚. 他曾因家境贫穷交不起学费而辍学,在家帮助父母卖杂货. 但在辍学的日子里,他一直利用空闲时间学习数学专业知识,甚至到了废寝忘食的地步. 很多人不理解华罗庚的行为,但他通过坚持不懈的努力在多复变函数论、典型群方面作出了杰出的贡献.

(2)通过讨论的方式引导学生积极主动解决问题.

通过上述启发和引导，学生对解决 $\int_0^{2\pi} R(\cos\theta,\sin\theta)\mathrm{d}\theta$ 的计算问题应该有了初步思路，接下来，就可以采取分组讨论的方式鼓励同学们进一步思考解决问题(4)的具体过程. 为了思路更有条理，列出如下 6 个要点：

1) $\cos\theta$ 和 $\sin\theta$ 如何用复函数表示？

2) 积分变量如何转换？

3) 积分区域如何转换？

4) 转换成复积分后，复积分的计算是否可以实现？

5) 如果以上 4 个要点都可以实现，给出具体实例验证方法.

6) 归纳总结整个解题过程以及运用的数学思维.

(3) 进一步梳理问题的解决过程.

利用欧拉公式

$$\begin{cases} z=\mathrm{e}^{\mathrm{i}\theta}=\cos\theta+\mathrm{i}\sin\theta, \\ z^{-1}=\mathrm{e}^{-\mathrm{i}\theta}=\cos\theta-\mathrm{i}\sin\theta \end{cases}$$

可得

$$\begin{cases} \cos\theta=\dfrac{1}{2}(z+z^{-1}), \\ \sin\theta=\dfrac{1}{2\mathrm{i}}(z-z^{-1}). \end{cases} \tag{7}$$

再由 $\mathrm{d}z=\mathrm{i}\mathrm{e}^{\mathrm{i}\theta}\mathrm{d}\theta$，得

$$\mathrm{d}\theta=\frac{1}{\mathrm{i}z}\mathrm{d}z. \tag{8}$$

可把实积分转换为复积分，即

$$\int_0^{2\pi} R(\cos\theta,\sin\theta)\mathrm{d}\theta=\oint_{|z|=1} R\left(\frac{1}{2}\left(z+\frac{1}{z}\right),\frac{1}{2\mathrm{i}}\left(z-\frac{1}{z}\right)\right)\frac{1}{\mathrm{i}z}\mathrm{d}z. \tag{9}$$

式(9)的主要作用就是把实积分转换成复积分. 接下来，利用留数定理计算复积分就可以了. 最后，给出具体例子进一步巩固和检验学生对这些知识的理解和掌握情况.

例 1 计算 $I=\int_0^{\pi}\dfrac{1}{1+\varepsilon\cos 2x}\mathrm{d}x$，其中 ε 是常数，且 $0<\varepsilon<1$.

解 令 $\theta=2x$，得 $\mathrm{d}\theta=2\mathrm{d}x$. 于是，有

$$\begin{aligned} I&=\frac{1}{2}\int_0^{2\pi}\frac{1}{1+\varepsilon\cos\theta}\mathrm{d}\theta \\ &=\frac{1}{2}\oint_{|z|=1}\frac{\mathrm{d}z/\mathrm{i}z}{1+\varepsilon\dfrac{z+z^{-1}}{2}} \\ &=\frac{1}{\mathrm{i}}\oint_{|z|=1}\frac{\mathrm{d}z}{\varepsilon z^2+2z+\varepsilon} \\ &=2\pi\,\mathrm{Res}\left(\frac{1}{\varepsilon z^2+2z+\varepsilon},-1+\sqrt{1-\varepsilon^2}\right), \end{aligned}$$

得知

$$I=\frac{1}{\mathrm{i}}\frac{\mathrm{i}\pi}{\sqrt{1-\varepsilon^2}}=\frac{\pi}{\sqrt{1-\varepsilon^2}}.$$

例 2 计算 $I=\int_0^{\alpha}\frac{1}{\left(5-3\sin\frac{2\pi\varphi}{\alpha}\right)^2}\mathrm{d}\varphi$，其中 α 是一个非零常数.

解 令 $\theta=\frac{2\pi\varphi}{\alpha}\Rightarrow I=\int_0^{2\pi}\frac{\alpha}{2\pi}\cdot\frac{1}{(5-3\sin\theta)^2}\mathrm{d}\theta$.

再令 $z=\mathrm{e}^{\mathrm{i}\theta}\Rightarrow I=\oint_{|z|=1}\left(-\frac{2\alpha}{\mathrm{i}\pi}\right)\cdot\frac{z}{(3z-\mathrm{i})^2(z-3\mathrm{i})^2}\mathrm{d}z$，而被积函数在单位圆盘 $|z|<1$ 内只有一个二级极点 $z=\frac{\mathrm{i}}{3}$，因此，得

$$I=2\pi\mathrm{i}\mathrm{Res}\left[f(z),\frac{\mathrm{i}}{3}\right]=2\pi\mathrm{i}\left(-\frac{2\alpha}{\mathrm{i}\pi}\right)\left(-\frac{5}{256}\right)=\frac{5}{64}\alpha.$$

3. 融入课程思政元素

(1) 体会科学研究方法.

纵观问题(4)的求解过程，其本质就是把在实积分理论框架下无法解决的计算问题放到复积分的理论框架下，然后采用复积分的计算技巧就可以轻松解决. 从这个解决问题的过程中可以启发学生去感受、体会：在科学研究中，往往会遇到一些困难，在现有的理论框架下无法解决，或者即使勉强能解决，也可能由于要求的数学专业知识较多，解决形式较为烦琐而无法被广泛推广，同时这也和数学要求的简洁美相违背. 那么，不妨暂时避其锋芒，努力进一步扩大认知范围，拓宽自己的知识面，建立更大更广泛更具有包容性的理论框架，在新的理论框架下，这些问题可能就会迎刃而解.

(2) 融入人生感悟.

问题(4)的解决过程蕴含了丰富人生哲理和为人处世之道. 科学研究中会遇到困难，人生亦是如此. 当我们遇到一些暂时无法解决的困难，可能在当时的境况中，这些困难似乎是我们人生中无法承受之重，这个时候不妨选择性遗忘，去开辟一些新的方向，其实熬过最困难的阶段，你会发现曾经那些难以承受之重也不过是人生长河中的一些浪花而已. 毕竟“山重水复疑无路，柳暗花明又一村”比“潮平两岸阔，风正一帆悬”更能给人巨大的成就感.

4. 课堂小结

本节课的教学主要体现了两种数学思维：转化思维和逆向思维. 转化思维是指在解决问题的过程中遇到障碍时，通过改变问题的方向，从不同的角度，把问题由一种形式转换成另一种形式，寻求最佳方法，使问题变得更简单、更清晰. 在本节教学中把实函数转化为复函数，把实积分转换为复积分，即式(7) ~ 式(9)均是转化思想的具体体现和应用. 逆向思维也叫求异思维，它是对司空见惯的似乎已成定论的事物或观点反过来思考的一种思维方式，敢于“反其道而行之”，让思维向对立面的方向发展，从问题的相反面深入地进行探索. 本节教学中式(7)的推导正是逆向思维的具体应用.

康托尔三分集

——量变引起质变

张 旭

一、课程内容

(1)康托尔(Cantor)三分集合.其中的难点是康托尔三分集构造过程.

(2)通过康托尔三分集引出其他分形图.

二、思政内容

(1)量变引起质变:Cantor 三分集的构造过程是量变,最终得到性质独特的 Cantor 三分集是质变.

(2)思政目标:让学生明白,在学习中,要逐渐积累,厚积才能薄发,积极学习知识,积累知识,量变引起质变,实现能力和境界的提升.

三、教学设计和教学过程

1.引言

(1)学好数学意义.

2019 年《关于加强数学科学研究工作方案》指出:"数学是自然科学的基础,数学实力往往影响着国家实力."近代以来,几乎所有重大科技发现都与数学的发展进步有关,数学已成为航空航天、国防安全、生物医药、信息、能源、海洋、人工智能、先进制造等领域不可或缺的重要支撑.

(2)Cantor 三分集的作用和意义.

"实变函数"是本科数学与应用数学专业高年级专业课程之一,是现代分析学的重要基础.在数学中,Cantor 三分集,由德国数学家格奥尔格·康托尔在 1883 年引入(但由亨利·约翰·斯蒂芬·史密斯在 1875 年发现),是位于一条线段上的一些点的集合,具有许多显著和深刻的性质.通过考虑这个集合,康托尔和其他数学家奠定了现代点集拓扑学的基础.另外 Cantor 三分集合和线代分形集合何有重要关系.

2.Cantor 三分集构造过程

主要思路:构造的基本思路是不断对区间三等分,去掉中间的开区间.

令$F_0=[0,1]$,对F_0三等分后,去掉中间的开区间得到F_1,

$$F_1=\left[0,\frac{1}{3}\right]\cup\left[\frac{2}{3},1\right].$$

如图 1 所示.

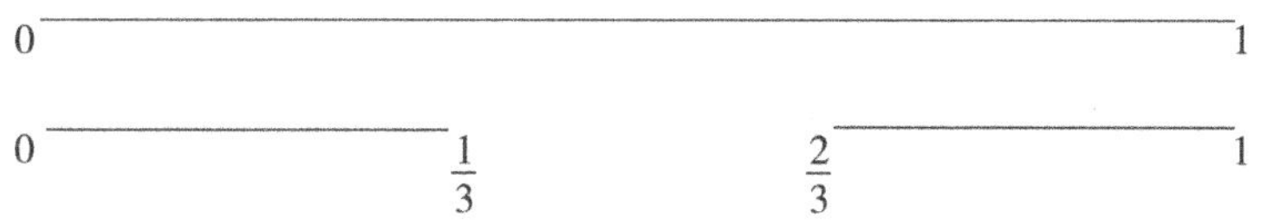

图 1

对F_1两个小区间三等分后,在分别去掉中间的开区间得到F_2

$$F_2=\left[0,\frac{1}{9}\right]\cup\left[\frac{2}{9},\frac{1}{3}\right]\cup\left[\frac{2}{3},\frac{7}{9}\right]\cup\left[\frac{8}{9},1\right].$$

如图 2 所示.

图 2

依次下去,我们可以得到$F_3,\cdots,F_n$.

整体图形上,效果如图 3 所示.

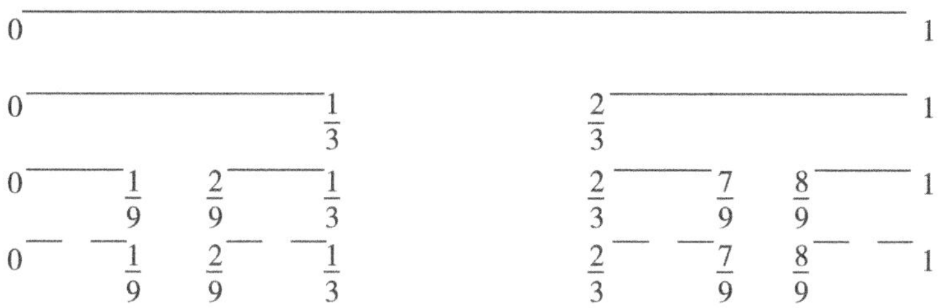

图 3

最终,Cantor 三分集 F 的定义如下:

$$F=\bigcap_{n=1}^{\infty}F_n.$$

从上面的构造过程可以看出,此点集具有自相似性,其局部与整体是相似的,因此是一个分形系统.

Cantor 三分集的构造过程体现了量变到质变以及简单和复杂的统一,其每一步过程非常简单,就是三等分然后去掉中间的一段.最终得到的集合的性质却有着本质的区别.

注意,Cantor 三分集构造过程,每一个F_n都是由线段构成的,但是最终得到的 Cantor 三分集却不含有线段,因为F_n的测度满足如下性质:

$$m(F_n)=\left(\frac{2}{3}\right)^n.$$

当 $n\to\infty$ 时,可以得出

$$m(F)=0.$$

3. 其他分形图——科赫雪花

另一个比较著名的分形图是科赫雪花(图 4),科赫雪花的分形构造和 Cantor 三分集很类似.

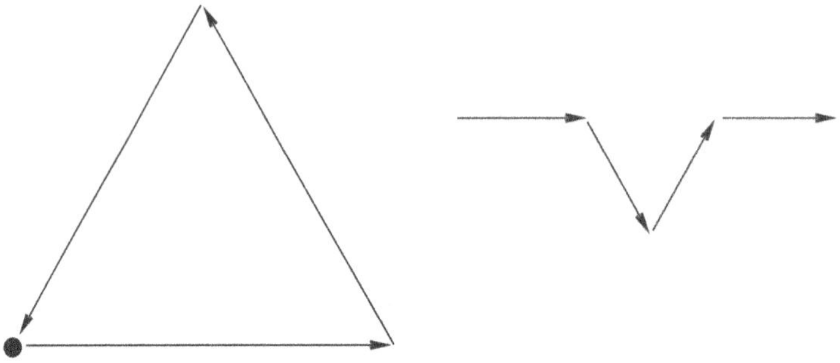

图 4

这个构造过程是,取一个等边三角形,然后对每一边三等分,然后在中间一段补上一个等边三角形,去掉重合部分.多次操作可以逐步得到图 5.

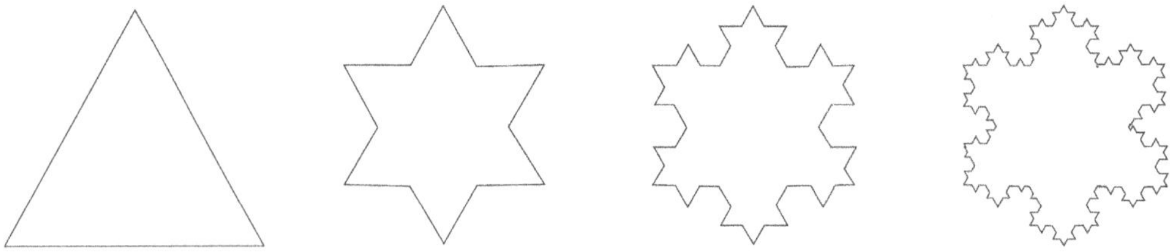

图 5

当有很多科赫雪花后,可以构成图 6 所示的图形.

图 6

4. 其他分形图——一些漂亮的分形图(图 7、图 8)

图 7

图 8

四、思政元素

这次课的主要内容是 Cantor 三分集. Cantor 三分集的构造过程体现了量变到质变的转变,Cantor 三分集每一步构造过程都很简单,但是最终得到的 Cantor 三分集性质却有本质的不同,在下一节课中,我们将主要介绍和证明其性质. 另外,通过科赫雪花直观作图和更多的举例,说明分形几何是一门很有意思的学科.

从 Cantor 三分集的构造中,我们可以学到:任何事情都要从一点一滴的小事做起,勿以善小而不为,要脚踏实地,埋头苦干,积极做好量的积累,为实现事物的质变创造条件;在量变已经达到一定程度,只有改变事物原有的性质才能向前发展时,要果断抓住时机,促成质变,实现事物的飞跃和发展.

习近平总书记在 2022 年度中央经济工作会议上强调"要更好统筹经济质的有效提

升和量的合理增长，坚持以质取胜，以量变的积累实现质变.”这是以习近平同志为核心的党中央为全面建设社会主义现代化国家开好局起好步的靶向施策，蕴含深厚的理论、历史和实践逻辑，为未来中国经济高质量发展提供了基本遵循和行动指南.

同学们，在学习中，要逐渐积累，厚积才能薄发，积极学习知识，积累知识，量变引起质变，实现能力和境界的提升.

勒贝格积分简介

——反其道而行之，弘扬文化自信

李静月

一、课程内容

本课程的内容是黎曼积分的局限性和勒贝格积分的简介. 其中的难点是理解勒贝格积分的定义.

二、思政内容

(1)通过黎曼积分是对定义域进行分割，而勒贝格积分是对值域进行分割这个本质的区别，融入逆向思维的重要性.

(2)融入思政元素：通过融入《孙子兵法 · 九地篇》名言，让学生体会到在解决问题时，要重视逆向思维，它能够让你跳出常规的思维模式，从不同角度看待问题，从而找到解决问题的方法. 这是我国古代人民的哲学思想和智慧结晶，进而培养学生的文化自信.

三、案例设计与教学过程

1. 引言

经过漫长的准备工作，我们学习了可测集和可测函数的概念. 这节课开始，我们将进入实变函数的核心——建立勒贝格积分的理论，它是黎曼积分的推广.

什么是黎曼积分呢？不妨简单回顾一下.

设$f(x)$是定义在$[a,b]$上的有界实值函数，在(a,b)中任意插入若干个分点(这里插入$n-1$个)

$$a=x_0<x_1<\cdots<x_{n-1}<x_n=b$$

来划分区间$[a,b]$. 选取$\xi_i\in(x_{i-1},x_i)$，对每个分法作和式

$$\sigma=\sum_{i=1}^{n}f(\xi_i)\Delta x_i,$$

其中$\Delta x_i=x_i-x_{i-1}$，设λ为$\Delta x_i(i=1,2,\cdots,n)$中的最大值，即

$$\lambda=\max_{i=1,2,\cdots,n}|\Delta x_i|,$$

当$\lambda\to0$时，和式σ的极限存在，即

$$I=\lim_{\lambda\to0}\sum_{i=1}^{n}f(\xi_i)\Delta x_i,$$

且此极限值不依赖于ξ_i的选择，也不依赖于对$[a,b]$的分法，就称此极限为$f(x)$在$[a,b]$上的黎曼积分，记为

$$I = R\int_a^b f(x)\,\mathrm{d}x.$$

进而,令

$$M_i = \sup_{x_{i-1}<x\leqslant x_i} f(x), \qquad m_i = \inf_{x_{i-1}<x\leqslant x_i} f(x),$$

定义 $f(x)$ 在 $[a,b]$ 上达布上和为

$$\overline{S} = \sum_{i=1}^{n} M_i \Delta x_i,$$

与达布下和为

$$\underline{S} = \sum_{i=1}^{n} m_i \Delta x_i.$$

则 $f(x)$ 在 $[a,b]$ 上的黎曼可积的充要条件是:当 $\lambda \to 0$ 时,达布上和和达布下和都趋于同一极限 I.

黎曼积分的局限性有哪些?

黎曼积分是对定义域进行分割、近似代替、求和、取极限.这意味着如果 $f(x)$ 在 $[a,b]$ 上的黎曼可积,则对 $[a,b]$ 上任一充分小的邻域,$f(x)$ 在这个邻域中的振幅不能太大,否则 $f(x)$ 在 $[a,b]$ 上的黎曼可积可能不存在.对这一观察的科学定义是函数要求"几乎处处"是连续的,这已被勒贝格证明.这使得一些在小邻域里振幅太大的函数黎曼不可积分,例如:

引例 1 狄利克雷(Dirichlet)函数

$$f(x) = \begin{cases} 1, x \text{ 为有理数}, \\ 0, x \text{ 为无理数}. \end{cases}$$

设 P 是 $[0,1]$ 上的任一划分,由有理数的稠密性,可知 $f(x)$ 在 $[0,1]$ 上达布上和

$$\overline{S} = 1$$

以及达布下和

$$\underline{S} = 0.$$

因此狄利克雷 $f(x)$ 在 $[0,1]$ 上黎曼不可积.

这说明,问题源于定积分的定义本身.要想解决这一问题,《史记·淮阴侯列传》中有一句名言:"反其道而行之."因此,我们从其他角度来给出积分的定义.为了找到这个方法,不妨先看一个例子.

引例 2 假设一个箱中装满不同面值的硬币,试问箱中有多少钱?

对于这个问题,按照黎曼积分的思想,我们要把所有的硬币一字排开来数,从头数到尾,从而计算出箱中硬币的总价.这是相当庞大的工程量.但如果我们采用逆向思维,将相同面值的硬币放在一起,然后计算每种币值拥有多少个硬币,相乘再相加得到结果.显然这种方法要简单方便很多.这种想法也是勒贝格积分的基本思想.

基于这种逆向思维,黎曼积分也可以通过对值域进行分割来定义,以闭区间 $[a,b]$ 上的非负有界可测函数 $f(x)$ 为例,假设 $m \leqslant f(x) \leqslant M$,对 $[m,M]$ 作任一划分:

$$m = y_0 < y_1 < \cdots < y_n = M,$$

则对闭区间 $[a,b]$ 中的任意 x,$f(x)$ 必定落在某个划分区间 (y_{i-1}, y_i) 中.令

$$E_i=\{x\,|\,y_{i-1}<f(x)\leqslant y\},$$

$\xi_i\in(y_{i-1},y_i]$，作和式

$$S(f)=\sum_{i=1}^{n}\xi_i m(E_i),$$

其中 $m(E_i)$ 为集合 E_i 勒贝格测度. 设 λ 为 $y_i-y_{i-1}(i=1,2,\cdots,n)$ 中的最大值，即

$$\lambda=\max_{i=1,2,\cdots,n}(y_i-y_{i-1}),$$

当 $\lambda\to0$ 时，如果 $f(x)$ 黎曼可积，则和式 $S(f)$ 的极限存在且满足，即

$$R\int_a^b f(x)\,\mathrm{d}x=\lim_{\lambda\to0}\sum_{i=1}^{n}\xi_i m(E_i).$$

这种定义方式给出的积分实际上就是勒贝格积分.

从中可以看出对值域进行分割来定义积分的好处.

引例 3　狄利克雷(Dirichlet)函数

$$f(x)=\begin{cases}1, x\text{ 为有理数},\\0, x\text{ 为无理数}.\end{cases}$$

由于 $f(x)$ 在 $[0,1]$ 上非负简单函数，且 $[0,1]$ 上有理数集的勒贝格测度为 1，无理数集的且勒贝格测度为 0. 因此利用对值域进行分割来定义积分的方法，可以看出

$$\lim_{\lambda\to0}S(f)=1.$$

由此可以看出，上述通过值域进行分割来定义的积分可以处理一些黎曼积分不能处理的“病态函数”.

我们知道，可测函数 $f(x)$ 不一定有界，直至可以取无穷大值，积分区域也可以有无穷大的测度，那么对于 $\mathbf{R}^n$ 中一般的可测函数怎么来给出勒贝格积分的定义呢？

2. 建立勒贝格积分的步骤

对于一般的可测函数 $f(x)$，如果从有界情形开始处理，过程太过烦琐.

首先，注意到一般函数 $f(x)$ 所围曲边梯形的面积有正有负，最终的积分值是它们的代数和. 这样一来，一旦可测函数 $f(x)$ 不是有界函数，最后的积分值就可能会出现 ∞、$-\infty$ 的不定情形. 为避免这种情况，在定义勒贝格积分时，第一步仅处理非负可测函数是一个合理的选择.

其次，注意到非负有界函数，它的勒贝格积分，是以值域进行分割，形成所谓的“简单函数”，而非负可测函数可由非负简单函数来逐点逼近. 因此，在定义非负可测函数的勒贝积分时，首先建立非负简单函数的勒贝积分是也一个合理的选择.

因此，在勒贝格积分建立过程中，我们将首先考虑非负简单函数，其次非负可测函数，最后才是一般的可测函数 $f(x)$.

3. 勒贝格积分的定义

(1) 非负简单函数.

设 $E\subset\mathbf{R}^n$ 为可测集，$\varphi(x)$ 为 E 上的非负简单函数，即

$$\varphi(x)=\sum_{i=1}^{k}c_i\chi_{E_i}(x),\quad E=\bigcup_{i=1}^{k}E_i,$$

其中$E_1,E_2,\cdots,E_k$可测且互不相交,$c_1,c_2,\cdots,c_k$是非负常数,则$\varphi(x)$为E上的勒贝格积分(简称L积分),定义为

$$L\int_E \varphi(x)\,\mathrm{d}x = \sum_{i=1}^{k} c_i m(E_i),$$

其中$m(E_i)$为集合E_i勒贝格测度.

(2)非负可测函数.

设$E\subset\mathbf{R}^n$为可测集,$f(x)$为E上的非负可测函数,则$f(x)$为E上的勒贝格积分定义为

$$L\int_E f(x)\,\mathrm{d}x = \sup\left\{L\int_E \varphi(x)\,\mathrm{d}x\,\Big|_{\varphi(x)}\text{是 }E\text{ 上的非负简单函数,且 }\forall x\in E,\varphi(x)\leqslant f(x)\right\}.$$

显然$L\int_E f(x)\,\mathrm{d}x\in[0,+\infty)$. 若$L\int_E f(x)\,\mathrm{d}x<+\infty$,则称函数$f(x)$为$E$上的勒贝格可积.

(3)一般可测函数.

设$E\subset\mathbf{R}^n$为可测集,$f(x)$为E上的可测函数,令

$$f_+(x)=\max(f(x),0),\ f_-(x)=\max(-f(x),0),$$

则$f_+(x)$和$f_-(x)$都是E上的非负可测函数,且对任意的$x\in E$,

$$f_+(x)-f_-(x)=f(x),\ f_+(x)+f_-(x)=|f(x)|.$$

若$L\int_E f_+(x)\,\mathrm{d}x$和$L\int_E f_-(x)\,\mathrm{d}x$中至少一个有限,则称$f(x)$在$E$上积分确定,并称

$$L\int_E f_+(x)\,\mathrm{d}x - L\int_E f_-(x)\,\mathrm{d}x$$

为函数$f(x)$为E上的勒贝格积分,记作

$$L\int_E f(x)\,\mathrm{d}x.$$

若$\int_E f_+(x)\,\mathrm{d}x$和$\int_E f_-(x)\,\mathrm{d}x$都有限,则称函数$f(x)$为$E$上勒贝格可积的.

4. 勒贝格可积但黎曼不可积的例子

例1 设$f(x)$为区间$[0,1]$上黎曼函数,即

$$f(x)=\begin{cases}\dfrac{1}{q},x=\dfrac{p}{q}(p,q\text{ 互斥}),\\ 0,x\in\{0,1\}\cap Q^c,\end{cases}\ x\in[0,1],$$

其中Q表示有理数. 证明$f(x)$在区间$[0,1]$勒贝格可积.

证明 令

$$F=\{x\mid x\in[0,1],f(x)\neq 0\},$$

由函数$f(x)$的定义可得

$$F=(Q\cap[0,1])/\{0,1\}.$$

故F的勒贝格测度为0. 故$f(x)$在区间$[0,1]$勒贝格可积,且积分为1.

5. 思政元素的融合渗透

本节课我们学习了勒贝格积分的定义,它是实变函数的核心内容. 在勒贝格积分的建立的整个过程中,我们从中认识到角度不同,所看到的事物也会不同,要学会通过转换

角度来解决难题.“横看成岭侧成峰,远近高低各不同.”德国数学家卡尔·雅可比在自己的职业生涯中,在不同的科学领域作出了许多重要的贡献.在这其中,最为人所知的是他在解决困难问题时,总是遵循一个策略:“逆向,始终要逆向思考.”通过逆向思维,就能够“拨开云雾见青天”.逆向思维是带你走向逻辑和理性生活的一条必备技能.它能够让你跳出常规的思维模式,从不同角度看待问题.希望学生们今后无论遇到什么问题,都要记得从相反的角度思考一下,相信这就是见证奇迹的时刻.

6. 课堂小结

回顾学习内容:

(1)黎曼积分的局限性.

(2)勒贝格积分的定义.

❖思考与展望❖

目前我们学习了勒贝格积分的定义,并利用定义可以计算一些简单函数的勒贝格积分.与黎曼积分相比,勒贝格积分具有哪些性质呢?它的运算法则又有哪些呢?

巴拿赫不动点定理

——弘扬民族文化自信和爱国情怀

丁立家

一、课程内容

(1)度量空间的基本概念.

(2)巴拿赫(Banach)不动点定理.

二、思政内容

弘扬民族文化自信和爱国情怀.

三、案例设计与教学过程

1. 度量空间

度量空间(metric space)又称距离空间,是一种拓扑空间(topological space),其拓扑由如下定义的度量诱导.

定义1 设 X 是一个非空集合,称 X 是一个度量空间是指,在 X 上存在一个二元实值函数 $\rho:X\times X\to\mathbf{R}$ 满足如下条件:

(1)(正定性)$\rho(x,y)\geqslant 0$;$\rho(x,y)=0$ 当且仅当 $x=y$.

(2)(对称性)$\rho(x,y)=\rho(y,x)$.

(3)(三角不等式)$\rho(x,y)\leqslant\rho(x,z)+\rho(z,y)$.

配备了一个度量 ρ 的集合 X,通常称为度量空间,记为(X,ρ),有时在度量 ρ 明确的情况下,也简记为 X.

注 (1)度量空间是我们熟知的欧氏空间$(\mathbf{R}^n,\rho)$的推广,$\forall x=(x_1,\cdots,x_n)$,$y=(y_1,\cdots,y_n)\in\mathbf{R}^n$,

$$\rho(x,y)=\sqrt[2]{|x_1-y_1|^2+\cdots+|x_n-y_n|^2}.$$

(2)设 X 是一个非空集合,称 X 上的一个子集族 τ 是一拓扑,是指子集族 τ 满足:

1)$\varnothing,X\in\tau$;

2)任意有限个子集的交封闭;

3)任意个子集的并封闭.

配备了一个度量 τ 的集合 X,通常称为度量空间,记为(X,τ).

(3)(X,ρ)上的拓扑由度量诱导:包含如下所有开球的最弱的拓扑,

$$\rho(x;r)=\{y\in X:\rho(y,x)<r\},\ \forall x\in X,r\in\mathbf{R}.$$

例1 (1)函数空间$(C[0,1],\rho)$,其中度量 ρ 的定义如下:

$$\rho(f,g)=\max_{0\leqslant t\leqslant 1}|f(t)-g(t)|.$$

(2) 函数空间 $(L^p[0,1],\rho)$, $1\leqslant p<\infty$，其中度量 ρ 的定义如下：

$$\rho(f,g)=\left(\int_0^1 |f(t)-g(t)|^p \mathrm{d}t\right)^{\frac{1}{p}}.$$

(3) 离散度量空间. 设 X 是一个非空集合，其上的离散度量 ρ 定义如下：

$$\rho(x,y)=\begin{cases}0, x=y,\\ 1, x\neq y.\end{cases}$$

由(1)和(3)可知，一般而言，度量是不唯一的.

接下来，我们在度量空间中引入收敛的概念.

定义 2 设 (X,ρ) 是度量空间，称 (X,ρ) 上的一个点列 $\{x_n\}$ 收敛到点 x_0 是指：

$$\lim_{n\to\infty} x_n=x_0.$$

(用 $\varepsilon-N$ 语言叙述：$\forall\varepsilon>0$, $\exists N>0$, $\forall n>N$ 都有 $\rho(x_n,x_0)<\varepsilon$)

注 (1) 函数空间 $(C[0,1],\rho)$ 上的收敛就是一致收敛.

(2) 离散度量空间 (X,ρ) 中的点列 $\{x_n\}$ 是收敛到 x_0 当且仅当 $\exists N>0$, $\forall n>N$, 都有 $x_n=x_0$.

(3) 极限若存在，则必唯一. 设另有 x_0' 为点列 $\{x_n\}$ 的极限. 由定义，$\forall\varepsilon>0$, $\exists N>0$, 满足

$$\rho(x_n,x_0)<\frac{\varepsilon}{2}, \rho(x_n,x_0')<\frac{\varepsilon}{2},$$

$\forall n>N>0$，于是有

$$\rho(x_0,x_0')\leqslant\rho(x_0,x_n)+\rho(x_n,x_0')<\frac{\varepsilon}{2}+\frac{\varepsilon}{2}=\varepsilon.$$

故 $\rho(x_0,x_0')=0$. 由正定性知 $x_0'=x_0$.

定义 3 设 (X,ρ) 是度量空间.

(1) 称 (X,ρ) 上的一个点列 $\{x_n\}$ 是 Cauchy 列是指：

$$\forall\varepsilon>0, \exists N>0, \forall n\geqslant m>N \text{ 都有 } \rho(x_n,x_m)<\varepsilon.$$

(2) 是度量空间 (X,ρ) 称为是完备的是指，(X,ρ) 中的任意 Cauchy 列都收敛.

2. Banach 不动点定理

定义 4 设 $T:(X,\rho)\to(Y,d)$ 是两个度量空间之间的一个映射. 映射 T 称为压缩的是指：

$$\exists 0<\alpha<1, \forall x,y\in X, \text{都有}$$
$$d(Tx,Ty)\leqslant\alpha\rho(x,y).$$

例 2 设 $f:([0,1],\rho)\to([0,1],\rho)$, $f(x)=\frac{1}{4}x^2+\frac{3}{4}$，则 f 为一个压缩映射. 由拉格朗日中值定理可知，$\forall x,y\in[0,1]$, $\exists\zeta\in[x,y]$（或 $\zeta\in[y,x]$）满足

$$\rho(f(x),f(y))=\frac{1}{2}\zeta|x-y|\leqslant\frac{1}{2}\rho(x,y).$$

在例 2 中容易看出 $x=1$ 是压缩自映射 f 的唯一的不动点 $(f(x)=x)$. 那么我们自然地

要问,是否每一压缩自映射都有不动点.一般而言,答案是否定的,例如,映射 $g:([0,1),\rho)\to([0,1),\rho)$,$g(x)=\frac{1}{4}x^2+\frac{3}{4}$ 便没有不动点.在该反例中,我们看到,定义域不是完备的,然而当定义域是完备的度量空间时,我们有如下结果.

定理 1 (Banach 不动点定理)完备度量上的压缩自映射必存在唯一的不动点.

证明 设 (X,ρ) 是一个完备的度量空间,$T:(X,\rho)\to(X,\rho)$ 是 (X,ρ) 上的一个压缩自映射,满足

$$\rho(Tx,Ty)\leqslant\alpha\rho(x,y),\ \forall x,y\in X,$$

其中 $0<\alpha<1$.

存在性:任取 $x\in X$,令

$$x_1=Tx,$$
$$x_2=Tx_1=T^2x,$$
$$\cdots\cdots$$
$$x_n=Tx_{n-1}=\cdots=T^nx,$$
$$\cdots\cdots$$

则有

$$\rho(x_n,x_{n+1})=\rho(Tx_{n-1},Tx_n)\leqslant\alpha\rho(x_{n-1},x_n)\leqslant\cdots\leqslant\alpha^n\rho(x,x_1),$$

$\forall n>0$.

于是,$\forall n<m$,有以下估计

$$\begin{aligned}\rho(x_n,x_m)&\leqslant\rho(x_n,x_{n+1})+\cdots+\rho(x_{m-1},x_m)\\&\leqslant\alpha^n\rho(x,x_1)+\alpha^{n+1}\rho(x,x_1)+\cdots+\alpha^{m-1}\rho(x,x_1)\\&=\frac{\alpha^n(1-\alpha^{m-n})}{1-\alpha}\rho(x,x_1)\\&\leqslant\frac{\alpha^n}{1-\alpha}\rho(x,x_1).\end{aligned}$$

由此可知,$\forall\varepsilon>0$,$\exists N>0$,$\forall m\geqslant n>N$,都有

$$\rho(x_n,x_m)\leqslant\frac{\alpha^n}{1-\alpha}\rho(x,x_1)<\varepsilon$$

成立.此即,点列 $\{x_n\}$ 是 Cauchy 列.又因为,度量空间 (X,ρ) 是完备的,故存在一点 $x_0\in X$,满足 $\lim\limits_{n\to\infty}x_n=x_0$.

注意:

$$\rho(x_n,Tx_0)=\rho(Tx_{n-1},Tx_0)\leqslant\alpha\rho(x_{n-1},x_0).$$

由极限的唯一性可知,$Tx_0=x_0$.

唯一性:设另有 x'_0 为压缩自映射 T 的不动点,即 $Tx'_0=x'_0$.于是,

$$\rho(x_0,x'_0)=\rho(Tx_0,Tx'_0)\leqslant\alpha\rho(x_0,x'_0).$$

又因为 $0<\alpha<1$,故 $\rho(x_0,x'_0)=0$.再结合起来度量的正定性可知,$x'_0=x_0$.证毕.

注 (1)定理 1 证明中,α 可取到 0,但不可取到 1.

(2)定理 1 中的完备性条件不可去.

(3) Banach 不动点定理，又称为压缩映射定理或压缩映射原理，是度量空间理论的一个重要工具. 它保证了度量空间的一定自映射的不动点的存在性和唯一性，并提供了求出这些不动点的构造性方法. 这个定理是以 Stefan Banach 命名的，他在 1922 年提出了这个定理.

应用 Banach 不动点定理的应用：

(1) 证明常微分方程的 Cauchy 问题解的局部存在和唯一性.

(2) 证明隐函数定理.

证明从略.

当实际应用定理 1 时，最艰难的部分通常是恰当地定义 X，使得 T 实际上把元素从 X 映射到 X，也就是说，Tx 总是 X 的一个元素. 此外，Banach 不动点定理的逆定理有多种版本，以下的定理是由 Czeslaw Bessaga 在 1959 年发现的.

定理 2 设 $T:X\to X$ 为一个抽象集合间的映射，满足 T 每一个迭代都有一个唯一的不动点. 设 q 为一个实数，$0<q<1$. 那么存在 X 上的一个完备度量 ρ，使得 $T:(X,\rho)\to(X,\rho)$ 是压缩映射，且 q 是压缩常数.

3. 思政内容

在泛函分析这门学科中，极限的概念贯穿始终，在本节课中同学们应该已经可以初步体会到这一点. 事实上，在现代数学的很多分支中，极限的概念都发挥着基础而重要的作用. 极限思想的萌芽可以追溯到大约两千五百年前，在中国和西方都展现出了极限的思想. 而我国是世界上最早产生极限思想和应用极限思想的国家. 早在春秋战国时代，《庄子 · 天下篇》中有这样一句："一尺之棰，日取其半，万世不竭." 它的意思就是说：一尺长的一根木棒，如果每天截下一半，永远都取不完，这样的过程可以无限地进行下去. 另外，在《墨子 · 经下》中也有一句："非半弗斫，则不动，说在端." 这句话的意思是说，一条线段从中点分为两半，取其一半再破成两半，仍取一半继续分割，直到不可分割时就只剩下一个点. 我国魏晋时期的数学家刘徽在注释《九章算术注》时创立了有名的"割圆术"，他创造性地将极限思想应用到数学领域. 他设圆的半径为一尺，从圆内接正六边形开始，每次把边数加倍，用勾股定理算得圆内接正十二边形、正二十四边形、正四十八边形等的面积，内接正多边形的边数越多，内接多边形的面积就与圆面积越接近，正如刘徽所说："割之弥细，所失弥少，割之又割，以至不可割，则与圆周合体，而无所失矣." 这已经运用了极限论的思想来解决求圆周率的实际问题. 这些都体现出了中国古人对无限思想的认识，蕴含了朴素的、直观的极限思想，也说明了中华文化博大精深、源远流长，中国古代数学有着辉煌的成就.

关肇直是我国著名的数学家，中国现代控制理论的开拓者与传播人. 国内第一本泛函分析教程是他于 1958 年在北京大学开课时写出来的. 关肇直于 1947 年赴法留学，师从大数学家、一般拓朴学和泛函分析的奠基人 Maurice Frechet 院士，研究泛函分析；1949 年新中国成立，他毅然中断博士学业，回到祖国，投身到新中国的建设中. 回国后，他立即参加了组建中国科学院的工作，是中国科学院首届党组成员之一，并参与了组建中国科学院图书馆的工作. 旅法留学时间虽然不长，但深受导师等人的影响和熏陶，使得泛函分析成为他终生致力的数学分支之一. 他利用泛函分析、微分方程等数学工具，研究实际工程的量化误差、谐波平衡法等理论,并将其用于卫星测轨、飞行器导航及其他控制工程问题中,他的一生为我国的军事和国防作出了巨大的贡献.作为社会主义的接班人,同学们不仅要认真学习先进的科学文化知识,还要学习关肇直等老一辈科研工作者为实现中华民族伟大复兴勇于探索、甘于奉献的爱国情怀.

定解问题的提法

——数学之“真”

李 珂

一、课程内容

定解问题的提法.

二、思政内容

让学生领会到我国在基础学科领域的发展,理解数学的重要性,增强民族自信,培养严谨踏实的专注精神.

三、案例设计与教学过程

1. 定解问题的概念

初始条件与边界条件称为定解条件. 由泛定方程与相应的定解条件构成的问题就称为数学物理中的定解问题.

(1)由泛定方程和初始条件构成的问题称为初值问题或柯西(Cauchy)问题.(没有边界条件)

(2)由泛定方程和边界条件构成的问题称为边值问题.(没有初始条件)

(3)既有初始条件、又有边界条件的定解问题称为混合问题.

一个定解问题是否符合实际情况,必须靠实践来证实. 然而从数学角度来看,可以从三方面加以验证:

(1)解的存在性,即看所归结出来的定解问题是否有解;

(2)解的唯一性,即看是否只有一个解;

(3)解的稳定性,即看当定解条件有微小变动时,解是否相应地只有微小的变动,如果确实如此,此解便称为稳定的,否则所得的解就无实用价值.

如果一个定解问题存在唯一且稳定的解,则此问题称为适定的. 在以后的讨论中我们把着眼点放在讨论定解问题的解法上,而很少讨论它的适定性,这是因为讨论定解问题的适定性往往十分困难,而本书所讨论的定解问题都是经典的,它们的适定性都是经过证明的.

2. 定解问题的适定性

定解问题的解的存在性、唯一性、稳定性统称为定解问题的适定性. 如果一个定解问题存在唯一且稳定的解,则称此定解问题是适定的.

例 1 弦振动方程的定解问题.

(1)初始条件:必须知道弦的初始状态,即初位移和初速度.

(2)边界条件:仅知道初始条件还不够,还须知道弦的两个端点的情况.

①第一边界条件(Dirichlet):如果弦线端点的运动情况已知.

②第二边界条件(Nuemann):如果弦的端点处受到外力的作用.

③第三边界条件:如果端点有弹性支承,且受到外力的作用.

例2　热传导方程的定解问题.

为了具体确定物体内部的温度分布,我们还须知道物体内部各点的初始温度以及通过边界受周围介质的影响.

(1)初始条件:初始时刻的温度.

(2)边界条件:即热物体在边界处的状况,它分为如下三类.

①第一边界条件(Dirichlet):已知边界上的温度分布.

②第二边界条件(Nuemann):已知单位时间内通过边界上单位面积传入热量的热流强度.

③第三边界条件:已知通过边界与周围介质有热交换.

3.思政内容有机融入

对于柯朗与希尔伯特合著的《数学物理方法》一书,在早期只有数学家感兴趣,物理学家不屑一顾.可是,当物理学家对冥思苦想多年而不得其解的方程无可奈何,不得不求助于数学时,他们发现这本书中的理论比他们所期望的还要好.这再一次证明了数学的威力,也充分说明了数学是真知,对自然科学、社会科学、现实生活具有重要的指导意义.这些都是数学"真"的生动体现.将课程思政科学融入各个章节的教学中,实现专业培养与思政教育的统一.例如,在二阶偏微分方程的分类与标准型时引出谷超豪、齐民友等我国著名数学家,在傅里叶变换法讲解时引出华为等我国著名高科技企业等,培养学生的民族自豪感,切实做到课程思政与专业教学的合理融入,提高学生的思政水平,同时也活跃了课程气氛.

微分流形的定义

——践行新时代绿色发展理念,实现数学学习的可持续性

许晓雪

一、课程内容

本课程的内容是拓扑流形、局部坐标函数与迭置映射、微分流形等基本概念.其中的难点是理解和运用微分流形上所定义的数学结构.

二、思政内容

(1)习近平总书记指出,绿色发展,就其核心要义来讲,是要解决好人与自然和谐共生问题.微分流形的定义中,要求坐标卡的相容性,就是保证同一个拓扑空间上的坐标卡能够和谐共生.

(2)融入思政元素:通过融入新时代绿色发展理念,让学生认识到学习数学时要理论联系实际,遵循客观规律,善于发现数学之美,体会到运用数学中的和谐来解决问题的成就感,从而激发学生不断创新的潜能,实现数学学习的可持续性.

三、案例设计与教学过程

1. 引言

用地图集描述地球表面,提供微分流形的一个形象背景.航海家使用海图(chart)航行.一张海图不能描述整个地球表面,需要一个覆盖全球的地图册(atlas).当同一地区出现在两张海图中,由于投影的局限性,在两张图中的形状有差别,但应该是合理的差别,即两张图应相容.流形论中的基本名词 chart 与 atlas 即源于此背景.

一般说来,m 维微分流形是一个集合,可分解为若干子集:每个子集可用 m 个参数描述;在两个子集的公共部分,参数变换可微.若只要求参数变换连续,则为拓扑流形.

从几何上看,m 维微分流形是一个图形,由若干小块粘合而成,每个小块都是经过一定变形的 m 维欧氏空间的开集.

2. 拓扑流形

微分流形处于可微的层面上,为弄清楚它的本质,我们先从连续层面上看一看.

定义 拓扑空间 M 称为 m 维拓扑流形,若

(1)M 是 Hausdorff 空间:满足分离公理 T_2,任两不同点有不交邻域.

(2)M 是局部 m 维欧氏空间:M 的每点 p 有一开邻域 U,同胚于 $\mathbf{R}^m$ 的某开子集,

$$\varphi: U\to\varphi(U)\subset\mathbf{R}^m,$$

U 称为 M 的一个坐标邻域;(U,φ)称为 M 的一个坐标卡(chart).由点 p 的任意性,全体

坐标邻域$\{U\}$组成M的开覆盖.

同学们会问,这个定义合理吗？到底有没有拓扑流形？能举一些不是拓扑流形的例子吗？为回答这些疑问,我们来分析几个例子.

例1 平面上的椭圆、双曲线和抛物线是一维拓扑流形.这些曲线在每点附近有充分小的一段,与实数开区间同胚.

例2 自交曲线不是一维拓扑流形.问题出在自交点上.在自交点无论怎样小的邻域中,曲线段始终由两条以上相交弧段组成,不能与实数开区间同胚.(反证法.若同胚,挖去自交点,剩下部分连通分支数$\geqslant 4$;而开区间中挖去对应点,剩下部分连通分支数等于2,两者不等,矛盾)自交曲线的例子有相交直线、双扭线、三叶玫瑰线等,直角坐标或极坐标方程分别为$x^2-y^2=0$,$r^2=a^2\cos 2\varphi$,$r=a\sin 3\varphi$.

例3 欧氏空间中的椭球面、单叶双曲面、双叶双曲面、双曲抛物面等都是二维拓扑流形.这些曲面每点附近充分小一块,都与平面开圆盘同胚.

例4 锥面$z^2=x^2+y^2$不是二维拓扑流形.问题出在原点O上.锥面在原点O附近无论怎样小的一块,都不可能与平面上的开圆盘同胚.(反证法,利用连通性.)

例5 取一个闭矩形,去掉一对对边,用两种不同方法粘接另一对对边,得到开柱面和开 Möbius 带,是二维拓扑流形.用不同方法粘接矩形的两对对边,分别得到环面T^2、Klein 瓶和射影平面P^2R,也都是二维拓扑流形.

通过以上几个例子,我们发现拓扑流形通常是弯曲的,其实,我们所生活的现实世界中充满着弯曲,因此,必须想办法研究拓扑流形.遗憾的是,我们在学习《数学分析》和《高等代数》时,基本空间均为线性空间,是平直的.为了运用平直研究弯曲,该怎么办呢？拓扑流形定义中的第(2)条满足了我们的需求,即拓扑流形上的任一小块,均可通过同胚放到欧氏空间(线性空间+欧氏度量)中进行"加工",然后用同胚送到拓扑流形上,每一小部分研究透了,整体就基本清楚了.为便于操作,我们引入局部坐标函数与迭置映射的概念.

3. 局部坐标函数与迭置映射

设M是m维拓扑流形,(U,φ)为一坐标卡.$\{\delta_i\}$是$\mathbf{R}^m$的基,$\delta^i:\mathbf{R}^m\to\mathbf{R}$是坐标函数.$\forall q\in U$,因$\varphi(q)\in\mathbf{R}^m$,故有$\varphi(q)=\sum_{i=1}^{m}x^i\delta_i$,系数是坐标函数在点$\varphi(q)$的值,

$$x^i=\delta^i(\varphi(q))=(\delta^i\circ\varphi)(q).$$

按微积分惯例,$x^i=x^i(q)$,x^i同时表示函数值和函数关系.由此得一映射

$$x^i\triangleq\delta^i\circ\varphi:U\to\mathbf{R},$$

称为流形M在U处的局部坐标函数,共有m个.坐标卡简写为(U,φ,x^k)或(U,x^k).

注意δ^i是向量空间$\mathbf{R}^m$上的坐标函数,是线性函数.x^i是流形M子集U上的坐标函数,有时称为曲线坐标函数.两者的关系是$x^i=\delta^i\circ\varphi$.

讲到这里,细心的同学会发现,拓扑流形上的一个点极有可能会同时处于两个或几个坐标邻域中,这样一来,相应于该点的局部坐标就不止1个,那么在进行逻辑推导和具体计算时,到底选哪个呢？

事实上,这个问题是本节最难理解的问题.此时此刻,我联想到了新时代绿色发展理

念. 习近平总书记指出，绿色发展，就其核心要义来讲，是要解决好人与自然和谐共生问题. 2018 年 5 月 18 日，在全国生态环境保护大会上，习近平总书记引用了北魏贾思勰的著作《齐民要术》中的几句话：“顺天时，量地利，则用力少而成功多.”他讲到：“这些观念都强调要把天地人统一起来、把自然生态同人类文明联系起来，按照大自然规律活动，取之有时，用之有度，表达了我们的先人对处理人与自然关系的重要认识.”

回到刚才的问题，我们希望不同的局部坐标之间能够和谐共生，这样才能高效地从根本上解决问题. 为此，我们先从直观上看一看，请同学们仔细观察图 1.

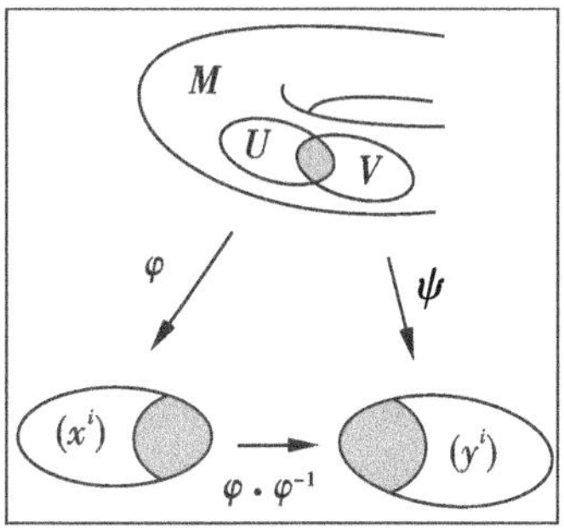

图1

设 q 处有另一坐标卡 (V,ψ)，相应的局部坐标函数为 $y^1(q),y^2(q),\cdots,y^m(q)$，

$$y^i=\varepsilon^i 0\psi:V\to\mathbf{R}.$$

于是，交集 $U\cap V$ 中的点 q 有两种坐标 (x^i)，(y^i).

为简便计，将坐标空间的点 $x=(x^i)=(x^1,x^2,\cdots,x^m)$ 与向量空间的点 $\sum\limits_{i=1}^{m}x^i\delta_i$ 视为同一，即 $x=\varphi(q)$. 同理 $y=\psi(q)$. 于是，点 q 的两个局部坐标 x 和 y 之间的和谐共生问题，转化为 $\varphi(q)$ 和 $\psi(q)$ 的和谐共生问题.

观察发现，$U\cap V$ 在 φ 和 ψ 的作用下的像集分别为欧氏空间中的开邻域 $\varphi(U\cap V)$ 和 $\psi(U\cap V)$，且 $\varphi(q)\in\varphi(U\cap V)$，$\psi(q)\in\psi(U\cap V)$，如果 $\varphi(U\cap V)$ 和 $\psi(U\cap V)$ 可以在欧氏空间中和谐相处，自然就能实现 $\varphi(q)$ 和 $\psi(q)$ 的和谐共生. 到底该怎样沟通 $\varphi(U\cap V)$ 和 $\psi(U\cap V)$，才能让两者和谐共生呢？

这里需要跟大家说明一下，到了研究生阶段，我们要逐步学会用映射去处理问题. 此处，我们要找到 $\varphi(U\cap V)$ 和 $\psi(U\cap V)$ 之间的映射. 观察发现，图 1 中有两个已知的映射 φ 和 ψ，由拓扑流形的定义知两者均为同胚，是可逆映射. 因此，从 $\varphi(U\cap V)$ 出发，经过 φ^{-1} 和 ψ 的复合，就可以到达 $\psi(U\cap V)$. 于是我们得到了一个新映射 $h=\psi\circ\varphi^{-1}$，它其实是一个坐标变换，这个坐标变换就是我们要找的，它沟通了 $\varphi(U\cap V)$ 和 $\psi(U\cap V)$，非常重要，我们将坐标变换 $h:(x^i)\mapsto(y^i)$ 称为迭置映射. 于是有 $y=\psi\circ\varphi^{-1}(x)=h(x)$，坐标变换表为

$$h=\psi\circ\varphi^{-1}:\varphi(U\cap V)\to\psi(U\cap V),$$
$$y^i=h^i(x)=h^i(x^1,x^2,\cdots,x^m),1\leqslant i\leqslant m.$$

φ,ψ 都是同胚，故 h 是 $\mathbf{R}^m$ 的开集之间的同胚. 反之，迭置映射的逆 $y\mapsto x$ 也是迭置映射

$$g=\varphi\circ\psi^{-1}:\psi(U\cap V)\to\varphi(U\cap V),$$
$$x^i=g^i(y)=g^i(y^1,y^2,\cdots,y^m),1\leqslant i\leqslant m.$$

在拓扑学中，同胚就是一回事，故不再区分点 q 的两个局部坐标 $x=\varphi(q)$ 和 $y=\psi(q)$. 也就是说，相应于同一个点的不同局部坐标，通过“同胚”实现了和谐共生. 至此，问题已完美解决. 有了上述准备，我们就能很自然地给出微分流形的定义.

4. 微分流形

迭置映射反映欧氏空间小块粘合为流形的方式，是局部到整体过渡的基本环节. 当它不但是同胚，而且是微分同胚时，拓扑流形就成为微分流形.

定义　设 M 为 m 维拓扑流形，M 的两个坐标卡 (U,φ)，(V,ψ) 称为 C^r 相容的，若迭

置映射是 C^r 同胚. 当 $U\cap V=\varnothing$,仍称两者 C^r 相容.

定义 设 $r\geqslant 1$,M 的一族坐标卡 $A=\{(U_\alpha,\varphi_\alpha):\alpha\in J\}$ 称为一个 C^r 微分构造,若满足

(1)覆盖性:$\{U_\alpha:\alpha\in J\}$ 覆盖 M.

(2)相容性:A 中任二个坐标卡 C^r 相容.

(3)极大性:与 A 中任一坐标卡 C^r 相容的坐标卡一定在 A 中.

赋予 C^r 微分构造后的 M 称为 m 维 C^r 流形(光滑流形). 当迭置映射为解析同胚,称为解析流形(C^ω 流形). M 的一族坐标卡 A_0 称为一个地图册(atlas),若它只满足覆盖性与相容性. 与它相容的卡称为容许坐标卡. 微分构造为极大地图册,包含一切容许坐标卡. 给定一个地图册 A_0,可唯一扩充为一个微分构造.

故给定一个拓扑空间 M,为构造微分流形,只需考虑两点:①M 是否为 Hausdorff 空间;②能否选择 M 的一族坐标卡,满足覆盖性与光滑相容性.

下面来看几个例子,学习制作微分构造的方法.

例 6 欧氏空间 $\mathbf{R}^m$ 是 m 维解析流形,取一个卡($\mathbf{R}^m$,id)即够. 任取 $\mathbf{R}^m$ 的对偶基 $\{\delta_i\}$,$\{\delta^i\}$. 因为 $\varphi=id$,所以流形上的局部坐标函数 x^i 与向量空间中的坐标函数 δ^i 相等,$x^i=\delta^i$.

例 7 圆周 S^1 是紧致的一维解析流形. 将 S^1 表示为平面 $\mathbf{R}^2$ 的子集:

$$S^1=\{(x^1,x^2)\in\mathbf{R}^2:(x^1)^2+(x^2)^2=1\},$$

S^1 为有界闭集,故为紧集. 它是 $\mathbf{R}^2$ 的拓扑子空间,满足分离公理 T_2. 取 4 个坐标卡,

$U_1=\{(x^1,x^2)\in S^1:x^2>0\}$,$\varphi_{U_1}(x)=x^1$;(开的上半圆)

$U_2=\{(x^1,x^2)\in S^1:x^2<0\}$,$\varphi_{U_2}(x)=x^1$;(开的下半圆)

$V_1=\{(x^1,x^2)\in S^1:x^1>0\}$,$\varphi_{V_1}(x)=x^2$;(开的右半圆)

$V_2=\{(x^1,x^2)\in S^1:x^1<0\}$,$\varphi_{V_2}(x)=x^2$.(开的左半圆)

它们覆盖 S^1. 验证其中一对的解析相容性,其余类似.

考虑 $U_1\cap V_1=S^1\cap\{$第一象限$\}$,

$$\varphi_{U_1}(U_1\cap V_1)=\{x^1\in(0,1)\},$$

$$\varphi_{V_1}(U_1\cap V_1)=\{x^2\in(0,1)\}.$$

容易计算迭置映射 $\varphi_{V_1U_1}=\varphi_{V_1}\circ\varphi_{U_1}^{-1}:(0,1)\to(0,1)$ 及其逆,两者都是解析的,

$$x^2=\varphi_{V_1U_1}(x^1)=\sqrt{1-(x^1)^2},\ x^1=\varphi_{V_1U_1}^{-1}(x^2)=\varphi_{U_1V_1}(x^2)=\sqrt{1-(x^2)^2}.$$

例 8 球面 S^2 是紧致的二维解析流形,将其表为 $\mathbf{R}^3$的子集,

$$S^2=\{(\xi^1,\xi^2,\xi^3)\in\mathbf{R}^3\mid(\xi^1,\xi^2,\xi^3)\equiv(\xi^1)^2+(\xi^2)^2+(\xi^3)^2=1\},$$

$f:\mathbf{R}^3\to\mathbf{R}$ 连续;$S^2=f^{-1}(1)$为闭集的原像,故为闭集;它显然有界,故为紧集. 作为 $\mathbf{R}^3$ 的拓扑子空间,S^2 满足分离公理 T_2.

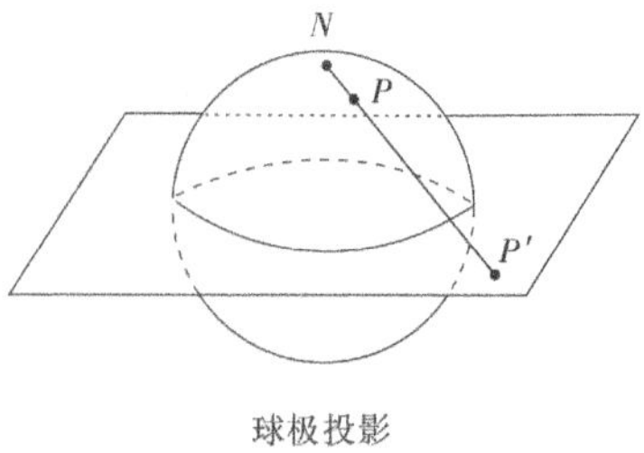

球极投影

图2

考虑分别挖去北极和南极的两个穿孔球面(图 2):

$$U_+=S^2\setminus\{(0,0,1)\},$$

$$U_-=S^2\setminus\{(0,0,-1)\},$$

构成 S^2 的开覆盖. 利用球极投影(stereographic

projection)构造坐标卡. 设(x^1,x^2)为赤道平面上的坐标;x^1,x^2 轴分别于 ξ^1,ξ^2 轴重合.

以北极 $N=(0,0,1)$为投影中心,球面点 $P=(\xi^1,\xi^2,\xi^3)$的像 $P'=\varphi_+(P)$是$\overrightarrow{NP}$(或其延线)与赤道平面的交点. 北半球的点映到赤道圆外,南半球的点映到赤道圆内.

$$\varphi_+:U_+\to\mathbf{R}^2,(\xi^1,\xi^2,\xi^3)\mapsto(x^1,x^2)=\frac{1}{1-\xi^3}(\xi^1,\xi^2),$$

$$\varphi_+^{-1}:\mathbf{R}^2\to U_+,(x^1,x^2)\mapsto(\xi^1,\xi^2,\xi^3)=\frac{[2x^1,2x^2,(x^1)^2+(x^2)^2-1]}{(x^1)^2+(x^2)^2+1}.$$

同理,以南极 $S=(0,0,-1)$为投影中心,球面点 P 的象 $P''=\varphi_{-1}(P)$ 是$\overrightarrow{SP}$(或其延线)与赤道平面的交点. 与前相反,北半球的点映到赤道圆内,南半球的点映到赤道圆外,

$$\varphi_-:U_-\to\mathbf{R}^2,(\xi^1,\xi^2,\xi^3)\mapsto(y^1,y^2)=\frac{1}{1+\xi^3}(\xi^1,\xi^2);$$

$$\varphi_-^{-1}:\mathbf{R}^2\to U_-,(y^1,y^2)\mapsto(\xi^1,\xi^2,\xi^3)=\frac{(2y^1,2y^2,1-(y^1)^2-(y^2)^2)}{(y^1)^2+(y^2)^2+1}.$$

引进穿孔平面 $\mathbf{R}_0^2=\mathbf{R}^2-\{(0,0)\}$. 则迭置映射(坐标变换)及其逆分别等于

$$\varphi_-\circ\varphi_+^{-1}:\mathbf{R}_0^2\to\mathbf{R}_0^2,(y^1,y^2)=\frac{1}{(x^1)^2+(x^2)^2}(x^1,x^2),$$

$$\varphi_+\circ\varphi_-^{-1}:\mathbf{R}_0^2\to\mathbf{R}_0^2,(x^1,x^2)=\frac{1}{(y^1)^2+(y^2)^2}(y^1,y^2),$$

都是 $\mathbf{R}_0^2$ 上的解析函数. (U_+,φ_+),(U_-,φ_-)解析相容,S^2 是紧致的二维解析流形. 考虑复数形式的迭置映射. 令 $z=x^1+ix^2$,$w=y^1+iy^2$,则

$$\varphi_-\circ\varphi_+^{-1}:z\mapsto w=\frac{z}{|z|^2}=\frac{1}{\bar{z}},$$

$$\varphi_+\circ\varphi_-^{-1}:w\mapsto z=\frac{w}{|w|^2}=\frac{1}{\bar{w}}.$$

满足 $|zw|=1$,是关于单位圆的反演.

例 9 积流形. 设 M、N 分别为 m、n 维微分流形,则 $M\times N$ 是 $m+n$ 维微分流形. 事实上,M、N 是 Hausdorff 空间,故 $M\times N$ 是 Hausdorff 空间. $M\times N$ 的微分构造由坐标卡$(U\times V,\varphi\times\psi)$给出;$(U,\varphi)$、$(V,\psi)$分别为 M 、N 的坐标卡,积映射定义为

$$\varphi\times\psi:U\times V\to\varphi(U)\times\psi(V)\triangleq(\varphi\times\psi)(U\times V),$$
$$(p,q)\mapsto(\varphi(p),\psi(q))\in\mathbf{R}^{m+n}.$$

特别,环面 $T^2=S^1\times S^1$,n 环面 $T^n=S^1\times\cdots\times S^1$,分别是紧致的 2 维与 n 维解析流形.

例 10 开子流形. 设 M 是 m 维 C^r 流形;则任一开子集 $N\subset M$ 是 m 维 C^r 流形. 事实上,由 M 的坐标卡 (U,φ)得 N 的坐标卡$(U\cap N,\varphi|_{U\cap N})$,给出 N 的微分构造.

例 11 一般线性群 $GL(k,\mathbf{R})$为 k^2 维解析流形. 事实上,其元素 $\boldsymbol{A}$ 为 $k\times k$ 非退化实矩阵,给矩阵 $\boldsymbol{A}$ 的变元一个排序,则 $\boldsymbol{A}$ 等同于一个 k^2 维向量. 考虑连续函数

$$f:\mathbf{R}^{k^2}\to\mathbf{R},f(\boldsymbol{A})=\det\boldsymbol{A},$$

则 $GL(k,\mathbf{R})=f^{-1}(\mathbf{R}-\{0\})$为开集的原像,是 $\mathbf{R}^{k^2}$的开子集,因而是 $\mathbf{R}^{k^2}$的开子流形.

5. 思政元素的融合渗透

这节课我们学习了微分流形的定义,发现关键是给出“好的”微分构造,难点在于验证所找到的坐标卡是否满足相容性,即处理坐标卡之间的和谐共生问题. 党的十九大已经把坚持人与自然和谐发展作为新时代中国特色社会主义的基本方略之一.

2017 年 10 月 18 日,中国共产党第十九次全国代表大会在北京隆重召开,习近平总书记代表第十八届中央委员会向大会作报告,报告中有这样一段话:“坚持人与自然和谐共生. 建设生态文明是中华民族永续发展的千年大计. 必须树立和践行绿水青山就是金山银山的理念,坚持节约资源和保护环境的基本国策,像对待生命一样对待生态环境,统筹山水林田湖草系统治理,实行最严格的生态环境保护制度,形成绿色发展方式和生活方式,坚定走生产发展、生活富裕、生态良好的文明发展道路,建设美丽中国,为人民创造良好生产生活环境,为全球生态安全作出贡献.”

2018 年 5 月 18 日,习近平总书记在全国生态环境保护大会上讲到:“生态文明建设是关系中华民族永续发展的根本大计. 中华民族向来尊重自然、热爱自然,绵延 5000 多年的中华文明孕育着丰富的生态文化.《易经》中说,‘观乎天文,以察时变;观乎人文,以化成天下’,‘财成天地之道,辅相天地之宜’.《老子》中说:‘人法地,地法天,天法道,道法自然.’《孟子》中说:‘不违农时,谷不可胜食也;数罟不入洿池,鱼鳖不可胜食也;斧斤以时入山林,材木不可胜用也.’《荀子》中说:‘草木荣华滋硕之时,则斧斤不入山林,不夭其生,不绝其长也.’《齐民要术》中有‘顺天时,量地利,则用力少而成功多’的记述. 这些观念都强调要把天地人统一起来、把自然生态同人类文明联系起来,按照大自然规律活动,取之有时,用之有度,表达了我们的先人对处理人与自然关系的重要认识.”

同学们,数学中存在很多对称性、相容性和可积性,从某种意义上来讲,这些是众多数学研究对象和谐共生的结果. 在学习的过程中遇到困惑时,多想想习近平总书记关于生态文明建设的金句. 通过树立和践行新时代绿色发展理念,我们发现问题和解决问题的能力会不断提升,进而在探索数学的道路上越走越远,为我国的基础研究贡献力量.

6. 课堂小结

回顾学习内容:

(1) 拓扑流形、局部坐标函数、迭置映射、微分流形等基本概念.

(2) 制作微分构造的方法和技巧.

❖思考与展望❖

在学习数学的过程中,我们经常会遇到两个非常重要的研究对象:空间和映射. 刚刚我们学习了一个新的空间——微分流形,那么,该如何定义微分流形上的映射呢? 下一节课探讨这个问题,到时我们会发现,有了坐标卡的和谐共生,很多“优美”的结果呼之欲出.

李雅普诺夫稳定性与判别方法

——天下兴亡，匹夫有责，培养家国情怀

胡增辉

一、课程内容

本课程的内容是李雅普诺夫稳定的概念和判定. 其中的难点是利用李雅普诺夫直接方法判定系统稳定性.

二、思政内容

（1）稳定不仅是对控制系统的第一个要求，更是一个民族不断发展的根本保障. 大学生在学习文化知识的同时，要培养家国情怀，担负起中华民族稳定发展的重担.

（2）在介绍稳定性研究的发展历程中引入爱国科学家——钱学森院士的事迹，引领学生深刻地认识什么是真正的民族精神和爱国主义情怀，进一步培养学生的家国情怀.

三、案例设计与教学过程

1. 引言

1954 年，在美国被无理羁留了 4 年多的钱学森先生出版了《工程控制论》的英文版.《工程控制论》作为第一本成熟的控制论著作，改变了当时控制论是“伪科学”“伪理论”的论断，也成了我们现在学习的《现代控制理论》《自动控制原理》等教材的基石. 钱学森院士在《工程控制论》里指出“对控制系统的第一个要求是稳定性. 从物理意义上说，就是要求控制系统能稳妥地保持预定的工作状态，在各种不利因素的影响下不至于摇摆不定，不听指挥.”

什么是系统的稳定性呢？

俄国数学家李雅普诺夫（Lyapunov）建立了稳定性的基础理论. 对控制系统稳定性可以直观地理解为：如果所有始于平衡点附近的解始终保持在其附近，则称该平衡点是稳定的，否则称其为不稳定的. 因此，我们首先回顾一下上次课上讲到的平衡点的定义.

定义 1 考虑非线性系统

$$\dot{x}=f(x), \tag{1}$$

其中 $f(x):D\to\ncong^n$ 是从定义域 $D\subset\ncong^n$ 到 $\ncong^n$ 上的非线性函数. 若系统状态 x^* 满足 $f(x^*)=0$，则称其为系统的平衡点.

注记 1 （1）对于线性时不变系统 $\dot{x}=\boldsymbol{A}x$，若 $\boldsymbol{A}$ 是非奇异矩阵，则原点是唯一平衡点；若 $\boldsymbol{A}$ 是非奇异矩阵，则有无穷多个非孤立平衡点.

（2）对于非线性系统（1），可能有多个孤立平衡点. 通常我们可以把特定的平衡点变换为原点，即令 $y=x-x^*$，从而把原系统转化为 $\dot{y}=f(y+x^*)$，$y=0$ 是新系统的平衡点.

为了更好地理解系统的稳定性，不妨先看一个小例子.

例 1　单摆(图 1)的动力学可以描述为非线性系统

$$MR^2\theta+\mu\ \dot{\theta}+MgR\sin\theta=0,$$

其中 R 是摆长，M 是质量，μ 是铰链的摩擦系数，g 是重力加速度.

记 $x_1=\theta, x_2=\dot{\theta}, b=\dfrac{\mu}{MR}, a=\dfrac{g}{R}$，相应的状态方程为

$$\begin{cases}\dot{x}_1=x_2,\\ \dot{x}_2=-bx_2-a\sin x_1,\end{cases}$$

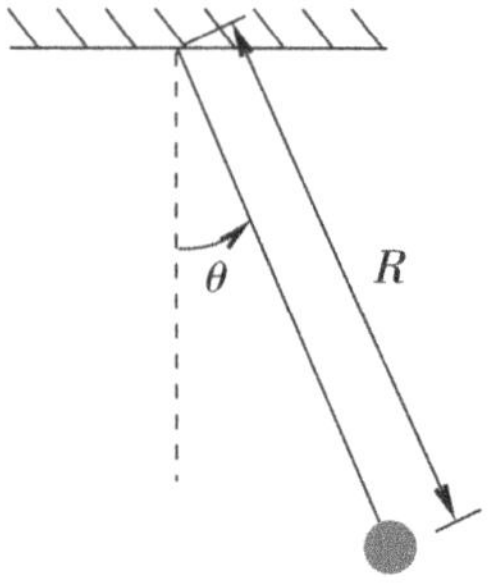

图1　单摆

系统的平衡点为(0,0)和(π,0)，分别对应摆垂直向上和向下的位置.

给单摆一个初始扰动(把单摆拉到某一高度位置)，根据我们在高中物理中的认知，我们知道当铰链无摩擦时($\mu=0$)，单摆会在垂直向下的方向左右摆动；当铰链有摩擦时($\mu\neq0$)，单摆不仅会在垂直向下的方向左右摆动，还最终会停留在垂直向下的方向上. 从直观上看，单摆的平衡点(0,0)是稳定的. 另外，我们可以通过 MATLAB 画出单摆状态方程的相平面图，通过观察我们也能发现单摆的平衡点(0,0)是稳定的.

从单摆例子中，我们发现无论铰链是否有摩擦，单摆总能在竖直方向左右摆动. 在铰链有摩擦时，单摆能停留在竖直方向上.

下面，我们从上面的例子上升到非线性系统的稳定性定义.

2. **系统稳定性的定义**

由于可以通过变量代换将一般平衡点变换为原点. 于是，我们总假定 $f(0)=0$，并研究原点 $x=0$ 的稳定性.

定义 2　对于系统(1)的平衡点 0，

- 如果对于每个 $\varepsilon>0$，都存在 $\delta=\delta(\varepsilon)$，满足

$$\|x(0)\|<\delta\Rightarrow\|x(t)\|<\varepsilon,\ \forall t\geqslant0,$$

则该平衡点是稳定的；

- 如果稳定，且可以选择适当的 δ，满足

$$\|x(0)\|<\delta\Rightarrow\lim_{t\to\infty}\|x(t)\|=0,$$

则该平衡点是渐近稳定的；

- 如果不是稳定，则该平衡点是不稳定的.

以上三种稳定性概念，可以由图 4 表示.

我们再回头看一下例 1，例 1 可以用来说明三种稳定性质. 从图 2 我们可以看出，忽略摩擦力时，平衡点(0,0)邻域内的轨线是闭轨道，于是可以保证始于与该平衡点足够近的轨线始终在以(0,0)为中心的特定球域内，从而稳定性满足 ε-δ 语言的要求. 但是，(0,0)不是渐近稳定平衡点，因为始于(0,0)的轨线并未趋于(0,0). 当考虑摩擦力时，(0,0)是渐近稳定平衡点，始于其附近的轨线在 $t\to\infty$ 时趋向于该平衡点. (π,0)处的平衡点是不稳定的，因为对于任意的 $\varepsilon>0$，总存在一条轨线会离开圆形区域 $\{x\in\mathbf{R}^2:\|x-(\pi,0)\|\leqslant\varepsilon\}$，即使 $x(0)$ 任意接近于平衡点(π,0).

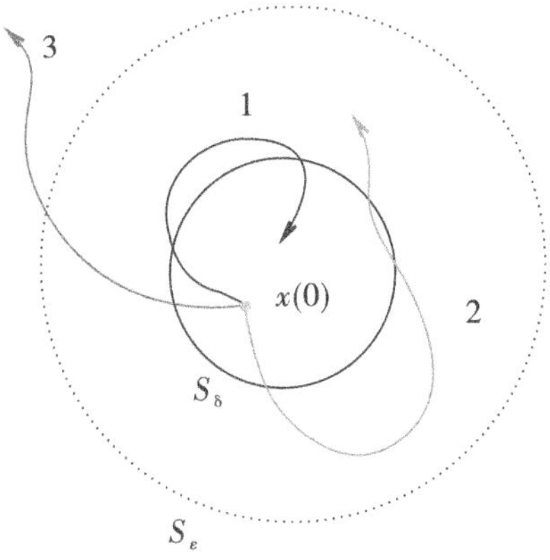

曲线1 渐近稳定
曲线2 稳定
曲线3 不稳定

图4 三种稳定性概念

定义了系统稳定性之后，需要找出确定稳定性的方法. $\varepsilon-\delta$ 语言和基于相位图的方法在实际中显然是难以推广的. 为此，俄国科学家 Lyapunov 提出了基于能量的方法.

3. 系统稳定性的判别方法

定理 1 设 $x=0$ 是系统(1)的平衡点，$D\subset \mathbf{R}^n$ 是包含原点的定义域. 若存在连续可微函数 $V(x):D\to\mathbf{R}$，使得

$$V(0)=0,$$
$$V(x)>0,\ x\in D/\{0\},$$
$$\dot{V}(x)\leqslant 0,\ x\in D,$$

则 $x=0$ 是稳定的. 此外，如果

$$\dot{V}(x)<0,\ x\in D/\{0\},$$

则 $x=0$ 是渐近稳定的.

在定理 1 中，满足 $V(0)=0$，且当 $x\neq 0$ 时 $V(x)>0$ 的函数 $V(x)$ 称为是正定的. 若当 $x\neq 0$ 时 $V(x)\geqslant 0$，则称函数 $V(x)$ 是半正定的.

注记 2 (1)对同一个系统可能存在多个 Lyapunov 函数. 例如若 V 是一个 Lyapunov 函数，则 $V_1=\beta V^\alpha$，$\beta>0$，$\alpha>1$ 也是一个 Lyapunov 函数.

(2)对给定的系统，选择合适的 Lyapunov 函数可能得到更准确的结果.

(3)Lyapunov 稳定性分析中所有定理都是充分性的.

为了更好地理解 Lyapunov 稳定性判别法，我们下面仍然以单摆为例，介绍 Lyapunov 稳定性判别法的具体应用.

4. 应用举例

例 2 研究无摩擦的单摆方程，即

$$\begin{cases}\dot{x}_1=x_2,\\ \dot{x}_2=-a\sin x_1\end{cases}$$

在原点处平衡点的稳定性.

一个自然的备选 Lyapunov 函数是能量函数

$$V(x)=a(1-\cos x_1)+\frac{1}{2}x_2^2.$$

显然，$V(0)=0$ 且在 $-2\pi<x_1<2\pi$ 时 $V(x)$ 是正定的. $V(x)$ 沿系统轨线的导数是

$$\dot{V}(x)=a\,\dot{x}_1\sin x_1+x_2\dot{x}_2=a\,x_2\sin x_1-a\,x_2\sin x_1=0.$$

因此，根据定理 1 可知，原点是稳定的，但不能得到原点是渐近稳定的.

例 3 研究有摩擦的单摆方程，即

$$\begin{cases}\dot{x}_1=x_2,\\ \dot{x}_2=-b\,x_2-a\sin x_1,\end{cases}$$

在原点处平衡点的稳定性. 同样以 $V(x)=a(1-\cos x_1)+\frac{1}{2}x_2^2$ 作为备选 Lyapunov 函数，其导数为

$$\dot{V}(x)=a\dot{x}_1\sin x_1+x_2\dot{x}_2=-bx_2^2.$$

由于对于任意的 $(x_1,0)$ 都有 $\dot{V}(x)=0$，所以 $\dot{V}(x)$ 是半负定的，而不是负定的. 由此仅可以得出原点是稳定的结论. 然而，我们根据相平面图可以得到原点是渐进稳定的结论. 因此，我们考虑更一般的 Lyapunov 函数

$$V(x)=a(1-\cos x_1)+\frac{1}{2}\boldsymbol{x}^{\mathrm{T}}\boldsymbol{P}\boldsymbol{x}=a(1-\cos x_1)+\frac{1}{2}(x_1\quad x_2)\begin{pmatrix}p_{11}&p_{12}\\p_{12}&p_{22}\end{pmatrix}\begin{pmatrix}x_1\\x_2\end{pmatrix}$$

为了保证 $\boldsymbol{x}^{\mathrm{T}}\boldsymbol{P}\boldsymbol{x}$ 的正定性，矩阵 $\boldsymbol{P}$ 应满足

$$p_{11}>0,p_{11}p_{22}-p_{12}^2>0.$$

Lyapunov 函数的导数为

$$\begin{aligned}\dot{V}(x)&=(p_{11}x_1+p_{12}x_2+a\sin x_1)x_2+(p_{11}x_1+p_{22}x_2)(-bx_2-a\sin x_1)\\&=a(1-p_{22})x_2\sin x_1-a\,p_{12}x_1\sin x_1+(p_{11}-bp_{12})x_1x_2+(p_{12}-bp_{22})x_2^2.\end{aligned}$$

为了得到 $\dot{V}(x)$ 的负定性，选取 $p_{11}=b\,p_{12},p_{22}=1,p_{12}=\frac{b}{2}$. 此时，

$$\dot{V}(x)=-\frac{ab}{2}x_1\sin x_1-\frac{b}{2}x_2^2.$$

对于所有的 $0<|x_1|<\pi$，有 $x_1\sin x_1>0$. 取 $D=\{x\in\mathbf{R}^2:|x_1|<\pi\}$，则在 D 上 $V(x)$ 是正定的，而 $\dot{V}(x)$ 是负定的. 于是，由定理 1 可以得到原点在 D 上是渐近稳定的.

需要注意，例 3 再次说明了 Lyapunov 稳定性定理的的条件只是充分条件. 没有备选的满足稳定性或渐近稳定性条件的 Lyapunov 函数并不意味着平衡点不是稳定或渐近稳定的，它只说明这种稳定性不能用备选的 Lyapunov 函数确定. 只有通过进一步研究，才能确定平衡点是否稳定(或渐近稳定).

定理 2 只给出了系统在一个区域 D 上的稳定性判定条件. 那么，怎么判断系统的全局稳定性呢？事实上，我们只需在定理 1 的基础上加上径向无界条件，即

$$\|x\|\to\infty\Rightarrow V(x)\to\infty.$$

定理 3 设 $x=0$ 是系统(1)的平衡点，若存在连续可微函数 $V(x):\mathbf{R}^n\to\mathbf{R}$，使得

$$V(0)=0,$$

$$V(x)>0,\ \forall x\neq0,$$

$$\dot{V}(x)<0,\ \forall x\neq 0,$$
$$\|x\|\to\infty\Rightarrow V(x)\to\infty,$$
则 $x=0$ 是全局渐近稳定的.

5. 思政元素的融合渗透

这次课程我们学习了 Lyapunov 稳定性的定义与判别方法. 通过本次课我们了解到稳定性是控制系统的第一个要求，系统稳定性可以通过 Lyapunov 函数法进行判定. 事实上，稳定不仅仅对控制系统至关重要，更是一个国家不断发展、不断进步的重要前提. 对于中华民族这个“大系统”而言，老一辈的科学家们已经贡献了他们的力量，我们当代大学生也有责任有义务担负起其稳定发展的重任.

钱学森院士以及他的著作《工程控制论》为国际上控制理论的发展以及国内控制理论研究的建设作出了重大贡献. 然而，钱学森院士撰写《工程控制论》的环境是非常恶劣的. 在 1949 年新中国成立后，时任麻省理工学院教授的钱学森毅然决定回国，但是却遭到了美国政府的百般阻挠. 在被美国政府羁留了 4 年多之后的 1954 年，钱学森撰写了专著《工程控制论》，在该著作出版后，《科学美国人》杂志希望作专题报道，并将钱学森的名字列入美国科学团体. 但是，钱学森回信拒绝了，并写明：“我是一名中国科学家.”后来，经过多方不断的努力，钱学森终于回到了祖国. 当时的新中国所处的国际环境是非常“不稳定的”，正是钱学森等爱国科学家积极回国建设，不断提升我国的国防实力，才有了我们国家今天稳定发展的局面.

同学们，祖国的发展与强大是一代代中华儿女不断努力奋斗的结果. “少年强，则国强”. 作为大学生，要接过这个历史的接力棒，要培养家国情怀，为实现中华民族的伟大复兴梦想担起责任，奋勇前行！

6. 课堂小结

回顾学习内容：

(1) Lyapunov 稳定性的定义；

(2) Lyapunov 稳定性的判别方法.

❖思考与展望❖

我们本次课程学习通过 Lyapunov 函数判定系统稳定性的方法. 那么，对于线性系统的稳定性应该怎样判定？相应的 Lyapunov 函数应该怎样构造？又具有怎样的性质呢？

求解常系数线性齐次递推关系

——辩证唯物主义精神

薛 杰

一、课程内容

本课程的内容是介绍常系数线性齐次递推关系的概念和求解方法. 其中的难点是掌握如何利用特征方程和母函数求解递推关系.

二、思政内容

在求解递推关系时,对于同样的一个递推数列,可以通过不同方法求解其通项,比如特征方程法或者母函数法,以不同的方法和技巧寻找最终的同一个答案. 这可以使学生认识到客观规律不是一成不变的,培养学生辩证唯物主义精神,以辩证的思维方式和发展变化的眼光来认识世界、探索未来.

三、案例设计与教学过程

1. 引言

我们介绍过斐波那契(Fibonacci)数列$\{F_n\}$,以及该数列的递推关系式

$$F_n = F_{n-1} + F_{n-2} (n \geqslant 2),$$

其中$F_0 = 0, F_1 = F_2 = 1$. 那么自然就可以考虑,能否给出该数列通项的显式表达呢?

下面我们提供一种求解 Fibonacci 数列的方法. 以辩证思维中转化的观点来看,该数列的递推关系式可以表示成另外一种形式:

$$\begin{pmatrix} F_{n+1} \\ F_n \end{pmatrix} = \begin{pmatrix} 1 & 1 \\ 1 & 0 \end{pmatrix} \begin{pmatrix} F_n \\ F_{n-1} \end{pmatrix}.$$

令

$$\boldsymbol{A} = \begin{pmatrix} 1 & 1 \\ 1 & 0 \end{pmatrix},$$

该矩阵的特征值分别是

$$x_1 = \frac{1+\sqrt{5}}{2}, x_2 = \frac{1-\sqrt{5}}{2},$$

而且对应的两个正交特征向量分别为

$$\boldsymbol{v}_1 = \begin{pmatrix} 1 \\ \frac{\sqrt{5}-1}{2} \end{pmatrix}, \boldsymbol{v}_2 = \begin{pmatrix} 1 \\ -\frac{\sqrt{5}+1}{2} \end{pmatrix}.$$

我们可以定义一个可逆矩阵 $\boldsymbol{P}=(v_1,v_2)$，那么矩阵 $\boldsymbol{A}$ 存在谱分解

$$\boldsymbol{A}=\boldsymbol{P}\begin{pmatrix}x_1 & 0\\ 0 & x_2\end{pmatrix}\boldsymbol{P}^{-1}=\begin{pmatrix}1 & 1\\ \dfrac{\sqrt{5}-1}{2} & -\dfrac{\sqrt{5}+1}{2}\end{pmatrix}\begin{pmatrix}x_1 & 0\\ 0 & x_2\end{pmatrix}\begin{pmatrix}\dfrac{\sqrt{5}+1}{2\sqrt{5}} & \dfrac{1}{\sqrt{5}}\\ \dfrac{\sqrt{5}-1}{2\sqrt{5}} & -\dfrac{1}{\sqrt{5}}\end{pmatrix},$$

故

$$\begin{pmatrix}F_{n+1}\\ F_n\end{pmatrix}=\begin{pmatrix}1 & 1\\ 1 & 0\end{pmatrix}^n\begin{pmatrix}F_1\\ F_0\end{pmatrix}=\boldsymbol{P}\begin{pmatrix}x_1 & 0\\ 0 & x_2\end{pmatrix}^n\boldsymbol{P}^{-1}\begin{pmatrix}1\\ 0\end{pmatrix}=\frac{1}{\sqrt{5}}\begin{pmatrix}x_1^{n+1}-x_2^{n+1}\\ x_1^n-x_2^n\end{pmatrix},$$

这样我们就可以得到 Fibonacci 数列的通项公式：

$$F_n=\frac{1}{\sqrt{5}}(x_1^n-x_2^n)=\frac{1}{\sqrt{5}}\left(\frac{1+\sqrt{5}}{2}\right)^n-\frac{1}{\sqrt{5}}\left(\frac{1-\sqrt{5}}{2}\right)^n.$$

至此，我们借助 Fibonacci 数列的矩阵表示形式，求出了数列的通项公式. 然而，这种求解方法是有局限性的，仅对一些特殊的递推数列才适用. 下面我们介绍一般线性递推关系的通用求解方法.

2. **常系数线性齐次递推关系求解**

所谓常系数线性齐次递推关系是指形如

$$H_n=a_1H_{n-1}+a_2H_{n-2}+\cdots+a_kH_{n-k}$$

的递推关系式，其中的系数 a_i 是常数. 我们将其中的 k 称作阶数.

如果设 $H_n=x^n$，则上述常系数线性齐次递推关系式与方程

$$x^k-a_1x^{k-1}-a_2x^{k-2}-\cdots-a_k=0$$

的关系非常密切. 我们将此方程称为递推关系的特征方程. 首先我们介绍利用特征方程求解常系数线性齐次递推关系的一般步骤.

例 1 求解递推关系 $h_n=5h_{n-1}-6h_{n-2}$，其中初始条件为 $h_0=1$ 和 $h_1=-2$.

解 首先写出递推关系的特征方程

$$x^2-5x+6=0,$$

它的根分别为 $x_1=2$ 和 $x_2=3$. 我们将递推关系的通项公式假设为

$$h_n=c_12^n+c_23^n,$$

其中 c_1 和 c_2 是待定的系数. 利用初始条件为 $h_0=1$ 和 $h_1=-2$，代入通项可得

$$\begin{cases}c_1+c_2=1,\\ 2c_1+3c_2=-2,\end{cases}$$

从而有 $c_1=5$ 和 $c_2=-4$. 因此，该递推关系的通项公式是 $h_n=5\times2^n-4\times3^n$.

例 2 对于初始值 $h_0=1$，$h_1=2$ 和 $h_2=0$，求解下面的递推关系：

$$h_n=2h_{n-1}+h_{n-2}-2h_{n-3}.$$

解 该递推关系的特征方程是

$$x^3-2x^2-x+2=0.$$

它的三个根为 1，-1 和 2，那么设

$$h_n=c_1+c_2(-1)^n+c_32^n$$

为通解. 下面求解三个系数,它们满足

$$\begin{cases}(n=0)\,c_1+c_2+c_3=1,\\(n=1)\,c_1-c_2+2\,c_3=2,\\(n=2)\,c_1+c_2+4\,c_3=0.\end{cases}$$

利用消元法可以求得上述方程组的解是

$$c_1=2,c_2=-\frac{2}{3},c_2=-\frac{1}{3}.$$

因此

$$h_n=2-\frac{2}{3}(-1)^n-\frac{1}{3}\times 2^n$$

是给定的递推关系的解.

注 我们可以验证利用上述方式求出的正是题设中递推关系的通项公式. 需要注意的是,上述求解方式针对的是常系数线性齐次递推关系,而且要求特征方程具有互不相同的特征根. 那么大家可以考虑,对于特征方程有重根的情况要如何处理呢?

下面我们尝试运用一种完全不同的方式来求解例 1 中的递推关系. 首先介绍母函数的概念. 母函数这一概念是由拉普拉斯建立的,它在数学的许多分支都有非常广泛的应用.

定义 设$a_0,a_1,\cdots,a_n,\cdots$是一个无限数列,则称形式幂级数 $f(x)=\sum_{i\geqslant 0}a_ix^i$ 是该数列的母函数.

如果数列$a_0,a_1,\cdots,a_n$是有限项数列,则我们可以将其看作一个a_n之后全为 0 的无限数列,其对应的母函数是 $g(x)=a_0+a_1x+\cdots+a_nx^n$.

例如,设数列$a_0,a_1,\cdots,a_n,\cdots$,其中

$$a_i=\begin{cases}1,0\leqslant i\leqslant n,\\0,i\geqslant n+1,\end{cases}$$

则其对应的母函数为

$$f(x)=1+x+x^2+\cdots+x^n=\frac{1-x^{n+1}}{1-x};$$

每项都为 1 的无穷数列对应的母函数为

$$g(x)=1+x+x^2+\cdots=\frac{1}{1-x};$$

数列$\{1,2,\cdots,n,\cdots\}$对应的母函数为

$$\sum_{k=0}^{\infty}k\,x^{k-1}=1+2x+3\,x^2+\cdots+n\,x^{n-1}+(n+1)\,x^n+\cdots=\frac{1}{(1-x)^2};$$

数列$\{0,1,2,\cdots,n,\cdots\}$对应的母函数为

$$\sum_{k=0}^{\infty}k\,x^k=0+x+2\,x^2+\cdots+n\,x^n+\cdots=\frac{x}{(1-x)^2}.$$

当我们进行形式幂级数运算时,如果遇到的幂级数是收敛的,则我们可以用它的和函数直接参与运算,如果遇到的幂级数不收敛,则它不具有分析上的意义,但是在形式上仍然

具有组合意义.

让我们通过一个具体的例子,体会一下母函数的应用.

例3 一个水果店中有苹果、香蕉、橘子和梨四种水果.某人要在该水果店购买一个果篮,要求果篮中有 n 个水果,而且其中苹果的个数是偶数,香蕉的个数是5的倍数,橘子的个数最多4个,最多有1个梨.那么他要选购的果篮有多少种组合方式?

解 令果篮中苹果的个数所对应的形式幂级数为

$$f_1(x)=1+x^2+x^4+\cdots=\frac{1}{1-x^2};$$

香蕉的个数所对应的形式幂级数为

$$f_2(x)=1+x^5+x^{10}+\cdots=\frac{1}{1-x^5};$$

橘子的个数所对应的形式幂级数为

$$f_3(x)=1+x+x^2+x^3+x^4=\frac{1-x^5}{1-x};$$

梨的个数所对应的形式幂级数为

$$f_4(x)=1+x.$$

那么他购买的有 n 个水果的果篮的组合数所对应的形式幂级数是

$$f(x)=f_1(x)f_2(x)f_3(x)f_4(x)=\frac{1}{(1-x)^2}=\sum_{n=0}^{\infty}(n+1)x^n.$$

因此,他要买的果篮有 $n+1$ 种组合方式.

最后,回到例1中的递推关系,接下来我们将用母函数对其求解.

例4 利用母函数求解递推关系 $h_n=5h_{n-1}-6h_{n-2}$,其中初始条件为 $h_0=1$ 和 $h_1=-2$.

解 设该递推数列对应的母函数为

$$g(x)=h_0+h_1x+h_2x^2+\cdots+h_nx^n+\cdots,$$

将母函数分别乘以 $-5x$,$6x^2$ 可得

$$g(x)=h_0+h_1x+h_2x^2+\cdots+h_nx^n+\cdots$$

$$-5xg(x)=-5h_0x-5h_1x^2-\cdots-5h_{n-1}x^n-\cdots$$

$$6x^2g(x)=6h_0x^2+\cdots+6h_{n-2}x^n+\cdots$$

上述三个等式相加可得

$$(1-5x+6x^2)g(x)=h_0+(h_1-5h_0)x+(h_2-5h_1+6h_0)x^2+\cdots+(h_n-5h_{n-1}+6h_{n-2})x^n+\cdots$$

因为 $h_n-5h_{n-1}+6h_{n-2}=0$,则根据初始条件得

$$(1-5x+6x^2)g(x)=h_0+(h_1-5h_0)x=1-7x,$$

那么

$$g(x)=\frac{1-7x}{1-5x+6x^2}=\frac{5}{1-2x}-\frac{4}{1-3x}.$$

易知

$$\frac{1}{1-2x}=1+2x+(2x)^2+\cdots+(2x)^n+\cdots,$$

$$\frac{1}{1-3x}=1+3x+(3x)^2+\cdots+(3x)^n+\cdots,$$

母函数为

$$g(x)=1-2x+(5\times2^2-4\times3^2)x^2+\cdots+(5\times2^n-4\times3^n)x^n+\cdots,$$

因此递推关系的通项公式是$h_n=5\times2^n-4\times3^n$.

通过例 1 和例 4,我们看到对于同一个问题,可以采用不同的角度和方式进行解答.这也再次告诉我们事物并不是一成不变的,只有以辩证的思维方式和发展变化的眼光来看待问题,才能更好地解决问题.

3. 思政元素的融合渗透

这节课学习了如何通过数列的递推关系寻找通项的表达式,如何以辩证的思维解决问题.辩证思维是以发展视角认识事物的思维方式,它是唯物辩证法在思维中的运用,联系、发展的观点是辩证思维的基本观点.事实上,数学中几乎到处都蕴含着辩证思维.恩格斯在《自然辩证法》中指出数学是辩证的辅助工具和表现形式.数学的思维和方法本质上都是辩证的,数学辩证思维就是要用联系和转化的观点理解知识、处理问题.

习近平总书记对辩证思维高度重视.2020 年 8 月,在听取对"十四五"规划编制的意见和建议专家座谈会上,针对如何正确认识和把握中长期经济社会发展重大问题,习近平总书记提出要以辩证思维看待新发展阶段的新机遇、新挑战.2020 年 11 月,习近平总书记在中央全面依法治国工作会议上强调:"要积极回应人民群众新要求新期待,系统研究谋划和解决法治领域人民群众反映强烈的突出问题,不断增强人民群众获得感、幸福感、安全感,用法治保障人民安居乐业."

因此,在生活学习中,当我们观察问题和分析问题时,要以发展的眼光来看问题,培养辩证唯物主义的世界观.

4. 课堂小结

回顾学习内容:

(1)特征方程求解递推关系的步骤.

(2)母函数的定义及应用.

❖思考与展望❖

本节介绍了求解常系数线性齐次递推关系的方法,包括特征方程法和母函数法,这两种方法分别更适合处理何种类型的问题?对于特征方程有重根的情况,又该如何解决呢?

循环群的定义和性质

——中国剩余定理增强家国情怀及马克思主义哲学的数学内涵

赵可琴

一、课程内容

本课程的内容是循环群的定义和性质,整数加群与模 n 的剩余类加群.其中的难点是模 n 的剩余类加群.

二、思政内容

(1)从“韩信点兵”的故事,领会马克思主义的实践论,即“实践-认识-再实践”的观点.

(2)了解中国剩余定理,进一步提升学生的民族自尊心、自信心和自豪感,使爱国主义精神发扬光大,增强家国情怀.

(3)通过学习循环群的性质,进一步理解辩证唯物主义的对立统一规律.

三、案例设计与教学过程

前面我们学习了群的定义和基本性质,今天我们来学习一类重要的群——循环群.循环群是一类重要的群,也是近代数学史上最早解决的一类群,早在两千多年前,我国数学家就在这方面有了光辉的成就.

首先介绍循环群的定义.

1. 循环群的定义

定义1 如果群 G 可由一个元素 a 生成,即 $G=\langle a\rangle$,则称 G 为由 a 生成的循环群,并称 a 为 G 的一个生成元,即 $G=\{a^i \mid i\in\mathbf{Z}\}$.

下面我们来看两个重要的循环群例.

2. 两个重要的循环群例

例1 整数加群$(\mathbf{Z},+)$是一个无限循环群,且$(\mathbf{Z},+)=\langle 1\rangle=\langle -1\rangle$.

证明 由于 $0=1^0$, $\forall m\in\mathbf{Z}^+, m=1^m$, $-m=m^{-1}=(1^m)^{-1}=1^{-m}$,

所以$(\mathbf{Z},+)=\langle 1\rangle$.同理可证$(\mathbf{Z},+)=\langle -1\rangle$,

因此$(\mathbf{Z},+)$是一个无限循环群,且$(\mathbf{Z},+)=\langle 1\rangle=\langle -1\rangle$.

例2 模 n 的剩余类加群$(\mathbf{Z}_n,+_n)$是一个 n 阶循环群,且$(\mathbf{Z}_n,+_n)=\langle\bar{1}\rangle$.

证明 $\mathbf{Z}_n=\{\bar{0},\bar{1},\cdots,\overline{n-1}\}$.由于 $\bar{0}=\bar{1}^0$, $\forall \bar{s}\in\mathbf{Z}_n, \bar{s}=\bar{1}^s$,

所以$(\mathbf{Z}_n,+_n)$是一个 n 阶循环群,且$(\mathbf{Z}_n,+_n)=\langle\bar{1}\rangle$.

上面我们给出了循环群的两个重要例子,事实上我们可以得到,无限循环群都与整数加群同构,而 n 阶循环群都与模 n 的剩余类加群同构.也就是说,对循环群的研究可以归结为对上面这两个群的研究.而人类对于整数加群的研究已有数千年的历史,因此无限循环群的问题已经得到解决.对于剩余类加群,早在两千多年前我国数学家就在这方面有了光辉的成就.著名的孙子定理,在国外被称为中国剩余定理,就是其中一例,故此类循环群问题也已基本解决.

接下来我们介绍著名的"中国剩余定理".

在数学典籍《孙子算经》中,有一个流传很广的经典问题,被后人称为"物不知数"问题:

"今有物不知其数,三三数之剩二,五五数之剩三,七七数之剩二.问物几何?"

意思就是说:有一堆物体不知道有几个.如果 3 个 3 个分组,最后会剩下 2 个;如果 5 个 5 个分组,最后会剩下 3 个;如果 7 个 7 个分组,最后会剩下 2 个.问:这些物体一共有几个?

用我们《近世代数》的语言就是说,一个数模 3 余数是 2,模 5 余数是 3,模 7 余数是 2,问这个数是什么?

该问题称为孙子问题,俗称"韩信点兵",其正确解法称为孙子剩余定理,它最早是由中国人提出来的,因此又叫中国剩余定理.

那么同学们自然要问,上面问题的正确解法是什么呢?事实上,满足以上条件的最小的正整数是 23,而 23 是这样得到的

$$2\times70+3\times21+2\times15-2\times105=23.$$

当然,3,5,7 的最小公倍数,也就是 105 的整数倍加上 23 所得的数,都是满足上面条件的整数.

中国剩余定理体现了我国古代数学文化.中国古代数学文化是中华民族宝贵的精神财富,内容博大精深,在相当长的历史时期里,一直处于世界领先的地位,为人类文明作出了巨大的贡献.中国剩余定理使我们真切地感受到,中华民族是优秀的、高尚的民族,中国是光荣伟大的国家.作为中华儿女,我们应该由衷地为此感到骄傲和自豪,并将以此为动力,努力学习,报效祖国,为实现中华民族伟大复兴的中国梦贡献自己的一份力量.

下面让我们一起来看"韩信点兵"的故事.

秦朝末年,楚汉战争,一次韩信将 1500 名将士与楚王大将李锋交战,苦战一场,楚军回营,汉军也死伤四五百人.于是韩信整顿兵马也返回大本营.当行至一山坡,忽有后军来报,说有楚军骑兵追来,只见远方尘土飞扬,杀声震天.

汉军本来已十分疲惫,这时队伍大哗.韩信带领兵马到坡顶,见来敌不足 500 骑,便急速点兵迎敌.他命令士兵 3 人一排,结果多出 2 名;接着命令 5 人一排,结果多出 3 名;他又命令士兵 7 人一排,结果又多出 2 名;韩信马上向将士们宣布,我军有 1073 名勇士,敌人不足五百,我们居高临下,以众击寡,一定能打败敌人.汉军本来就信服自己的统帅,这样一来更相信韩信是"神仙下凡,神机妙算",于是士气大振,一时间旌旗摇动,鼓声喧天,汉军步步相逼,楚军乱作一团.交战不久,楚军大败而逃.

讲到这,同学们会问,韩信是怎么快速计算出 1073 这个数的呢?事实上

$$105\times10+23=1073.$$

而这里 105 就是 3,5,7 的最小公倍数,也就是说 1073 等于 105 的整数倍加上 23.

“韩信点兵”的故事,充分体现了马克思主义的实践论,即“实践-认识-再实践”的观点.

我们在学习过程中也要善于用实践论作为指导,结合“实践-认识-实践”的观点,也就是说,大家在自己的学习领域要善于发现问题(实践),利用所学知识建立数学模型(认识),然后再解决实际问题(再实践).

人类认识事物的过程,总是遵循着“实践-认识-再实践-再认识”的规律,如此循环.追求真理永无止境.

最后我们来学习循环群的性质.

3. 循环群的性质

定理 1 循环群都是交换群.

证明 设 $G=\langle a\rangle$, $\forall x,y\in G$,则由循环群的定义 $\exists i,j\in\mathbf{Z}$,使得 $x=a^i$, $y=a^j$,于是 $xy=a^ia^j=a^{i+j}=a^ja^i=yx$,因此 G 是交换群.

注 定理的逆命题不成立,即交换群不一定都是循环群,例如克莱因(Klein)四元群.

我们知道克莱因四元群是一个交换群,它有 4 个元素,且除单位元以外其他元素均为 2 阶元,也就是说,该群不能由一个元素生成,当然不是循环群.事实上克莱因四元群是阶数最小的非循环群.

定理 2 循环群的子群都是循环群.

证明 设 $G=\langle a\rangle$, $H\lneqq G$.若 $H=\{e\}$,则 H 是循环群.以下假定 $H\neq\{e\}$.

由于当 $a^m\in H$ 时,$a^{-m}\in H$,所以可设 a^m 为 H 中 a 的最小正幂,则

$$\langle a^m\rangle\subseteq H. \qquad ①$$

另外,$\forall a^s\in H$,设 $s=mq+r, 0\leqslant r<m$.由于 $a^s\in H, a^m\in H$,所以 $a^r=a^{s-mq}=a^s(a^m)^{-q}\in H$,由 m 的最小性得 $r=0$,即 $s=mq$,于是 $a^s=(a^m)^q\in\langle a^m\rangle$,这表明

$$H\subseteq\langle a^m\rangle. \qquad ②$$

由①和②得 $H=\langle a^m\rangle$,即循环群的子群都是循环群.

同学们想一想,定理 2 的逆命题是否成立呢?也就是说,如果一个群的子群都是循环群,那么这个群是否也是循环群?我们知道,这个群本身也是它的一个子群,当然就是循环群了,故上面的定理 2 也可以改成充要条件.

我们课下也可以进一步考虑,上面两个定理的否命题是否成立?以及逆否命题又分别是什么?

对循环群性质的讨论,体现了辩证唯物主义的对立统一规律,即事物与事物之间都是相互联系,相互渗透,相互影响的.另外,事物又都是一分为二的,它是物质世界运动、变化和发展的最根本的规律.因此,我们要通过辩证唯物主义的对立统一规律认识事物,在学习一个定理时,不仅要理解定理本身,还要同时考虑它的逆命题、否命题以及逆否命题.

4. 思政元素的融合渗透

今天,我们学习了循环群的定义和性质.首先,从“韩信点兵”的故事,我们领会了马

克思主义的实践论,即“实践-认识-再实践”的观点.其次,中国剩余定理,使我们进一步体会到中华民族的伟大,进一步提升了民族自尊心、自信心和自豪感,使爱国主义精神发扬光大,增强了家国情怀.最后,循环群的性质所蕴含的思想,让我们领悟到了辩证唯物主义的对立统一规律,并将此应用到数学的学习和实践当中.

5.课堂小结

(1)循环群的定义.

(2)两个重要的循环群例.

(3)循环群的性质.

❖思考与展望❖

本节我们了解了循环群的定义和性质,认识了两类重要的循环群例.作为思考题,同学们可以试着证明无限循环群都与整数加群同构,n 阶循环群都与模 n 的剩余类加群同构.

西罗定理的应用

——矛盾论的数学应用及愚公移山精神的数学精髓

赵可琴

一、课程内容

(1)回顾西罗(Sylow)定理.

(2)西罗定理的应用举例.

二、思政内容

(1)证明一个群不是单群的关键就是要找到它的一个非平凡正规子群,这一点体现了马克思主义的矛盾论,启发学生将矛盾论的观点用于实际问题中,解决问题要学会抓主要矛盾.

(2)数学问题向来是既抽象又困难的,倡导学生发扬愚公移山的不怕困难、持之以恒的精神.

三、案例设计与教学过程

1.回顾西罗定理

1872年,挪威数学家西罗给出了著名的西罗定理,若尔当称它是"置换群中最基本的结论之一",它是研究群论,特别是有限群论的重要工具,在有限群的理论及有限单群的分类中有着重要的作用.

下面我们来回顾西罗定理.

定理1(西罗第一定理)(存在性)　设G为有限群,p为素数,若$p^k \mid |G|$,$k \geqslant 0$,则G中一定有p^k阶的子群,特别地,G有西罗p-子群.

接下来我们一起回忆一下西罗p-子群的相关概念.

定义1　设G为有限群,$|G| = p^l \cdot m$,其中$(p,m)=1$,p为素数,由西罗第一定理,G有p^l阶的子群,阶为p^l的子群(群G的最高p幂阶子群)称为G的西罗p-子群,简称西罗子群.G中所有西罗p-子群构成的集合记作$\mathrm{Syl}_p G$,西罗p-子群的个数记作n_p,即n_p等于西罗p-子群构成集合的基数$n_p = |\mathrm{Syl}_p G|$.

定理2　(西罗第二定理)(共轭性)　设G为有限群,$|G| = p^l \cdot m$,其中$(p,m)=1$,p为素数,P为G的一个西罗p-子群,那么G的任意一个阶为$p^k(k \leqslant l)$的子群H一定包含在一个与P共轭的西罗p-子群之中.这里k是小于等于l的整数.

推论1　在有限群中,任意两个西罗p-子群都互相共轭.特别地,群G有唯一的西罗p-子群P当且仅当$P \trianglelefteq G$.

推论2　给出了西罗p-子群正规的充要条件是G有唯一的西罗p-子群.

这是我们后面证明一个群不是单群的关键.

推论3 设 G 为有限群,p 为素数,$p \mid |G|$,则 G 中全部西罗 p-子群的个数是 $|G|$ 的因子,即 $n_p \mid |G|$.

推论3告诉我们,如果 $|G| = p^l \cdot m$,且$(p,m)=1$,那么 G 的西罗 p-子群的个数一定整除 m.

定理3 (西罗第三定理)(个数) 设 G 为有限群,p 为素数,$p \mid |G|$,则 G 的西罗 p-子群的个数 $n_p \equiv 1 (\bmod p)$,即$n_p = kp+1$.

推论4 设 G 为有限群,$|G| = p^l \cdot m$,其中$(p,m)=1$,p 为素数,则 $n_p \mid m$.

下面我们来看西罗定理的应用.

2. 西罗定理的应用

例1 证明15阶的群必为循环群.

分析 要证明15阶的群必为循环群,只需证明它是由一个元素生成的群,因此我们只需证明这个群中存在15阶的元素.

证明 设群 G,且 $|G| = 15$. 设 $P \in \mathrm{Syl}_3 G, Q \in \mathrm{Syl}_5 G$,因为 $15 = 3.5$,

由西罗定理得

$n_3 = 3k+1 \mid 5$,推出 $k=0, n_3=1$,即西罗3-子群唯一,因此 $P \trianglelefteq G$.

$n_5 = 5l+1 \mid 3$,推出 $l=0, n_5=1$,即西罗5-子群唯一,因此 $Q \trianglelefteq G$.

于是 $\forall e \neq a \in P, \forall e \neq b \in Q$,有 $a^{-1}b^{-1}ab \in P \cap Q$,而事实上 $P \cap Q = \{e\}$.

(这是因为:若 $P \cap Q \neq \{e\}$,则 $\exists e \neq x \in P \cap Q$,由于 P 和 Q 都是素数阶的循环群,那么 x 就是它们的生成元,于是 $P = \langle x \rangle = Q, P = Q$,显然这是一个矛盾)

因此 $a^{-1}b^{-1}ab = e$,即 $ab = ba$,而 $o(a)=3, o(b)=5$.

根据前面讲过的一个结论:如果两个元素可交换,且阶数互素,那么它们乘积的阶等于阶的乘积. 因此 $o(ab)=15$,从而 $G = \langle ab \rangle$ 为循环群.

我们证明了15阶的群必为循环群,事实上,这个结论告诉我们,15阶的群只有一种同构类型,也就是循环群.

例2 设 p,q 为不同的素数,证明不存在 pq 阶的单群.

分析 我们知道,如果一个群没有非平凡的正规子群,那么我们称这个群为单群,因此要证明不存在 pq 阶的单群,只需证明这个群没有非平凡的正规子群就可以了.

证明 设群 G,且 $|G| = pq$.

由于题目中没有告诉我们 p,q 的大小,所以不妨设 $p>q$,设 $P \in \mathrm{Syl}_p G$.

因为 p 比 q 要大,所以我们考虑 G 的西罗 p-子群,计算西罗 p-子群的个数.

由西罗定理,$n_p = kp+1 \mid q$,而 $p>q$,于是满足条件的 $k=0, n_p=1$,从而 $P \trianglelefteq G$.

这样 G 有非平凡的正规子群,因此 G 不是单群,即不存在 pq 阶的单群.

例2告诉我们不存在 pq 阶的单群,例如 $p=3, q=5$ 时,15阶的群就不是单群. 事实上,刚才例1已经证明了15阶的群必为循环群,而显然这个群有非平凡的正规子群,因此不是单群,当然 pq 阶的群还有很多.

另外,从例2的证明过程我们看到,证明的关键就是要找到它的一个非平凡的正规子群,这一点体现了马克思主义的矛盾论,我们要将矛盾论的观点用于实际问题中,解决问题要学会抓主要矛盾,这是我们解决问题的关键.

例 3 设 p,q 为不同的素数,证明不存在 p^2q 阶的单群.

分析 我们来对比一下例 2 和例 3,例 2 是 pq 阶的群,而例 3 是 p^2q 阶群,从 pq 到 p^2q,虽然 p 的次数只是增加一次,但是证明难度却大大增加,证明方法当然也不同,下面我们来看证明.

证明 设群 G,且 $|G| = p^2q$. 设 $P \in \mathrm{Syl}_pG, Q \in \mathrm{Syl}_qG$.

由例 2 我们知道,要证明不存在 p^2q 阶的单群,只需证 G 有一个非平凡的正规子群,但这里 p、q 在题目中的地位显然不同,因此我们需要分 $p > q$ 和 $p < q$ 两种情况进行讨论.

(1) 当 $p > q$ 时,我们仍然考虑它的西罗 p-子群,由西罗定理,$n_p = kp + 1 \mid q$,由于 $p > q$,推出 $k = 0, n_p = 1$,因此 $P \lhd G$.

(2) 当 $p < q$ 时,我们考虑它的西罗 q-子群,$n_q = lq + 1 \mid p^2$,由于 $p < q$,推出 $n_q = 1$ 或者 p^2.

①若 $n_q = 1$,则 $Q \lhd G$.

②若 $n_q = p^2$,显然这时 G 的西罗 q-子群就不正规了,但是直接证明西罗 p-子群正规又是行不通的,因此我们换一种思路,采取逆向思维. 首先来计算 G 中 q 阶元的个数,由于 G 的每一个西罗 q-子群都含有 $q-1$ 个 q 阶元,那么 p^2 个西罗 q-子群就含有 $p^2(q-1)$ 个 q 阶元,则 G 中 q 阶元的个数为 $p^2(q-1) = p^2q - p^2$,于是 G 中非 q 阶元(剩下的元)有 $p^2q - (p^2q - p^2) = p^2$ 个,由于 G 的西罗 p-子群含有 p^2 个元素,且西罗 p-子群又是存在的,因此这 p^2 个元素恰组成 G 唯一的西罗 p-子群 P,从而 $P \lhd G$.

综上可知,无论哪种情况,G 总是有非平凡的正规子群,因此 G 不是单群,即不存在 p^2q 阶的单群.

刚才我们通过 3 个例子介绍了西罗定理的一些应用. 当然,西罗定理的应用远不限于此,比如我们可以利用它来确定某些群的同构类型,等等. 这些问题我们后面还会进一步讨论.

大家知道,数学问题向来是既抽象又困难的,尤其是现在我们所学的近世代数课程,因此要学好数学就一定要发扬愚公移山的不怕困难、持之以恒的精神,不达目的,誓不罢休!

3. 思政元素的融合渗透

今天的课程,我们回顾了西罗定理,并给出了西罗定理的一些应用. 思政点体现在以下两个方面:第一,利用西罗定理证明一个群不是单群的问题,解决这类题目的关键是找到它的一个非平凡的正规子群,这一点体现了马克思主义的矛盾论,我们要将矛盾论的观点用于实际问题中,解决问题要抓主要矛盾. 第二,面对近世代数课程,尤其是西罗定理内容的抽象和困难,我们应当发扬愚公移山的不怕困难、持之以恒的精神,不达目的,誓不罢休!

4. 课堂小结

(1) 回顾西罗定理.

(2)西罗定理的应用总结.

❖课后思考题❖

本节我们介绍了西罗定理的一些应用. 当然,西罗定理的应用还有很多. 同学们课下可以试着证明不存在 56 阶和 148 阶的单群,以及确定 10 阶群的同构类型.

线性规划图解法

——不以规矩,不能成方圆,发扬协作精神

刘瑞芳

一、课程内容

本课程的内容是线性规划模型及求解具有两个决策变量的线性规划模型的图解法.其中的难点是掌握图解法的具体求解步骤.

二、思政内容

(1)“不以规矩,不能成方圆”,线性规划图解法的可行域是“规矩”,其最优解是“方圆”.

(2)融入思政元素:通过融入《孟子》名言,让同学们领悟到在解决具体问题时,一定要遵循客观的研究规律,透过现象看本质,从量变到质变,从而获得所要解决问题的最优方案,进而培养和提高同学们的团队协作意识.

三、案例设计与教学过程

1.引言

上节课我们学习了运筹学的绪论部分,在讲运筹学的分析步骤时,我们首先需要发现和确定待研究的实际问题,进而构造其数学模型.运筹学的数学模型很多,包括线性规划模型、整数线性规划模型、多目标规划模型、非线性规划模型等,其中最基本最重要的当属线性规划模型.

什么是线性规划的数学模型呢?我们首先从下面两个实际问题入手.

引例1 某工厂在计划期内要安排生产Ⅰ,Ⅱ两种产品,已知生产单位产品所需的设备台时及A,B两种原材料的消耗,如表1所示.

表1

	Ⅰ	Ⅱ	总用量
设备	1	2	8台时
材料A	4	0	16 kg
材料B	0	4	12 kg

该工厂每生产一件产品Ⅰ可获利2元,每生产一件产品Ⅱ可获利3元,问:应如何安排计划才能使获利最多?

这显然是一个在生产管理和经营活动中经常遇到的一类问题,要想回答上述问题,我们必须建立它的线性规划模型.

引例 2　设有两砖厂 A_1 和 A_2 分别供应三个工地 B_1、B_2 和 B_3，运价如表 2 所示，问：应如何调运才能使总运费最省？

表 2　运费表

单位：元/万块

		工地			
		B_1	B_2	B_3	产量/万块
砖厂	A_1	50	60	70	23
	A_2	60	110	160	27
销量/万块		17	18	15	50

这仍然是一个在经济建设中经常碰到的大宗物资调运问题. 要想解决这样的实际问题，我们仍然需要先建立它的线性规划模型.

2. 线性规划的数学模型

求解引例 1：建立数学模型.

第一步，确定决策变量：设 Ⅰ，Ⅱ 两种产品的产量分别为 x_1 和 x_2.

第二步，确定目标函数：最大化利润 $Z=2x_1+3x_2$.

第三步：确定约束条件. 在这个问题中，约束条件是设备台时及两种材料总量的限制.

设备台时：$x_1+2x_2\leqslant 8$，

材料 A：$4x_1\leqslant 16$，

材料 B：$4x_2\leqslant 12$.

则这个问题的数学模型为

$$\max Z=2x_1+3x_2,$$
$$\begin{cases}x_1+2x_2\leqslant 8,\\4x_1\leqslant 16,\\4x_2\leqslant 12,\\x_1,x_2\geqslant 0.\end{cases}$$

求解引例 2：建立数学模型.

设 x_{ij} 表示由砖厂 A_i 运往工地 B_j 的砖的数量，则我们有如下模型：

$$\min Z=50x_{11}+60x_{12}+70x_{13}+60x_{21}+110x_{22}+160x_{23},$$
$$\begin{cases}x_{11}+x_{12}+x_{13}=23,\\x_{21}+x_{22}+x_{23}=27,\\x_{11}+x_{21}=17,\\x_{12}+x_{22}=18,\\x_{13}+x_{23}=15,\\x_{ij}\geqslant 0,i=1,2,j=1,2,3.\end{cases}$$

由引例 1 和引例 2 可知，这两个例子都属于优化问题，它们的共同特征是：

(1)都有一组决策变量;

(2)都有一组约束条件;

(3)都有一个需要最大化或者最小化的目标函数.

满足上述三个条件的数学模型称为线性规划的数学模型.

线性规划数学模型的一般形式如下:

$$\max(\min)Z=c_1x_1+c_2x_2+\cdots+c_nx_n,$$

$$\begin{cases}a_{11}x_1+a_{12}x_2+\cdots+a_{1n}x_n\leqslant(=,\geqslant)b_1,\\a_{21}x_1+a_{22}x_2+\cdots+a_{2n}x_n\leqslant(=,\geqslant)b_2,\\\cdots\cdots\\a_{m1}x_1+a_{m2}x_2+\cdots+a_{mn}x_n\leqslant(=,\geqslant)b_m,\\x_1,x_2,\cdots,x_n\geqslant0.\end{cases}$$

其中 c_j 称为价值系数,a_{ij}称为技术系数,b_i 称为限额系数.

3. 求解线性规划的图解法

(1)线性规划图解法.

线性规划是目标函数和约束条件都是线性函数的优化问题,那么线性规划问题有没有最优解呢?如果有,怎么去找呢?对于只有两个决策变量的线性规划问题来说,用图解法来求它的最优解方便简单.图解法不仅能够求得最优解,还能得到带有普遍意义的结论,这些普遍性的结论能够帮助我们理解具有任意多个决策变量的线性规划问题的规律性,具有直观意义.图解法简单直观,有利于了解线性规划问题求解的基本原理.下面我们举例说明图解法的基本求解步骤.

用图解法求解引例 1 的最优解.

$$\max Z=2x_1+3x_2,$$

$$\begin{cases}x_1+2x_2\leqslant8,\\4x_1\leqslant16,\\4x_2\leqslant12,\\x_1,x_2\geqslant0.\end{cases}$$

第一步:求可行解域.

可行解域是所有满足约束条件的数组,四个不等式是四个半平面,可行解域就是这四个半平面的公共部分.其形状为一个凸多边形区域,可行解是凸多边形内的一个点,如图 1 所示.

第二步:确定等值线.

在几何上,目标函数 $Z=2x_1+3x_2$ 代表平面上的一个平行直线簇,簇中每一条直线对应一个 Z 值.凡落在同一条直线上的点(x_1,x_2),如果又落在可行解域上,那么这样的点就是具有相同的目标函数值的可行解,因此平行直线簇中的每一条直线又称为等值线.

等值线:$x_2=-\dfrac{2}{3}x_1+\dfrac{Z}{3}$,以 Z 为参数.

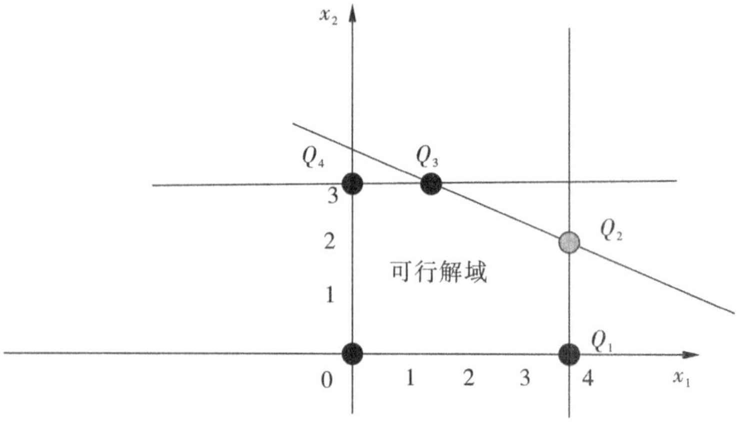

图 1　可行解域

第三步:移动等值线,求最优解.

我们画出几条等值线,使每条等值线都和可行解域(凸多边形)有交点,并且使等值线所对应的 Z 值递增(图 2). 观察图 2 可知,等值线离原点越远,Z 值越大,而通过 Q_2 点的等值线就是使目标函数值达到最大的等值线,这条等值线和凸多边形只相交于 Q_2 点,因此 Q_2 点为最优解.

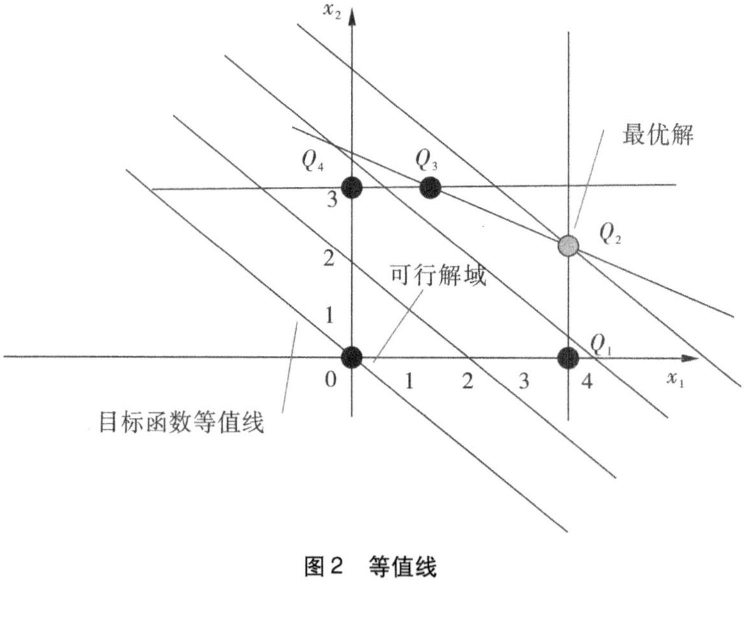

图 2　等值线

由$\begin{cases} x_1+2x_2=8, \\ 2x_1=16 \end{cases}$解出 Q_2 点的坐标为(4,2).

则该问题的最优解就是(4,2),最优值为 14.

由引例 1 的图解法求解步骤,我们总结出具有两个决策变量的线性规划问题图解法的一般步骤.

(2)线性规划图解法的基本步骤.

步骤 1:根据约束条件在平面上画出可行解域,该可行解域是由满足约束条件的点所组成的凸多边形.

步骤 2:根据目标函数确定目标函数值的等值线,以及目标函数增长的方向.

步骤 3:沿目标函数增长方向移动目标函数的等值线,直到和可行解域某一顶点相交并达到最大值,该交点即为问题的最优解.

(3)线性规划图解法的数学思想.

仔细分析图解法的每一个步骤,我们发现线性规划的图解法蕴含着丰富的数学思想.

1)数形结合. 数是形的数,形是数的形. 针对具有两个决策变量的线性规划问题,图解法的引入非常必要和直观,图解法的步骤 1 采用数形结合的方法起到了事半功倍的效果. 图解法将可行解域展示在二维平面上,化抽象为形象,化冰冷为激情,化枯燥为有趣.

2)化零为整. 求解具有两个决策变量的线性规划问题是在二维的可行解域中寻求最优点. 然而,可行解域中有无穷多个点,要把这无穷多个点所对应的目标函数值都求出来是不可能的,更不要说再比较它们对应的目标函数值,从而求出最优解了. 图解法的求解步骤 2 中,根据目标函数确定了目标函数值的等值线,利用等值线将杂乱无章的无穷多个点的函数值的比较问题,变成了无穷多条等值线的比较问题,起到了化零为整、化无序为有序的作用.

3)化静为动. 等值线有无穷多条,静态的比较它们也是行不通的. 图解法的步骤 3 中沿目标函数增长方向移动等值线,化静为动,采取“动”的思想,找到静态等值线之间的关系,分析运动过程中“值”的变化,从而找出线性规划问题的最优解.

4. 思政元素的融合渗透

以线性规划图解法的知识点和数学思想为基础,我们深入探究这一线性规划经典算法,探究其蕴含的丰富的思政元素.

(1)不以规矩,不能成方圆.

在我们进行图解法的步骤 1 时,我们要按照一定的规则,根据约束条件在二维平面上画出可行解域. 确定可行解域是图解法的根本,有了可行解域,我们才能确定目标函数的最大值. 如果没有可行解域,再好的目标也是无法实现的. 有可行解域但可行解域无界,也是达不到最优的. “不以规矩,不能成方圆”,我们必须按照一定的规则正确地确定出可行解域. 就比如我们生活在当今社会这个大家庭中,为了每个人都能各安其所,就要有各种行为准则来约束我们.

(2)透过现象看本质,发扬协作精神.

在图解法的步骤 2 中,我们需要根据目标函数确定目标函数值的等值线,以及目标函数增长的方向. 等值线巧妙地利用化零为整的思想,把杂乱无章的点归在了等值线这个共性上,使得各个零散的点发扬团结协作精神,汇成等值线. 比如我们的世界是复杂的也是简单的,复杂在每个事物都有自己的个性,而简单又在于它们具有本质上的共性. 同学们,我们解决问题时,如果我们能够善于透过现象看本质,寻求共性,发扬协作精神,就能保证高效地解决我们的复杂问题.

(3)厚积薄发,量变引起质变.

在图解法的步骤3中,我们总是沿着目标函数增长方向移动目标函数的等值线,直到和可行解域的某一顶点相交并达到最大值,该交点即为问题的最优解.从这个步骤中,同学们不难发现这里隐含着量变到质变的转变规律.我们知道,质变会促使事物的发展,但是这需要量的积累,积累得多了,就会引起事物的发展变化.不断进步,积沙成丘,做任何事,都不像我们想象得那么简单,我们会遇到这样那样的困难,但是困难并不可怕,可怕的是我们无法下定决心去克服它.同学们,我们的学习何尝不是具有这样的规律呢?我们都觉得数学课程课程抽象,知识点琐碎,但是只要同学们注意平时的积累,厚积薄发,就能取得巨大的成功.

5. 本节课小结

以运筹学课程中的线性规划图解法这一教学内容为例,我们介绍了如何将线性规划的图解法这一知识点与大学生的思想政治教育相结合,与人生哲理和做事方法相结合.在以后运筹学的教学过程中,我们要立足课程本身的特色,提炼出爱国情怀、社会责任、法治意识、人文精神、文化自信等要素,从而实现思政寓课程、课程融思政,充分发挥该课程在思想政治教育中的重要作用.

❖思考与展望❖

对具有两个决策变量的线性规划问题,比如引例1,我们采用图解法可以轻松求其最优解.那么对具有两个以上决策变量的线性规划问题,比如引例2,图解法就失效了,我们该如何求解它们呢?

牛顿迭代法

——志之所趋，无远弗届，穷山距海，不能限也

王 楠

一、课程内容

本课程的内容是求解非线性方程的解的牛顿迭代法的基本思想、迭代格式的实现过程以及收敛性. 其中的教学难点是理解牛顿迭代法的基本原理以及收敛性分析.

二、思政内容

(1)“志之所趋，无远弗届，穷山距海，不能限也.”非线性方程组的求解是“志”，牛顿迭代法的实现过程就是不断奋斗的过程，实现从无到有，从小到大，把理想变成现实.

(2)融入思政元素：融入《格言联璧》中的名言，让学生体会到在人生的成长道路上要有个目标，并沿着目标的方向不断地努力奋斗，就可能实现自己的梦想. 即使中间会遇到困难，只要能自身坚定并不断改进，方法科学，自然会找到解决问题的办法，实现目标. 这是我国古代人民的哲学思想和智慧结晶，进而培养学生的文化自信以及科学精神.

三、案例设计与教学过程

1. 引言

上次课学习了非线性方程求解的二分法以及不动点迭代法，可以求解很多问题的解但都是线性收敛的. 求解非线性方程，是否还有其他有效的方法？

下面讨论牛顿迭代方法的实际应用.

利用教案以及 PPT 中的素材，展示目前我们出行利用的北斗卫星导航系统中定位问题的非线性方程组以及行星运行轨迹的开普勒方程等. 特别地，北斗系统是我国自主建设、独立运行的卫星导航系统，这不仅体现了我国科技的进步，还对国家安全和经济社会发展具有重要作用. 我们现在所学的数值分析有着很重要的实用价值，我们需要好好学习，理解数值的概念以及算法的精妙，并不断探索，为未来的科学事业贡献自己的一份力量.

从这些实际应用看，非线性方程的求解在实际生活中普遍存在. 求解上述非线性方程的解，都用到了牛顿迭代法. 今天我们就来学习以伟大科学家牛顿命名的牛顿迭代法.

要想弄清楚这些问题，《格言联璧》中有一句名言（我国古代的哲学思想和智慧）：“志之所趋，无远弗届，穷山距海，不能限也.”

因此，求解非线性方程的解——“志”，如果找到科学的方法——“牛顿迭代格式”，不断迭代——“无远弗届，穷山距海”，就得到解——“收敛解”.

2. 牛顿迭代法的基本思想以及数学文化思想

假设 r 是曲线 $f(x)=0$ 的解. 首先,选取x_0为初始近似值,利用"以直代曲"的思想,用切线 $y=f(x_0)+f'(x_0)(x-x_0)$ 来近似曲线 $f(x)$,并以切线与横坐标的交点作为下一个近似点,不断重复以上过程,从而构造出牛顿迭代格式 $x_{k+1}=x_k-\dfrac{f(x_k)}{f'(x_k)}(k=1,2,3,\cdots)$;其次,阐述以切线代替曲线是数值分析中常用的近似办法;最后,阐述利用迭代法求解非线性方程解的基本思想. 该迭代的基本思想是构造一个迭代格式,由迭代格式产生一个迭代序列,使得迭代序列无限接近于非线性方程的解,即随着迭代次数的增加,近似解与精确解之间的差距会无限小. 由切线的表达式引出曲线 $f(x)$ 的泰勒展开式,展现曲线和直线表达式之间的关系,以及非线性函数线性化的思想,从代数角度再次得到牛顿迭代法. 从思政元素的思想来看,若将精确解比作人生目标,若迭代法正确即自身态度和方法正确,牛顿迭代的每一步比作奋斗过程的每一次努力,一定能不断接近梦想.

基于方法名称我们也可以回顾一下牛顿的学术成就以及他的个人事迹. 牛顿是一位伟大的数学家和物理学家,与莱布尼茨分别独立创立了微积分;提出了力学三大定律和万有引力,被称为"近代物理学之父". 他在伦敦大瘟疫时期继续研究微积分学、光学和万有引力并在这些研究领域都有所突破,因此,我们在以后的学习和工作中,即使身处的环境很恶劣,也要勤于思考、努力拼搏、积极进取. 牛顿迭代法中的"以直代曲"的思想和我国魏晋时期数学家刘徽求解圆周率的"割圆术"的思想异曲同工,因此,我们要有民族自豪感,立志为当代的数学研究贡献自己的力量.

3. 牛顿迭代法的收敛性分析

知道牛顿迭代法的方法原理后,我们看一个具体例子. 以开普勒方程 $x-0.9\sin x=1$ 为例,在具体执行牛顿迭代法时,首先需要选定迭代初始值 x_0,然后我们观察 $f(x)=x-0.9\sin x-1$ 的单调性通过画图初步确定开普勒方程的求解区间,来判断出根的区间为 $[0,\pi]$.

紧接着,分别以$x_0=0$ 和 $x_0=\pi$ 按照牛顿迭代公式进行迭代,我们会发现在不同初始值下,利用牛顿迭代法产生的迭代序列都收敛,发现是条抛物线. 我们猜想一下牛顿迭代法的收敛可能是二次收敛的,收敛性和初值有关.

接下来,牛顿迭代法进行局部收敛性分析. 事实上,对于一般的非线性方程 $f(x)=0$,非线性函数的一阶导数 $f'(x)$ 没有统一的表达式,很难进行全局收敛性分析. 又由于牛顿迭代法本质上是一种不动点迭代,我们引入牛顿迭代法的收敛性原理.

定义 1 设$e_i=r-x_i$表示一种迭代方法在第 i 步后的误差. 如果

$$M=\lim_{n\to\infty}\frac{e_{i+1}}{e_i}<\infty ,$$

那么这种迭代是二次收敛的.

定理 1 设 f 是二次连续可微函数,并 $f(r)=0$. 如果 $f'(r)\neq 0$,那么牛顿迭代法局部而且二阶收敛于 r. 第 i 步的误差满足

$$\lim_{n\to\infty}\frac{e_{i+1}}{e_i^2}=M,$$

其中 $M=\left|\dfrac{f''(r)}{2f'(r)}\right|$.

注意:定理1并没有表明牛顿迭代法总是二次收敛的.这主要需要 $f'(r)$ 相除,在单根情形下,$f'(r)\neq 0$,收敛是二次的.但在重根情形下,$f'(r)=0$,收敛就是线性的.

高斯(Gauss)曾说过:"没有大胆的猜测就没有伟大的发现."牛顿迭代法的收敛性分析理论是典型的理论来源于实践的案例.实践是理论形成和发展的源泉,只有在实践中不断探索和认识事物的发展规律,才能逐渐形成科学的理论.

4. 应用举例

例1 用牛顿迭代法求 $f(x)=x^2$ 的根.

解 用牛顿迭代法的公式为 $x_{k+1}=x_k-\dfrac{f(x_k)}{f'(x_k)}=\dfrac{x_k}{2}$.设初始值 $x_0=1$,根确实收敛于0,误差公式为 $e_{k+1}=\dfrac{e_i}{2}$.并且其收敛是线性的.

例2 求解开普勒方程开普勒方程 $x-0.9\sin x=1$ 的牛顿迭代法的收敛性态.

解 由 $f(x)=x-0.9\sin x-1$,可得 $f'(x)=1-0.9\cos x\neq 0$ 且 $f''(x)\neq 0$.由于 $r\in[0,\pi]$.故 $f''(r)\neq 0$.由收敛性定理,可以得到开普勒方程的牛顿迭代法是二次收敛的.

习近平总书记多次在会议上曾引用"志之所趋,无远勿届,穷山距海,不能限也.志之所向,无坚不入,锐兵精甲,不能御也",鼓励大家要志存高远,追逐理想.同学们,在牛顿迭代方法涉及的科学家身上,求解过程以及背后的数学文化中都暗藏了这一道理.我们不管解决什么问题,都要坚定梦想,培养自身修养和掌握正确科学方法,不断奋斗,我们一定会离梦想越来越近.

5. 课堂小结

回顾学习内容:

(1)牛顿迭代法的原理和收敛性分析.

(2)求解牛顿迭代的方法步骤.

❖思考与展望❖

目前我们学习了牛顿迭代方法,能否进行改进或者有更好的办法?若有,这个如何改进?改进的标准又是如何确定的?

插值型数值积分

——以点突破，重点攻坚，宣传党的脱贫政策

任国彪

一、课程内容

本课程的内容是插值型数值积分的计算方法. 其中的难点是积分点的选取.

二、思政内容

(1)“立柱架梁”，坚持突出重点、抓住关键，以点突破、重点攻坚，宣传党的脱贫政策.

(2)在这一部分，理解：抓重点，顾均衡，带全局是党的脱贫方略，集中力量完成关键点脱贫，以点带面，又要把“细”的工作要求贯穿始终，培养学生的制度自信，理解党的脱贫政策、工作方法和目标.

三、案例设计与教学过程

1. 问题的提出

在科学计算和工程设计中，经常要计算如下形式的积分：

$$I(f)=\int_a^b f(x)\,\mathrm{d}x.$$

我们知道，积分值 $I(f)=\int_a^b f(x)\,\mathrm{d}x$ 在几何上可解释为由 $x=a, x=b, y=0$ 和 $y=f(x)$ 所围成的曲边梯形的面积. 积分计算之所以有困难，就是因为这个梯形的一条边 $y=f(x)$ 是曲的(图1).

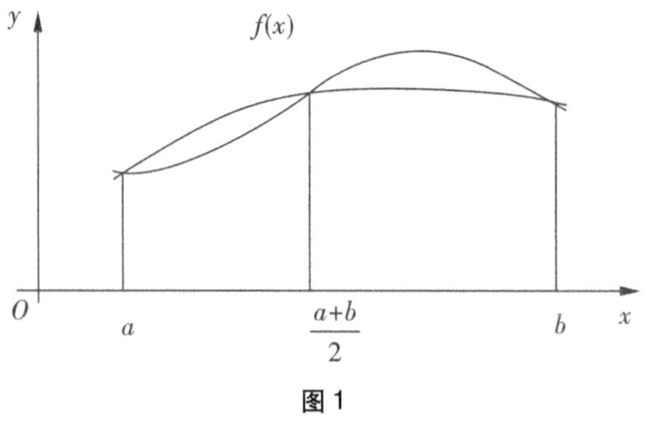

图1

在工程实践中，$f(x)$通常是以离散点的形式给出，因而无法使用微积分中的理论结果. 又大多数情况下，原函数 $F(x)$ 难以求出或者其形式非常复杂，给计算带来不便. 这时

我们就需要采用数值积分来完成积分的计算. 数值积分方法也是微分方程、积分方程数值解法的基础.

什么是数值积分呢？

简单地说，数值积分就是已知函数 $f(x)$ 在 $n+1$ 个节点 x_i 的函数值 y_i，近似求解 $f(x)$ 在区间 $[a,b]$ 的积分值. 它的基本思想是构造一个简单函数来近似代替被积分函数 $f(x)$，然后通过求 $\int_a^b \varphi_n(x)\,dx$ 作为 $\int_a^b f(x)\,dx$ 的近似值. 根据代数精度的不同，数值积分可以分为插值型数值积分和高斯型数值积分.

思政融入：我们在学习和工作中，难免会遇到各种各样的难题，我们要"不畏困难，勇毅前行". 我们知道"只要思想不滑坡，办法总比困难多""每解决一个问题，我们就成长一点". 习总书记在二十大报告中提到："青年强，则国家强，中国青年生逢其时，施展才干的舞台无比广阔，实现梦想的前景无比光明."因此我们要树立解决的信心，问题总是可以解决的，如果一个问题不可以精确地解决，我们就考虑能否近似地解决；一个问题不能完整地解决，我们就考虑能否局部地解决.

2. 插值型数值积分

我们这一节讲插值型数值积分.

在积分区间 $[a,b]$ 上取一组节点 x_k，$a\leqslant x_0<x_1<\cdots<x_n\leqslant b$，作 $f(x)$ 的 n 次拉格朗日插值多项式

$$\varphi_n(x)=\sum_{k=0}^{n} f(x_k)\,l_k(x),$$

其中，$l_k(x)\,(k=0,1,\cdots,n)$ 为插值基函数.

用 $\varphi_n(x)$ 作为被积函数 $f(x)$ 的近似，有

$$I(f)\approx\int_a^b \varphi_n(x)\,dx=\sum_{k=0}^{n} f(x_k)\int_a^b l_k(x)\,dx,$$

记 $A_k=\int_a^b l_k(x)\,dx$，则 $\int_a^b f(x)\,dx\approx\sum_{k=0}^{n} A_k f(x_k)$.

这样，我们用插值多项式 $\varphi_n(x)$ 近似地代替函数 $f(x)$ 所得的数值积分公式，称为插值型数值积分公式.

下面举三个例子：

(1) 0 次插值.

在区间 $[a,b]$ 上，选取中点 $\frac{a+b}{2}$ 作为插值节点，作 0 次多项式插值，则

$$P_0(x)=l_0(x)y_0=1\cdot f\left(\frac{a+b}{2}\right)=f\left(\frac{a+b}{2}\right),$$

$$I=\int_a^b f(x)\,dx\approx\int_a^b P_0(x)\,dx=\int_a^b f\left(\frac{a+b}{2}\right)dx=(b-a)f\left(\frac{a+b}{2}\right).$$

这就是中矩形公式.

(2) 以两端点 a,b 作为插值节点，得到众所周知的梯形公式：

$$\int_a^b f(x)\,dx\approx\frac{b-a}{2}[f(a)+f(b)].$$

(3)以 $a,\frac{a+b}{2},b$ 作为插值节点,得辛普森公式:

$$\int_a^b f(x)\,\mathrm{d}x \approx \frac{b-a}{6}\left[f(a)+4f\left(\frac{a+b}{2}\right)+f(b)\right].$$

综上,插值型数值积分公式都可以表示为

$$I(f)=\int_a^b f(x)\,\mathrm{d}x \approx \sum_{k=0}^{n} A_k f(x_k)=I_n(f).$$

其中,A_k 称为积分系数,x_k 称为积分点.

既然是近似方法,我们必须考虑误差.

定理 1 若 $f''(x)$ 在 $[a,b]$ 上连续,则梯形公式的余项为

$$R(f)=-\frac{(b-a)^3}{12}f''(\eta),\ \eta\in(a,b).$$

证明 根据插值余项定理有

$$f(x)-P_1(x)=\frac{f''(\xi)}{2}(x-a)(x-b),a\leqslant\xi\leqslant b,$$

其中,ξ 是依赖于 x 的函数,两边积分得

$$R(x)=\int_a^b \frac{f''(\xi)}{2}(x-a)(x-b)\,\mathrm{d}x.$$

$f''(\xi)$ 在 $[a,b]$ 上连续,而 $(x-a)(x-b)$ 在 $[a,b]$ 上非正,利用积分中值定理,在 $[a,b]$ 上存在一点 η,使得

$$\int_a^b f''(\xi)(x-a)(x-b)\,\mathrm{d}x=f''(\eta)\int_a^b (x-a)(x-b)\,\mathrm{d}x=-\frac{(b-a)^3}{6}f''(\eta).$$

因此,$R(x)=-\frac{(b-a)^3}{12}f''(\eta)$,$a\leqslant\eta\leqslant b$,定理得证.

3. 复化求积公式

从梯形或辛普森求积公式的截断误差公式可知,当积分区间越小时,误差越小. 通常把积分区间等分成若干个子区间,在每个子区间上用低阶的求积公式(如梯形积分公式、辛普森积分公式),对所有的子区间求和即得整个区间 $[a,b]$ 上的积分公式,这种方法称为复化求积法.

就是先将积分区间 $[a,b]$ 分成 n 个子区间 $[x_{k-1},x_k]$ $(k=1,2,\cdots,n,x_0=a,x_n=b)$,然后在每个小区间上用某个低阶的数值积分公式作为积分 $\int_{x_{k-1}}^{x_k} f(x)\,\mathrm{d}x$ 的近似值(记作 I_k),并取它们的和 $\sum_{k=1}^{n} I_k$ 作为整个区间 $[a,b]$ 上积分 $\int_a^b f(x)\,\mathrm{d}x$ 的近似值(图 2).

将区间 $[a,b]$ 等分为 n 份,记 $h=\frac{b-a}{n}$,各节点为 $x_k=a+kh$ $(k=0,1,\cdots,n)$. 在每个子区间 $[x_{k-1},x_k]$ $(k=1,\cdots,n)$ 上应用梯形公式,得

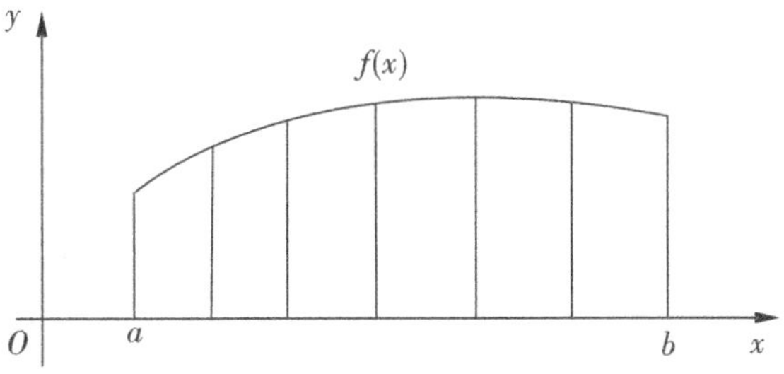

图2

$$I_k=\frac{x_k-x_{k-1}}{2}[f(x_{k-1})+f(x_k)]=\frac{h}{2}[f(x_{k-1})+f(x_k)],k=1,2,\cdots,n.$$

于是

$$\int_a^b f(x)\mathrm{d}x=\sum_{k=1}^{n}\int_{x_{k-1}}^{x_k}f(x)\mathrm{d}x\approx\sum_{k=1}^{n}I_k=\frac{h}{2}\sum_{k=1}^{n}[f(x_{k-1})+f(x_k)].$$

注意到 $x_0=a,x_n=b$ 并记积分近似值为 T_n,整理上式可得

$$\int_a^b f(x)\mathrm{d}x\approx T_n=\frac{h}{2}[f(a)+2\sum_{k=1}^{n-1}f(x_k)+f(b)].$$

该公式称为复化梯形公式.

思政融入:我们从中可以得到什么启发呢?是不是只抓某些关键点可以了呢?还不行.我们可以看出,这时的数值积分公式是近似的,是不收敛的,可能还存在较大的误差,甚至出现龙格现象.因此工作还需要细化,还需要更多的关键点,这就是复化工作.联系到我们的脱贫攻坚战,一两个人富了还不行,还要带动更多的人富起来,从而让所有人都富起来,这才是我们的工作目标.同理,要把我们党的工作深到入群众中去,尽可能地发动群众,才能将党的事业做得更好.

4.思政元素的融合渗透

今天,我们学习了数值积分中的插值型数值积分,在工作、学习和党的各项事业中,要有“立柱架梁”的总体思想,要坚持突出重点、抓住关键,集中力量完成具有牵引性、关键性的任务,以点上突破带动面上改革.“集中力量攻坚克难,更好推进精准扶贫、精准脱贫,确保如期实现脱贫攻坚目标”,2017年2月21日,习近平总书记在中共中央政治局第三十九次集体学习时发表重要讲话,再次为打赢脱贫攻坚战擂响战鼓.党中央、国务院明确提出,到2020年,确保现行标准下建档立卡贫困人口全部脱贫.消除贫困,逐步实现共同富裕,这是中国共产党矢志不渝的奋斗目标.

5.课堂小结

回顾学习内容:

(1)数值积分;

(2)插值型数值积分、复化数值积分.

❖思考与展望❖

在插值型求积公式中，插值节点是事先固定的，能否在$[a, b]$上选择合适的节点，使得 $n+1$ 个积分节点的求积公式的代数精度进一步提高？

拉格朗日插值法

——不忘初心,立足当下,砥砺前行

赵纪坤

一、课程内容

(1)插值法的基本概念(理解).

(2)拉格朗日(Lagrange)插值法(重点).

(3)插值余项(难点).

二、思政内容

插值问题是找一个简单函数去近似一个未知的或复杂的函数,且满足插值条件,这是插值构造的"初心".

对于简单函数的选取,首先想到的是多项式,即实现多项式插值. 如何构造一个多项式近似目标函数,且满足插值条件? 这是我们遇到的问题. 我们需要牢记初心,立足当下,不断探索,砥砺前行,最终找到一种有效解决问题的方法——Lagrange 插值法.

由此联想到,我们国家在建设过程中,始终高举马克思主义伟大旗帜,始终坚持中国特色社会主义道路,我们党在中国特色社会主义发展的道路上脚踏实地,解决发展过程中出现的诸多问题,带领着全国人民走上富强的道路.

三、案例设计与教学过程

1. 引言

今天,我们要学习的插值法,在古代叫内插法,最早记载在东汉末期刘洪编制的《乾象历》中,是古代天文学家编制历法的时候运用的重要方法. 1795 年,拉格朗日在其著作《师范学校数学基础教程》中发表了这个插值方法,也叫作 Lagrange 插值法.

它是用多项式描绘函数图像的一种重要方法. 我们的问题是已知一些描述事物特征的节点,并通过已知节点找到对应的连续、光滑函数,从而求得未知节点处的函数值. 插值法解决问题的办法是找一条穿过所有节点的多项式函数曲线,并用它近似代替我们要表达的曲线. 那么我们就会思考,多项式应该如何确定?

2. 插值法的基本概念

(1)插值问题.

设已知被逼近函数 $f(x)$ 在互异离散点 $x_i \in [a,b]$ 上的值

$$f(x_i)=y_i, i=0,1,2,\cdots,n,$$

在简单函数组 Φ 中求一函数 $\varphi(x)$ 满足插值条件:

$$\varphi(x_i)=y_i, i=0,1,2,\cdots,n \tag{1}$$

此问题称为插值问题. 其中,$f(x)$为被插值函数,区间$[a,b]$为插值区间,离散点x_i为插值节点,函数$\varphi(x)$为插值函数,求插值函数的方法称为插值法.

对于函数族Φ的各种选择,得到相应的插值问题:

- 当Φ为一些三角函数的多项式集合时,称为三角插值.
- 当Φ为一些有理分式集合时,称为有理插值.
- 当Φ为一些多项式集合时,称为多项式插值(或代数插值).

我们重点学习多项式插值. 特别地,取$\Phi=P_n=\text{span}\{1,x,x^2,\cdots,x^n\}$,则$n$次多项式插值问题归结为:求一组系数$a_0,a_1,a_2,\cdots,a_n$,使得$n$次多项式

$$p(x)=a_0+a_1x+a_2x^2+\cdots+a_nx^n$$

满足插值条件(1)式.

(2)待定系数法.

只需将$p(x)$表达式代入插值条件(1)式,即可得到关于待定系数$a_0,a_1,a_2,\cdots,a_n$的线性方程组

$$a_0+a_1x_i+a_2x_i^2+\cdots+a_nx_i^n=y_i, i=0,1,2,\cdots,n.$$

此方程组系数行列式为范德蒙行列式. 由于插值节点x_i互异,所以系数行列式不等于0,方程组有唯一解,即存在唯一的n次多项式$p(x)$满足插值条件(1)式.

例 1 给定数据点

x_i	-1	1	2	5
y_i	-7	7	-4	12

求一个 3 次多项式满足插值条件.

解 使用待定系数法求解.

思考:我们的"初心"是找一个简单函数——多项式去近似函数$f(x)$,且满足插值条件. 目前看来,待定系数法是解决插值问题的一种方法. 显然插值节点越多,得到的高次插值多项式的近似效果可能会更好. 但是,当插值节点比较多,需要找的多项式次数较高时,我们需要求解一个规模比较大的方程组,在实际中,这是不容易做到的. 因此,待定系数法在实际应用中并不是一个有效的方法,我们需要找到一种更高效更实用的插值法.

3. 拉格朗日插值法

我们应当立足当下,从简单情况出发,逐步深入地探索更有效的构造方法.

(1)$n=1$时的情况.

假定有两个互异节点x_0,x_1,对应的函数值为y_0,y_1. 容易算出,一次插值多项式为

$$L_1(x)=\frac{x-x_1}{x_0-x_1}y_0+\frac{x-x_0}{x_1-x_0}y_1,$$

称$L_1(x)$为线性插值. 为了清楚,令

$$l_0(x)=\frac{x-x_1}{x_0-x_1}, l_1(x)=\frac{x-x_0}{x_1-x_0},$$

称之为插值基函数. 容易看出

$$l_0(x_0)=1,l_0(x_1)=0,l_1(x_0)=0,l_1(x_1)=1,$$

从而有

$$L_1(x)=y_0l_0(x)+y_1l_1(x).$$

(2) $n=2$ 时的情况.

假定有三个互异节点 x_0,x_1,x_2,对应的函数值为 y_0,y_1,y_2,则二次插值多项式为

$$L_2(x)=y_0l_0(x)+y_1l_1(x)+y_2l_2(x),$$

称 $L_2(x)$ 为抛物插值. 其中插值基函数分别为

$$l_0(x)=\frac{(x-x_1)(x-x_2)}{(x_0-x_1)(x_0-x_2)},l_1(x)=\frac{(x-x_0)(x-x_2)}{(x_1-x_0)(x_1-x_2)},l_2(x)=\frac{(x-x_0)(x-x_1)}{(x_2-x_0)(x_2-x_1)}.$$

容易看出

$$l_0(x_0)=1,l_0(x_1)=0,l_0(x_2)=0,$$
$$l_1(x_0)=0,l_1(x_1)=1,l_1(x_2)=0,$$
$$l_2(x_0)=0,l_2(x_1)=0,l_2(x_2)=1.$$

(3) 一般情况.

给定 $n+1$ 个互异节点 $x_i,i=0,1,\cdots,n$,对应的函数值为 y_i. 我们构造一般的 n 次插值多项式 $L_n(x)$. 仔细观察前面展示的简单情况,就可以探索出一种比较直接的构造方法——拉格朗日插值法. 其基本过程如下:

首先,构造 $n+1$ 个插值基函数 $l_i(x),i=0,1,\cdots,n$,满足条件:

$$l_i(x_i)=1,l_i(x_j)=0,j\neq i.$$

由此可得 $l_i(x)$ 的表达式为

$$l_i(x)=\prod_{j\neq i}\frac{x-x_j}{x_i-x_j}.$$

然后,得到 n 次插值多项式

$$L_n(x)=y_0l_0(x)+y_1l_1(x)+\cdots+y_nl_n(x)$$

满足插值条件. 此方法称为拉格朗日插值法.

4. 插值余项

构造出来的插值多项式近似效果怎么样,误差有多大? 这是接下来要考虑的问题. 设 $f(x)$ 为被插值函数, $L_n(x)$ 为 n 次插值多项式,则称

$$R(x)=f(x)-L_n(x)$$

为插值余项.

定理 1 设 $f(x)$ 在区间 $[a,b]$ 上存在 $n+1$ 阶导数,则对于任意 $x\in[a,b]$,都存在 $\xi\in(a,b)$,使得

$$R(x)=f(x)-L_n(x)=\frac{f^{(n+1)}(\xi)}{(n+1)!}\omega_{n+1}(x),$$

其中 $\omega_{n+1}(x)=(x-x_0)(x-x_1)\cdots(x-x_n)$.

证明 令

$$R(x)=K(x)\omega_{n+1}(x).$$

作辅助函数

$$\psi(t)=f(t)-L_n(t)-K(x)\omega_{n+1}(t),$$

则 $\psi(t)$ 在区间 $[a,b]$ 上存在 $n+1$ 阶导数，且有 $n+2$ 个互异零点 $x_0,x_1,\cdots,x_n,x$. 由罗尔定理知，存在 $\xi\in(a,b)$，使得

$$0=\psi^{(n+1)}(\xi)=f^{(n+1)}(\xi)-L_n^{(n+1)}(\xi)-K(x)w_{n+1}^{(n+1)}(\xi).$$

由此得

$$f^{(n+1)}(\xi)-(n+1)!\ K(x)=0,$$

即

$$K(x)=\frac{f^{(n+1)}(\xi)}{(n+1)!}.$$

证毕.

5. 应用举例

例 2 已知 $f(-1)=6,f(1)=2,f(2)=3$，求一个次数不超过 2 的多项式 $L_2(x)$ 满足插值条件：$L_2(-1)=f(-1),L_2(1)=f(1),L_2(2)=f(2)$. 设 $f(x)$ 三阶可导，写出余项 $R(x)=f(x)-L_2(x)$ 的表达式.

解 记 $x_0=-1,x_1=1,x_2=2$，构造基函数

$$l_0(x)=\frac{(x-x_1)(x-x_2)}{(x_0-x_1)(x_0-x_2)}=\frac{(x-x_1)(x-x_2)}{6},$$

$$l_1(x)=\frac{(x-x_0)(x-x_2)}{(x_1-x_0)(x_1-x_2)}=-\frac{(x-x_0)(x-x_2)}{2},$$

$$l_2(x)=\frac{(x-x_0)(x-x_1)}{(x_2-x_0)(x_2-x_1)}=\frac{(x-x_0)(x-x_1)}{3},$$

则满足条件的插值多项式为

$$L_2(x)=f(-1)l_0(x)+f(1)l_1(x)+f(2)l_2(x)=x^2-2x+3,$$

余项为

$$R(x)=\frac{f^{(3)}(\xi)}{3!}(x+1)(x-1)(x-2),\xi\in(-1,2).$$

6. 思政元素的融合渗透

今天，我们学习了插值法的基本概念和拉格朗日插值法及其余项估计. 为了求解插值问题，最容易想到的方法是待定系数法，但需要求解线性方程组. 在实际应用中，插值节点变多时，方程的规模也会变大，不容易求解. 然后我们从简单情况出发，逐步探索，找到了一种直接构造插值多项式的方法——拉格朗日插值法，并得到了插值余项的估计式. 这一过程完整体现了“不忘初心，立足当下，砥砺前行”这句话的内在含义.

插值构造的“初心”是什么？是插值问题的求解，即找一个简单函数去近似一个未知的或复杂的函数，且满足插值条件. 对于简单函数的选取，首先想到的是多项式，即实现多项式插值. 如何构造一个多项式近似目标函数，且满足插值条件？对于这个具体问题，待定系数法可以解决问题，但在实际中效率太低. 然后，我们正视问题，立足当下，从简单情况出发，逐步深入地探索，通过观察与总结，找到了一种既直接又有效的构造方法——拉格朗日插值法. 至此，我们仍然不能满足现状，需要继续“砥砺前行”，分析这种构造方

法的误差,得到的插值余项的估计,最终完美地解决了最开始提出的问题.

由此回顾我们党百年征程中,无数革命先烈视死如归的誓言表达了共产党人对共产主义远大理想的坚持.一代又一代中国共产党人,为实现民族独立自强的理想前仆后继、英勇奋斗,千千万万革命先烈为了理想浴血奋战,直至献出宝贵的生命,是坚定的理想信念支撑他们不断奋进.面临百年未有之大变局,我们作为新时代中国青年更应坚定理想、不忘初心、立足当下、砥砺前行.青年兴则国家兴,青年强则国家强.作为新时代的中国青年,一定要不忘初心、砥砺前行,主动担当责任与使命,传承先烈遗志,弘扬革命精神,坚定理想信念,做一个有理想、有本领、有担当的新时代中国青年,做新时代的社会主义建设者和接班人.

7.课堂小结

我们本节课学习了以下内容:

(1)插值法的基本概念;

(2)拉格朗日插值多项式的构造;

(3)插值余项的估计.

数值积分公式构造方法

宋士仓

一、课程内容

(1)数值积分公式中的梯形公式和辛普森(Simpson)公式.

(2)积分及数值积分的线性性.

(3)复化数值积分公式构造.

二、思政内容

(1)大兴调研之风.

(2)习近平总书记在中国共产党成立100周年庆祝大会上的讲话.

(3)党的二十大报告.

三、案例设计与教学过程

1. 引言

实际问题如曲边梯形的面积、变力做功、电通量等问题都可以归结为统一的数学问题——定积分. 微积分的诞生,经历了从实践到理论的过程,从大量的几何、物理问题抽象出了这一概念,经过不断探讨,形成了严格定义意义下的黎曼(Riemann)积分.

黎曼积分的定义为:设$f(x)$在$[a,b]$上有界,对$[a,b]$进行剖分,分点$a=x_0<x_1<\cdots<x_{n-1}<x_n=b$,第$i$个小区间$I_i=[x_{i-1},x_i]$的长度记为$\Delta x_i$,最大小区间长度记为$\lambda=\max\limits_{1\leqslant i\leqslant n}\Delta x_i$.

在每个小区间I_i内任取一点$\xi_i\in[x_{i-1},x_i]$,作和$\sum\limits_{i=1}^{n}f(\xi_i)\Delta x_i$. 如果$\lim\limits_{\lambda\to 0}\sum\limits_{i=1}^{n}f(\xi_i)\Delta x_i=I$存在,并且极限值与区间的剖分与点在区间上的取法无关,则称f在区间$[a,b]$上可积,称极限值为f在区间$[a,b]$上的定积分,记为$I=\int_a^b f(x)\,\mathrm{d}x$.

大家做学问,也要学会调查研究,调研得多了,就会产生理论成果. 中国共产党历来有重视调查研究的好传统,早期毛泽东同志深入农村考察,写出了光辉著作《湖南农民运动考察报告》. 习近平总书记在2022年中共中央政治局召开的民主生活会上讲到:“要大兴调查研究之风,多到分管领域的基层一线去,多到困难多、群众意见集中、工作打不开局面的地方去,体察实情、解剖麻雀,全面掌握情况,做到心中有数. 要营造环境、创造条件,鼓励基层干部群众讲真话、讲实话、讲心里话. 对发现的问题,要分析原因、找准症结,有针对性地研究解决.”用好调查研究这一“传家宝”,练好调查研究这项“基本功”. 我们做学问也要从调研入手,以问题为导向,在大量调研的基础上产生新的概念和方法. 调查研究是谋事之基、成事之道.

2. 寻求近似计算方法——数值积分公式

按定义计算定积分是很困难的,为达到函数定积分的可计算性,寻求了定积分的许多性质,比较重要的如

$$\int_a^b [f(x) + g(x)]\mathrm{d}x = \int_a^b f(x)\mathrm{d}x + \int_a^b g(x)\mathrm{d}x,$$

$$\int_a^b kf(x)\mathrm{d}x = k\int_a^b f(x)\mathrm{d}x,$$

分别称为积分的可加性和齐次性,两个性质合在一起称为积分的线性性. 类似于这种线性性的问题在数学、物理以及其他学科有广泛的应用. 满足线性性的问题是一种很好的现象,在数学上一般有很好的处理或解决办法.

有关定积分、不定积分的计算问题同学们做了大量的习题,学会使用了很多技巧,如变元替换法、分部积分法、奇偶函数对称性、周期函数的积分等,但仍有许多初等函数的积分不能最终归结为用牛顿-莱布尼茨公式 $\int_a^b f(x)\mathrm{d}x = F(x)\Big|_a^b = F(b) - F(a)$ 精确求解出来,其中 $F(x)$ 是 $f(x)$ 的原函数,即 $F'(x)=f(x)$. 而闭区间上连续函数的积分是存在的,因而有必要采取数值方方法近似求出实际值.

用插值多项式近似代替被积函数是构造数值积分的基本方法. 对 $[a,b]$ 区间作等距剖分,用过插值节点的多项式近似代替被积函数,得到的近似公式为牛顿-科特斯(Newton-Cotes)公式. 常用的有梯形公式

$$\int_a^b f(x)\mathrm{d}x \approx \frac{(b-a)}{2}[f(a) + f(b)],$$

相当于将 $[a,b]$ 剖分成 1 份,过两端点作直线,相当于作次数不超过 1 次的插值多项式 $p(x)=\frac{x-b}{a-b}f(a)+\frac{x-a}{b-a}f(b)$ 代替 $f(x)$ 作出的近似计算公式;辛普森公式也称为抛物线公式

$$\int_a^b f(x)\mathrm{d}x \approx \frac{b-a}{6}\left[f(a) + 4f\left(\frac{a+b}{2}\right) + f(b)\right],$$

相当于二等分区间,用三个节点作出的次数不超过 2 次的多项式(几何上表现最多为抛物线) $p(x)$ 代替 $f(x)$ 作出的公式,因此也称抛物线公式. 这种将困难问题转化为容易处理的问题是计算数学研究领域的基本功.

如果区间比较长,靠增加节点用高次多项式代替被积函数 $f(x)$ 构造积分公式

$$\int_a^b f(x)\mathrm{d}x \approx \sum_{i=0}^{n} w_i f(x_i),$$

其中 $w_i = \int_a^b \prod_n \frac{x - x_l}{x_i - x_l}\mathrm{d}x$,这种方案是不可取的. 等距剖分取分点时的公式称为 Newton-Cotes 公式,当 n 比较大时,如 $n>8$,权值会出现负值,权值出现负值的计算公式是不稳定的. 如评选先进班集体时根据每位同学的表现进行打分,如果某个同学的成绩权值是负值,意味着扣分,这个就比较奇怪,有某种不稳定因素. 因此同学们在创先评优过程中要有正能量,努力为班级加分,不能给班级拖后腿.

3. 复化求积公式

解决长区间上定积分数值计算的方法是将长区间剖分成小区间，在每一个小区间上使用低阶的数值积分公式，如梯形公式、辛普森公式，然后把各个小区间的积分加起来.

为方便起见，将$[a,b]$等分成 n 个小区间，每个小区间的长度为 $h=\frac{b-a}{n}$，分点 $a=x_0<x_1<\cdots<x_{n-1}<x_n=b$，由积分的性质

$$\int_a^b f(x)\,\mathrm{d}x=\sum_{i=1}^{u}\int_{I_i}f(x)\,\mathrm{d}x=\sum_{i=1}^{n}\int_{x_{i-1}}^{x_i}f(x)\,\mathrm{d}x,$$

在每一个小区间上使用梯形公式 $\int_{x_{i-1}}^{x_i}f(x)\,\mathrm{d}x\approx\frac{h}{2}[f(x_{i-1})+f(x_i)]$，然后得复化梯形公式

$$\int_a^b f(x)\,\mathrm{d}x=\sum_{i=1}^{n}\int_{x_{i-1}}^{x_i}f(x)\,\mathrm{d}x\approx\frac{h}{2}\sum_{i=1}^{n}[f(x_{i-1})+f(x_i)]=\frac{h}{2}[f(a)+f(b)+2\sum_{i=1}^{n}f(x_i)].$$

对辛普森公式，为推导简化推导记号，不妨设 $n=2m$，即 n 为偶数，从左到右，在两两区间合并成的长度为 $2h$ 的区间上使用辛普森公式

$$\begin{aligned}\int_a^b f(x)\,\mathrm{d}x&=\sum_{i=1}^{m}\int_{x_{2(i-1)}}^{x_{2i}}f(x)\,\mathrm{d}x\approx\sum_{i=1}^{n}\frac{2h}{6}[f(x_{2i-2}+4f(x_{2i-1})+f(x_{2i})]\\&=\frac{h}{3}[f(a)+f(b)+2\sum_{i=1}^{m-1}f(x_{2i})+4\sum_{i=1}^{m}f(x_{2i-1})],\end{aligned}$$

这就得到复化辛普森公式.

复化公式构造的第一步是由部分确定整体，整体是由部分构成的. 由此联想到党的二十大报告指出的部分的内容：“我们要善于通过历史看现实、透过现象看本质，把握好全局和局部、当前和长远、宏观和微观、主要矛盾和次要矛盾、特殊和一般的关系，不断提高战略思维、历史思维、辩证思维、系统思维、创新思维、法治思维、底线思维能力，为前瞻性思考、全局性谋划、整体性推进党和国家各项事业提供科学思想方法.”学习党的二十大报告，把握好整体与部分的关系，对我们日常的学习和今后的工作都是有指导意义的. 第二步是问题的转化，将不容易计算的问题转化为可计算的问题.“35 年来，我们用改革的办法解决了党和国家事业发展中的一系列问题. 同时，在认识世界和改造世界的过程中，旧的问题解决了，新的问题又会产生，制度总是需要不断完善，因而改革既不可能一蹴而就、也不可能一劳永逸.” 这是习近平总书记 2013 年在关于《中共中央关于全面深化改革若干重大问题的决定》的说明中的讲话，处理国家事务的思想值得我们在科学研究中借鉴. 第三步是提取公因式，相当于乘法对加法的分配律，也反映出数值积分也具有线性性. 不用分配律时体现一种强调，逐项计算的意义更加明确，整体由部分构成. 用了分配律是为了减少计算量. 两者在数值上是相等的，但感觉上还是有差别的. 我们来看习近平总书记在庆祝中国共产党成立 100 周年大会上的讲话中九个“以史为鉴”：

以史为鉴、开创未来，必须坚持中国共产党坚强领导.

以史为鉴、开创未来，必须团结带领中国人民不断为美好生活而奋斗.

以史为鉴、开创未来，必须继续推进马克思主义中国化.

以史为鉴、开创未来，必须坚持和发展中国特色社会主义.

以史为鉴、开创未来,必须加快国防和军队现代化.

以史为鉴、开创未来,必须不断推动构建人类命运共同体.

以史为鉴、开创未来,必须进行具有许多新的历史特点的伟大斗争.

以史为鉴、开创未来,必须加强中华儿女大团结.

以史为鉴、开创未来,必须不断推进党的建设新的伟大工程.

再来看英文翻译,摘自中国日报(*China Daily*),是对外权威翻译.英文版译文相当于将公共的“以史为鉴”提取出来,原因是以史为鉴翻译成英文句子比较长,使用的单词比较多,这也从一个侧面说明中文表达力强,增加我们的文化自信.具体的英文表达如下:

As we put conscious effort into learning from history to create a bright future, we must bear the following in mind:

We must uphold the firm leadership of the Party.

We must unite and lead the Chinese people in working ceaselessly for a better life.

We must continue to adapt Marxism to the Chinese context.

We must uphold and develop socialism with Chinese characteristics.

We must accelerate the modernization of national defense and the armed forces.

We must continue working to promote the building of a human community with a shared future.

We must carry out a great struggle with many contemporary features.

We must strengthen the great unity of the Chinese people.

We must continue to advance the great new project of Party building.

两种语言的表述还是有区别的,习近平总书记每讲一处以史为鉴,都爆发出热烈的掌声,起到了强调作用.英文版译文只是把原意表达出来,因提取了公因式,强调的程度没有中文强.

纵观定积分概念和计算方法的形成,符合马克思主义认识论规律.先从许多困难问题抽象出共性的东西,提升到理论,形成定积分的概念.精确计算定积分时又遇到了困难,人们再次回到问题根源再认识,提出了数值积分计算方法和理论.这种循环往复,每一个循环都有新的提高.

4.课程思政内容小结

学会用哲学原理指导专业实践.学习领袖关于调查研究的论述,深入实践,做好基础性工作.认真学习习近平总书记在庆祝中华人民共和国成立70周年大会上的讲话和在中国共产党第二十次全国代表大会上的报告《高举中国特色社会主义伟大旗帜为全面建设社会主义现代化国家而团结奋斗》精神,以讲话、报告精神联系课程学习,更好地掌握专业内容.

5.课程内容小结

本节课分析了定积分在实际计算中的困难,学会了将困难问题转化为可计算问题,所介绍的梯形公式、辛普森公式以及由它们产生的复化积分公式体现了很好的解决问题的思想,这种思想在解决其他数学问题甚至其他实际问题时也会得到借鉴.下一节带同学们分析数值方法计算出的近似值与真值之间的误差，不同的数值方法产生出误差可能不一样，我们进一步分析产生误差的原因，比较不同方法的优缺点.

6. **课后练习**

同学会熟知 $\pi=\frac{1}{4}\int_0^1\frac{1}{1+x^2}\mathrm{d}x$. 将区间$[0,1]$等分成 $n=4,8,16,32$ 份，依次分别用复化梯形公式和复化辛普森公式计算 π 的近似值，并用哲学原理解释你所观察到的现象.

单纯形法

——树立大局意识

陈如冰

一、课程内容

本课程的内容是单纯形法的基本原理和具体求解过程. 其中的难点是理解单纯形法的基本思路.

二、思政内容

融入思政元素:让学生体会到在日常学习生活中,会遇到许多复杂的问题. 在面对复杂问题时,要有大局意识,不能陷于一时的失败而停步不前,要敢于探索,不断修改完善解决方案,最终会找到解决问题的办法.

三、案例设计与教学过程

1. 引言

对于线性规划问题,单纯形法是最常用、最有效的算法之一. 但是,单纯形法的基本思路是什么?

在学习单纯形法之前,我们首先回顾一下相关概念.

线性规划(LP)的标准形式:

$$\begin{aligned} &\max \boldsymbol{cx} \\ &\text{s. t. } \boldsymbol{Ax} \leqslant \boldsymbol{b} \end{aligned} \tag{1}$$

其中 $\boldsymbol{x} \in \mathbf{R}^n$.

其对偶形式为

$$\begin{aligned} &\min \boldsymbol{yb} \\ &\text{s. t. } \boldsymbol{y}^{\mathrm{T}}\boldsymbol{A} = \boldsymbol{c}^{\mathrm{T}} \end{aligned} \tag{2}$$

其中 $\boldsymbol{y} \geqslant 0$

将普通线性规划化为标准形:

(1)若目标函数为最小化,可以通过取负,求最大化.

(2)若约束不等式为等式,可以转变为小于或等于和大于或等于两个不等式. 若约束不等式为大于或等于不等式,可以通过取负,转变为小于或等于等式,比如:

$$x \geqslant 0 \Rightarrow -x \leqslant 0,\ x_1 + 2x_2 = 9 \Rightarrow \begin{cases} x_1 + 2x_2 \leqslant 9, \\ -x_1 - 2x_2 \leqslant -9. \end{cases}$$

标准线性规划的对偶形式如表 1 所示.

表 1

原问题		对偶问题	
变量向量	$\boldsymbol{x}(n\times1)$	$\boldsymbol{y}(m\times1)$	变量向量
目标函数方向	max	min	目标函数方向
目标函数系数向量	$\boldsymbol{c}(1\times n)$	$\boldsymbol{b}^{\mathrm{T}}(1\times m)$	目标函数系数向量
约束系数矩阵	$\boldsymbol{A}(m\times n)$	$\boldsymbol{A}^{\mathrm{T}}(n\times m)$	约束系数矩阵
变量符号	$\geqslant 0$	$\geqslant c_i$	约束符号
	$\leqslant 0$	$\leqslant c_i$	
	urs	$=c_i$	
约束符号	$\leqslant b_i$	$\geqslant 0$	变量符号
	$\geqslant b_i$	$\leqslant 0$	
	$=b_i$	*urs*	

练习 1 写出下列原始线性规划的对偶线性规划.

(1) $\max\ x^{(1)}-3x^{(2)}$,

s. t. $x^{(1)}+2x^{(2)}-x^{(3)}+x^{(4)}\geqslant 5$,

$4x^{(1)}+3x^{(2)}+4x^{(3)}-2x^{(4)}\leqslant 8$,

$-x^{(1)}-2x^{(2)}+2x^{(3)}+5x^{(4)}=0$,

$x^{(2)},x^{(3)}\geqslant 0$.

(2) $\min\ x^{(1)}-3x^{(2)}$,

s. t. $x^{(1)}+2x^{(2)}-x^{(3)}+x^{(4)}\geqslant 5$,

$4x^{(1)}+3x^{(2)}+4x^{(3)}-2x^{(4)}\leqslant 8$,

$-x^{(1)}-2x^{(2)}+2x^{(3)}+5x^{(4)}=0$,

$x^{(2)},x^{(3)}\geqslant 0$.

顶点：令 $P=\{\boldsymbol{x}:\boldsymbol{Ax}\leqslant\boldsymbol{b}\}$ 是一个非空多面体. 若 $\boldsymbol{c}$ 是使得 $\delta=\max\{\boldsymbol{cx}:\boldsymbol{x}\in P\}$ 有限的一个非零向量，那么 $\{\boldsymbol{x}:\boldsymbol{cx}=\delta\}$ 称为是 P 的一个支撑超平面. P 的一个面就是 P 自身或者 P 与其支撑超平面的交. 如果 $\{\boldsymbol{x}\}$ 是 P 的一个面，那么 $\boldsymbol{x}$ 称为是 P 的一个顶点.

弱队偶性定理 如果 $\boldsymbol{x}$ 和 $\boldsymbol{y}$ 分别是线性规划 $\max\{\boldsymbol{cx}:\boldsymbol{Ax}\leqslant\boldsymbol{b}\}$ 和 $\min\{\boldsymbol{yb}:\boldsymbol{y}^{\mathrm{T}}\boldsymbol{A}=\boldsymbol{c}^{\mathrm{T}},\boldsymbol{y}\geqslant 0\}$ 的可行解，那么 $\boldsymbol{cx}\leqslant\boldsymbol{yb}$.

定理（极小面） 令 $P=\{\boldsymbol{x}:\boldsymbol{Ax}\leqslant\boldsymbol{b}\}$ 是一个多面体. P 的一个非空子集 F 是 P 的一个极小面当且仅当 $F=\{\boldsymbol{x}:\boldsymbol{A}'\boldsymbol{x}\leqslant\boldsymbol{b}'\}$，其中，$\boldsymbol{A}'\boldsymbol{x}\leqslant\boldsymbol{b}'$ 是 $\boldsymbol{Ax}\leqslant\boldsymbol{b}$ 的一个子系统.

2. 单纯形法的基本思路

(1) 单纯形法的应用前提：线性规划问题是标准形式，并且多面体 $P=\{\boldsymbol{x}:\boldsymbol{Ax}\leqslant\boldsymbol{b}\}$ 存在一个顶点.

(2) 单纯形法的基本思路：先找出一个初始顶点 $\boldsymbol{x}$，并由此得到向量 $\boldsymbol{y}$. 判断 $\boldsymbol{y}$ 是否为对偶问题的可行解. 若是，则找到原问题的最优解并且求解结束；否则寻找新的顶点，即通过迭代转换到相邻的顶点,并使目标函数值不断增大,再判断得到的新的向量 $\boldsymbol{y}$ 是否为对偶问题的可行解,如此循环往复,直到使目标函数值达到最大为止.

整个过程(图 1)如下:

①向量 $\boldsymbol{y}$ 的构造.

思考:如何借助原始线性规划的顶点 $\boldsymbol{x}$?

由于 $\boldsymbol{x}$ 是顶点,$\boldsymbol{x}$ 也是 $P=\{\boldsymbol{x}:\boldsymbol{Ax}\leqslant\boldsymbol{b}\}$ 的一个极小面. 由极小面的等价条件,可以找到原始线性规划系数矩阵 $\boldsymbol{A}$ 的一个非奇异子矩阵 $\boldsymbol{A}_J$. 令 $\boldsymbol{y}_J=\boldsymbol{c}(\boldsymbol{A}_J)^{-1}$. 通过在向量 $\boldsymbol{y}_J$ 中添加 0 元素得到向量 $\boldsymbol{y}$,并且满足 $\boldsymbol{c}=\boldsymbol{yA}$.

②解的最优性检验.

思考:如何检验 $\boldsymbol{x}$ 是否为最优?

如果 $\boldsymbol{y}\geqslant 0$,那么由 $\boldsymbol{c}=\boldsymbol{yA}$ 可得 $\boldsymbol{y}$ 是对偶线性规划的可行解. 更进一步,根据弱对偶性定理和 $\boldsymbol{cx}=\boldsymbol{yb}$ 可得,$\boldsymbol{x}$ 和 $\boldsymbol{y}$ 分别是原始线性规划和对偶线性规划的最优解. 否则,需要判断原始线性规划是否无界,转到③.

③原始线性规划无界.

思考:如何判断原始线性规划无界?

寻找满足 $y_i<0$ 的最小下标 i. 令 $\boldsymbol{w}$ 是矩阵 $-(\boldsymbol{A}_J)^{-1}$ 的第 i 列. 因此,$\boldsymbol{A}_{J\setminus\{i\}}\boldsymbol{w}=0$ 并且 $a_i w=-1$. 如果 $\boldsymbol{Aw}\leqslant 0$,则 $\boldsymbol{cw}>0$. 这更进一步说明原始线性规划是无界的. 否则,需要进行转轴迭代,寻找原始对偶线性规划的新的顶点,转到④.

④转轴迭代

思考:转轴迭代需要满足什么原则?

保持可行性:构造的新向量仍然是顶点.

逐渐满足最优性:新的顶点能使目标值增加.

思考:如何进行转轴迭代?

令 $\lambda:=\min\left\{\dfrac{\beta_j-a_j x}{a_j w}:j\in\{1,2,\cdots,m\},a_j w>0\right\}$,而 $\boldsymbol{y}$ 是取得这个最小值的最小行标. 令 $J:=(J\setminus\{i\})\cup\{j\}$. 这也保证了 J 的选取不会重复. 因此,J 一共有 $\dbinom{m}{n}$ 种选择. J 的构造保证了新的 $\boldsymbol{A}_J$ 仍是 $\boldsymbol{A}$ 的一个非奇异子矩阵. 令 $x:=x+\lambda w$. x 的构造保证了新的 $\boldsymbol{x}$ 是原始线性规划的一个可行解. 由新的 $\boldsymbol{A}_J$ 和新的 $\boldsymbol{x}$ 可知,关系式 $\boldsymbol{A}_J\boldsymbol{x}=\boldsymbol{b}_J$ 仍满足. 这表明 $\boldsymbol{x}$ 是一个新的顶点. 转到①,进入下次循环. 我们可以发现单纯形法在至多 $\dbinom{m}{n}$ 步迭代之后终止.

3. 思政元素的融合渗透

(1)由顶点 $\boldsymbol{x}$ 构造向量 $\boldsymbol{y}$ 时,需要找到原始线性规划系数矩阵的一个非奇异子矩阵. 此过程启发我们:在解决问题时要学会抓住其本质.

(2)求解线性规划是想要找到一个最优解. 由弱对偶性定理可知,需要对 $\boldsymbol{y}$ 的可行性进行检验. 此过程启发我们:在日常学习生活中,有时不能直接实现目标,要学会应用以迂为直的策略. 就像我们开车时,前面堵了路,可以绕路而行一样. 学会绕弯不是没有原则,而是用另一种办法来实现我们的原则. 此外,通过对偶理论的应用,我们要学会辩证地看待事物. 坚持发展地而不是静止地、全面地而不是片面地、系统地而不是零散地、普遍联系地而不是单一孤立地观察事物.

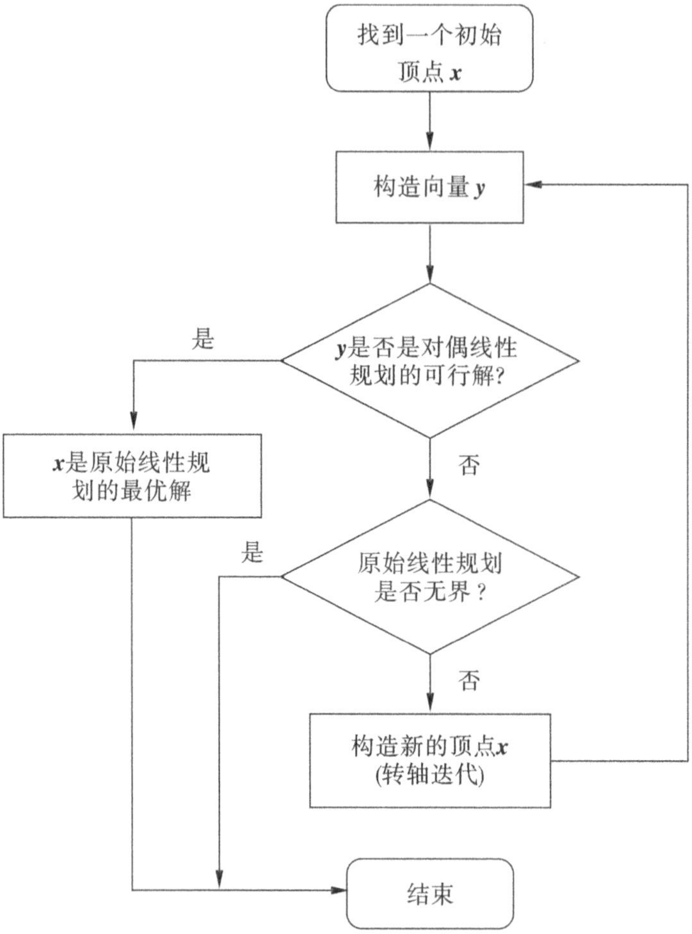

图 1　单纯形法的具体实施过程

(3)若 $\boldsymbol{y}$ 不是对偶线性规划的可行解,则首先需要验证原始线性规划是不是无界的. 此过程启发我们:在日常学习生活中,我们都应该珍惜这个伟大时代,做新时代的奋斗者. 1939 年 5 月,毛泽东同志在延安庆贺模范青年大会上发表讲话,标题就是“永久奋斗”. 他说:“什么是模范青年? 就是要有永久奋斗这一条. ”今天,我们的生活条件好了,但奋斗精神一点都不能少,中国青年永久奋斗的好传统一点都不能丢. 但是,没有方向的话,努力就是原地打转;而方向错误的话,努力就是背道而驰. 因此,我们需要养成积极向上、理性平和的良好的社会心态,沿着正确的方向努力奋斗,为实现中国梦展现新时代青年的青春风采.

(4)若原始线性规划有界,需要通过转轴迭代得到一个新的顶点. 此外,需要对其最优性检验,如此循环,直至找到原始线性规划的最优解或者证明原始线性规划是无界的. 此过程启发我们:在面临复杂问题时,要有大局意识,不能陷于一时的失败而停步不前.

习近平总书记强调，必须牢固树立高度自觉的大局意识，自觉从大局看问题，把工作放到大局中去思考、定位、摆布，做到正确认识大局、自觉服从大局、坚决维护大局. 心中有了大局，不但可以明确前进方向，而且能够看清具体工作的意义，激发起强大的精神动力，保持一个良好的精神状态. 这样一来，不但可以更好地完成任务，而且可以乐在其中，尽情享受. 在大局下行动，为实现中国梦贡献力量.

4. 课堂小结

回顾学习内容：

(1) 单纯形法的基本原理.

(2) 单纯形法的具体实施过程.

❖思考与展望❖

单纯形法是求解线性规划问题最常用、最有效的算法之一. 单纯形法的应用前提之一是多面体 $\boldsymbol{P}=\{\boldsymbol{x}:\boldsymbol{Ax}\leqslant\boldsymbol{b}\}$ 存在一个顶点. 但是，如何寻找原始线性规划的一个初始顶点？

第五篇 其 他

无套利定价原理

——警惕“免费的午餐”，以实干笃定前行，以奋斗开创未来

李少帅 李 华

一、课程内容

本课程的内容是无套利原理与无套利定价方法. 其中的难点是理解无套利定价思想的原理.

二、思政内容

(1)金融市场不提供投机者不劳而获的机会. 虽然存在金融产品定价失误可以带来投资者成功的可能性，但这要求投资者具备必要的知识和对市场的了解. 多个案例表明，以违法和道德观念底线之外的方式获利是不可持续的. 从投资角度来看，应当认识到“天上不会掉馅饼”的现实性. 不法分子编织“稳赚不赔、低成本高回报”和“一夜暴富”的虚假神话，许诺高额回报，以吸引投资者参与，但这些往往是诈骗. 因此，应牢记“世上没有免费的午餐”和“天上不会掉馅饼”的教训，加强甄别能力，警惕骗局.

(2)这一思想同样适用于个人的学习和工作. 机会不会主动降临，它需要有准备的人去把握. 因此，如果只是期望“天上掉馅饼”，机会将不会到来. 这种观点也适用于国家和民族的发展，我们应当以实干笃定前行，以奋斗开创未来. 党的二十大提出中国现代化和中华民族伟大复兴的目标，但这需要全社会的共同努力，而非依赖奇迹. 综上所述，这是一种现实主义和努力奋斗的思想，要求人们有现实的期望，以及为实现目标而付出努力和准备的觉悟.

三、案例设计与教学过程

1. 引言

在上节课中，我们学习了套利资产定价理论. 尽管套利资产定价理论的名称中包含

"套利"这个词,但它与现代的无套利定价理论存在较大的差异. 从形式上和理论发展的脉络来看,套利资产定价理论更接近于资本资产定价模型. 因此,在这一节课中,我们将正式进入对无套利定价理论的学习.

2. 无套利定价原理

套利是指不需要任何现金投入即可获得无风险收益的交易策略.

套利是指通过一种交易策略获得无风险收益,而无须投入任何现金. 金融市场上套利行为执行速度非常快,这种迅速套利的便捷性导致套利机会的存在通常是短暂的. 一旦出现套利机会,投资者会立即进行套利,使市场迅速回归到没有套利机会的均衡状态. 因此,无套利均衡原则用于给金融产品定价. 合理的市场价格使市场中不存在无风险套利机会,这就是无套利定价原理.

无套利定价原理是指在金融市场上不存在套利机会. 这一原理表明,具有相同盈亏的两个证券组合应具有相同的价格. 如果不遵循这一原则,就会产生套利机会.

3. 无套利定价方法

构建两个投资组合,若其终值相等,则现值一定相等. 否则,则出现套利机会,即买入现值较低的投资组合,卖出较高的投资组合,并持有到期,可获得无风险收益. 我们确定的是不存在套利机会时的均衡价格.

无套利定价也称为一价定律. 其含义为相同的东西,应该定相同的价格. 这里相同的东西可以是指完全同质的,还可以是指两个形式不同但本质相同的东西,如资产 A 与另外的一个组合资产(B+C),如果两者在未来任何情况下,它们的收益和亏损都完全一样的话,从本质上来看,它们就是相同的.

根据一价定律,相同的东西应被定相同的价格,如果相同的东西定价不一样,就会导致错误定价,从而产生套利机会,就可以通过低买高卖而获利. 而套利机会最终是会消失的,或者说是转瞬即逝的. 因为一价定律被打破,产生了套利机会,通过低买高卖赚取比无风险利率更高的利润. 套利活动会使得套利利润下降,最终价格会回归到"一价定律"所制定的价格.

在这个充满机遇和风险的世界中,我们常常会面临抉择和诱惑. 人生应当实干笃定前行,以奋斗开创未来,但同时,我们必须认识到"天上不会掉馅饼"的现实性. 投资市场中存在着种种投资骗局,如"稳赚不赔、低成本高回报"和"一夜暴富",这些都是危险的陷阱. 很多诈骗者利用这些虚假承诺吸引投资者参与,然而,投资是需要风险管理和谨慎选择的. 真正的成功来自明智的决策、坚实的知识基础和辛勤的工作,而非侥幸和投机.

4. 无套利定价方法的应用与实例

(1)风险证券

两个风险证券 A 和 B 在到期时具有相同的损益潜力,即它们的价格要么上涨到 1050 元,要么下跌到 950 元(图 1). 如果 A 的当前价格为 1000 元,根据无套利原则,证券 B 的当前价格也应该是 1000 元,否则将存在套利机会.

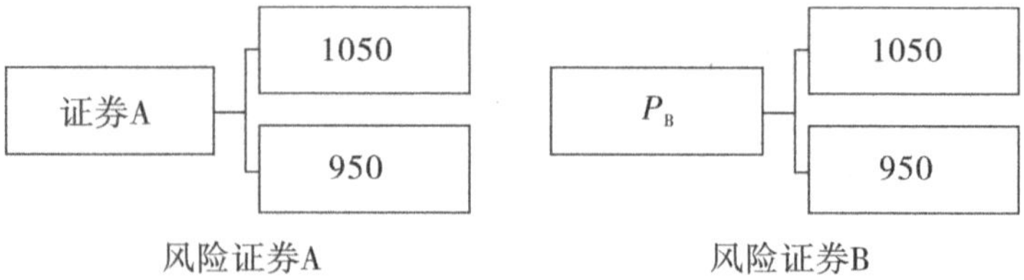

图 1

（2）股票期货

假设今天的股价是每股 $S_0=1000$ 元，今天的借款年利率 $r=6\%$，则 6 个月后的股票期货价格：$F_0=S_0e^{rT}$.

定价方法：我们有两种方法在 6 个月后拥有同样的股票，一种方法是现在借入 $S_0=1000$ 元买进一股股票并持有 6 个月，到期时借款的本息为S_0e^{rT}；另一种方法是现在以 F_0 的价格买入一股 6 个月的股票期货的多头，到期时的买价是 F_0. 这两种方法在 6 个月后都会让我们拥有同样一股股票，根据无套利定价原则，这两种方法的最终结果应该是一样的，即为$F_0=S_0e^{rT}=1030.45$ 元.

如果 $F_0=1040$，接下来我们只要做的就是：①借 1000 元；②购买 1 股股票；③在期货市场卖出一股期货. 然后等到 6 个月后，履行合约，用股票换取 1040 元，归还本金 1000 元，并支付 30 元利息，最终获利 10 元.

（3）股票期权定价

假设一只股票的当前价格为 100 元，我们预测在 3 个月后股票的价格将变为 110 元或者 90 元. 我们希望对于 6 个月后以 105 元的价格购买该股的期权进行定价. 这个期权在 6 个月后将有两种可能的价值情况：如果股票价格达到 110 元，期权的价值将为 5 元；如果股票价格为 90 元，期权的价值将为零.

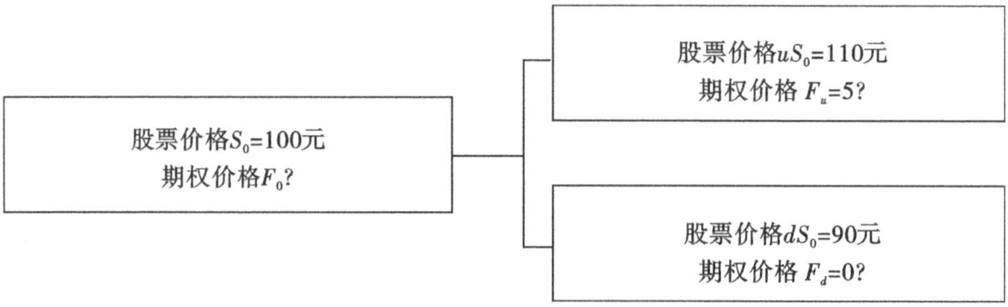

图 2

我们可以采用一种相对简单的方法来对这个例子中的期权进行定价，前提是市场中不存在套利机会. 我们可以通过股票和期权的组合构建一个在 6 个月后价值没有不确定性的投资组合. 由于这个投资组合没有风险，其收益率必然等于无风险利率，因此我们可以确定构建这个投资组合的成本，并由此计算出期权的价格. 由于这里涉及两种证券（股票和股票期权），并且只存在两种不同的可能性，因此我们总是能够构建出无风险的投资组合(图 3).

考虑一个由 Δ 单位的股票多头和一份看涨期权空头所构成的投资组合. 我们将计算出使得投资组合成为无风险投资. 当股票价格从 100 元涨至 110 元时,所持股票的价值为 110Δ,期权的价值为 5 元,投资组合的总价值为 $110\Delta-5$;而当股票价格从 100 元跌至 90 元时,所持股票的价值变为 90Δ,期权的价值为 0,投资组合的总价值为 90Δ. 当这两种可能性下的价值相等时,投资组合不具有任何风险,这意味着:

$$110\Delta-5=90\Delta,$$

则

$$\Delta=0.25.$$

因此,无风险投资组合包含:

多头:0.25 单位的股票.

空头:1 份期权.

如果股票价格上涨为 110 元,投资组合价值为 $110\times0.25-5=22.5$(元). 如果股票价格下跌到 90 元,投资组合价值为 $90\times0.25=22.5$(元). 无论股票价格上涨还是下跌,在期权到期时投资组合的价值总是 22.5 元.

在无套利机会时,无风险投资组合的收益率等于无风险利率. 假设这时的连续复利无风险利率为每年 6%,那么该投资组合在今天的价值必须为 22.5 元的贴现值,

$$22.5e^{-6\%\times6/12}=21.84(\text{元}),$$

即股票在今天的价格已知为 100 元,如果将期权的价格记为 f,那么投资组合在今天的价值是

$$100\times0.25-f=25-f=21.84.$$

整理化简后得到

$$f=3.16.$$

以上讨论说明,在无套利机会时,期权的目前价值必须为 3.16 元. 如果期权价值高于 3.16 元,那么构造投资组合的费用就会低于 21.84 元,而投资组合的收益率就会高于无风险利率;如果期权价值低于 3.16 元,那么卖空这一投资组合将会提供一个低于无风险利率的借款机会.

我们将以上无套利的论证进行推广,以获取其一般形式. 假定股票的价格为 S,股票期权的价格为 f. 假定期权的期限为 T,在期权有效期内,股票价格或会上涨到 S_0u,或者会下跌到 S_0u,其中 $u>1$,$d<1$. 考虑一个由单位的股票长头寸和一份看涨期权短头寸构成的投资组合(图 3).

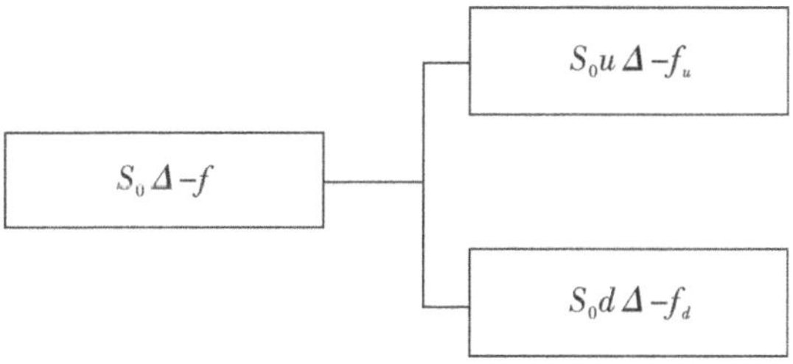

图 3

我们可以找到一个使投资组合没有任何风险的：如果股票价格上涨，在期权到期时投资组合的价值为

$$S_0u-f_u.$$

如果股票价格下跌，组合的价值为

$$S_0d-f_d.$$

我们选取 Δ 使得投资组合在以上两种可能性下价值相等时，投资组合没有任何风险

$$S_0u_\Delta-f_u=S_0d_\Delta-f_d.$$

解得

$$\Delta=\frac{f_u-f_d}{S_0u-S_0d}.$$

根据无套利原则，无风险资产的收益等于无风险利率，组合的现值等于 T 时刻组合的贴现值，即

$$S_0\Delta-f=(S_0u\Delta-f_u)\mathrm{e}^{-rT},$$

$$f=S_0\Delta-(S_0u\Delta-f_u)\mathrm{e}^{-rT}=S_0\Delta(1-u\,\mathrm{e}^{-rT})+f_u\mathrm{e}^{-rT},$$

将 Δ 代入上式，并记

$$p=\frac{\mathrm{e}^{rT}-d}{u-d}.$$

整理可得

$$f=S_0\frac{f_u-f_d}{(S_0u-S_0d)}(1-u\mathrm{e}^{-rT})+f_u\mathrm{e}^{-rT},$$

$$f=\frac{f_u(1-\mathrm{e}^{-rT})+f_d(u\,\mathrm{e}^{-rT}-1)}{u-d}.$$

整理可得

$$f=[pf_u+(1-p)f_d]\mathrm{e}^{-rT}.$$

5. **思政元素的融合参透**

今天，我们深入学习了无套利定价原理——这一在金融和投资领域中极为重要的分析工具. 然而它的意义不局限于这些领域，它在我们每个人的生活中都扮演着至关重要的角色. 我们要牢记“天上不会掉馅饼”的现实性，这一现实提醒我们，成功不是偶然的，而是需要经过艰苦的努力和明智的决策才能够实现.

当我们谈到“以实干笃定前行，以奋斗开创未来”时，我们倡导的是一种积极主动的态度，这种态度贯穿于我们生活的各个方面. 新时代新征程，世界百年未有之大变局加速演进，中华民族伟大复兴进入关键时期，当前战略机遇和风险挑战并存. 我们唯有通过勤奋的工作和坚定不移的毅力，才能够实现自身的目标，开创独特的未来. 让我们怀着坚定的信念，共同奋斗，不断进取. 在党的领导下，我们将能够战胜一切困难，实现个人梦想，为国家的繁荣和人民的幸福而不懈努力.

生命表的基本函数

——分析我国人口情况，推动经济高质量发展

刘 燕

一、课程内容

(1)了解人口普查和分析生命表的目的和意义.

(2)掌握分析生命表的基本函数.

二、思政内容

(1)人口普查是我国的一项基本国策，也是我国人口政策制定的基石.

(2)通过掌握生命表的基本函数，让学生对我国的人口情况进行分析，了解我国人口政策的合理性，分析人口结构和分布这一基本国情，摸清人力资源结构信息，才能够更加准确地把握需求结构、城乡结构、区域结构、产业结构等状况，为推动经济高质量发展，建设现代化经济体系提供强有力的支持.

三、案例设计和教学过程

1. 人口普查和分析生命表的目的和意义

这一节课我们来一起探讨生命表的基本函数. 我们国家有三套经验生命表，从第一套生命表到现在使用的第三套生命表. 生命表可以反映我国人口的生命规律，也是寿险业的基石.

为了了解我国人口发展情况和生命规律，国家会每十年开展一次人口普查，我国已进行过七次人口普查，世界各国也都定期开展人口普查. 当前，中国特色社会主义进入新时代，及时开展人口普查，全面查清我国人口数量、结构、分布等方面的最新情况，既是制定和完善未来收入、消费、教育、就业、养老、医疗、社会保障等政策措施的基础，也为教育和医疗机构布局、儿童和老年人服务设施建设、工商业服务网点分布、城乡道路建设等提供决策依据. 人口普查可以了解人口增长、劳动力供给、流动人口变化情况，摸清老年人口规模，有助于准确分析判断未来我国人口形势，准确把握人口发展变化的新特征和新趋势. 深刻认识这些变化对人口安全和经济社会发展带来的挑战和机遇，对于调整完善人口政策，推动人口结构优化，促进人口素质提升具有重要意义.

人口普查的内容主要包括人口数量、人口结构、人口分布，和对人口特征指标的情况调查(图 1). 对我国人口的数量、区域分布和结构特征进行详尽调查，将普查所得数据汇总于国务院人口普查办公室和国家统计局的人口普查数据库(图 2)，可供各行各业分析人口问题时使用.

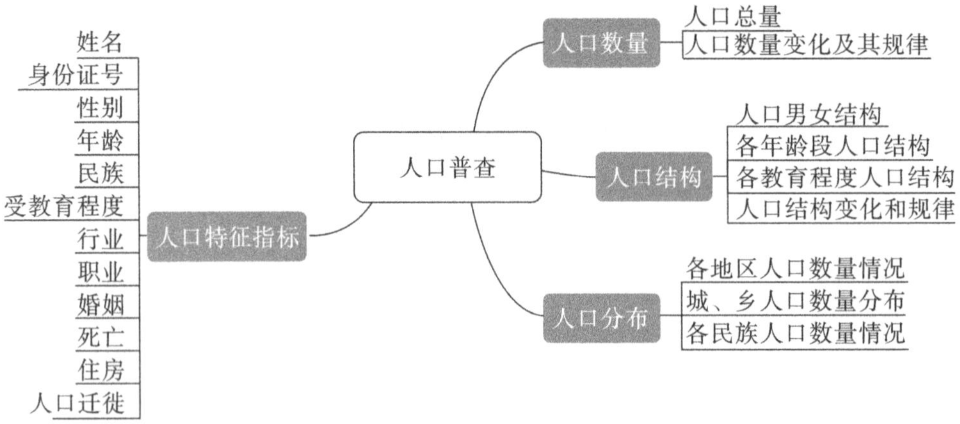

图 1

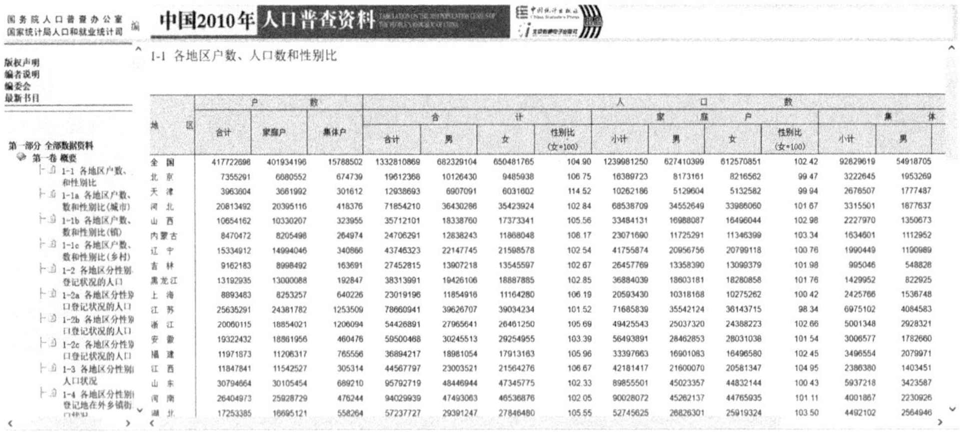

1-1 各地区户数、人口数和性别比

地区	户数			人口数									
				合计				家庭户				集体	
	合计	家庭户	集体户	合计	男	女	性别比(女=100)	小计	男	女	性别比(女=100)	小计	男
全国	417722698	401934196	15788502	1332810869	682329104	650481765	104.90	1239981250	627410399	612570851	102.42	92829619	54918705
北京	7355291	6680552	674739	19612368	10126430	9485938	106.75	16389723	8173161	8216562	99.47	3222645	1953269
天津	3963604	3661992	301612	12938693	6907091	6031602	114.52	10262186	5129604	5132582	99.94	2676507	1777487
河北	20813492	20395116	418376	71854210	36430286	35423924	102.84	68538709	34552649	33986060	101.67	3315501	1877637
山西	10654162	10330207	323955	35712101	18338760	17373341	105.56	33484131	16988087	16496044	102.98	2227970	1350673
内蒙古	8470472	8205498	264974	24706291	12838243	11868048	108.17	23071690	11725291	11346399	103.34	1634601	1112952
辽宁	15334912	14994046	340866	43746323	22147745	21598578	102.54	41755874	20956756	20799118	100.76	1990449	1190989
吉林	9162183	8998492	163691	27452815	13907218	13545597	102.67	26457769	13358390	13099379	101.98	995046	548828
黑龙江	13192935	13000088	192847	38313991	19426106	18887885	102.85	36884039	18603181	18280858	101.76	1429952	822925
上海	8893483	8253257	640226	23019196	11854916	11164280	106.19	20593430	10318168	10275262	100.42	2425766	1536748
江苏	25635291	24381782	1253509	78660941	39626707	39034234	101.52	71685839	35542124	36143715	98.34	6975102	4084583
浙江	20060115	18854021	1206094	54426891	27965641	26461250	105.69	49425543	25037320	24388223	102.66	5001348	2928321
安徽	19322432	18861956	460476	59500468	30245513	29254955	103.39	56493891	28462853	28031038	101.54	3006577	1782660
福建	11971873	11206317	765556	36894217	18981054	17913163	105.96	33397663	16901083	16496580	102.45	3496554	2079971
江西	11847841	11542527	305314	44567797	23003521	21564276	106.67	42181417	21600070	20581347	104.95	2386380	1403451
山东	30794664	30105454	689210	95792719	48446944	47345775	102.33	89855501	45023357	44832144	100.43	5937218	3423587
河南	26404973	25928729	476244	94029939	47493063	46536876	102.05	90028072	45262137	44765935	101.11	4001867	2230926
湖北	17253385	16695121	558264	57237727	29391247	27846480	105.55	52745625	26826301	25919324	103.50	4492102	2564946

图 2

2020 年 11 月 1 日我国第七次人口普查正式启动，仅半年后于 2021 年 5 月 11 日统计局和人口普查办公室已经开始公布基本面数据. 分析我国过去十年人口情况的变化.

2. 生命表的构造和基本函数

同样生命表的研究也是对人口生命规律进行研究. 生命表不仅对保险业至关重要，还是我国人口发展情况的表现. 通过人口普查，可以构建新的生命表. 生命表是反映在封闭人口的条件下，一批人从出生后陆续死亡的全部过程的一种统计表. 我国当前使用的是 2016 年 12 月公布的第三套生命表. 生命表是人身保险业的基石和核心，是保险精算技术水平高低的重要标志之一，广泛用于产品定价、准备金评估等各个方面.

表 1 是 2000—2003 年的寿险经验生命表，也就是我国的第二套生命表；表 2 是我国当前使用的第三套经验生命表. 第三套经验生命表的编制使用数据覆盖了 1.8 亿人口，样本数据量位居世界第一.（渗透思政思想，让学生了解我国人口普查的优越性）大家可

以观察到两个表中数据确实存在一定差距,我国的确有定期更新生命表的必要.

表 1　2000—2003 中国人寿保险业经验生命表

年龄	非养老金业务表		养老金业务表	
	男(CL1)	女(CL2)	男(CL3)	女(CL4)
0	0.000722	0.000661	0.000627	0.000575
1	0.000603	0.000536	0.000525	0.000466
2	0.000499	0.000424	0.000434	0.000369
3	0.000416	0.000333	0.000362	0.000290
4	0.000358	0.000267	0.000311	0.000232
5	0.000323	0.000224	0.000281	0.000195
6	0.000309	0.000201	0.000269	0.000175
7	0.000308	0.000189	0.000268	0.000164
8	0.000311	0.000181	0.000270	0.000158
9	0.000312	0.000175	0.000271	0.000152
10	0.000312	0.000169	0.000272	0.000147
11	0.000312	0.000165	0.000271	0.000143
12	0.000313	0.000165	0.000272	0.000143
13	0.000320	0.000169	0.000278	0.000147
14	0.000336	0.000179	0.000292	0.000156
15	0.000364	0.000192	0.000316	0.000167

表 2　我国当前使用的第三套经验生命表

年龄	非养老类业务一表		非养老类业务二表		养老类业务表	
	男(CL1)	女(CL2)	男(CL3)	女(CL4)	男(CL5)	女(CL6)
0	0.000867	0.00062	0.00062	0.000455	0.000566	0.000453
1	0.000615	0.000456	0.000465	0.000324	0.000386	0.000289
2	0.000445	0.000337	0.000353	0.000236	0.000268	0.000184
3	0.000339	0.000256	0.000278	0.00018	0.000196	0.000124
4	0.00028	0.000203	0.000229	0.000149	0.000158	0.000095
5	0.000251	0.00017	0.0002	0.000131	0.000141	0.000084
6	0.000237	0.000149	0.000182	0.000119	0.000132	0.000078
7	0.000233	0.000137	0.000172	0.00011	0.000129	0.000074

续表 2

年龄	非养老类业务一表		非养老类业务二表		养老类业务表	
	男(CL1)	女(CL2)	男(CL3)	女(CL4)	男(CL5)	女(CL6)
8	0.000238	0.000133	0.000171	0.000105	0.000131	0.000072
9	0.00025	0.000136	0.000177	0.000103	0.000146	0.000074
10	0.000269	0.000145	0.000187	0.000103	0.000146	0.000074
11	0.000293	0.000157	0.000202	0.000105	0.000157	0.000077
12	0.00319	0.000172	0.00022	0.000109	0.00017	0.00008
13	0.000347	0.000189	0.00024	0.000115	0.000184	0.000084
14	0.000378	0.000206	0.000261	0.000121	0.000197	0.00009

生命表(表 3)的研究需要使用生命表的基本函数,下面咱们就进一步介绍生命表中常用的函数.

表 3

年龄 x	l_x	d_x	$1000q_x$
0	1000000	1580	1.58
1	998420	680	0.68
2	997740	485	0.49
3	997255	435	0.44

首先用 l_x 表示存活到整数年龄 x 岁的人口数,例如 0 岁时的人口数量为1000000,也是此生命表研究的封闭人口,随着年龄的增加,生存人数逐渐减少.

d_x是在 x 岁死亡的人数,${}_nd_x$是在 $x \sim x+n$ 岁死亡的人数. 而 q_x是 x 岁的人死亡的概率(闪烁死亡概率列),${}_nq_x$是 x 岁的人在 $x \sim x+n$ 岁死亡的概率. 例如 1 岁的死亡概率 q_1是 1 岁的死亡人数 680 除以 1 岁初的总人数 998420,概率为 0.68‰.

${}_np_x$ 是 $x \sim x+n$ 岁的存活概率,是与${}_nq_x$ 相对的一个函数. 因为 x 岁的生存人数 l_x 减去 x 岁后 n 年内的死亡人数${}_nd_x$,等于 n 年后还生存的人数 l_{x+n},所以将${}_nd_x$ 移项可得 $l_x={}_nd_x+l_{x+n}$,等式两边同除 l_x,可以得到

$$1=\frac{{}_nd_x}{l_x}+\frac{l_{x+n}}{l_x},$$

即${}_nq_x+{}_np_x=1$.

用小写的 l_x 表示人数,而用大写的 L_x 表示人年数,人年数是表示人群存活时间的复合单位,1 个人存活 1 年是 1 人年,2 个人每人存活半年也是 1 人年. ${}_nL_x$表示 x 岁的人在 $x \sim x+n$ 岁生存的人年数.

在死亡均匀分布假设下，$x \sim x+n$ 岁的 n 年中的死亡的 ${}_nd_x$ 个人平均来说存活了 $\frac{n}{2}$ 年，而活到 $x+n$ 岁的 l_{x+n} 个人每人都存活了 n 年，因此有

$$ {}_nL_x \approx nl_{x+n} + \frac{n}{2}\,{}_nd_x = \frac{n}{2}(l_x + l_{x+n}). $$

当 $n=1$ 时，x 岁的人年数 $L_x \approx \frac{1}{2}(l_x + l_{x+1})$.

T_x 表示 x 岁的人群未来累积生存人年数，是 x 岁之后所有年龄人年数的总和，

$$ T_x = L_x + L_{x+1} + \cdots + L_{\omega-1} = \sum_{t=0}^{\omega-x-1} L_{x+t}. $$

在死亡均匀分布假设下，累计人年数 T_x 中每年的人年数都可以表示为期初人数和期末人数的平均值，即 $T_x \approx \sum_{i=0}^{\infty} \frac{1}{2}(l_{x+i} + l_{x+i+1})$.

有了累积人年数 T_x，我们就可以进一步计算 x 岁人群的未来平均存活的时间，使用累积人年数 T_x 除以 x 岁的人数 l_x，就是每人平均未来存活的时间，即平均余寿，用符号 $\mathring{e}_x$ 表示.

当 x 为 0 时，表示出生时平均余寿，即同批人从出生到死亡平均每人存活的年数，也就是平时生活中经常提到的平均寿命.

练习：已知 $l_x = 1000 \times \left(1 - \frac{x}{120}\right)$，计算 ${}_{20}p_{30}$ 和 ${}_5q_{25}$？

分析 观察 l_x 的表达式，可以发现 $x=0$ 岁时，人数为最初人数 1000 人，随着 x 的增加逐渐减少，当 $x=120$ 时，人口数减少为 0，也就是 120 岁是此时的终极年龄.

解

$$ {}_{20}p_{30} = \frac{l_{50}}{l_{30}} = \frac{1-\frac{50}{120}}{1-\frac{30}{120}} = 77.78\%, $$

$$ {}_5p_{25} = \frac{l_{25}-l_{30}}{l_{25}} = \frac{\left(1-\frac{25}{120}\right)-\left(1-\frac{30}{120}\right)}{1-\frac{25}{120}} = 5.26\%. $$

四、课程总结

回顾学习内容，掌握生命表的构造原理和生存概率、死亡概率、平均寿命等常用到基本生存函数，初步学会使用生命函数分析人口变化规律.

❖思考与展望❖

这节课初步接触了生命函数，对离散整数状态下的生存概率、死亡概率、平均寿命等常用到基本生存函数进行讲解，那对于非整数状态的小数年龄生命规律应该如何描述？连续的生命规律应该如何描述？这些问题我们将在随后的课程中逐渐讲解.

“三全育人”理念下高校理工类专业课程思政建设研究

——以数学类专业为例

靳晓敏

高校课程思政建设是落实立德树人根本任务的战略举措. 课程思政强调发挥课堂教学的主渠道作用,使各类课程与思想政治理论课同向同行,形成协同效应,旨在构建一个高水平的人才培养体系,同时也是新时代高等教育的基本要求. “三全育人”教育方针聚焦于“全员、全过程、全方位育人”,强调对学生的全面教育. 高校的专业课程,尤其是理工类专业,是进行思想政治教育的重要阵地,但如何实施“课程思政”则是一大挑战.

一、理工类专业课程思政实现关键路径

在当今的高等教育背景下,理工类的课程思政教育越来越受到广泛关注. 它所蕴含的核心理念是确保科学教育与人文教育的交融,旨在将纯粹的知识传递与深层次的价值观引导相结合,为学生提供一个全面、立体的学习体验. 为了实现这一目标,以下几个方面尤为关键:

1. 突出特色

每一个学科,无论是理工还是人文,都有其独特的特点和魅力. 在进行思政教育时,强调专业特色是非常重要的. 例如在计算机科学教学中,可以探讨编程的伦理问题,如数据隐私和人工智能的道德责任等. 这样的教学方式不仅能确保思政教育与学科教育同步,还能帮助学生更好地理解自己所学专业的历史背景和社会价值,进而培养出更加全面、有深度的人才.

2. 引发共鸣

要想成功地开展思政教育,必须能够引发学生的共鸣. 传统的思政教育方式可能过于教条,难以吸引学生. 但如果能够结合学生的兴趣和所学专业,以及当下的时事热点议题,通过专业应用实际案例、互动讨论等方式进行教学,更有可能激发学生的兴趣.

3. 学生为本

思政教育的目的是培养学生的价值观和人生观,因此必须从学生的角度出发,深入了解学生的需求、兴趣和疑惑,为他们提供定制化的思政教育. 为此,教师应经常与学生进行深入的交流和沟通,了解学生的想法和困惑,然后根据这些反馈调整教学方法和内容,确保思政教育与学生的实际需求相匹配.

4. 协调发展

“术”与“道”在中华文化中是两个重要的概念. 简单来说,“术”指的是技能或方法,而“道”指的是原则或哲学. 在理工类课程思政教育时,我们必须保证这两者的和谐发展. 为了确保科学教育与人文教育的交融,我们必须从多个维度出发,综合考虑学科特色、学

生需求、实际问题和伦理原则，提供一个全面、深入的思政教育体验.

二、数学类专业课程思政元素挖掘

数学作为高校重要基础学科，是课程思政建设的基本载体，高校数学课程覆盖含代数、几何、分析、概率方向，专业范围广，涉及学生多，其中蕴含丰富的育人价值和精神内涵，是开展课程思政建设的重要渠道. 高校数学课程往往内容抽象、理论性强，把思政元素有机融入数学课程教学，能增强数学知识的趣味性，帮助学生理解数学理论，提高学生学习数学的主动性与积极性，进而有效提升学生学习质量和综合素养. 对于高校学生而言，除了掌握技能和知识外，还需要了解数学在中国历史、文化和社会中的地位和价值. 以下是几个具体的方面，通过这些方面，我们可以更好地在数学教育中融入思政元素.

1. 传统文化：数学与中国传统文化的交融

从最早的甲骨文中的数字到周易中的“八卦”，数学与中国的传统文化有着深厚的联系. 教师可以从中探讨古代中国数学的成就，如算盘、魔方等，从而使学生了解到数学不仅是冷冰冰的数字和公式，还蕴含着丰富的文化和历史内涵. 这样不仅可以培养学生的民族自豪感，还可以增强他们对数学的兴趣和热情.

2. 职业操守：数学家的道德观念

学术诚信和职业操守对于任何学科都是至关重要的，数学也不例外. 在数学研究中，抄袭、篡改数据或伪造结果都是严重的学术不端行为. 教师应该强调这些操守的重要性，让学生明白，真正的数学家不仅仅是掌握了技能和知识，更是具有高尚的道德观念和职业操守.

3. 学科发展史：数学家如何影响社会

数学的发展历程充满了许多动人的故事和历史事件. 以中国不同领域的数学专家为例，学习这些数学家的生平和贡献，学生不仅可以了解数学的发展历程，还可以了解数学家如何影响社会，如何为社会带来变革.

4. 时事热点：贴近生活的数学

当下的一些热门议题，如大数据、人工智能和区块链，都与数学有着紧密的联系. 教师可以将这些议题与数学知识相结合，让学生看到数学在现实生活中的应用和价值. 此外，还可以让学生了解行业的精神，如创新、探索和不断追求真理.

5. 教学方式：多样化的思政教学

不同的课程内容和学生群体需要不同的教学方式. 对于基础的数学概念，可以采用案例分析的方式，结合实际问题进行讲解；对于高级的数学课程，可以采用问题导向的方式，引导学生进行深入的思考和探索. 此外，还可以利用现代科技，如 VR、AR 和在线课程等，为学生提供一个更为丰富和有趣的学习体验.

三、“三全育人”理念下数学类专业课程思政建设探析

数学不仅仅是一门学科，更是一种文化、一种哲学. 通过融入思政教育，我们不仅可

以培养出技术娴熟的数学家,还可以培养出具有深厚人文素养和社会责任感的全面人才.

在当今的高等教育环境中,思政教育不仅是培育学生思想品德的必要手段,更是确保学生全面发展的重要保障.对于数学专业的学生,由于其学科特点和学习风格,我们需要采取更全方位、更具针对性的策略来进行有效的思政教育.作为高校数学专业辅导员老师,今后通过以下方式加强对学生的思政教育.

1. **结合学科特色进行思政引导,坚定文化自信**

结合数学历史,让学生了解中西数学发展的不同路径和背后的文化差异,培养其对中华优秀传统文化的热爱和自豪.党的十八大以来,习近平总书记将中华优秀传统文化提升到崭新阶段,赋予了中华优秀传统文化时代内涵.在中华民族悠久的历史长河里,传统数学文化积淀深厚、源远流长,具有中华民族独特的精神标识,是中华传统文化中一朵绚丽的奇葩.在我国历史长河里涌现出许多杰出的数学家,如刘徽、祖冲之、杨辉、李冶……这些光辉的名字背后是他们为推动数学理论的发展作出的不可磨灭的贡献.《周髀算经》《数书九章》等诸多传世著作,汇集了我国古代辉煌的数学成就.算筹运算、天元术、重差术等中国古代数学理论处处闪耀着智慧的光芒,无不展示着我国古代数学思想的深邃,对于培养学生学以致用、服务国家发展提供了丰富的思政教育素材.

2. **融入国家建设与社会时政,课程思政更接地气**

军事国防、载人航天、现代农业等国家重点科技领域无不需要数学的支撑.在数学模型与社会问题方面,鼓励学生使用数学模型来解决实际的社会问题,例如航空运动模糊图像恢复的方法实际上可以转化为求解线性方程组问题,激发学生民族自信,将社会时政有机融入课程教学,能够引导学生坚定理想信念,增强责任担当.

社会现实问题往往复杂多变,而用数学理论和方法处理日常生活各个领域现实问题往往能简化问题,使问题得到高效解决.组织学生参加学科竞赛、社会服务活动,在数学课程教学中,通过设置情境、案例探究,突出数学理论的应用性,可以充分发挥学生的主体作用,引导学生自主思考与探索,培养学生运用数学知识解决复杂实际问题的综合能力,强化创新意识,培养社会责任感.

3. **采用多种教育形式,提升教育效果**

开展课外讲座,邀请数学领域内的专家学者、学院知名校友,分享他们的人生经验和价值观.定期开展读书会与研讨活动,鼓励学生阅读数学相关的人文社科书籍,培养他们的批判性思维和综合素质,让学生在讲座中学到数学知识,并且陶冶情操,真正体会到数学的价值,欣赏数学之美.例如在学习科赫曲线时,引导学生既要看到对称美,又要看到分形美,帮助学生形成审美观,引导学生用辩证唯物的观点看待问题.

4. **强化与学生的个体沟通,确保思政教育的针对性.**

与每位学生进行定期的一对一谈话,了解他们的学习、生活、情感等方面的情况,及时给予指导和帮助.根据学生实际情况,制订个性化文化教育方案,结合每位学生的特点和需求,制订个性化的思政教育方案,确保教育的针对性和有效性.

5. 强化评价与反馈，确保思政教育的质量

通过问卷、访谈、观察等方式，对思政教育的效果进行定期评价. 及时将评价结果及时反馈给学生，鼓励专业课教师提出自己的意见和建议，不断完善教育内容和方法.

对于高校数学专业的学生，思政教育是他们全面发展的重要组成部分. 作为辅导员老师，我们不仅要掌握专业知识，更要具备丰富的教育经验和策略，确保思政教育的科学性、系统性和实效性. 在具体教学实践中应根据课程性质和授课对象，采取适当的思政教学方式，发挥好专业课程的德育作用. 在课程思政建设中，注重“立德树人”，坚持“三全育人”，希望每一位学生都能在课程思政中受益，成为有思想、有情怀、有责任，全面发展的新时代青年.

基于思政第二课堂的大学生数学文化育人研究

袁昊姝

高等学校人才培养是育人和育才相统一的过程,这就要求不断提升专业教育和思政教育的贴合度.数学作为重要的基础学科,立足筑牢国家基础学科根基,助力基础研究,解决国家科技创新中的"卡脖子"问题,具有极其重要的作用和意义.面对培养数学高素质人才的目标,如何将课程思想建设与数学学科特点、课程教学内容及学生成长成才实际相结合,是当前数学高等人才培养中普遍关心的问题.党的二十大报告强调:"育人的根本在于立德."做好思想政治教育需要深刻把握立德的初心使命.习近平总书记指出:"要把立德树人的成效作为检验学校一切工作的根本标准,真正做到以文化人、以德育人,不断提高学生思想水平、政治觉悟、道德品质、文化素养."这也为数学思政育人指明了方向,新时代下,高校思想政治教育工作要坚持发挥文化的教育功能,以文化人.数学文化具有丰富的内涵和外延,将思政教育融入数学文化教育中,特别是通过第二课堂灵活多样的形式,在教育与实践的良性互动中切实提升数学文化育人的效果.

一、数学文化的内涵、教育内容与教育功能

近年来,鉴于数学学科的广泛应用,对于数学文化与数学文化教育的内涵及重要性的探讨越来越多,全国很多大学都开设了数学文化类课程,也有多种相关研究著作及科普读物出版.20世纪60年代数学教育界提出"数学是一种文化"这一新观点,发展至今,关于数学文化的课程、论文、专著以及业界的讨论已经很多,但至今仍没有一个获得学术界广泛认可的数学文化定义.南开大学顾沛教授从数学观角度去描述:"数学文化,简单说,是指数学的思想、精神、方法、观点,以及它们的形成和发展;广泛些说,除上述内涵以外,还包括数学家、数学史、数学美、数学教育、数学发展中的人文成分、数学与社会的关系、数学与各种文化的关系,等等."美国数学会前主席怀尔德认为数学是人类主体文化体系的一个子文化体系,数学文化由数学传统及数学本身所组成.M·克莱因将数学形容为一门方法、艺术、语言,更是一门有着丰富内容的知识体系.

虽然对于数学文化的探讨仍在继续,但我们可以通过众多专家学者对数学、文化及其发展脉络的解读与研究,发现数学文化是数学学科在探索、发现、前进中形成的人类精神文明与物质文明的结晶,包含数学精神与教育,数学史、数学家故事,数学语言、思想、方法,数学之美,数学的科学应用等丰富内涵.数学文化教育即可基于此展开.

数学教育是知识教育,但根据上文论述,可以发现它本质上更是一种素质教育.相较于传统的思政教育,以数学课程为基础的"课程思政"是隐性的德育教育.数学文化具有政治认同功能,通过对中国数学史相关内容的了解,学生可以体会中国数学对人类文明发展的作用,增强文化自信和民族认同.数学文化具有人文教育功能,数学承载着思想和

文化，中国古代的学者将各自的人文思想用数学命题来阐释，是数学精神与人文精神的交融，自然的数量观念让学生建立起用理性去关注、探索事物变化规律的意识，有利于增进理性体验、培养创新精神；艺术的基础美感常常源于数学比例，正如亚里士多德所说，"数学格外地展现了秩序、对称和极限，而这些是美的极致形式"，数学之美是数字的形式具象化表达，比如热带气旋云图中就包含了著名的"斐波那契螺旋线"，有利于提高学生的审美能力，挖掘情感和意志. 数学文化具有思想引领功能，数学严密的逻辑性、高度的抽象性，使人体会科学思考、掌握科学方法，进而学会在错综复杂的现象中抽丝剥茧，厘清主次，帮助学生树立是非观并建立正确的三观；在破解难题、深入钻研中培养学生吃苦耐劳、自力更生、艰苦奋斗的精神，引导学生"立志做有理想、敢担当、能吃苦、肯奋斗的新时代好青年".

二、基于思政第二课堂的数学文化教育的意义与现状

1. 基于思政第二课堂的大学生数学文化教育意义

基于思政第二课堂进行大学生数学文化教育，通过课程设计将思政第二课堂利用好，将数学文化育人与数学教育教学内容本身所蕴含的思政教育元素融合，形成"润物细无声"的思政教育实践，学生更加坚定探求真理、勇攀科学高峰的责任感和使命感，数学文化得到传播，高校思想政治第二课堂的实效性得到提升，逐步构建起思政教育与实践育人并举、具有数学特色的"大思政"教育体系.

(1) 有利于坚定大学生的理想信念，提升大学生的道德修养.

数学文化育人第二课堂最重要的意义之一就是促进数学专业学生素质教育，帮助学生全面发展，养成良好的道德修养和综合素质. 深入挖掘具有教育意义的数学文化素材，如数学家故事、数学在现代科技中的应用等，利用数学文化基因加强大学生的理想信念教育. 同时，充分发挥第二课堂的实践和服务属性，在改造客观世界中实现育人目标. 例如，通过华罗庚毅然回国参与新中国建设的事迹，引导学生感悟其爱国报国的精神，积极将个人理想和价值的实现融入国家发展中，投身"三下乡"等社会实践和志愿服务，让学生深入祖国的田间地头，在弘扬科学精神、传播数学文化、科技助力乡村振兴过程中从内心深处厚植家国情怀，树立起为实现中华民族伟大复兴的中国梦而奋斗的大志，从而引导个人的成长与发展.

(2) 有利于调动学生的主观能动性.

在数学文化育人第二课堂功能的发挥中，坚持以学生为主体，充分调动学生的主观能动性，让学生在第一课堂所接受的知识与教育在第二课堂的延伸中有所领悟，并充分地进行应用，甚至创新转化. 学生对数学文化有天然的亲近感，引导他们利用所学知识开展各类活动，利用建模知识"数绘乡村振兴"，以数字为脉络"数说党史"，在这个过程中达到收获知识、提升技能、锤炼品质的教育效果.

(3) 有利于增强高校校园数学文化的科普与传播.

数学在现代科学技术中的基础地位和数学对人类社会的广泛而深入的影响，让数学文化教育越来越受到重视. 基于思政第二课堂的数学文化教育，有利于数学文化的科普与传播. 数学专业大学生是数学文化的学习者，也是数学之美的传播者，大学生通过数学

文化教育受到专业和思想熏陶，能更好地在校内外开展数学科普活动. 在此过程中，让学生的学习生活与情感体验相结合，学生在活动中受数学文化浸染，对学科及其对国家科技强国建设的重要性的认识更加深刻，信仰愈加坚定，并以点带面扩散感染与影响，促进数学文化的传播.

2. 基于思政第二课堂的大学生数学文化教育的现状

(1) 大学生对基于思政第二课堂的数学文化教育具有一定认同.

数学文化育人在内容上贴近学生的专业学习，是知识体系的丰富与拓展；在形式上，不仅与大多数学生以课外社会实践为主要学习形式的期待相符，更能符合当代学生接受思政教育的方式需求，有利于提升育人的实效性. 结合开展学生工作的实际情况，及与重点学生的沟通交流，可以发现大部分学生能够意识到基于思政第二课堂的数学文化教育的重要性，且对于数学文化育人的内容和形式还是较为受大多数学生的欢迎与认同的.

(2) 存在的问题.

其一，学生参与数学文化育人实践活动的意愿还不够高，参与率还有待提高. 目前，多数学生以获得学分、志愿服务时长加分等为目的参与思政第二课堂数学文化教育活动，并不是发自内心地去主动学习、提升个人能力和思想站位，也反映出高校思政教育效果与目标之间存在差距. 其二，数学文化第二课堂育人与专业教育、思政第一课堂教育的贴合度还不够高. 其三，数学文化教育的方式方法还不够丰富. 开展教育的方法目前局限于社会实践、志愿服务、传统校园文化活动等，不能够满足学生对教育形式更加丰富新颖的需求.

三、基于数学文化的数学思政教育路径探索

1. 创新思政教育形式，互动沉浸式以德育人

要充分发挥数学文化的德育和思政功能，帮助学生形成正确的世界观、人生观和价值观，绝不能将教育停留在理论宣讲、思想政治课本上，需要创新教育形式，结合大学生特点和数学文化人文教育功能，通过现代化的手段和丰富多彩的媒介让教育实实在在融入大学生的生活中，用他们喜闻乐见的形式开展互动式、沉浸式引导，激发学生的情感、意志，增进学生的理性体验. 例如，在开展大学生国家认同教育时，不断创新讲授内容和模式，设计“我是谁”等互动游戏(图 1)，用数学学生更容易接受的形式，更直观地让学生认识自我与集体、国家的关系，并结合中国在新型冠状病毒肺炎疫情肆虐中逆风飞翔，以中国力量、中国速度、中国温度取得了抗疫胜利的实例，强化其国家认同感，引导学生与国同行，共绘中华民族伟大复兴的同心圆.

2. 打造数学特色文化品牌，贴近式以文化人

为把数学文化的实践教学与专业课教学内容、思想政治教育内涵深度融合，高校将学生思想道德修养培育与特色品牌建设相结合，探索更贴近学生成长需求的德育形式，在促进学生专业学习的同时，同步提升专业素养和思想道德修养，形成协同发展的效应. 针对数学学科的特点和学生的实际，借鉴“讲、评、帮、乐、庆”等新时代文明实践工作方式，整合育人资源，广泛发动学生，让学生品德养成有大先生引导、有大课堂陶冶、有大平

台展示.依托特色工作品牌建设,构建融入社会发展、融入时代浪潮、贯穿青年人生发展线的立体化数学文化育人体系,以促进青年成长成才,服务国家建设和社会发展,传递知识、传播数学文化和科学精神的平台,深入推进知行合一实践育人.例如,结合数学科技、教育三下乡的实际,立足科技志愿服务的原点,开展数学文化"扶智与扶志"志愿服务;结合数学专业学生课业任务重的特点,开展"时间管理活动",培育大学生自律意识;为增强学生的专业认同感,举办数学文化节,引领学生体验数学魅力,培育学生热爱数学、与国同行的情怀.

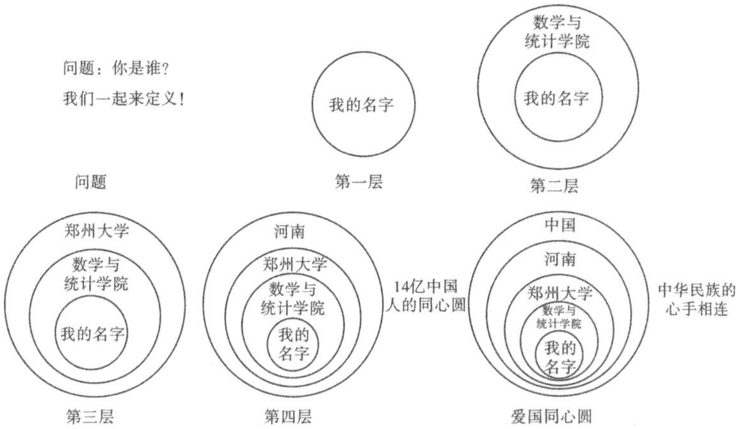

图1

3. 用社会主义核心价值观铸魂育人,融入数学文化思政教育

习近平总书记在十九大报告中指出,要以培养担当民族复兴大任的时代新人为着眼点.把社会主义核心价值观融入社会发展各方面,转化为人们的情感认同和行为习惯.因此,高校在进行大学生思政教育中,以社会主义核心价值观为理论切入点,多角度、多层次科学开展第二课堂思政教育.根据专业大类划分,针对数学作为理工科专业的实际,以全局性、整体性的认识和循序渐进的原则不断加强大学生对社会主义核心价值观内涵的理解与把握,并达到内化为日常生活的实践指导,从而践行在国家认同的具体行动上,即学生所学专业在国家科技创新中发挥的实际效用相结合,增强其国家认同感.根据学生政治素养划分,在团学骨干中着重开展社会主义核心价值观教育并引导他们将之融入数学文化育人实践,让他们切身并成为广大学生的榜样,从而引导并带领学生们厚植家国情怀,增强国家认同感和自豪感.

“大思政”背景下关于学科竞赛与课程思政融合的探究

——以数学类学科竞赛为例

尚 越

习近平总书记在全国高校思想政治工作会议中指出:“高校思想政治工作关系高校培养什么样的人、如何培养人以及为谁培养人这个根本问题.要坚持把立德树人作为中心环节,把思想政治工作贯穿教育教学全过程,实现全程育人、全方位育人,努力开创我国高等教育事业发展新局面.”随着国家对思想政治工作的重视,全国高校对课程思政的研究和建设越来越重视,逐步形成了“大思政”格局.课程思政的提出在于引导高等教育关注学生的全面发展,让每一门课程都发挥育人作用,以实现立德树人的根本目标,对于课程思政的探究不应只停留在课堂之内,而应该辐射到学生在大学中进行学习的各个场域和环节.因此,本文将数学类学科竞赛作为学生的“第二课堂”,结合数学与统计学院实际情况探讨数学类学科竞赛在课程思政推进工作中所具备的潜力以及如何在指导学生参加数学类学科竞赛的过程中融入课程思政.

一、学科竞赛在课程思政建设的重要价值

学科竞赛是通过理论与实践相结合来渗入思政元素,拓宽学生视野、丰富学生专业知识与技能、培养学生创新思维等综合素质的一种实践为主的育人方式.就数学类专业而言,当前学生参与的学科竞赛主要涉及数学建模比赛、全国大学生数学竞赛、大学生创新创业项目、挑战杯、互联网+等.这一系列的竞赛是带有明显的专业性质的、以探究知识为主的实践活动,是一种可被利用的思想政治教育载体.第一,学科竞赛可激发学生的主观能动性.竞赛可以引导学生发现问题、解决问题来完成竞赛任务,不断增强学生学习研究的主动性,不断培养学生的协作能力和创新精神.为了比赛,学生们组建团队,为了共同的目标而奋斗,竞赛中所表现出来的团队合作以及奉献精神,这些精神都是思政元素的重要体现,也是学生们在参与竞赛过程中可以深刻认知的,更容易内化为学生本身的品格,以竞赛为抓手,使思政学习有更好的效果.第二,学科竞赛可增进师生关系.在比赛中,师生党员教师、优秀专业教师以及辅导员通过指导、带队,不仅在专业上指导学生,还可以在为人处世方面更身体力行,一方面联动了高校思政队伍与专业教师、学生,另一方面扩大了党组织的影响力,使得党组织的战斗堡垒作用得到进一步发挥,以此不断推进思政课程和课程思政建设,扩展课内课外思政教育范围的功能,实现了全员育人、全程育人、全方位育人的教育要求.

二、课程思政融入数学类学科竞赛的路径

数学类学科竞赛如何融入课程思政,首先要把立德树人融入思想政治教育、数学素

养教育各环节,分析课程思政在课程教学中是“干什么”以及“怎么干”问题. 其次,要结合竞赛的特点,在竞赛培养指导等环节中融合数学家精神、科学精神、协作精神、企业家精神等思政元素,进行有效的课程融合,充分发挥思政教育与数学素养教育融合的合力.

1. 以学生为中心

学科竞赛指导不同于课堂教学,没有一套既定的教学大纲,而是需要师生根据不同的比赛要求进行针对性的准备和学习. 以数学建模比赛为例,参赛学生需要根据题目要求,完成一篇包括模型的假设、建立和求解、计算方法的设计和计算机实现、结果的分析和检验、模型的改进等方面的论文. 因为比赛的综合性,需要指导教师及时地与学生进行交流,以此了解学生的真实需求,从而进行专业性的指导. 以大学生数学竞赛为例,由于题目主要以拔尖类题型为主,这更需要指导教师针对性地给出做题的思路与方法,进行拔尖式的指点指导. 不同竞赛、不同程度的学生,需要指导教师在指导过程中要以学生为中心去了解学生的需求,通过了解,进行针对性的指导,以此潜移默化地加入思政教育,以此更好地通过学科竞赛帮助学生成长,实现育人目标.

2. 注重价值塑造

课程思政的根本是育人,其目标与情感学习目标具有天然的同质性. 竞赛指导过程中,指导教师除了提供知识技能上的帮助外,也需要及时关注到参赛学生的情感体验,以帮助其形成正确完善的观念. 同时,竞赛指导中,要挖掘加强科研能力强的教师党员参与到学生竞赛的指导中,发挥教师党员支部战斗堡垒作用,发挥教师党员在专业学术和思想政治工作的优势去指导学生组建学科竞赛团队,培养学科竞赛竞技能力. 通过在指导参与过程中,宣传贯彻思想政治教育工作思想,将艰苦奋斗、攻坚克难、开拓创新、团结协作等优良品质精神贯穿学科竞赛指导全过程.

3. 以赛促研,转化成果

通过复盘的形式总结经验,针对赛事过程中发现的问题,掌握学生的思想政治动态,在后续的指导环节中,对形式内容进行改进,从而寻求适合融入思政育人实践育人的优化办法. 同时,学科竞赛凝练出的学生成长典型案例,也能丰富思政工作的宣传教育的素材,使思政工作日益生动丰满,从而更好地去探索寻找数学类学科竞赛与课程思政持续发展融合的路径方法.

三、数学类学科竞赛与课程思政持续发展融合

将学科竞赛作为学生价值观意识形态教育的载体. 学科竞赛中表现的数学家精神、科学精神、协作精神、企业家精神与科技兴国科技强国的战略具有内在一致性,因此要注重数学类学科竞赛与课程思政持续发展融合,在后续的工作中一是要不断强化思政理念,推动“竞赛+思政”融合布局. 发挥教师在推进思想政治教育融入竞赛实践中的关键作用,引领学生塑造正确的世界观、人生观、价值观,教师要不断丰富思政教育知识储备,有效结合专业知识和思政知识,在竞赛实践中开展融入思政内容的融合指导教学,以此实现“全方位育人、全员育人、全过程育人”. 二是要不断增强思政氛围,创建广覆盖+高质量

的竞赛格局.充分挖掘专业竞赛中的育人空间和思政元素，通过系统化的应用过程，让学生认识到思政教育的深刻内涵，同时将其渗透在学生参与的专业竞赛的各个阶段.充分发挥学科竞赛活动在党员教育中的作用，通过比赛结队，组建不同年级竞赛梯队以及党员与非党员的团队，形成“老带新”、党员带队的传帮带新格局，在竞赛实践准备过程中加入思政元素，引导学生学习思政内容，发挥思政育人的最大化作用.同时，要不断坚持以赛促教、以赛促建、以赛促学，引导学院学生投入学科竞赛中，完善构建“思政+学科竞赛”育人体系，推动思政、竞赛和学生发展同频共振，不断找准数学类学科竞赛与课程思政持续发展融合的契合点，用高质量思政教育引领学科竞赛取得新突破.

研究生需要具备的六种职业能力

——缓解就业焦虑，成为可堪大用、能担重任的栋梁之才

姚 毅

一、课程内容

(1)分析当前研究生就业形势.

(2)分析研究生就业需要具备的六种职业能力，并解读如何提升这六种职业能力，使研究生掌握提升自身职业素养的技巧和关键，缓解就业焦虑，引导研究生树立正确的就业观，使他们成为社会主义建设者和接班人.

二、思政内容

(1)就业是民生之本，是国家发展的基石. 研究生作为国家培养的高水平人才，是社会主义建设的中坚力量. 面对日益严峻的就业形势，研究生需要一些必备的职业能力，才能提升自身的就业竞争力，使自己成为在社会主义现代化建设中可堪大用、能担重任的栋梁之材.

(2)及时引导研究生树立正确的就业观，使研究生在找到心仪工作，实现自身专业价值，成为社会主义建设者和接班人. 同时，要坚持不懈地用新时代中国特色社会主义思想铸魂育人，着力加强社会主义核心价值观教育，引导学生树立坚定的理想信念，永远听党话、跟党走，矢志奉献国家和人民.

三、教学内容

1. 引言

近年来，我国高校毕业生人数逐年增多，2018 年高校毕业生达 820 万人，同比增长 25 万人；2019 年高校毕业生达 834 万人，同比增长 14 万人；2020 年高校毕业生达 874 万人，同比增长 40 万人；2021 年高校毕业生达 909 万人，同比增长 35 万人；2022 年高校毕业生达 1076 万人，同比增加 167 万人；2023 年高校毕业生升至 1158 万人，同比增加 82 万人，再创历史新高. 同样地，随着近年来研究生招生规模的不断扩大，研究生毕业人数也在逐年攀升，短短五年，研究生毕业人数就从 2018 年 60 万左右增长到 2023 年 140 万左右. 面对较为严峻的就业形势以及较为激烈的就业竞争，将要毕业的研究生不可避免地会出现“就业焦虑”. 为了使同学们能够更好地应对“毕业季”“就业季”，更从容地将“就业焦虑”转化为“就业动力”，获得更好的就业机会，投身到建设社会主义的伟大事业中去，本节课将分析毕业年级研究生目前需要具备的六种职业能力，以及如何培养这六种职业能力.

2. 六种职业能力

(1)解决问题能力

问题解决能力是指人们运用观念、规则、一定的程序方法等对客观问题进行分析并提出解决方案的能力,这种能力涉及批判性思维、多元化视角、逻辑思考以及实践经验等方面.

如何培养自身解决问题的能力呢? 首先,需要全方位、客观地审视需要解决的问题.研究生在日常学习生活中要去拓宽自己的视野,有意识地完成各个方面的知识积累,当面临问题时,才能够作出更全面地思考和更准确的判断.其次,需要留心观察,发现问题的关键切入点,同时,提高逻辑推理能力,快速抓到问题的本质,提出有针对性的解决方案.最后,需要及时调整自己面对突发问题的心态,一定要保持积极进取的心态,无论是否完美解决问题,都可以当作是积累实践经验的过程.

(2)岗位适应能力

岗位适应能力指个人在新的职位或工作环境中能够迅速适应和融入的能力.这种能力往往体现在能否快速融入新的团队、能否快速准确理解自己的岗位定位、能否快速进入工作状态完成岗位职责.

要培养自身适应岗位的能力,需要从以下三个方面着手.首先,提升自身理论联系实际的能力,研究生可以通过在校期间积极参加专业学科竞赛、社会实践活动、专业实习等,将所学专业知识应用到解决实际问题中去,积累相关经验.其次,全面了解自己负责的工作内容,可以通过阅读工作职责、了解前期工作进展等,快速准确地掌握工作核心,同时,向领导前辈请教,有利于更快速融入新团队.最后,保持积极乐观的工作态度,新人入职遇到困难都是在所难免的,唯有保持积极乐观的态度才能快速走出困境,迎来职场阳光.

(3)信息搜集能力

信息搜集能力是指在信息化时代的今天能够快速有效地从多个路径获得对自己有价值的信息.这种能力不仅要求研究生能够在规定时间内获得大量信息,还需要识别信息渠道的可靠性,在海量信息中快速拆解提取关键信息,并善于收集归纳记录这些关键信息.

随着网络的发展,大家获取信息的方式各种各样,获得信息的数量越来越多,彼此之间的信息差越来越小.想要切实提高自身搜集信息的能力,还需要经过关键词搜索进行信息筛选,多渠道对比分析信息内容,再次提炼关键词进行搜索筛选,及时分类归纳记录所获取的信息等步骤,同时结合所处环境,迅速确定有效信息.经过上述步骤的反复训练,自身信息搜集能力将会得到显著提升.

(4)结构化思维能力

结构化思维能力是指面对问题具备从整体思考到局部思考,将大问题化成小问题的能力.结构化思维是一种层级分明的思维方式,其四个特点是:“论”——结论先行;“证”——以上统下;“类”——分类归组;“比”——逻辑递进.

提升结构化思维能力,首先在日常工作生活的沟通中,有意识地先表明结果,再分析原因;采用“总分”模式的结构化表达;将具有共同属性、特征的原因归为一类;按照原因本质的递进顺序，进行有逻辑的表达. 毕业年级研究生马上要面临就业面试，可以采用著名的“STAR”法则进行自我介绍，即：S——Situation，描述应聘职位所需特质；T——Task，设定完成应聘职位中的工作目标；A——Action，采取行动方案完成工作；R——Result，取得相应结果. 这样具有结构化思维的自我介绍，一方面可提升面试者的就业竞争力，另一方面能加深面试官对面试者的印象.

（5）持续学习能力

持续学习能力指个人愿意不断学习和进步的态度和能力. 这包括主动学习新知识、参与培训、追求专业发展、接受反馈和改进等方面. 持续学习能力是人得以持续进步的根本源泉，既能使工作能力得到提升，又能在严峻的就业环境中保持活跃度和核心竞争力.

可以通过养成读书读报习惯来培养自身的持续学习能力，在文字中去思考，去学习，去领悟，去感受. 但持续学习能力不仅局限于课本上的理论知识，更多地是在生活中的方方面面，工作中的时时刻刻. 人生处处皆学问，这些学问需要大家去用心观察记录，经常思考学习.

（6）关系建立能力

关系建立能力是指与有助于或可能有助于完成工作相关目标的人，建立或维持友善、温暖的关系或联系网络的能力. 这不仅仅是人与人之间简单的相识，还包括具有与对方积极沟通的能力，能够协同团队进行合作的能力，能够及时化解矛盾、解决冲突的能力.

可以通过以下三点提升建立关系的能力：首先，工作过程中与人沟通要做到微笑大方，谦和自然，做到事事有回应，件件有落实，在于对方接触的过程中让对方感受到尊重与真诚；其次，工作之余可以与对方多交流沟通，增加了解；最后，面临工作中有可能会发生冲突要及时调节情绪，端正工作态度，做到及时化解矛盾冲突.

研究生不仅要具备以上六种职业能力，还要树立正确的就业观念. 研究生应结合市场需求和自身特点，确定职业发展方向，适当降低心理预期，制订科学合理可行就业计划. 身为国家高层次人才，研究生应该认识到，作为社会主义建设者和接班人自身所肩负着的使命与担当，要更加积极主动去就业，为社会主义建设作出自己的贡献，实现自身价值.

3. 思政元素的融合渗透

习近平总书记在给中国石油大学（北京）克拉玛依校区毕业生的回信中说道：“希望全国广大高校毕业生志存高远、脚踏实地，不畏艰难险阻，勇担时代使命，把个人的理想追求融入党和国家的事业之中，为党、为祖国、为人民多作贡献.”高校毕业生是宝贵的人才资源，需要培养他们具备一些职业能力，引导他们树立正确的就业观，积极投入到国家发展中去，确保党的事业和社会主义现代化强国建设后继有人.

4. 课堂小结

回顾学习内容：

（1）分析研究生就业需要具备的六种职业能力.

（2）引导研究生树立正确的就业观.

❖思考与展望❖

具备上述六种职业能力的研究生如何在“毕业季”“就业季”找到更适合自己的工作？如何更好地在工作岗位上发挥自己的优势和特长？如何更投入、更有效地为祖国发展献出自己的一份力量呢？